XIANDAIZHONGZHU

现代种猪
饲养与高效繁殖技术

◎ 李观题 编著

SIYANG YU GAOXIAO
FANZHI JISHU

中国农业科学技术出版社

图书在版编目（CIP）数据

现代种猪饲养与高效繁殖技术／李观题编著 . —北京：中国农业科学技术出版社，
2018. 3

ISBN 978-7-5116-3352-1

Ⅰ.① 现…　Ⅱ.① 李…　Ⅲ.① 种猪-饲养管理② 种猪-繁殖　Ⅳ.① S828. 02

中国版本图书馆 CIP 数据核字（2017）第 270588 号

责任编辑　　张国锋
责任校对　　马广洋

出 版 者　中国农业科学技术出版社
　　　　　　北京市中关村南大街 12 号　邮编：100081
电　　话　（010）82106636（编辑室）　　（010）82109702（发行部）
　　　　　　（010）82109709（读者服务部）
传　　真　（010）82106631
网　　址　http://www.castp.cn
经 销 者　各地新华书店
印 刷 者　北京富泰印刷有限责任公司
开　　本　787mm×1 092mm　1/16
印　　张　15.5
字　　数　410 千字
版　　次　2018 年 3 月第 1 版　2018 年 3 月第 1 次印刷
定　　价　68.00 元

◄━━◆ 版权所有·翻印必究 ◆━━►

前　言

　　我国现代养猪业经过 30 多年的发展，无论是品种、疫病、管理等技术的助推，或者是环保、质量安全等门槛的限制，或者是价格和国际贸易等市场的倒逼，在当今互联网时代的引领下，都面临着旧模式的低效挑战，孕育着新的结构体系，正处于换档升级的关键时期，即转型发展阶段。如今的养猪业在环保、饲料、土地和水资源等主要因素影响下，未来生猪生产成本将震荡上涨，生猪产业的可持续发展面临重大挑战，"猪越来越难养了"，"猪周期"没有规律了，养殖成本越来越高，风险越来越大。养猪呈现出了一种新常态，转型时期的养猪业出路究竟在哪儿？

　　现代养猪业要想找准突破口，首先必须弄清什么是新常态。对于生猪生产而言，新常态有两层意思：第一是指整个行业已告别了"猪周期"时代，再也不会让养猪生产者亏本一年之后，等待来年狠赚一年，靠运气来养猪了；第二是指生猪生产已进入微利时代，未来猪价会越来越趋向于稳定，养猪已没有了暴利。养猪生产更加趋向于规模化、标准化、资产化发展，而降低养猪成本，提升生产效益尤其是种猪繁殖效率是唯一的出路。由此可见，新常态下现代养猪业，其突破口是提高产业素质，苦练内功，自挖潜力，从生产、管理、技术等各方面着手，解决低效率导致的低产出问题。途径就是通过转变发展方式，提高标准化、集约化、科学化水平，形成以科技进步为主的内涵式增长模式，尽快实现由传统数量型增长向数量、质量和效益并重的方向转变。如我国平均每头母猪每年生产猪肉不到 1 000 千克，美国超过 1 800 千克，荷兰、丹麦近 2 400 千克，我国养猪生产效率仅为美国的 55%，荷兰、丹麦的 42%。这种生产效率决定了我国猪肉产品的市场价格远远高于国外。与养猪发达国家相比，我国生猪的生产方式、养猪效益较低，尤其是种猪繁殖效率很低。有数据显示，2015 年，我国母猪年提供断奶仔猪数（PSY）平均为 15.8 头，而这一数字在美国为 25 头以上，丹麦平均为 35.6 头，最好的猪场 PSY 已达到了 40 头。PSY 能代表什么？PSY 越高，出栏同等数量的猪所需的存栏母猪就越少，人力、水、饲料等成本就越少，对环境造成的负面影响也就越小。丹麦的 PSY 高于我国不止一倍，经济效益和社会效益可想而知。由此可见，国外养猪发达国家的种猪繁殖效率处于世界领先水平，代表了当今世界种猪生产的发展标志。

　　如何提高我国的生猪养殖效率尤其是种猪繁殖效率呢？虽然影响养猪生产的因素很多，但对一个猪场而言，猪场的生产水平＝（遗传＋营养＋环境）×管理，要想把猪尤其是种猪养好，需要综合考虑这些因素。在遗传（品种）、营养、环境和管理这四个方面，我国的猪种大多是从国外引种，遗传素质上的差距为 2~3 年，因此品种上的差距并不大。在饲料和营养方面，我国也相对成熟。很明显，要提高养猪生产效益尤其是种猪繁殖效率，就要从管理和环境两方面入手。然而，现在国内大部分养猪场还是把重点放在疾病预防上。改变中国当前养猪业的现状应是一个系统工程，中国未来规模养猪业必须面临的转变包括密集而高效的工厂化饲养（智能化饲养）、品种和行为的改变、饲料加工工艺和方式的改变以及管理者经营心态的改变。要想从根本上提高我国的养猪水平尤其是种猪的繁殖效率，必须围绕当前困扰养猪业的关键技术问题，采取技术集成以及产业化示范的方式，从养殖过程中的良种利用、饲养模式、疫病防控、环境净化、饲料和兽药的规范使用、猪肉产品安全等关键点出发，以优良健康种猪为基础，安全营养平衡日粮和科学营养模式的利用为手段，以提高种猪体质和免疫力为目的，用科技、高效、生态、健康、安全的理念贯穿猪产业链中养殖环节的全过程，形成"优良健康的种猪+绿色安全的饲料和兽药+安全高效的疫苗+兽药残留控制技术+高效实用的生产技术+科学养猪的思维理念和生产模式+集约化生产工艺"的全程优质猪产品生产健康体系。此书的编著就是以上述内容作为编著此书的目的。此书共十一章，内容丰富，涉及专业知识面广，编著者在编著此书中，本着"科学、先进、实用、可读、可学、可用"为目的，并参阅了大量的科技文献和资料，还引用了国内外养猪科研成果，并对国内一些猪场进行了调研，理论联系实际，重点突出实用技术和先进理念，其用意是想把此书编著成一本专著。期望以此书推动我国的种猪生产发展，尤其是能为提高猪场的种猪繁殖效率有所帮助。

由于编著者水平有限，加上时间仓促，其中不妥之处，敬请专家、学者指正。此书引用了国内外专家、学者及养猪科技工作者们的一些成果，在此表示感谢！愿此书能对现代种猪生产及广大养猪生产者有所作为。

编著者　李观题

2017 年 9 月 28 日

目 录

第一章
现代种猪标准化生产条件及关键技术

种猪是养猪生产的基础，也是养猪生产的活机器，其效率表现在繁殖率的高低上，从而也呈现出养猪效益如何。中国的种猪生产与国外养猪先进国家相比，其差距主要表现在标准化生产程度低，从而导致了种猪繁殖率低，因此，现代种猪生产要想提高繁殖率，必须从标准化生产入手，才有可能推广和应用养猪技术。

第一节　现代种猪标准化生产的概念和内涵

一、现代种猪标准化生产的概念

标准化就是做事的水准，所谓现代种猪标准化生产就是种猪生产中各项工作的标杆。具体来说，现代种猪标准化生产就是在猪场规划、布局设计、栏舍建设、生产设备设施、种猪选育、投入品使用、疫病防控、粪污处理等方面严格执行国家法律、法规和相关标准，并严格按标准化猪场规划、设计与建设要求，标准化养殖技术与管理措施，标准化养殖程序开展种猪生产。以实现种猪良种化、肉猪杂交化、养殖设施化、生产规范化、防疫制定化、粪污无害化的目的。

二、现代种猪标准化生产的内涵

现代种猪标准化生产的内涵就是在猪场布局、栏圈建设、生产设施配套、良种及杂交模式的选择、投入品使用、生物安全、粪污处理等方面严格执行相关法律和法规及相关行业标准或规程，并按一定工艺流程组织生产的过程。也就是说，种猪标准化生产以养猪业科技成果和实践经验为基础，具有统一性、先进性、协调性、法规性和经济性特点，主要包括以下几个方面。

（一）圈舍标准化

实现种猪标准化生产，圈舍标准化的设计和管理是核心。圈舍标准化包括场址选择、场区规划布局、猪场建造、设施设备等符合有关标准要求。

（二）生产环境标准化

生产环境标准化指猪舍内的温度、湿度、光照、空气质量、通风、气流、水质、微生物种类和数量等符合有关规定和要求。

（三）种猪品种良种化和肉猪经济杂交化

现代种猪生产要求种公猪、种母猪等引入品种、配套杂交品种、地方良种品种具有品种明显特征，有较强的生产性能表现，有良好的适应性和抗病力，并符合市场和消费者的需求。商品肉猪实行二元、三元杂交或配套杂交化，最大限度提高商品肉猪生产性能、适应性和抗病力。因此，标准化种猪生产必须实行种猪良种化和肉猪经济杂交化。在现代种猪生产中，种猪良种化是提高种猪生产性能的基础，只有优良的品种和适宜的经济杂交模式相结合，才能使猪场的产量和效益最大化。

（四）技术配套化

在现代养猪生产中要想做到种猪标准化生产，首先要树立生态养殖新理念，猪场要封闭式生产，对断奶仔猪实行隔离式或小单元饲养模式，对肉猪实行全进全出。此外，猪场还要达到生物安全的规定要求，实行程序化疫病防控。只有实行了技术配套化，才有可能实现标准化种猪生产。

（五）饲料标准化

饲料标准化包括饲养标准、常用饲料原料营养成分标准、饲料添加剂和兽药使用规范、饲料加工工艺与质量标准等，并按种猪品种、生理阶段营养需求的不同配制配合饲料，实行配方化生产。

（六）饲养管理程序化和规范化

饲养管理程序化和规范化是种猪标准化生产的重要环节。饲养管理包括生产管理日程，饲养管理制度，饲料饲喂的次数、数量、时间、类型和方法，饮水供应的方式和质量，环境条件控制措施，兽医卫生措施及落实，生产设备和设施的运行及维护，种猪的选留与配种，仔猪的断奶日龄和培育等。要求生产管理者根据种猪生产目的、生理阶段、生产环境和季节等具体情况，选择合适的配合饲料，采取合理的饲喂方法，调整适宜的环境条件，采取综合性技术措施，尽量满足种猪的生理、生产及福利要求，使种猪达到最佳生产性能条件。

（七）粪污处理无害化和资源化

现代养猪生产必须实现规模养猪粪污处理无害化、资源化，这也是现代种猪标准化生产的最基本要求，也是今后很长时期内现代养猪的重要内容。

第二节　现代种猪饲养的生产条件和关键技术

一、现代种猪的生产条件

（一）猪场的基础条件

1. 场址的选择要求

应选择地势高燥，远离村镇居民点、其他牧场、动物屠宰场、污水处理厂、水源取水口等 500 米以上的地方，并远离主要交通要道。在当地政府规定的宜养区域内建猪场，千万不可在禁养区域内建猪场，否则会受到行政处罚与经济损失。

2. 土地和建筑物的面积要求

以 100 头母猪的猪场为例，以 1：20 生产繁殖，年上市商品猪 2 000 头计算，以每头猪

1 米²算，需要猪舍 2 000 米²，加上配套设施面积 25%（饲料仓库、办公室、兽医室等），均需 2 500 米²。以土地利用率 1:2，需土地 5 000 米²，加上配套土地（以 1:1 计算），均需土地 10 000 米²。

3. 猪舍布局要求

猪场应设置以下 4 个基本区域。

（1）生产区 种猪繁殖区（公、母猪）、分娩区（产房）、保育猪区、育肥猪区。

（2）配套附属区 引种（病猪）隔离舍、兽医及兽药室、人工授精室、饲料加工车间、饲料仓库、门卫消毒更衣室、出猪通道码头等。

（3）粪尿污水处理区 干粪堆放场、尿液与污水污物处理池、沼气池等。

（4）生活和管理区 办公室、食堂、饲养人员和管理人员住房、职工活动室等。

4. 设备设施

（1）基础设施 充足的水源（自来水或深井水）、电源和通信等。

（2）生产设施 分娩母猪栏、保育猪高床漏缝地板、围栏、喷雾消毒器、兽药及器械等。

（二）猪场主要的生产条件

1. 种猪

（1）母猪品种 外来优良品种有大约克、长白、杜洛克、配套系（斯格、迪卡、PIC 等）；地方优良品种有太湖猪、东北民猪、监利猪、宁乡猪、荣昌猪、北京黑猪等。猪场经营者应根据当地气候、生产条件、市场需求、饲料供应等情况选择适宜的品种饲养。

（2）公猪 主要以外来引进品种如杜洛克、大约克、长白、汉普夏为主。

（3）饲养种猪数量 以一个生产母猪 100 头猪场为例，配套公猪 4~5 头，母猪年更新率 25%~30%，公猪年淘汰率 40%~50%；后备猪使用前淘汰率母猪为 10%，公猪为 20%；每年应更新母猪 30 头左右（公猪 4~6 头），分 2~3 次更新，每次更新 10~15 头（公猪 2 头）。

（4）种猪利用年限 母猪平均 4 年（8 胎龄左右），公猪 2~3 年。

（5）公母比 自然交配 1:25，即 1 头公猪配 25 头母猪；人工授精 1:（300~500），即 1 头公猪可配 300~500 头母猪。规模猪场可用自然交配与人工授精同时应用。

2. 青饲料地

100 头母猪的生态养猪场，有条件的要有青饲料地 5~10 亩（1 亩≈667 米²），并配套农田 100~300 亩或果菜地 300~500 亩为宜。

（三）资金投入

资金投入规模以饲养规模所决定，大、中型规模猪场的投入资金额一定要根据投资者自身的力量来定，千万不可超过自身的力量而大量借款或贷款投入规模养猪。

二、现代种猪生产的关键技术

现代种猪生产是一个具有较高经济、社会和生态综合效益的新型养殖模式，通过此模式推广与应用生态养猪技术，使种猪生产实现"场舍现代化、品种良种化、营养标准化、管理科学化、猪群健康化、粪污无害化、环境生态化"，从而达到"健康、生态、高效"的养猪目的，最终为社会提供"安全、优质、健康"的猪产品。为此，现代种猪生产必须实行以下几项关键技术。

（一）猪场布局合理化

猪场布局要按照"利于生产、便于生活、精于管理、严于防疫"的原则，建立一个选址科学、布局合理和环境控制得当的生态养猪场；并按照其规划布局要求，将猪场建设划分为生产区、管理区、生活区和废弃物与病死猪处理区四大功能区域。猪场内各区之间有严格的隔离消毒设施，在生产区内各栏舍间保持在 10 米以上的间隔距离，并按照母猪舍、保育舍、育肥舍的不同栏舍分别安装待配栏、产床和保育栏等。同时，猪场建造时必须要有围墙，使猪场与周边环境进行隔离。此外，还要对猪场内外配套种植树木绿化，将猪场建成花园生态式养猪场。

（二）种猪良种化及肉猪杂交化

猪场引进的种猪必须实行良种化饲养，外来种猪的引进品种以大约克、长白、杜洛克等种用公母猪为主，用长大或大长二元母猪与杜洛克公猪配种，商品猪实行三元杂交模式。有条件的猪场，也可实行外来种猪与本地良种母猪杂交配种，生产含有本地血统的二元或三元杂交的商品猪。

（三）饲养管理科学化

规模猪场的饲养管理重点是新品种、新技术、新设施的应用，并强化养猪先进适用技术的综合集成。采用自繁自养措施，按肉猪生产规模配比一定比例的公母猪，原则上按公母猪 1：（25～30），母猪与肉猪 1：1.5 的饲养比例。还要采用全进全出的饲养方式，可使每栋猪舍饲养的育肥猪同时进栏、同时出栏。大中型猪场要配备相应的技术人员，可保证专人从事猪场的饲养管理、育种繁育和疫病防治技术工作。并建立监管责任制，落实饲养、防疫和质量监管责任人，做到专人负责。

（四）疫病防治规范化

1. 建立科学的免疫程序

种猪生产无论规模大小，都要建立科学的免疫程序，严格按照规定的免疫程序和要求组织实施。还要做到免疫档案记录完整、规范、齐全、可追溯。对猪瘟、口蹄疫、猪蓝耳病等规定的传染性疫病必须强制免疫，免疫密度达到 100%，免疫抗体合格率也要保持在 70%以上。

2. 实行严格的消毒制度

猪场无论规模大小，必须实行严格的消毒制度，并建立完善的隔离措施。

3. 合理使用兽药及饲料添加剂

猪场在制定合理的药物保健方案时，要合理合法使用兽药及饲料添加剂，坚决杜绝使用违禁药品及饲料添加剂，并严格按国家有关规定执行休药期。

4. 对病死猪执行无害化处理

任何规模大小的猪场都要执行无害化处理技术规范，对病死猪一律进行无害化处理方式，严防病源扩散传染。

（五）粪污处理资源化

猪场必须实行雨污分离、干湿分离，将猪粪堆积发酵处理。建立粪污沼气处理系统设施工程，利用沉淀池、厌氧发酵池、氧化塘进行生物处理，实行猪粪尿液或沼液灌溉应用，达到减量化处理、无害化排放、资源化利用的循环经济生态养猪模式。

第三节 我国种猪生产目前的繁殖水平与影响繁殖的因素

一、我国种猪生产目前的繁殖水平

从 20 世纪的 80 年代后，我国规模化猪场虽然取得了很大的发展，但与养猪发达国家相比，毕竟因发展时间较短而有较大的差距。美国谷物协会在我国推出的"猪场管理间比较分析系统"（BenchmarKing），提供了有关我国规模养猪企业整体生产水平的参考数据，其来源于 2002 年以来 4 年多的猪场生产数据，总数为 257 个样本猪场，母猪总数达 244 824 头，猪场分布在北京、上海、广东、广西壮族自治区（以下称广西）、江西、福建和河南等省（市、区），见表 1-1。

表 1-1 我国参加"猪场管理场间比较分析系统"的猪场近 4 年的生产水平

	生产指标	平均数	中位均数	标准差	10%的最低水平猪场	10%的最高水平猪场
配种受胎	配种分娩率（%）	74.01	75.46	10.08	61.54	84.29
	后备母猪配种分娩率（%）	73.75	76.09	13.26	55.62	87.35
	成年母猪配种分娩率（%）	74.35	76.47	10.53	60.51	85.03
	前期流产率（%）	0.52	0.23	0.95	0.06	1.21
	后期流产率（%）	0.57	0.21	1.82	0.05	0.83
胎均成绩	胎均总产仔数（头）	10.20	10.20	0.96	9.15	11.15
	胎均产活仔数（头）	9.01	9.05	0.91	7.93	10.09
	胎均产死仔数（头）	0.64	0.56	0.38	0.26	1.11
	胎均产木乃伊胎儿数（头）	0.25	0.20	0.28	0.06	0.41
	胎均产淘汰仔猪数（头）	0.35	0.30	0.26	0.07	0.64
	窝提供保育猪数（头）	8.64	8.76	0.92	7.37	9.80
死亡率	哺乳期死亡率（%）	4.53	3.54	4.14	1.72	7.88
	保育期死亡率（%）	5.44	4.40	4.62	1.70	9.85
	生长肥育期死亡率（%）	4.71	3.51	4.61	1.70	7.76
	全期综合死亡率（%）	14.61	12.92	8.39	6.66	22.38
母猪年成绩	母猪年产仔窝数（窝）	2.13	2.15	0.27	1.72	2.43
	母猪年产活仔数（头）	19.18	19.42	3.42	14.55	23.46
	母猪年产总仔数（头）	21.73	21.87	3.59	16.69	26.61
	母猪年断奶窝数（窝）	2.07	2.11	0.30	1.66	2.40
	母猪年断奶仔猪头数（头）	17.82	18.01	3.28	12.76	21.75
	母猪年淘汰率（%）	25.33	26.95	15.33	3.23	45.00
	母猪年死亡率（%）	4.55	4.00	3.00	1.80	6.97
	后备母猪比例（%）	10.80	8.97	9.91	3.09	18.57
生长性能	断奶平均日龄（天）	23.07	23	2.33	21	26
	保育期平均饲养天数（天）	44.60	45	8.06	32.48	50
	生长肥育平均饲养天数（天）	100.17	100	9.57	95	110
	中猪平均上市日龄（天）	92.33	95	9.53	80	100

注：资料来源郑华等编著《当前我国集约化养猪生产水平分析》

从表 1-1 的数据分析，10% 的最低水平猪场与整体平均数有较大的差距，与水平最高的 10% 的猪场相比差距更大。配种分娩率是种猪繁殖过程中最重要的生产指标，从表 1-1 中可见水平最低的 10% 的猪场只有 61.54%，而整体平均数为 74.01%，水平最高的 10% 的猪场则达到了 84.29%，低水平猪场与高水平猪场的差距达到 22.75%。此外，母猪年产活仔数是母猪生产力最重要的生产指标，也是评价一个种猪繁殖效率最重要的指标之一，从表 1-1 中看到水平最低的 10% 的猪场只有 14.55 头，而整体平均数为 19.18 头，水平最高的 10% 的猪场则达到了 23.46 头，低水平猪场与高水平猪场的差距达到 8.91 头。从表 1-1 可见，生产指标最低的 10% 的猪场，其管理水平和技术水平与水平最高的 10% 的猪场相比，差距是非常大的，其猪场经济效益一定也会有很大的差别，繁殖率高的猪场肯定能获得丰厚的利润，而低的猪场肯定是亏损。将上述有关繁殖指标的平均水平，与美国参加 "猪场管理间比较分析系统" 的 551 个猪场 2005 年的繁殖指标进行比较，其结果见表 1-2。

表 1-2　我国规模猪场繁殖指标的平均水平与美国的比较

繁殖指标	我国平均水平	美国平均水平	相　差
配种分娩率（%）	74.01	79.32	5.31
胎均产总仔猪数（头）	10.2	11.89	1.69
胎均产活仔猪数（头）	9.01	10.7	1.69
母猪年产窝数（头）	2.13	2.26	0.13
母猪年产活仔数（头）	19.18	24.2	5.02
母猪年断奶猪数（头）	17.82	21.1	3.28
平均断奶日龄（天）	23.07	18.51	4.56
哺乳期死亡率（%）	4.53	12.55	8.02
母猪年淘汰率（%）	25.33	49.57	24.24
母猪年死亡率（%）	4.55	9.63	5.08

注：资料来源魏庆信等编著《怎样提高规模猪场繁殖效率》，2010

从表 1-1 和表 1-2 可以看出，我国规模猪场的几个繁殖指标的平均水平与美国相比有一定的差距，而且有些繁殖指标的差距还很大。这说明我国规模猪场的种猪繁殖效率与先进国家相比有差距，我国参加 "猪场管理间比较分析系统" 的猪场，在管理意识方面具有一定的优势，应该说在生产水平上比一般规模猪场要高些，换言之，我国规模化猪场的实际水平可能比表 1-1 列出的平均水平可能还低。因此，无论是国内一般水平与国内先进水平相比，还是国内平均水平与美国平均水平相比，都存在差距。有数据显示，2015 年，我国母猪年提供断奶仔猪数（PSY）平均为 15.8 头，这一数字在美国为 25 头以上，而丹麦 2015 年的 PSY 平均为 35.6 头，前 5 名的猪场能达到 37 头，最好的猪场 PSY 已经达到了 40 头。对一个规模猪场而言，PSY 越高，出栏同等数量的猪所需的存栏母猪就越少，其设备、人力、水、饲料等成本就越少，对环境造成的负面影响也就越小。丹麦的 PSY 高于我国不止一倍，经济效益和社会效益可想而知。20 世纪 90 年代之前，我国养猪业的主要形式是散养，一头母猪的 PSY 仅为 8~9 头，与现在的水平相比差距巨大。最近几年，我国的 PSY 平均每年能提高 0.8~1 头，每年能使我国少养几百万头母猪。由此可见，虽然我国规模猪场的几个主要繁殖指标的平均水平与发达国家相比有一定差距，有差距就有提高的潜力，差距大提高的潜力也大。找出存在的主要差距，就能找出提高改进的措施。毋庸置疑，我国规模猪场现阶段的种猪繁殖效率还有很大的改进和提高的空间。

二、影响种猪高效繁殖的因素

种猪繁殖效率是一个总体的概念，是所有单项繁殖指标的综合，主要有母猪配种受胎率（分娩率）、母猪年生产力（年产仔数）、窝均产仔数（活仔数）和窝均断奶数（成活率），这些指标主要受到遗传（品种）、营养、环境、疾病、繁殖障碍、技术和管理等因素的影响。

（一）品种

品种的因素即遗传的因素，不同品种母猪的窝平均产仔数有差异，其差异的实质是母猪的遗传力。遗传力对母猪的繁殖成绩起重要作用，虽然许多繁殖性状都是低遗传力，但对每一个具体的品种来说，存在较大的差异。如产仔数，品种间的均值差异可达3~4头。外国品种比我国本地品种窝平均少产仔2~3头，世界上母猪产仔数最高的品种是太湖猪，太湖猪平均产仔数可达15头，最高可接近20头。就是同一品种内基因型不同，其窝平均产仔数也有差异，这也是遗传的因素。生产实践证明，过度的近交会引起繁殖性能下降，而杂交能提高繁殖性能，产仔数杂种优势率可达20%以上，这也是当今配套系种猪发展趋势的原因。

（二）营养

营养对种猪繁殖的影响较为严重。营养缺乏，对配种阶段的母猪会造成排卵率降低，从而导致窝产仔数减少；对妊娠阶段的母猪如果营养供给不足，胎儿得不到很好的发育，甚至死亡，也会影响窝产仔数；营养不足会延迟后备母猪的初情期到来，对成年母猪造成发情抑制、发情无规律、断奶后再次发情时间延长、排卵率低、乳腺发育迟缓，严重者将会增加早期胚胎死亡及初生仔猪的死亡率。营养过度会造成母猪偏肥，引起母猪不发情；对于肥胖的母猪，窝产仔数也减少。

（三）环境

环境是影响母猪繁殖的重要因素。现代种猪代谢旺盛，对环境的要求发生了重要改变。在认识和理念方面，很多养猪生产者还抱着旧观念，很多猪场的基础设施并不能满足种猪的生理和生产要求，不能充分发挥其优势，从而会导致一些问题出现。我国很多猪场碰到过这种情况，温湿度骤变的时候，猪场的生产水平马上会受到影响，短期内难以恢复，这就是让猪去适应环境的代价。生产实践已证明，猪舍内温度或舍内有害气体（氨气、硫化氢等）过高时，可使母猪的胚胎死亡率增高，特别是妊娠前两周的母猪尤其敏感。大量数据显示，配种后7天内的平均气温在16~28℃，母猪有较高的窝产仔数和产活仔数。此外，高温还会降低泌乳母猪的采食量，引起母猪泌乳力降低，增加仔猪的死亡率。环境不良还造成公猪精液品质下降和母猪发情不正常，尤其是高温和高湿季节。仔猪哺乳期在分娩舍内度过，分娩舍内的小气候（温度、洁净度）对仔猪成活率也有很大的影响。分娩舍内温度过低而湿度过高，是造成仔猪发病率高和死亡率高的主要原因。改善种猪生活和生产的环境还要从动物福利上做起，要树立"给动物与人类健康保持同等待遇，这样才能充分发挥它们的生产潜力"的新理念。

（四）疾病

目前，某些病原性微生物是损害母猪繁殖力的重要原因，如猪的细小病毒病、伪狂犬病、乙型脑炎、猪繁殖障碍与呼吸综合征、钩端螺旋体病、布氏杆菌病、猪瘟和饲料霉菌毒素中毒等，都会引起母猪的流产或死胎，甚至难以配种怀孕而导致母猪淘汰。

（五）繁殖障碍

繁殖障碍是影响现代种猪繁殖力的一个重要原因，猪的繁殖障碍泛指繁殖公、母猪所发生的一系列有碍正常生理的现象。如母猪不发情或发情后屡配不孕、流产、产仔少、产死胎、木乃伊、弱仔；公猪繁殖力低或不育等。造成种猪繁殖障碍的原因很多，可分为感染性因素和非感染性因素。感染性因素有病毒性感染、细菌性感染和寄生虫病感染，非感染性因素主要有饲养管理、环境和遗传因素。

（六）技术

影响种猪繁殖力的技术因素很多，主要是配种技术、接产技术、哺乳期仔猪培育和疫病防治技术和仔猪断奶技术。

1. 配种技术

配种技术对母猪的窝产仔数也有很大的影响，能否适时配种、人工授精操作技术（精液检查与处理、输精量、输精部位和深度、输精方法等）正确与否更直接影响母猪的受胎率。

2. 接产技术

接产人员技术的高低、接产人员责任心的强弱，均会影响窝平均产活仔数。

3. 哺乳期仔猪培育和疫病防治技术

哺乳期仔猪的培育技术是仔猪成活的关键，饲养人员的培育技术和责任心都很大程度的影响断奶成活率，从而影响到窝平均断奶头数。由于哺乳期仔猪的免疫力很弱，容易受各种病原微生物的感染，因此，做好哺乳期仔猪各种疫病的防治工作，对于提高仔猪的成活率至关重要。

4. 断奶技术

断奶对一些猪场并未引起重视，仔猪断奶是出生后的一次强烈刺激和应激，其营养、生存环境都发生了重大变化，有时还会引起应激反应，尤其是在早期断奶的情况下，稍有不慎，就会造成仔猪发病，影响生长发育甚至死亡。因此，科学的断奶技术已成为仔猪断奶成功、提高成活率的关键。

（七）管理

管理是提高种猪繁殖效益的重要限制因素，现代猪场优秀的技术、设备、产品要发挥作用，还得靠一线养殖人员，这需要他们具备四大能力：发现问题、分析问题、解决问题、落地执行，其中落地执行能力最为重要。而在中国的规模猪场，很多养殖人员却缺乏这四大能力。应该承认，当前我国真正懂得养猪技术的专业人员并不多，而真正懂猪场管理的专业人才更是少之又少。丹麦的每一个猪场都有一个董事会，由猪场老板、外部咨询师、猪场经理和财务顾问组成，由于管理人员全面，各种管理也到位，这也是丹麦种猪繁殖率高的其因。而且丹麦的猪场管理很注重细节，卡美农业咨询资深咨询师 Michael Ellermann 分析了丹麦某猪场对产房进行改善的实际操作案例。这个猪场的仔猪腹泻率高，员工需要花很长时间在产房巡栏查找原因，并对很多细节进行了检查，比如疫苗的储存、注射手法和注射路径；病死仔猪的剖检；饲料中的霉菌毒素等。同时，他们还对可能出现的环节逐一排查，比如降低饲料中蛋白含量；更换猪舍的消毒剂等，最终找到了原因。像这样的案例在中国就难以找到。Michael Ellermann 在中国 10 多年，深入调研过我国很多大大小小的猪场。谈到对中国猪场和养猪业的整体看法，他说："在中国的猪场，我经常听见管理者或一线人员说，'是别人让我这么做的'，他们自己并不清楚原因，对生产的很多环节很困惑。"相比之下，在丹麦，一定区域内的生猪养殖生产环节都有统一的标准，养殖者不会无所适从。生产实践证实，管理对种猪繁殖效率的影响较大，如对妊娠母猪的管理是否科学、到位，会影响配种分娩率。母猪虽然已受胎，但如果管护不当，造成流产，则使配种分娩率降低。

第四节　现代种猪高效繁殖的综合技术措施

由于影响现代种猪繁殖效率的因素是多方面的，要提高现代种猪繁殖效率就必须采取综合措施，就是任何一项新技术的采用，也必须有其他方方面面的措施配合。

一、改进影响现代种猪繁殖效率的因素

现代种猪繁殖效率是一个总体概念，是配种受胎率、窝平均产仔数、窝平均断奶头数及母猪年生产力这些单项繁殖指标的综合。因此，抓住这几大单项繁殖指标，从改进影响这几大单项繁殖指标入手，种猪的繁殖效率才能达到理想状况。

（一）改进影响种猪配种受胎率的因素

种猪配种受胎率可分为情期受胎率、总受胎率或配种分娩率，其计算方法如下。

情期受胎率(%)＝（妊娠母猪数/情期配种母猪总数）×100

总受胎率(%)＝（妊娠母猪数/全年配种母猪总数）×100

分娩率(%)＝（全年实际分娩母猪数/全年妊娠母猪数）×100

生产实践经验表明，影响种猪配种受胎率或配种分娩率的主要因素如下。

1. 种公猪

种公猪精液的品质直接影响到母猪配种受胎率，而公猪精液的品质与公猪的年龄、营养状况、管理、环境和气候有关。人工授精情况下，公猪精液的品质还与采精人员的技术有关。因此，提高种母猪的情期受胎率或总受胎率，首先养好种公猪是关键。

2. 种母猪

母猪的年龄、生理阶段、营养状况、健康状况都对配种受胎率有直接影响；此外，母猪的繁殖障碍病可造成妊娠母猪在不同阶段流产或屡配不孕，从而也影响配种分娩率。因此，对妊娠母猪的管理是否科学、到位，会影响母猪配种分娩率。就是母猪已受胎，如管理和护理不当，也会造成流产而使配种分娩率降低。因此，管理和护理好妊娠母猪是提高母猪配种受胎率的关键。

3. 配种技术

配种技术主要指采取适当的配种方式，如自然交配和人工授精。采取自然交配的不要采取单次配种。为了提高母猪配种受胎率要实行复配方式，即对一头发情母猪采取二次交配，间隔8~12小时；或采取双重配种方式，用不同品种的2头公猪或同一品种但血缘关系较远的2头公猪先后间隔10~15分钟各与母猪配种一次。采取人工授精配种技术一定要注意对发情母猪适时配种。要注意精液处理、输精量、输精部位、输精方法等，这些因素均影响到母猪的受胎率。

4. 环境与气候

环境与气候主要指夏季高温、高湿季节明显降低母猪的配种受胎率，而且恶劣的环境还

造成公猪精液品质下降和母猪发情不正常。因此，做好夏季猪舍的降温以及猪舍的通风换气相当重要。需要投入一定的设施，如水帘、排风扇及喷雾设施等，才能改善猪舍小气候环境。

（二）改进影响母猪窝平均产仔数的因素

窝平均产仔数也称为胎平均产仔数，包括窝（胎）平均产仔总数和窝（胎）平均产活仔数两个指标。这两个指标主要受以下主要因素影响。

1. 品种及母猪年龄和胎次

品种的因素即遗传的因素，不同品种母猪的窝平均产仔数有差异，我国一些地方良种母猪窝平均产仔数比国外引进的良种母猪窝平均产仔数高，配套系母猪也比一些国外和国内良种母猪窝平均产仔数多。因此，饲养产仔数高的良种母猪和配套系母猪，是提高窝平均产仔数的主要基础。此外，不同年龄和不同胎次的母猪其窝平均产仔数不同，年龄大和产胎次多的母猪其窝产仔猪数就会降低。因此生产中要及时更新母猪群结构，淘汰老龄和胎次多而窝产仔猪数下降的母猪，以免浪费人力和物力。

2. 公猪和配种技术

公猪对母猪的窝产仔总数有重要影响。其因一，不同公猪精子产生的胚胎其活力有一定的差别，导致胚胎死亡率不同而使窝产仔总数有差别；其因二，种公猪使用的频率对窝产仔总数也有很大影响，配种过频会造成精液质量下降，影响窝产仔数。因此，生产中要想提高窝平均产仔数，必须饲养品种优良的种公猪。优良的种公猪除了有良好的基因，重要的是还培育出合格的标准后备种公猪。另外，不要过频使用种公猪配种，每周有一个休息时间，如2~3天即可。生产实践证明，配种技术对母猪的窝产仔数也有很大的影响。在母猪发情的最佳时间配种，采取人工授精方法要输入活力好的精液，并采用正确的输精技术等，都可以充分发挥母猪产仔数的潜力，能大大提高窝平均产仔数。

3. 营养

营养也是影响母猪窝产仔总数一个因素。种公猪对营养的需求具有一定的标准，不论是后备公猪的培育、配种期种公猪及非配种期公猪的饲养，在营养上都有一定的标准要求。对种公猪饲养不可过肥和过瘦，按一定饲养标准配制不同时期或不同阶段种公猪的配合饲料，这是饲养好种公猪的最基本要求，尤其是配种期蛋白质、维生素及微量元素的供给，是保证种公猪优质精液的关键。种母猪对营养的要求也有一定的标准，主要在配种和妊娠阶段。配种阶段营养缺乏的母猪排卵率会降低，从而导致窝产仔总数减少；而过于肥胖的母猪，窝产仔数也少。妊娠阶段的母猪如果营养供给不足，胎儿的生长发育会受到影响甚至死亡，也影响窝产仔数。在种猪饲养上，不同阶段的种猪饲养在饲料配制上有不同的标准要求，目前具有权威性的是美国的《猪营养需要》（美国 NRC 猪的营养需要），从产生至今已修订 11 次（2012 年第十一次修订），其次是英国的 ARC 饲养标准，我国农业部在 2004 年颁布了《猪的饲养标准》（NY/T65—2004）行业标准。另外，一些大型育种公司根据自己培育出的优良品种和品系的特点，制订符合该品种或品系营养需要的饲养标准，称为专用标准，地方猪饲养标准包括在此范围内，如《湖北白猪饲养标准》《四川猪饲养标准》等。无论是种公猪和不同阶段的种母猪，都必须参照有关饲养标准来配制日粮，才有可能保证营养供给。因此，营养是保证母猪窝平均产仔数的关键措施。

（三）改进影响母猪窝平均断奶头数的因素

窝平均断奶产仔数也称为胎平均断奶仔猪头数，窝平均产活仔数是窝平均断奶头数的基础。与此相关的生产指标还包括仔猪断奶窝重、仔猪断奶个体重和仔猪断奶成活率。仔猪断奶窝重是指仔猪断奶时全窝仔猪的总重量；仔猪断奶成活率是指仔猪断奶时育成的仔猪数与产活仔数的百分比。这些生产指标均受到以下主要因素的影响。

1. 母猪的哺乳力

母猪的哺乳力受母猪产奶量、母性及母猪胎次和年龄的影响。母猪泌乳能力强其产奶量高，初生仔猪营养充足，其成活率高；母性好的母猪其哺乳力强，仔猪成活率也高。据资料分析，由于母猪泌乳力低、母性不强使哺乳仔猪营养缺乏，造成弱死和饿死的仔猪，各占哺乳仔猪死亡原因构成比例为23.6%、10.6%，死亡率各为16%、13%。母猪的泌乳主要表现在泌乳量上，主要受营养及母猪年龄与分娩胎次的影响。一般认为，母猪乳腺的发育与泌乳哺乳能力是随胎次的增加而提高。第一胎母猪泌乳量较低，以后随胎次增加而逐渐上升，第六或第七胎以后逐渐下降。其原因是母猪年龄增加，新陈代谢功能减退，营养转化能力差。因此，生产中一是要培育母性好的母猪，二是要在饲养上加强对母猪的营养，提高母猪的泌乳力，三是及时淘汰老龄母猪。

2. 哺乳母猪舍的环境

哺乳母猪舍也称分娩舍，分娩舍内的小气候（湿度、温度及空气洁净度等）对仔猪生活环境相当重要，对仔猪成活率有很大影响。分娩舍内环境良好，对哺乳仔猪的生长发育具有一定的促进作用，反之，环境不良的分娩舍，降低了仔猪的抵抗力，容易造成仔猪发生疾病，从而造成仔猪成活率下降。据资料统计，由于分娩舍环境不良，其中温度过低而使仔猪趴窝在母猪身边取暖造成仔猪压死占哺乳仔猪死亡原因构成比例为44.8%，死亡率为24%；温度低、湿度大而造成仔猪腹泻死亡占哺乳仔猪死亡原因构成比例3.8%，死亡率为6%。由此可见，分娩舍环境不良是造成仔猪死亡的一个主要原因。因此，要想提高断奶仔猪成活率必须搞好分娩舍环境管理。

二、优化种猪结构

种猪是现代规模养猪生产的基础。规模猪场的种猪群少则几十，多则几百到上千头。提高规模猪场的繁殖效率，首先要优化种猪结构，即建立一个品种高产、个性优化、结构合理的种猪群体，这也是保证一个规模猪场获得一定经济效益的基础。品种高产指规模猪场的种公猪及母本品种或品系，要具有高产的繁殖性能，还具有优良的生产肥育性能；个体优化指公猪、母猪的年龄和胎次应处于最佳的繁殖阶段，才能保证高效的繁殖力，即母猪年生产力，这是衡量一个规模猪场繁殖效率最重要的生产指标；结构合理是指各层次种猪的配置，即公母猪的数量配置是否合理。生产中优化种猪结构主要抓好以下几方面工作。

（一）选择高产母猪品种和培育品种

现代种猪生产，无论是种猪繁殖场和自繁自养的商品猪场，繁殖性能高的母本品种或杂交组合是提高繁殖效率的基础。由于我国的猪肉消费发生了巨大变化，从20世纪70年代后，人们对瘦肉型猪肉需求量增加。目前，我国商品猪场多以生产瘦肉型猪为主。因此，在选择母本品种或杂交组合的时候，需要综合考虑，在充分考虑饲养高产繁殖性能基础上，还要考虑满足生长速度（日增重）、饲料转化率（料重比）和胴体性状（屠宰率、瘦肉率）等生长肥育性能。选择高产母猪品种和培育品种种猪一定要根据市场需求、地域特点、生产地生态环境、养猪生产者自身情况、资金规模和技术水平等来选择。如我国地方猪种具有共同的遗传特性，其一是成熟早、产仔多、母性好、使用年限长；其二是肉质好、适应性强、耐粗饲、抗病力好。但缺点也有共同的遗传特性，其一是瘦肉率低、脂肪多、皮肤比例高、骨骼比例少；其二是体格小、饲养期长、后腿不丰满，产肉率低。我国地方猪种适合作为母本杂交改良，能保持繁殖率高的特性。引进品种有大约克夏猪、长白猪、杜洛克猪、皮特兰猪以及 PIC 配套系猪、斯格配套系猪等，这些外来引进品种具有共性的种质特性是生长速度快、饲料转化率高、屠宰率和胴体瘦肉率高；缺点是肉质较差、繁殖性能差、抗逆性差，对饲养管理条件要求高，适合工厂化（集约化）条件下饲养。培育品种指猪的新品种和新品系，它们既保留了我国地方品种的优良特性，又兼备了引入品种的特点，大大丰富了我国猪种资源基因库，推进了我国猪育种科学的进行，并且普遍应用于商品瘦肉型猪生产。在猪的杂交繁殖体系中，一般作为母系品种，主要培育品种有哈尔滨白猪、上海白猪、湖北白猪、三江白猪、北京黑猪等。其中湖北白猪具有瘦肉率高、肉质好、生长发育快、繁殖性能优良等特点，以湖北白猪为母本与杜洛克猪杂交效果明显，杜×湖杂交种一代肥育猪在体重为 20~90 千克，日增重 650~750 克，杂种优势率 10%，料肉比（3.1~3.3）：1，胴体瘦肉率在 62% 以上，是开展杂交利用的优良母本。由此可见，选择高产母本品种其作用是能获取更高的繁殖性能和商品肉猪的胴体性状及生长速度，其最终效果体现在商品肉猪的杂交组合模式上，如目前公认的杜×长×大、杜×大×长的外来品种杂交组合，我国筛选出的 9 个优良杂交组合：大×（长白）、杜×（长白）、杜×上、杜×湖、杜×浙，以及 4 个三元杂交组合即杜×（长白猪×北京黑猪）、大白猪×（长白猪×北京黑猪）、杜×（长白猪×嘉兴黑猪）杜×（长白猪×太湖猪）。这些杂交组合适合目前我国规模化猪场，只要根据自身条件、市场需求及地域生态环境条件选择其一，不论在繁殖效果或杂交组合上都可获取一定的经济效益。

（二）合理调整种猪结构

规模猪场生产的种猪品种或杂交组合确定之后，接下来就是要建立种公猪和种母猪个体优化、数量配置合理的种猪群体，并且不断进行调整，及时淘汰繁殖性能低或超过配种年龄的种猪，使种猪个体始终处于最佳的繁殖状态，也使种猪群体始终处于最合理的配置结构，从而才能保证猪场种猪高效的繁殖效率。生产实践中主要在以下三个方面合理调整种猪结构。

1. 种公猪的合理利用

正确利用种公猪不仅能保持良好的精液品质，提高受胎率和产仔数，而且有助于延长其种用寿命，降低饲养成本。如果对种公猪利用不当，不仅会降低繁殖效率，而且会缩短种用年限，提高了种公猪的培育和饲养成本。生产中主要注意以下 3 个方面的问题。

（1）初配年龄和体重 适宜的初配期有利于公猪的种用价值，过早使用会影响种公猪本身的生长发育，缩短其利用年限；过晚配种使用会引起公猪性欲减退，影响正常配种，甚至失去配种能力。种公猪的初配年龄，依品种、生长发育状况和饲养管理条件不同而有区别，一般情况下，我国地方品种的种公猪初配年龄为 6~8 月龄，体重达 60 千克；引进国外品种和培育品种的种公猪初配年龄为 8~10 月龄，体重达 90 千克以上。

（2）使用强度 公猪合理的使用强度可提高母猪的受胎率和产仔数。一般情况下，种公猪每 2~3 天使用一次较为适宜。

（3）使用年限 种公猪的使用年限除育种场外一般为 3~4 年（4~5 岁），年更新率为 30%。

2. 种母猪的合理利用

现代种猪生产为了达到较高的繁殖效率，必须根据母猪的年龄、胎次、身体状况合理利用，及时淘汰年龄与胎次较大、体质弱或产仔记录差的母猪，使猪场繁殖群母猪始终处于最佳的繁殖状况。生产中主要注意以下两个方面的问题。

（1）初配年龄和体重　瘦肉型青年母猪的适配年龄一般在 8~9 月龄，我国地方猪种母猪的适配年龄一般在 5~6 月龄。母猪在这一时期配种，受胎率和产仔数均较高。

（2）适宜的年龄胎次　根据我国目前的种猪生产状况，一般种母猪利用 5~6 胎，优良个体可利用 7~8 胎。

3. 种猪群结构优化

种猪群结构的优化指公、母猪数量的合理配置和母猪群各胎次母猪的合理搭配以及母猪的淘汰。

（1）公、母猪适宜的比例　一般根据猪场母猪的繁殖计划及不同的配种方式来确定公、母猪比例。有的猪场采用母猪季节性产仔，母猪集中在一段时间配种，在这种情况下，以母猪年产 2 窝，按每情期交配二次计算，如采用本交，一头公猪可负担 25~30 头母猪的配种任务，即公、母猪的比例为 1 :（25~30）；而采用人工授精，一头公猪可负担 100~150 头母猪的配种任务，即公、母猪的比例为 1 :（100~150）。对常年产仔的猪场即常年配种的猪场，每头种公猪要比季节性产仔负担的母猪增加一倍，如采用本交，一头公猪可负担 50~60 头母猪的配种任务，即公、母猪的比例为 1 :（50~60），采用人工授精的一头种公猪可负担 200~300 头母猪的配种任务，即公、母猪的比例为 1 :（200~300）。根据生产经验，对常年产仔的猪场，只要加强对种公猪的营养供给和合理利用，一般能完成配种任务，但必须是青壮年种公猪。

（2）母猪群的结构　一个规模猪场的猪群结构指种猪繁殖各层次中种猪的数量，特别是种母猪的饲养数量，以便计算所需种公猪数量和能生产出的商品肉猪。因此，在现代种猪繁殖生产中，母猪的饲养规模是关键。由于我国的规模猪场除育种场外饲养母猪的任务是繁殖仔猪而生产商品肉猪，因此，一个规模猪场合理的猪群结构必须考虑两个方面的因素：一是确定商品肉猪杂交方案和生产规模，具体采用哪种杂交方案应根据已有的猪种资源、猪舍及设备和设施条件、市场状况等进行综合分析判断；二是要考虑猪种遗传、猪场环境和管理等在内的各种猪群的结构参数，以及猪群本身的状况和生产性能表现，主要包括种猪的使用年限、配种方式、公母猪的比例、种猪的年淘汰更新率、母猪年生产力等重要参数。由于在现代种猪繁殖生产中母猪的饲养规模是关键，因此，采用常规的二元、三元杂交模式时，各层次母猪占母猪总数的比例大致为核心群占 2.5%，扩繁群占 11%，生产群占 86.5%，呈金字塔形结构。一般来说，繁殖母猪数量约占全年出栏肉猪的 6%，如一个年产万头的商品肉猪场，母猪饲养量在 600 头，种母猪利用 5~6 胎，优良个体可利用 7~8 胎，则繁殖母猪群合理胎龄结构为：1~2 胎占生产母猪的 30%~35%，3~6 胎占 60%，7 胎以上占 5%~10%。

（3）母猪的淘汰　为了保持有较好的繁殖效率，在育种猪场主要淘汰生产性能低下的个体，为的是遗传改良；对商品猪场主要淘汰生产性能低下和老弱病残的个体，母猪一般利用 6~7 胎，年更新率在 30% 左右。健康水平差的猪场，淘汰率还应提高。以一个 500 头母猪基础群的猪场来计算，淘汰率 30%，则年需更新 150 头母猪，每周需要更新 3 头母猪。为了保证母猪更新，每周应配种母猪 5 头，按 85% 的受胎率，必须保证受胎 4 头；根据 1~2 胎的繁殖成绩，再淘汰，于是可留 3 头转入基础群。一般按此原则进行母猪淘汰。

三、科学的饲养管理

现代种猪科学的饲养管理内容较多，生产中主要为四个方面。一是按相关饲养标准和实际生产情况，科学配制种公猪、后备母猪、妊娠母猪、泌乳母猪、空怀母猪以及仔猪的各阶段日粮；二是加强对后备公、母猪的培育，为高效的繁殖效率打好基础；三是对妊娠母猪要分段加强饲养管理，提高正常分娩率和产活仔数；四是对哺乳期母猪实行标准化饲养，并对哺乳仔猪实行程序化疾病防治，尤其补饲训练，重点是提高仔猪成活率。

四、严格规范的疫病防治

严格规范的疫病防治工作主要是三个方面。一是严格规范的免疫程序，搞好各阶段猪的疫苗注射和疫病防治；二是重点加强猪繁殖障碍病的预防和治疗，尤其是降低母猪的乏情、不孕症的控制，提高配种受胎率；三是搞好哺乳仔猪的疫病防治，尤其是补铁剂的使用及控制"三炎三痢"（初生仔猪脐带炎、肺炎、传染性胃肠炎、白痢、黄痢和红痢）疾病的发生，提高仔猪成活率。

五、规范饲养管理与操作技术

我国规模猪场的种猪繁殖效率为什么低于发达国家水平，在一定程度上讲还是技术水平上的原因，其中规范的饲养管理与操作技术是一个重要方面。规范的饲养管理与操作技术重点在如下工作：一是规范并提高配种人员的配种技术，尤其是人工授精技术，提高母猪的受胎率，减少母猪空怀，降低饲养成本；二是规范分娩母猪的接产技术，做到按程序操作，提高产活仔数；三是规范各类猪群即种公猪、后备母猪、妊娠母猪、哺乳母猪和哺乳仔猪的饲养管理技术规程，如对哺乳母猪实行标准化饲养；四是对哺乳期仔猪精心饲养与管理，尤其是初乳的吸吮、补铁和补料，对"三炎三痢"的防治，提高哺乳期仔猪成活率和断奶重，这是现代种猪繁殖效率的主要目标。

六、高效的生产工艺

现代种猪生产基本上是工厂化集约饲养，尤其是智能型母猪群养管理系统的发明和推广，大大提高了种猪的繁殖效率，已成为当今世界现代种猪生产饲养的趋势。现代的种猪生产实行高效的生产工艺，主要包括以下内容。

（一）建立适合于本场实际情况的生产工艺

目前规模化猪场生产工艺有一点一线的生产工艺、两点式或三点式的生产工艺、以场为单位全进全出的生产工艺。无论采用哪一种生产模式，其生产过程都是一样的，即都需要配种、妊娠、分娩、哺乳、保育、育成等生产环节。现代种猪生产就是将上述生产环节，划分成一定时段，按照全进全出、流水作业的生产方式，对猪群实行分段饲养，进而合理周转流动。因此，因地制宜地制定生产工艺是规模化猪场首先要解决的问题。

（二）建立能适应各类猪群和生产要求的专用猪舍

专用的猪舍指妊娠母猪舍、哺乳母猪舍、空怀母猪舍、配种舍、种公猪舍和仔猪培育舍及肉猪舍。各类猪舍要达到保温隔热、冬暖夏凉、清洁干燥、空气新鲜的环境，保证猪生活、繁殖和生理上的要求，达到"福利化"和"生态化"的良性循环养猪模式。

（三）要有良好的环境

养猪环境指猪群的生活条件。现代种猪生产在猪舍内生活，主要受温度、湿度、光照、气流、尘埃和微生物等环境因素的制约和影响。环境对种猪的繁殖性能有重要影响。当品种、饲料、生产工艺、防疫等问题基本解决以后，猪舍环境对于种猪繁殖性能的发挥将起到决定性作用。种猪的品种越优良，要求的环境条件越高。如果生产环境不适应，优良品种高生产性能的遗传潜力不能充分发挥，实际生产水平降低，也就是繁殖率不高。同时，环境条件不良，猪体抵抗力下降，易染疾病，会导致繁殖能力大大下降。

（四）具有先进的设施设备

除了有标准化的猪舍，还要有先进的设施和设备。如定位栏、产床、降温及通风与保温设备等。设备要符合种猪的生理要求，方便饲养管理人员的生产操作，并能给猪群创造舒适的生活环境。现代种猪生产实质上是在先进的设施设备下，人为的为种猪创造良好环境条件下进行的。因此，对猪舍内环境进行有效控制，是提高繁殖效率所必需的。

七、创新与应用种猪繁殖调控新技术

现代种猪的繁殖调控是指通过各种技术手段，人为调节和控制母猪的繁殖过程或繁殖过程中的某些环节，以达到提高繁殖效率的总体生产效率的目的。生产实际中主要应用以下调控新技术。

（一）发情与排卵的调控技术

发情与排卵的调控技术指利用管理手段或利用激素处理母猪，达到控制其发情和排卵时间或增加其排卵数量的目的。在现代种猪生产中具有较大实用意义的发情与排卵调控技术有以下几个。

1. 诱发发情技术

诱发发情是对因生理或病理原因不能正常发情的性成熟母猪，使用激素和采取一些管理措施使之发情和排卵的技术。生产中主要针对断奶母猪和后备母猪采取此技术。

（1）断奶母猪的诱发发情方法　现代种猪生产为了增加年产仔猪数，普遍采用仔猪早期断奶技术，一般多在28~35日龄，技术和环境条件好的猪场在20~28日龄断奶，有的已缩短至14日龄。母猪哺乳期越短，断奶后母猪发情时间的变化越大，发情间隔时间越长。母猪断奶至发情的间隔时间延长，会造成其繁殖性能的下降。有研究表明，泌乳母猪断奶后7~10天配种与断奶后3~6天配种相比，其繁殖率和窝产仔猪数显著下降。而且断奶母猪过于分散的发情时间也不利于生产管理，尤其是不利于工厂化集约饲养。因此，有必要应用激素处理早期断奶的母猪，以缩短其断奶至发情的间隔时间。具体方法如下。

处方一：在母猪断奶当日，肌内注射1 000单位孕马血清促性腺激素，72小时后注射人绒毛膜促性腺激素500单位。处理后24小时，绝大部分母猪能表现发情，此时配种和输精，其受胎率可达95%。

处方二：在母猪断奶当日，肌内注射PG600（含400单位孕马血清促性腺激素和200单位人绒毛膜促性腺激素），注射后绝大多数母猪可在7天之内发情并配种。

（2）后备母猪的诱发发情技术　现代种猪生产中，后备母猪乏情也是一个突出问题，可能是长期缺乏维生素、硒或过肥导致卵巢发育缓慢所致。管理水平中等的猪场中后备母猪到8~9龄且体重达到80~90千克有5%~15%不出现发情，而管理水平较差的猪场这一比例可能还要高些。处理后备母猪乏情具体方法如下。

处方一：一次性肌内注射 1 头份 PG600，可使 92% 从未发情的后备母猪发情配种。

处方二：一次性肌内注射人绒毛膜促性腺激素 200 单位、苯甲酸雌二醇 1 毫克。

处方三：在日粮中按后备母猪饲养标准添加维生素 E、维生素 A、微量元素硒，对于过肥的后备母猪除了加强运动，要降低日粮的能量水平并限饲，可饲喂大量的青绿饲料。

2. 同期发情技术

同期发情指使一群母猪发情与排卵时间相对集中在一定时间范围的技术，亦称发情同期化。同期发情技术应用于现代种猪生产有着极其重要的意义。其一，便于组织和管理生产，能实现全进全出的饲养模式。群体母猪被同期发情处理后，可同期配种，随后的妊娠、分娩、哺乳、哺乳期仔猪及仔猪培育和商品肉猪肥育的管理等一系列饲养管理环节都可按时间表有计划进行，可减少管理开支，降低生产成本，从而形成现代化的工厂化和规模化生产。其二，对种母猪便于开展人工授精技术，使配种工作更加有计划性实施。同期发情技术虽然对处于不同发育或生产阶段的母猪，处理方法也有差异，但基本上都是建立在控制卵泡成熟、排卵时间和黄体寿命基础上的。生产中同期发情技术主要方法如下。

（1）对哺乳母猪通过同期断奶实现同期发情　生产中对哺乳母猪采用同期断奶的方法，即可实现同期发情。由于母猪在哺乳期因哺乳使得卵泡发育受到抑制，断奶后卵泡重新开始发育而使母猪进入发情。据实践中观察，一般有 85%~90% 的断奶母猪在 3~7 天发情并可配种。如果在母猪断奶当日用 PG600 处理或肌内注射 1 000 单位孕马血清促性腺激素，72 小时后再注射 500 单位人绒毛膜促性腺激素，会达到更好的同期发情效果。

（2）对表现过发情周期的母猪实现同期发情　表现过发情周期的母猪主要指后备母猪、断奶后第一个情期未能妊娠的母猪以及其他表现过发情周期的母猪。对此类表现过发情周期母猪的同期发情处理，其原理是通过外源激素的调节，控制其发情排卵在同一时间段发生。具体处理方法有两种，一是使黄体期延长，二是使黄体期缩短。

处方一：孕激素处理法（黄体期延长）。使黄体延长最常用的方法是进行孕激素处理，孕激素对卵泡发育具有抑制作用，通过抑制卵泡期的到来而延长黄体期。生产实践中比较方便的方法是采用药物缓释装置，如皮下埋植或阴道埋植阴道栓。一般用孕激素类药物诺孕美酮，对同期发情的后备母猪按每头 6 毫克皮下埋植诺孕美酮 18 天，90% 的母猪会在撤出药物后的 3~7 天发情。如阴道埋植诺孕美酮阴道栓 14 天，大多数母猪会在撤出阴道栓的 3~5 天周期发情。丙烯孕素（Regumate）也是一种专门用于调节母猪发情配种的孕激素类药物的商品名，对预定要做同期发情处理的一群处于间情期（黄体期）的母猪（数头、十几头或几十头均可），按每日每头 15~20 毫克的剂量肌内注射丙烯孕素油剂，连续用药 14~18 天，之后同时停药，停药后 3~6 天的发情率为 90% 以上。也可将丙烯孕素与日粮混合或单独饲喂，每日每头 15~20 毫克的剂量，连续用药 14~18 天即可。如果在结束处理前 1~2 天注射孕马血清促性腺激素 1 000~1 500 单位，则可提高发情率和同期化的程度。

处方二：前列腺素和促性腺激素处理法（黄体期缩短）。缩短黄体期的方法是注射前列腺素、促性腺激素或促性腺激素释放激素。用前列腺素和促性腺激素的结合，在母猪发情周期的 13~18 天处理，可以有效地调节处于这一阶段的母猪发情同期化。生产中常用三种方法如下。

A. 前列腺素+孕马血清促性腺激素+人绒毛膜促性腺激素法。对处于发情周期 13~17 天的母猪先注射 0.2~0.4 毫克氯前列烯醇，12~18 小时后按每千克体重 10 单位剂量注射孕马血清促性腺激素，孕马血清促性腺激素处理的 72 小时后，按每千克体重 5 单位剂量注射人绒毛膜促性腺激素，绝大多数母猪在前列腺素处理后 4 天左右发情，发情率为 91.6%。

B. 促卵泡素+促黄体素法。选择距上次发情开始第十三天至第十七天、尚无任何发情症状的母猪，第一、第二天逐头肌内注射促卵泡素 200 单位，第三天肌内注射卵泡素 100 单位，第四天肌内注射促黄体素 100 单位，处理结束母猪一般即可发情，发情率达 92.8%。

C. 孕马血清促性腺激素+人绒毛膜促性腺激素法。对处于发情周期 13~17 天的母猪按每千克体重 10 单位的剂量肌内注射孕马血清促性腺激素，72 小时后按每千克体重 5 单位的剂量注射人绒毛膜促性腺激素，一般用孕马血清促性腺激素处理后 4~5 天母猪即可发情，发情率在 81%。

从以上三种方法看，比较实用的是 A 方法，B 方法需连续 4 天注射激素，比较麻烦，C 方法同期发情率偏低。

3. 超数排卵技术

在母猪发情周期的适当时间注射外源促性腺激素，使卵巢比自然发情时有更多的卵泡发育并排卵，这种技术称之为超数排卵，简称为超排。超数排卵处理能使母猪的产仔数提高，有研究表明，母猪经超排处理能提高产仔数 1~1.5 头。目前应用于超排的激素组合主要有两种：一是孕马血清促性腺激素与人绒毛膜促性腺激素的组合；二是促卵泡素与促黄体素的组合。由于后者的价格较贵，且需要连续 4 天注射，操作麻烦，而前者孕马血清促性腺激素具有促卵泡素和促黄体素的双重活性，且比后者的半衰期长，成本低，普遍用于猪的超排。目前，猪的超排主要应用于胚胎移植和其他胚胎工程方面，在一些管理和技术力量较高的猪场也使用超排技术。超排的方法如下。

（1）对表现发情周期母猪的超排方法　初情期后的小母猪或成年母猪于发情周期的 15~16 天每千克体重肌内注射 15 单位孕马血清促性腺激素，72 小时后再注射等剂量人绒毛膜促性腺激素，处理后的母猪排卵数可提高 1 倍左右。

（2）对初情期前母猪的超排方法　对初情期前的母猪肌内注射孕马血清促性腺激素 500~800 单位，72 小时后再注射等剂量人绒毛膜促性腺激素，可使初情期前的母猪正常排卵，排卵数比周期发情的母猪在自然状态下略有增加。

（3）对断奶母猪的超排方法　在母猪断奶的第三天肌内注射孕马血清促性腺激素 1 000~1 500 单位，72 小时后再注射等剂量人绒毛膜促性腺激素，处理后的断奶母猪排卵数可提高 0.5~1 倍。

超数排卵处理虽然能使母猪的产仔数提高，有研究表明，以下因素影响母猪超排效果。其一，母猪的性成活率状况。对初情期前（4 月龄）的母猪超排处理有效率高，但排卵数少；而初情期后（7 月龄）的母猪正相反，超排的有效率低，但排卵数多。其二，孕马血清促性腺激素的剂量。使用孕马血清促性腺激素对母猪进行超排处理，掌握好合适的剂量十分重要。剂量过大，会引起母猪卵巢囊肿，超排的效果反而下降；而剂量小，达不到超排的效果。有实验证实，1 000~1 250 单位处理效果最好，而采用大剂量时（1 500~1 750 单位），母猪卵巢囊肿的比例大大增加，超排的效果反而下降，而使用 750 单位起不到超排的效果。其三，对母猪的处理时间（处于发情周期的哪一天）。母猪处理的时间对超排的效果影响很大。处理过早，黄体尚未开始退化，孕激素的水平处于高峰阶段，外源促性腺激素的作用会被削弱，从而使超排处理的有效率及母猪的平均排卵数均不高。但处理的时间也不能过晚。有试验证明，在母猪发情周期的 15~18 天开始处理，能收到良好的效果。其四，猪的品种。研究表明，不同品种对孕马血清促性腺激素的敏感性不同，超排处理的效果也不同。有试验证实，国内地方良种母猪使用超排效果最好，就是国内培育的猪种如北京花猪、湖北白猪也比国外良种猪使用超排效果好。虽然不同品种超排处理的平均排卵数不同，但共同特点是均可使青年母猪的排卵数能提高一倍左右，也就是说，超排对老龄母猪效果不大。

（二）应用外源激素增加母猪窝产猪数的技术

母猪在自然状态下排出的卵母细胞大约95%能受精，受精卵发育成的胚胎在子宫内的死亡率大约为30%，早期胚胎的死亡大多数发生在妊娠的10~30天，少数发生在妊娠的31~70天。由此可见，母猪的窝产仔数是其排卵数、排卵率、受精率和子宫内胎儿死亡率的综合表现，也就是说，母猪排出卵母细胞的数量是窝产仔数的上限，并非所有排出的卵母细胞都能受精并发育成仔猪。据实验，外源激素可提高母猪的排卵数和排卵率，从而在一定程度上可增加母猪窝产仔数。其方法如下。

1. 应用超排技术

通过孕马血清促性腺激素或者促卵泡与促黄体素的协同作用，可使母猪的排卵数增加，对超排处理后的母猪进行正常配种，可增加母猪的产仔数1头左右。

2. 应用促性腺激素释放激素及其类似物

应用外源性促性腺激素释放激素及其类似物后，母猪在1小时左右体内出现促黄体素分泌峰，30小时左右出现排卵前高峰。因外源性激素的补充，加强了卵巢的排卵功能，从而使卵泡的排卵数增加，而且排卵的持续时间缩短。由于卵巢的排卵率提高，从而增加了产仔数。目前市场上常用的促性腺激素释放激素类似物有促排2号（LRH-A2）和促排3号（LRH-A3）。有研究表明，在注射促性腺激素释放激素及其类似物的同时注射孕马血清，可提高处理的效果。应用以下方法可增加产仔数1~2头。

（1）促性腺激素释放激素法　母猪配种前半小时左右肌内注射促性腺激素释放激素100~200微克。

（2）促排2号法　在母猪配种前半小时左右肌内注射促排2号200微克/头。

（3）促排3号法　在母猪配种前6~8小时肌内注射促排3号，每千克体重0.2微克，每头母猪注射20微克左右。

（4）促排3号+孕酮法　在母猪配种前6~8小时肌内注射促排3号0.2微克/千克体重，配种后2小时肌内注射孕酮60毫克。

（三）产仔调控技术

产仔调控技术指通过对母猪的饲养管理、药物处理、缩短母猪的产仔间隔、增加年产窝数；或根据猪场生产管理的需要，诱发母猪定时分娩产仔。其技术如下。

1. 频密产仔技术

频密产仔是指缩短母猪的产仔间隔，增加年产仔猪窝数。目前有效实现频密产仔的方法有三种：一是早期断奶；二是对泌乳母猪进行诱发发情、配种妊娠；三是通过胚胎移植使优良母猪的产仔频密提高，产仔数大幅度增加。生产实际中，应用早期断奶比较实用，也容易做到。

2. 诱发分娩和定时分娩技术

诱发分娩指在母猪妊娠后期的一定时间内通过药物处理，人为地使母猪终止妊娠并产出正常的仔猪。由于诱发分娩技术基本能准确地使母猪在特定的时间范围内分娩，又称为定时分娩。

（1）诱发分娩的作用　在自然状况下母猪白天分娩与夜晚分娩的数量各占50%，由于夜晚产仔监护工作容易懈怠，母猪踩压仔猪的现象时有发生，接生人员对弱仔的特殊护理有时也不能及时到位，易造成仔猪死亡。采用诱发分娩技术可以有效调整母猪在白天分娩，不仅减轻了饲养人员的劳动强度，而且减少了初生仔猪的死亡率。尤其是对规模化猪场而言，诱发分娩技术可以使母猪分娩实现同期化和相对集中，也有利于集中精力管理，可大大降低仔猪死亡率，还能使仔猪生长发育整齐，体重均匀度好，可有效提高商品猪的整体质量。此外，还可根据不同季节可以将母猪的分娩时间调整至适当的时间段，如在寒冷季节将将母猪分娩时间调整至温度较高的中午，在高温季节避开高温时段的中午，均有利于对母猪分娩进行管理，提高繁殖效率。

（2）诱发分娩的方法

方法一：氯前列烯醇与缩宫素配合使用。在母猪妊娠的 110~113 天，注射氯前列烯醇 0.1 毫克/头，20~24 小时后再注射缩宫素 10 单位/头，之后数小时母猪分娩。

方法二：单独使用前列腺素及其类似物。目前，用于诱发母猪分娩较好的药物是氯前列烯醇，是天然前列腺素氯代衍生物。在母猪妊娠的 110~113 天，每头一次肌内注射 0.05~0.2 毫克氯前列烯醇，可使母猪在注射后 24~29 小时分娩。

方法三：单独使用缩宫素及其类似物。这种激素诱导分娩的时间仅限于分娩开始前的数小时，只有在乳房中已有乳汁分泌时才有效果。除采用缩宫素进行诱导分娩，另外，乙酰胆碱、毛果芸香碱、毒扁豆碱等一些平滑肌刺激药物也可用于诱发母猪分娩，其作用与缩宫素相似。

八、母猪早期妊娠诊断技术

（一）母猪早期妊娠诊断技术的作用

集约化或规模猪场由于缺乏青绿饲料和缺乏运动或受阳光照射不足等因素，会使 10% 左右的母猪配种后未能妊娠。这些未能妊娠的母猪，有的在一个情期之后能表现返情，有的则会呈现假妊娠或乏情（即在一个情期之后并不发情）。这些假妊娠或乏情的母猪如不及时发现就会出现空怀，从而会出现饲料浪费，而且降低了猪场母猪的繁殖效率。生产实践中，对配种后的母猪如能尽早地进行妊娠诊断，对于减少空怀，提高母猪受胎率，缩短繁殖周期都是十分重要的。因此，母猪的早期诊断技术是提高母猪繁殖效率和生产效益的重要技术措施。

（二）母猪早期妊娠诊断技术的方法

母猪早期妊娠诊断应在配种后的一个情期之内，即配种后 18~24 天进行。目前对母猪早期妊娠诊断的方法较多，猪场可根据自己的条件而选择适宜的诊断方法。

1. 超声波诊断法

超声波诊断法是把超声波的物理特点和动物组织结构的声学特点密切结合的一种物理学诊断法，目前有 3 种超声波诊断技术。

多普勒诊断技术（也称 D 型超声技术）：利用多普勒检测仪探查妊娠动物，当发射的超声波遇到搏动的母体子宫动脉、胎儿心脏和胎动时，就会产生各种特征性的多普勒信号，从而做出妊娠诊断。多普勒技术可称为是准确安全的母猪妊娠诊断方法，主要用于探测胎儿心脏的血流音或脐带的血流音，检查时母猪不要饲喂，以避免受到来自消化道的声音干扰。母猪子宫动脉的血流音可在配种后 21 天听到，但配种 30 天之后较可靠，51~60 天的准确率可达 100%。目前北京产 SCD-Ⅱ 型兽用多普勒仪可用于配种后 15~60 天母猪的妊娠诊断。

B 型超声诊断技术：近年来 B 型超声波的应用逐渐增多，用于母猪妊娠诊断的超声显像仪型号多，但都属于线阵（方形图像）或扇形（扇面形图像中的一种），当超声仪发射的超声波在母猪体内传播时，穿透子宫、胚泡或胚囊、胎儿等，就会在荧光屏上显示各层次的切面图像以此做出诊断。如果应用彩色 B 超检查，可在配种后 14 天确定是否妊娠，准确率在 100%。

A 型超声波诊断技术：A 型超声诊断仪体积小，如手电筒大，操作简便，几秒钟即可得出结果，母猪配种后 30 天进行诊断的准确率为 95%～100%。

2. 外源激素诊断技术

注射外源性生殖激素的时间应选在母猪配种后的第一个发情周期即将来临之前。由于妊娠母猪体内占主导地位的激素是孕酮，它能拮抗适量的外源性生殖激素，使之不起反应。因此，可以根据妊娠母猪对某些外源性生殖激素有无特定反应来判断其是否妊娠。妊娠母猪注射适量外源性生殖激素后不会表现发情征兆，而未妊娠母猪注射后，外源性生殖激素和卵巢激素会共同作用于靶器官，使发情的外部表现更明显，如母猪外阴部红肿等。外源激素种类较多，主要有以下方法。

己烯雌酚诊断法：对配种后 18～22 天的母猪，肌内注射己烯雌粉 2 毫克或 1% 丙酸睾丸酮 0.5 毫升与 0.5% 丙酸己烯雌粉 0.2 毫升的混合剂，2～3 天之内未出现发情者即可确诊为妊娠，如母猪出现正常的发情并接受公猪爬跨则确定为未妊娠。

孕马血清促性腺激素诊断法：兽医临床证实，应用孕马血清促性腺激素对母猪进行早期妊娠诊断，不会造成母猪流产，而且产仔数和胎儿发育正常，也不会影响下一胎次的发情和妊娠。用此方法具有妊娠诊断和诱发发情的双重效果，且有方法简便、安全、诊断时间早的优点。生产中对配种后 14～20 天的母猪，肌内注射孕马血清促性腺激素 700～800 单位，注射 5 天之内未出现发情又不接受公猪爬跨则可确定为妊娠，如母猪出现正常发情且又接受公猪爬跨则可确定为未妊娠，这种诊断方法的准确率可达 100%。

3. 内源激素测定法

雌激素测定法：猪的囊胚能合成相当数量的雌激素，其能通过子宫壁，硫酸化而形成硫酸雌酮，这种代谢产物存在于母猪的血液、尿液和粪便中，因此测定尿液和粪便中硫酸雌酮的含量可准确地进行早期妊娠诊断。由于子宫中胚胎的数量和母体血液中硫酸雌酮的浓度之间有直接关系，因此，一般从配种后 16 天开始，一直到 30 天测定硫酸雌酮的浓度可作为灵敏的早期妊娠诊断方法。妊娠母猪硫酸雌酮的含量较高，未妊娠母猪硫酸雌酮的含量很低。由于粪便比尿液更容易采集，一般采集 3～5 克的粪便样品送实验室检测即可。

孕酮测定法：母猪配种后经过一个黄体期的时间，如妊娠，则由于黄体的存在，孕酮的含量保持不变或上升；如未妊娠，则其血液中孕酮的含量会在黄体退化时下降。这种孕酮含量的差异测定，可对母猪的早期妊娠诊断提供依据。生产中孕酮测定多采用放射免疫试验和酶联免疫吸附试验进行测定。母猪配种后 20 天左右采耳静脉血，将血液样品送有关实验室进行检测（一般的规模猪场没有检测条件），测定结果如每毫升血浆孕酮含量大于 5 纳克为妊娠，小于 5 纳克为未妊娠。

第二章
现代种猪的生产性能及杂交利用技术

优秀的猪种是猪场获取经济效益的基础和前提。为了有效提高猪群的总体质量和生产水平，达到优质、高产与高效的目的，猪场经营者首先应选择高生产性能和健康的优良猪种，为提高猪群的总体质量、生产水平和经济效益打下坚实的基础。

第一节　引入国外主要优良猪种

一、大白猪

（一）育成历史

大白猪又称大约克夏猪，为世界著名瘦肉型猪种，原产于英格兰的约克夏郡及其邻近地区。当地原有猪种体大而粗糙，毛色白，其后用当地猪种为母本，引入中国广东猪种和含有中国猪种血液的莱塞斯特猪杂交育成，1852 年正式确定为新品种，以原产地为名称为约克夏猪。约克夏猪分为大、中、小三型，现在世界上分布最广的是大约克夏猪。自 1884 年全国猪育种协会成立后把近 50 年叫惯的约克夏猪改称为大白猪。

（二）品种特征和特性

1. 体形外貌

体形大而匀称，耳立，鼻直，背腰多微弓，四肢较高，颜面微凹；全身被毛白色，少数额角皮上有小暗斑。平均乳头数 7 对左右，乳头较小。

2. 生长发育

在良好的饲养条件下，后备大白猪生长发育较迅速，6 月龄公猪体重可达 104.89 千克，母猪 97.26 千克；成年公猪平均体重、体长、胸围、体高分别为 263 千克、169 厘米、154 厘米和 92 厘米，成年母猪分别为 224 千克、168 厘米、151 厘米和 87 厘米。

3. 育肥性能和胴体品质

具有增重快、饲料利用率高的优点。在国外，大白猪生产水平较高，据丹麦国家测定中心 20 世纪 90 年代试验站测定公猪体重 30～100 千克阶段，平均日增重 982 克，料肉比 2.28：1，瘦肉率 61.9%；在农场大群测定，公猪平均日增重 892 克，母猪平均日增重 855 克，瘦肉率 61%。据湖北省农科院畜牧研究所对大白猪大群猪肥育性能测定结果，在良好的饲养条件下（每千克配合料含消化能 13.4 兆焦，可消化粗蛋白质 132 克，自由采食），仔猪从断乳至体重 90 千克，平均日增重 689 克，料肉比 3.09∶1；据该所另几次测定，241 头猪（其中公猪 11 头，母猪 128 头，阉猪 102 头）胴体瘦肉率占 61%，成年公猪体重 263 千克，母猪体重 224 千克。

4. 繁殖性能

大白猪性成熟较晚，但繁殖性能较高。母猪初情期在 5 月龄左右，一般于 8 月龄，体重 125 千克以上时开始配种，但以 10 月龄左右初配为宜。经产母猪平均窝产仔猪 12.15 头。大白猪引入中国后随着对环境条件的逐渐适应，繁殖性能在有些地区有提高的趋势，天津市武清原种场经产母猪窝产仔猪数 12.5 头，窝产活仔猪数 10.0 头，2 月龄断乳窝重 133.24 千克，哺育率 87.33%。

（三）杂交利用及评价

国外三元杂交模式中常用大白猪作母本或第一父本，在中国大白猪多作父本。生产实践已表明分别与民猪、华中两头乌猪、大花白猪、荣昌猪、内江猪等母猪杂交，均获得较好的杂交效果，其一代杂种猪日增重分别较母本提高 26.8%、21.2%、24.5%、19.5%、24.1%。二元杂交后代胴体的眼肌面积增大，瘦肉率有所提高，据测定，宰前体重 97~100 千克的大约克夏猪×太湖猪，大约克夏猪×通城一代杂种猪，胴体瘦肉率比地方猪分别提高 3.6 和 2.7 百分点。用大白猪作三元杂交中第一或第二父本，也能取得较高的日增重（优势率 24.22%）和瘦肉率（62.66%）。所以，大白猪在中国地方猪作为杂交亲本，有良好的利用价值。

二、长白猪

（一）育成和引入历史

原产于丹麦，原名兰德瑞斯猪。由于体躯特长，毛色全白，故在我国通称长白猪，是目前世界上分布最广的著名瘦肉型猪种。长白猪在 1887 年前主要是脂肪型猪种，从 1887 年后丹麦将土种猪与大约克夏猪杂交，并长期选育，1908 年建立丹麦兰德瑞斯猪改良中心，到 1952 年基本达到选育目标，1961 年正式定名，成为丹麦全国推广的唯一猪种。我国 1964 年首次从瑞典引入公、母猪各 10 头，以后从英国、荷兰、法国、日本引入。自丹麦解除长白猪出口禁令后，1980 年 5 月我国从丹麦引入长白猪 300 余头，此后国内各地也有零星引入约千头。近 10 年来国内引进的长白猪多属品系群，体形外貌不完全相同，但生长速度、饲料利用效率、胴体瘦肉含量等性能有所提高。

（二）品种特征和特性

1. 体形外貌

外貌清秀，全身白色，头狭长，颜面直，两耳向下平行直伸；体躯呈流线形，背腰特长，腰线平直而不松弛，体躯丰满，乳头数 7~8 对。

2. 生长发育

在营养和环境适合的条件下，长白猪生长发育较快。一般 5~6 月龄，体重可达 100 千克，育肥期日增重可达 800 克左右，每千克增重消耗配合饲料 2.5~3.0 千克。据绥化县猪场等六个单位统计，在较好的饲养条件下，6 月龄公猪（12 头）和母猪（22 头）平均体重分别为 83 千克和 85 千克；6 月龄公猪的体长、胸围、体高分别为 110.3 厘米，81.5 厘米和 56.3 厘米；母猪分别为 112.4 厘米、92.7 厘米和 57.5 厘米。成年公猪、母猪体重分别为 246.2 千克和 218.7 千克，体长分别为 175.4 厘米和 163.4 厘米。

3. 育肥性能和胴体品质

由于国外养猪业发达，很多国家采用先进的选育措施，长白猪的育肥性能已达到较高水平。据丹麦国家测定中心报道，20 世纪 90 年代试验站测试公猪体重 30~100 千克阶段平均日增重可达 950 克，料肉比 3.38：1，瘦肉率 61.2%；农场大群测试，公猪平均日增重 850 克、母猪 840 克、瘦肉率 61.5%。由于国内各地引入长白猪的时间和来源不同，因此各地报道的长白猪育肥性能和胴体品质差异较大。总的来看南方地区饲养的长白猪胴体长、日增重等方面均超过北方地区，这与气候、饲养条件等方面有很大关系。

4. 繁殖性能

由于长白猪产地来源不同及国内各地气候差异较大，其繁殖性能也有所不同。在东北的气候条件下，公猪多在 6 月龄、体重 80~85 千克出现性行为，10 月龄、体重 130 千克左右可以配种；母猪 8 月龄、体重 120~130 千克可以配种。但在江南条件下，公猪 8 月龄、体重 120~130 千克，母猪 8 月龄、体重 120 千克左右就可以配种。

（三）杂交利用及评价

长白猪具有生长快、饲料利用率高、瘦肉率高等特点，而且母猪产仔较多、泌乳力好、断奶窝重较高。国内各地用长白猪作父本开展二元和三元杂交，在较好的饲养条件下，杂种猪生长速度快，且体长和瘦肉率有明显的杂交优势。据有关报道，以长白猪为父本，在较好的饲养条件下与我国地方猪杂交效果显著，与北京黑猪、荣昌猪、金华猪、民猪、上海白猪、伊犁白猪等为母本的杂交后代均能显著提高日增重、瘦肉率（48%~50%）和饲料报酬（3.5~3.7）；三元杂交如长×杜×监、长×大×太等日增重达 628~695 克，料重比 3.15~3.30，胴体瘦肉率 57%~63%。因而在提高中国商品猪瘦肉率等方面，长白猪作为一个重要父本会发挥越来越大的作用。

三、杜洛克猪

（一）育成和引入历史

杜洛克猪原产于美国东北部。杜洛克猪的祖先可追溯到 1493 年哥伦布远航美洲时带去的 8 头红毛几内亚种猪，在美国 19 世纪上半叶形成三个种群：一是产于新泽西的新泽西红毛猪，形成于 1820—1850 年；二是纽约州的红毛杜洛克猪，始于 1823 年；三是康涅狄格州的红毛巴尼夏猪，始于 1830 年。1872 年新泽西红毛猪和杜洛克猪都被美国养猪育种协会正式承认并逐渐合二为一，于 1883 年正式合并为杜洛克-泽西猪，后简称为杜洛克猪。早期杜洛克猪是一个皮厚、骨粗、体高、成熟迟的脂肪型品种，20 世纪 50 年代开始，杜洛克转向了肉用型。

中国早在 1936 年就由养猪专家许振英先生引入脂肪型杜洛克猪，1972 年尼克松访华第一次带入肉用型杜洛克猪，1978 年后中国又从英国、美国、日本、匈牙利等国大批引入数百头杜洛克猪，目前国内饲养的主要是美系和匈系杜洛克猪。

（二）品种特征和特性

1. 体形外貌

红杜洛克猪毛色呈红棕色，但颜色从金黄色到暗棕色深浅不一。体形大，体躯深广，颜面微凹，四肢粗壮。白杜洛克猪被毛全白。头中等长，额宽平饱满而不失清秀，面部丰满而无赘肉；嘴筒直，宽长适中；耳中等大，前倾下垂；眼大而有神，瞳孔深褐色。前肩宽度发达，背广胸深，肋骨开张良好，腰背结合构架成微弓曲线，此曲线随年龄增大、体重增加而逐渐趋于水平；中躯腰长而不吊欣，腹大而不下垂，呈流线形；后躯为卵圆大尻，结实饱满，股二头肌群发育适度而不下坠。整体骨架粗大，四肢粗壮，立系，运步灵活。公猪阴囊紧缩，睾丸中等或偏大，上提有力而富有弹性。母猪乳头7对，腹线修长，阴部大小适中。

2. 生长发育

根据国内几个大的杜洛克种猪场的测定报道，公猪20~90千克阶段平均日增重750克左右，饲料转化率3千克以下。白杜洛克猪生长迅速，初生重约1.7千克，28日龄重约8千克，70日龄重30~32千克，达114千克时为154日龄。

3. 育肥性能和胴体品质

据刘康柱等（2006）对新老美系杜洛克猪生长性能测定报道，选择初始重为20千克左右的新老美系杜洛克猪各12头进行肥育试验，体重达90千克左右结束，之后进行胴体品质测定。结果表明，新美系杜洛克猪日增重770克，老美系杜洛克猪日增重728克，差异极显著；不同性别日增重为公猪813.4克，母猪698.1克，阉公猪813.7克，母猪与公猪、阉公猪日增重差异极显著。瘦肉率新美系杜洛克猪64.21%，老美系杜洛克猪61.17%，差异显著。据美国、丹麦等国报道，杜洛克猪体重30~100千克阶段，日增重767~895克，料肉比2.58：1，屠宰率73.04%，胴体瘦肉率62.2%。

4. 繁殖性能

杜洛克猪在国内一般初情期为218.4日龄，10月龄、体重达160千克以上初配为宜。根据国内几个大的杜洛克猪种猪场报道，大群种猪平均窝产仔猪9.08~9.17头。白杜洛克后备母猪7月龄达到性成熟，经产母猪窝均产仔数10头左右。

（三）杂交利用与评价

杜洛克猪对世界养猪业的最大贡献是作商品猪的主要杂交亲本。引入后的杜洛克猪能较好地适应我国条件，以杜洛克为父本与我国地方品种猪的杂交后代，比地方品种猪显著的提高生长速度、饲料转化率与瘦肉率。杜洛克猪与国内地方猪种杂交，多数情况下能表现出最优的日增重和料重比，其胴体品质和适应性首屈一指，最值得称赞的是氟烷阳性率为零。国内近些年杜洛克猪杂交后代平均日增重644克，料重比3.27，眼肌面积32.2厘米^2，瘦肉率56.7%，生产性能良好，有很高的经济潜力。但杜洛克猪具有产仔少，泌乳能力稍差的缺点，早期生长较差，适应性稍差。所以在二元杂交中一般都用作父本，在三元杂交中作终端父本。

四、汉普夏猪

（一）育成和引入历史

汉普夏猪原产于美国肯塔基州的布奥地区，是由薄皮猪和从英国引入的白肩猪杂交选育而成，1904年命名为汉普夏猪，1939年美国成立汉普夏育种协会。早期汉普夏也是一种脂肪型猪种，20世纪50年代才逐渐向瘦肉型方向发展。1936年许振英先生引入汉普夏猪与中国本地猪（江北猪-淮猪）杂交，抗日战争时期中断。1983年中国第一次从匈牙利引入一批汉普夏猪供杂交利用，以后又从美国引入数百头。

（二）品种特征和特性

1. 体形外貌

被毛黑色，在肩和前肢有一条白带（一般不超过1/4）围绕，故又称为"银带猪"。嘴较长而直，耳中等大而直立，体躯较长，肌肉发达，性情活泼。

2. 生长发育

据广州市农业局 1982 年报道，6 月龄公猪体重 85.3 千克，母猪 71.7 千克。成年公猪体重 315~410 千克，母猪 250~340 千克。

3. 育肥性能和胴体品质

20 世纪 90 年代丹麦报道，试验站测定，公猪平均日增重 845 克，料肉比 2.53∶1，瘦肉率 61.5%；农场大群测试，平均日增重公猪 781 克，母猪 731 克，瘦肉率 60.8%。由此可见，汉普夏猪具有瘦肉多，背膘薄等优点。

4. 繁殖性能

多数母猪在 6 月龄发情。据 1994 年河北省畜牧研究所报道，初产母猪窝产仔数 7.63 头，初生个体重 1.33 千克，二胎产仔数为 9.74 头，平均体重 1.43 千克。

（三）杂交利用与评价

国外利用汉普夏猪作父本与杜洛克母猪杂交生产的后代公猪为父本，与长白×大白母猪杂交，F_1 代为母本获得的四元杂交猪生产效果最好，产品质量也最佳，见表 2-1。

表 2-1　丹麦杂交种母猪和 HD 或杜洛克公猪的生产效果

项　　目	生产效果	项　　目	生产效果
每窝成活仔猪数（头）	11.7	达 25 千克活重日龄（天）	67
每窝断乳猪数（头）	10.5	达 100 千克活重日龄（天）	162
仔猪断乳日龄（天）	28	25~100 千克活重平均日增重（克）	823
每头母猪年产窝数（窝）	2.35	饲料转化率（千克）	2.70
每头母猪年产仔猪数（头）	24.7	胴体瘦肉率（%）	61.0

国内有些省试验，以汉普夏猪为父本与某些地方猪种杂交，能显著提高商品猪的瘦肉率。在三元杂交模式中，以汉普夏作第二父本也有很好杂交效果，如汉普夏×（长白×金华），汉普夏×（大约克×金华），汉普夏×（长白×桂墟）等。河北省以汉普夏猪为终端父本，培育了翼合白猪杂优猪，达到了一定的杂交优势效果。

五、皮特兰猪

（一）育成和引入历史

皮特兰猪原产于比利时的布拉特地区。1919—1920 年在比利时布拉特附近用黑白斑本地猪与法国的贝叶猪杂交，再与美国泰姆沃斯猪杂交选育而成，1955 年被欧洲各国公认，是近十几年来欧洲较为流行的猪种。我国 20 世纪 80 年代开始引进皮特兰猪作杂交改良之用。

（二）品种特征和特性

1. 体形外貌

体躯呈方形，体宽而短，四肢短而骨骼细，最大特点是眼肌面积大，后腿肌肉特别发达。被毛灰白，夹有黑色斑块，还杂有少量红毛。耳中等大小，微向前倾。

2. 生产性能

皮特兰猪背膘薄，胴体瘦肉率高，据报道，90 千克活重瘦肉率高达 66.9%，但肉质差，PSE 肉发生率高。皮特兰猪平均窝产仔数 9.7 头。据广西壮族自治区（简称广西）西江农场观察，皮特兰母猪初情期为 6 月龄，体重 80~90 千克，发情周期平均为 21.94 天；公猪 7 月龄就可以采精。

（三）杂交利用和评价

该猪种由于胴体瘦肉率很高，并且在杂种组合中能显著提高商品猪的瘦肉率，因此可作为杂交组合的终端父本猪。

六、巴克夏猪

（一）培育及演变过程和引入历史

巴克夏猪是英国古老的培育猪种之一，迄今已有 300 余年的历史和 200 年的纯繁记录。由于该猪育成于英国巴克夏郡，故以其郡名命名。英国于 300 年前直接从中国和泰国引进早熟肥美的华南猪和泰国猪，与巴克夏郡本地晚熟粗糙的红毛猪和花毛猪及其拿破利坦猪后裔杂交选育出了体大早熟肥美的巴克夏猪。1830—1860 年巴克夏猪已形成稳定的遗传特点，以黑毛六白作为品种外貌标志之一，1862 年正式确定为一个脂肪型品种，并于 1884 年在原产地成立品种登记协会。19 世纪巴克夏猪开始风靡世界。

中国早在清光绪末年，就由德国侨民把巴克夏猪引入青岛一带，以后外侨陆续带入全国各地。1915—1934 年国内各地农业院校及农事机关地相继从国外引入并进行杂交改良工作。1950 年以后，中国先后从澳大利亚、英国、日本引进过巴克夏猪。中国早期引进的巴克夏猪是一种体躯肥胖的典型脂肪型猪种。20 世纪 50 年代后，国外近代的巴克夏猪逐渐向肉用型方向发展。近些年中国引进的巴克夏猪体躯稍长，胴体品质趋向于肉用型。

（二）品种特性和特征

1. 体形外貌

巴克夏猪体形较大，毛色有"六白"特征，性情温顺，体质结实；可直立，稍向前倾，鼻简短，颜面微凹；胸深广，背腹线平直。

2. 生长发育

巴克夏猪在国内数十几年的驯化，经选育其生长发育比刚开始引入时有所提高。据河南省正阳种猪场 1978 年测定，6 月龄后备公猪、母猪体重分别为 66.57 千克和 58.44 千克；成年公猪体重、体长、体高和胸围分别为 230 千克、154 厘米、82 厘米和 148 厘米；成年母猪分别为 198 千克、149 厘米、76 厘米和 142 厘米。

3. 育肥性能和胴体品质

1990 年世界养猪展览会测定，巴克夏猪日增重 738 克，背膘厚 2.87 厘米，眼肌面积 34.90 厘米^2，胴体长 80.47 厘米，腰肌内脂肪 2.70%，屠宰率 73.86%。据我国西北农业大学 1976 年和 1982 年两次育肥试验，在每千克混合饲料含消化能 13.6~13.9 兆焦，粗蛋白质 12.7%~17.8% 的营养水平下，育肥猪 20~90 千克阶段，日增重 487 克，料肉比 3.79：1；育肥猪屠宰率为 74.63%，胴体长 73.63 厘米，瘦肉率 54.56%，眼肌面积 26.16 厘米^2，背膘厚 3.86 厘米。

4. 繁殖性能

国内在一般饲养管理条件下，公、母猪于 210 日龄、体重 100 千克左右开始配种，初产母猪和经产母猪窝产仔猪数分别为 7.44 头和 8.97 头。

（三）杂交利用与评价

巴克夏猪是中国养猪历史中屈指可数的优秀杂交父本之一。20 世纪 50 年代至 80 年代，巴克夏猪与中国地方猪种的杂交后代是大宗商品猪的主要物质基础。当时的杂交有两种最为普及的形式，其一是巴本模式（巴克夏公猪配本地母猪）生产巴本二元杂交商品猪，其二是巴大本模式（巴克夏公猪为第二父本，大白公猪为第一父本配本地母猪）生产巴约本三元商品猪，该商品猪含巴克夏猪血液50%，大白猪血液25%，本地猪血液25%，从而可推知该三元杂交的75%的遗传基础是定格在优质肉档次。巴克夏猪被普遍用作杂交父本，对促进中国猪种的改良起过一定作用。当时中国有众多的地方品种与巴克夏猪杂交形成了上百个杂交组合，对中国猪种的品种格局产生了重大影响。在20世纪特别是在1949—1978年引领着农村养猪生产杂交改良的潮流，造就了一大批国产的近代培育品种，为中国的养猪业在提高养猪生产效率方面立下了历史丰碑。虽然巴克夏猪引入初期，夏季经常出现呼吸困难和热射病，经长期驯化后，表现出良好的适应性，生产性能有一定程度的提高。但总的来讲，巴克夏猪与中国南方地区猪种杂交效果不够理想，杂交后代产仔数普遍比本地猪纯繁时降低，且巴克夏猪及杂交后代还存在胴体瘦肉率不高等缺点。

第二节　中国典型地方猪种

一、民猪

（一）起源与产地

民猪是起源于东北三省的一个古老地方猪种，是我国华北型地方猪种的主要代表。早期民猪分大（大民猪）、中（二民猪）、小（荷包猪）3个类型，以中型民猪多见。分布于辽宁、吉林和黑龙江三省的东北民猪与分布在河北省和内蒙古自治区的民猪，在起源、外形和生产性能上相似，1982年被统称为民猪。

（二）体形外貌

民猪头中等大、面直长、耳大下垂；体躯扁平，背腰狭窄，臀部倾斜，四肢粗壮；全身被毛黑色，毛密而长，猪鬃较多，冬季密生绒毛。

（三）优良特性

1. 耐粗饲

民猪具有耐粗饲的优良特性，民猪不是把粮食转化为肉脂，而是把粗饲料和青饲料转化为肉脂。民猪消化粗饲料的能力和猪体的消化器官与遗传有关。民猪在日粮粗纤维含量8%的情况下，对粗纤维消化率比瘦肉型猪高2.7个百分点。

2. 饲养简单

民猪对外界不良环境适应性极强，很少发病。在-30℃和-28℃的气温下仍能生产。在北方地区"一组篱笆墙，一块空地，一捆草垫圈"就可以养民猪了。尽管饲养条件这样差，民猪却能健康生长，这与民猪具有较强的抗逆性有关。

3. 繁殖能力与母性强

民猪性成熟早，初情期为4~5月龄，体重70千克左右即可发情配种，发情特征明显，而且特别有规律，情期受胎率均超过90%。母猪乳头数7~8对。8~9月龄母猪排卵数14.86个，10月龄母猪排卵数达20.6个。初产母猪窝产仔数12.2头，窝产活仔数10.56头，仔猪初生个体重 1.07 千克；经产母猪窝产仔数 15.55 头，窝产活仔数 13.59 头，仔猪初生个体重 1.10 千克；母猪平均产仔数分别比其他猪种高 3 头和 1.85 头。民猪泌乳量高，产后 2 个月泌乳量高的可达到 330 千克左右。在 60 天的哺乳期中，初产母猪平均每天泌乳量 4.45 千克，泌乳高峰期在哺乳期的 25~30 天；经产母猪平均每天泌乳量 5.65 千克，泌乳高峰期在哺乳期的 20~35 天。民猪护仔能力也是其他猪种不能比的，民猪照顾仔猪的能力特别强，不挤、不压、不踩，趴的时期慢慢趴，走路的时候趔着走。民猪母猪可以在-15℃条件下正常产仔和哺育仔猪，繁殖利用年限长达 5 年。

4. 抗病能力强

猪的抗病性能是一个复杂的数量性状，受遗传和环境因素的共同影响。民猪胸腔宽广，呼吸器官发达，发生气喘病的概率极低。民猪肢蹄强健有力，蹄匣坚实，发生腐蹄病和蹄裂病的概率非常低。民猪抗病力、适应性强，发病率很低，几乎不用兽药，肉质良好，猪肉安全性高。

5. 肉质好

民猪的肉质特别好，一是颜色鲜红；二是保鲜好，不易风干；三是有大理石花纹，吃着特别香。民猪无灰白肉和暗黑肉，肌肉含水量与干物质多，这种肉炒菜不黏锅。民猪肉脂肪含量适中，具有色、香、味俱佳的优点，肌间脂肪含量比其他猪种高 4%~6%，大理石纹分布均匀，口感细腻多汁。

（四）杂交利用及评价

民猪体重 20~90 千克生长期的日增重为 458 克。据有关试验报道，在以粗料为主的饲养条件下，达 90 千克体重需 8 个月左右，饲料利用率和生长速度都不及引进的国外猪种。民猪在杂交繁育中主要用作母本，与大白猪、长白猪、苏白猪、巴克夏猪杂交，日增重分别为 560 克、517 克、499 克和 466 克。民猪与其他猪正反交都表现较强的杂种优势。新中国成立以来，利用民猪作母本，分别与引进的约克夏猪、苏联大白猪、克米洛夫猪和长白猪进行杂交利用，培育成的哈白猪、新金猪、三江白猪、东北花猪和天津白猪等均能保留民猪的优点。

民猪具有抗寒力和耐粗饲强，体质强健，产仔数多，脂肪沉积能力强和肉质好的特点，适用于生态放牧和粗放的管理，与其他猪种进行二元和三元杂交，所得杂种后代在繁殖和育肥等性能上均表现出显著的杂种优势。这种二、三元杂交猪特别适用于农村经济条件差的地区饲养。但杂交后代脂肪率高，皮肤厚，后腿肌肉不发达，增重较慢。民猪的繁殖性状、肉质、适应性是改良其他猪种的宝贵基因，民猪在国内养猪生产中的作用不可忽视。

二、太湖猪

（一）起源与产地

太湖猪为江海型的主要代表，是世界上产仔数最多的猪种，享有"国宝"之誉，主要分布于我国长江下游的江苏、浙江、上海市交界的太湖流域的地方猪种，其中包括二花脸猪、梅山猪、枫泾猪、横泾猪、米猪、沙乌头猪和嘉兴黑猪。1974 年归并称为太湖猪。2014 年 4 月，农业部公告第 2061 号《国家级畜禽遗传资源保护名录》中，将"太湖猪"拆分成二花脸猪、梅山猪、米猪、沙乌头猪和嘉兴黑猪。

（二）体形与外貌

太湖猪体形中等，被毛稀疏，黑色或青灰色，腹部紫红色，梅山猪、枫泾猪和嘉兴黑猪具有"四白猪"，也有尾尖为白色。头大额宽，额部和后躯皱褶深密，耳大下垂，形如烤耳叶。四肢粗壮，腹大下垂，臀部稍高。

（三）优良特性

太湖猪是世界上产仔数最多的一个猪种，曾创造一窝产仔 42 头的纪录。同时它还具有耐粗饲、性情温驯、肉质鲜美、杂种优势显著等特点，是提高世界猪种繁殖力和改善肉质的宝贵遗传资源，又是养猪业中用作经济杂交和合成配套系的优良母本，因而受到了国内外养猪界的高度重视。

（四）生长发育

太湖猪中各类型体形差异较大，但生长发育规律较为一致，体重 0~90 千克生长期日增重 370~400 克，生长速度较慢，6~9 月龄体重 65~90 千克，90 千克屠宰时屠宰率 70%~74%，瘦肉率 39.9%~45.1%，背膘厚 3.4~4.0 厘米。成年公猪体重 140 千克，母猪体重 114 千克。

（五）繁殖力

1. 公猪

公猪初情期 60~80 日龄精液中出现精子，平均为 79.26 月龄，其中二花脸猪较早（67.6 日龄），枫泾猪较迟（88 日龄）；性成熟期（出现正常精液时间）平均为 116 日龄，此时血液中睾丸酮的含量差别较大，二花脸猪仅为嘉兴黑猪的 40.07%，但不宜以此指标判断是否适宜初次配种。

2. 母猪

母猪 64 日龄初次发情，45 日龄已可排卵，120 日龄，体重 25.5 千克时表现明显的发情征兆。初情期平均为 98.65 日龄，但二花脸猪较早（64 日龄），枫泾猪较迟（133.6 日龄），初情期各类群平均排卵数相近为 11.16 枚。经产母猪平均排卵数量 25.7 枚，发情周期 18~19 天，乳头数 8~9 对。窝产仔数初产母猪 12 头，经产母猪 16 头以上，三胎以上，每胎可产仔 20 头，优秀母猪窝产仔数可达 26 头，最高纪录 42 头。据有关试验报道，在相近的饲养管理条件下，太湖母猪与我国其他地方猪种相比，初产母猪产仔数多 2.47 头，经产母猪多 3.5 头，产活仔数初产母猪多 2.44 头，经产母猪多 2.05 头，断乳仔猪亦多出 1.81 头，证实了太湖猪是地方猪种繁殖力最高的一个猪种。另据试验，在每天摄入消化能 43.89 兆焦，粗蛋白质 410~460 克时，60 天哺乳期平均每天泌乳 4.8~5.2 千克，泌乳力较高。太湖母猪护仔性强，为减少仔猪被压，起卧小心，仔猪哺育率及育成率较高。

（六）杂交利用及评价

太湖猪的高产性能誉声世界，是我国乃至全世界猪种中繁殖力最强、产仔数最多的优良品种之一，尤以二花脸猪、梅山猪繁殖力最好。由于太湖猪具有高繁殖力，世界上许多国家都曾引入太湖猪与本国猪种进行杂交，以提高本国猪种的繁殖力。据法国的研究资料，梅山猪和嘉兴黑猪与长白猪、大白猪杂交所生的杂种一代母猪，初情期与梅山猪、嘉兴黑猪相近，初产日龄比纯种长白猪和太白猪至少提早 30 天以上，每年可节省饲料 120 千克。此外，杂种一代经产母猪平均窝产仔数 15 头，产活仔数 14 头，均比长白猪和大白猪多，接近纯种太湖猪。另据法国的试验结果，太湖猪与长白猪杂交，太湖猪的血统占 1/2 时，每胎比长白猪多产 6.4 头，如太湖猪血统占 1/4 时，每胎比长白猪多产 3.6 头，但是同时杂种猪的瘦肉率也会降低。我国有些试验结果表明，大×二和长×二杂种一代母猪、以胎平均窝产仔数、窝产活仔数和初生窝重均高于纯种二花脸头胎母猪，具有明显的杂种优势。众多试验表明，太湖猪杂种一代母猪产活仔数的杂种优势一般为20%左右，最高达32.6%，初生窝重的杂种优势为27%~40%。也由于太湖猪遗传性能稳定，与瘦肉型猪种杂交优势明显，最宜作为杂交母本。目前太湖猪常用作长×太母本（长白猪与太湖猪母猪杂交的第一代母猪）开展三元杂交。生产实践也证明，杂交过程中杜×长×太或大×长×太等三元杂交组合模式保持了亲本产仔数多、瘦肉率高、生长速度快等特点，已在国内某些省市推广应用。

三、淮猪

（一）起源与分布

淮猪又称老淮猪，黄淮海黑猪，属古老的华北型猪种。公元3—6世纪魏晋南北朝时期和12世纪南宋时期，淮北平原经济遭受战争破坏，两次大规模移民南下，淮猪被移民引入南京、扬州、镇江丘陵山区，后经长期培育形成山猪。以后随着沿海地区的开发，淮猪东移后又逐渐形成适应沿海盐渍地带的灶猪。由于产地不同而有淮北猪、定远猪和寿霍黑猪等类群。2000年农业部发布130号公告，将淮猪列入《国家地方优良畜禽品种名录》。2014年4月，农业部发布公告第2061号《国家级畜禽遗传资源保护名录》，将"黄淮海黑猪"拆分成马身猪、淮猪、莱芜猪。淮猪主要分布于苏北、鲁南、豫北和皖东等地。

（二）体形与外貌

淮猪全身被毛黑色，毛粗长，较密，冬季生褐色绒毛。头部面额部皱纹浅而少，呈菱形，嘴筒较长而直，耳稍大，下垂；体形中等，紧凑，背腰窄平，极少数微凹，腹部较紧，不抱地，臀部斜削，四肢较高粗壮，稍卧系（趾骨与地面稍平行）。

（三）优良特性

淮猪具有性成熟早、产仔数多、对当地环境的适应性强、抗寒耐粗饲、母性好、杂交优势明显、肉质鲜美等优点，是我国新淮猪、沂蒙黑猪等培育猪种的亲本，也是今后培育新品种的良好育种素材。

（四）生长发育

初生仔猪平均体重为0.8千克以上，在正常饲养条件下，肥育猪20~80千克阶段，平均日增重400克以上，达80千克体重平均230日龄；成年公猪体重在110~150千克，成年母猪体重在90~125千克。

（五）肥育性能与肉质性状

淮猪6月龄屠宰，屠宰率达67.8%，日增重327克，胴体瘦肉率44.46%，料重比为3.34；8月龄屠宰体重可达80千克，屠宰率70%~72%，日增重387克，胴体瘦肉率42%，料肉比为3.66：1；体重90千克时屠宰，屠宰率71%，6~7肋间皮厚0.31厘米，背膘厚3.55厘米，胴体瘦肉、脂肪、皮和骨分别占胴体的49.64%、26.64%、14.18%和10.26%。淮猪肉质好，肉色鲜红，肌纤维紧密，肌内脂肪高。淮猪在淮北地区过去饲养以饲喂青绿饲料为主，舍饲与放牧相结合，肉猪运输多采用长途驱赶，不用车子。因此，形成淮猪瘦肉率较高，肌内脂肪含量较高的特点。

（六）繁殖力

母猪性成熟早，初情期平均为77.3日龄（51~107日龄），体重13~16千克，性欲旺盛，发情周期平均为20.4日（14~30日），发情持续期2~5日，适宜初配期为120~150日龄，妊娠期平均为114日（110~125日），初产母猪窝产仔数8~8.5头，窝产活仔数7.7~8.3头，经产母猪窝产仔数13.5~14.5头，窝产活仔数12~12.5头。母猪3~7胎产仔数稳定在 13 头以上，一般 45 日龄断奶平均体重 8.32 千克，窝重 101.7 千克，仔猪初生个体重 0.8~0.9 千克。公猪在 100 日龄（体重 24 千克）时开始有性行为。

（七）杂交利用与评价

淮猪虽然优点突出，但育肥生长速度较慢，育肥性能较差，但杂交优势明显。据有关试验报道，淮猪与引入杜洛克猪、长白猪、大白猪和苏白猪杂交，体重 30~90 千克肥育猪日增重分别为 540 克、650 克、460 克和 570 克，可见长淮杂交猪日增重为第一，每千克增重消耗可消化能分别为 59.77 兆焦、50.58 兆焦、55.59 兆焦和 55.59 兆焦；可消化蛋白质分别为 384 克、332 克、366 克和 366 克；杂种猪的胴体瘦肉率分别为 56%、50.4%、52.5% 和 48.5%，可见杜淮杂种猪瘦肉率最高。另据李景忠、姜建兵（2006）报道，用大白猪与淮猪进行杂交，大淮二元商品猪 30~90 千克阶段平均日增重达 611.15 克，料重比 3.2（69 头样本均值）；杜大淮三元杂种商品猪，170 日龄体重达 92 千克，活体背膘厚 1.9 厘米，胴体瘦肉率 59.43%，25~90 千克阶段料重比 2.99（62 头样本均值）。大淮、长淮、杜淮二元母猪具有发情早、产仔数多、母性好、耗料少、对饲养条件要求不高等优点，受到养殖场（户）的认可。

四、宁乡猪

（一）起源与分布

宁乡猪俗称"造钟猪"，是我国较古老的优良地方品种之一，原产于湖南省宁乡县的流沙河、草冲一带，又称流沙河猪、草冲猪，是中国四大名猪种（金华猪、荣昌猪、太湖猪、宁乡猪）之一，已有上千年的繁衍历史。宁乡猪主要产地是湖南省宁乡县，原产地与中心产区均为流沙河、草冲两个乡镇。除湖南省的益阳、娄底、邵阳、湘潭等地级市均有较多数量的分布外，湖北、广西、江西、贵州、重庆、四川等地也都有分布。《中国猪品种志》依据其地域及生态类型而归类于华中型地方品种。1981 年，国家标准总局正式确定宁乡猪为国家级优良地方猪种，并颁布了《GB1773—1981 宁乡猪》国家标准；1984 年和 1986 年宁乡猪分别被载入《湖南省家畜家禽品种志和品种图谱》和《中国猪品种志》；2006 年 7 月，宁乡猪被列入农业部确定的首批《国家级畜禽遗传资源保护名录》；2014 年 2 月，宁乡猪再次被列入农业部确定的《国家级畜禽遗传资源保护名录》。

（二）体形与外貌

宁乡猪体形中等，躯干较短，结构疏松，清秀细致，矮短圆肥，呈圆筒状。背腰平直、腹大、下垂，但不拖地，臀部斜尻。四肢粗短，大腿欠丰满，前肢挺直，后肢弯曲，多有卧系，撇蹄，群众称为"猴子脚板"。两耳较小下垂，呈八字形。颈粗短，有垂肉。被毛短而稀，成年公猪鬃毛粗长，毛色特征为黑白花，分为三种即乌云盖雪：体躯上部为黑色，下部为白色，有的在颈部有一道宽窄不等的白色环带，称为"银颈圈"；大黑花：头尾黑毛，四肢白毛，体躯中上部黑、白相间，形成两三块大黑花；小散花：在体躯中部散布数目不一的小黑花，又称"金钱花""烂布花"。尾根低大，尾尖扁平，俗称"泥鳅尾"。头中等大小，额部有形状和深浅不一的横行皱纹。按头型分狮子头、福子头、阉鸡头三种类型，其中狮子头型已经较少。

（三）优良特性

宁乡猪具有生长快、早熟易肥、蓄脂力强、肉质细嫩、肉味鲜美香甜、肌肉中夹有脂肪、口味肥而不腻等优点而享誉中外。而且宁乡猪具有体态漂亮、繁育能力强和性情温顺、适应强等特点，在华北、东北、西北、华南等地饲养，均具有较强的适应性，与外种猪杂交具有明显的杂种优势，最高优势率达19.12%。由于宁乡猪具有许多优良种质特征，是重要的遗传资源，明洪武年间就有"与他地产者更肥美"之称，清嘉庆年间也有"流沙河，造钟河苗猪，两地相连数十里，猪种极良，家家喂母猪产仔仔……贩客络绎"的记述，这也是宁乡猪俗称"造钟猪"的由来。20世纪60年代以来，宁乡猪与长白猪、中约克夏猪的杂种猪始终是商品仔猪和中猪的重要来源，因此宁乡猪被称为国家重要的家畜基因库。

（四）繁殖力

宁乡猪性成熟较早，公猪生殖器官各部分的发育速度基本一致，一般在90日龄之前增长较快，30~45日龄开始有性行为，3月龄左右性成熟，5~6月龄体重30~35千克开始配种，有较强的交配欲。在较好的饲养条件下，成年公猪一天可以交配2~3次。同公猪一样，母猪生殖器官各部分的生长和发育速度也基本一致，45日龄母猪有初级卵母细胞，90日龄时有成熟卵细胞，130日龄初次发情，164~177日龄可以配种；初配母猪平均排卵数为10枚（9~12枚），成年母猪为17.16枚（9~23枚），胚胎早期（30天）成活率为82.4%。母猪妊娠期105~123天，平均为115天，断奶后5~7天发情。经产母猪窝产仔数10.12头，仔猪初生个体重0.85千克，20日龄时窝重27.6千克。母猪利用年限在8年以上。

（五）生长性能

据1978—1981年的调查，宁乡猪在农村饲养条件下，后备母猪4月龄体重24.32千克，6月龄体重34.19千克，8月龄体重51.66千克，10月龄体重71.4千克。当时，宁乡县种猪场以平均饲粮为1千克稻谷、0.05千克鱼粉、0.15千克麦麸、青料自由采食的条件下，后备母猪6月龄体重45.77千克，比产区同龄母猪增长速度提高33.87%；8月龄体重70.49千克，比产区同龄母猪增重速度提高36.45%。产区育肥猪体重10.5~80.5千克时，平均日增重368克，按照标准饲养、低于标准20%和40%三组试验，体重22~96千克阶段平均日增重分别为587克、503克和410克。

（六）胴体品质

在流沙河、草冲等原产地，人们一般习惯于将宁乡猪养至65~75千克便屠宰上市。在1978—1981年不同营养水平宁乡猪肥育试验的结果也表明，宁乡猪适宜的屠宰体重为75~85千克。75千克屠宰时，屠宰率为70.19%，背膘厚4.58厘米，皮厚0.43厘米，胴体瘦肉率37.6%；90千克屠宰时，屠宰率为74%，背膘厚6.50厘米，皮厚0.54厘米，胴体瘦肉率34.7%。由此可见，超过75千克继续饲喂，不仅生长速度减慢，而且饲料转化率也下降，胴体品质有所下降，影响综合效益。宁乡猪肉色鲜红，肌纤维纤细，纹理间脂肪含量丰富，分布均匀，肉质细嫩，肉味鲜美。

（七）杂交利用与评价

宁乡猪历史悠久，性能独特，该猪种种质遗传性稳定，配合力强，杂种优势明显，是仅有的几个早在20世纪80年代就制定了国家标准的品种之一。长期以来，以该猪种的为母本与中约克夏或大约克夏杂交的中宁或大宁商品杂种猪始终是港澳地区中乳猪市场的重要猪源。据朱吉、李述初等（2008）试验报道，采用单子设计，选择宁乡猪、大约克夏猪和汉普夏猪为亲本，设置宁乡猪×宁乡猪（宁×宁），大约克夏猪×宁乡猪（大×宁），汉普夏猪×宁乡猪（汉×宁）3个品种组合，探讨宁乡猪杂交组合效果。结果表明：汉×宁、大×宁、宁×宁生长肥育全期平均日增重和料肉比分别为734.21克、721.02克、692.36克和3.40：1、3.50：1、3.67：1；背膘厚、眼肌面积分别为24.36毫米、27.77毫米、32.55毫米和

25.20 厘米^2、24.11 厘米^2、19.25 厘米^2，后腿比率、瘦肉率分别为 29.95%、30.18%、25.54% 和 55.97%、52.73%、37.98%；肉色、大理石纹评分分别为 3.06、2.92、3.32 和 3.03、3.13、3.336。由此可见宁乡猪杂交组合具有较高的生长速度和胴体品质，有望在未来利用地方猪种资源培育和开发，适应市场品牌猪的进程中发挥重要作用。

五、八眉猪

（一）起源与分布

八眉猪属华北型猪种，包括泽川猪、伙猪和互助猪，又称西猪。据史料记载，早在五、六千年以前，西安半坡村人就驯养了该猪种，可见这是西北地区一个古老的地方猪种。中心产区为陕西泾河流域、甘肃陇东和宁夏的固原地区，主要分布于陕西、甘肃、宁夏、青海等省、自治区。2014 年 2 月八眉猪再次被列入国家级畜禽遗传资源保护名录中第 1 名。

（二）体形与外貌

八眉猪体格中等，头较长，耳大下垂，额有纵行倒"八"字纹，故名"八眉"猪。被毛黑色，背腰狭长，腹大下垂，四肢结实，后肢有不严重的卧系。乳头 6~7 对。按体形生产特点可分为大八眉、二八眉和小伙猪三大类型。大八眉体形较大，生长慢，成熟晚，已不适应生产需要，数量已逐渐减少；二八眉猪为大八眉与小伙猪的中间类型，生产性能较高，属中熟型；小伙猪体形较小，四肢较短，体质紧凑，皮薄骨细，早熟易肥，适合农村饲养，占八眉猪总数的 80% 左右。

（三）优良特性

八眉猪具有耐粗饲、耐寒、抗逆性好，能够适应贫瘠多变的饲养管理条件，早熟易肥，肉质好，繁殖性能优良，产仔数高，母性强等特点。

（四）繁殖力

八眉猪性成熟早，公猪 30 日龄即有性行为，10 月龄，体重 40 千克时开始配种，一般利用年限 6~8 年；母猪于 3~4 月龄开始发情，发情周期 18~19 天，发情持续期约 3 天，产后再发情时间一般在仔猪断奶后 9 天左右；8 月龄，体重 45 千克时开始配种，头胎窝产仔数 6.4 头，三胎以上 12 头，仔猪初生重 0.73 千克，一般利用年限 4 年左右。胡德明（2004）对我国八眉猪研究表明，不论是纯繁还是杂交，其繁殖性能均以第一胎较低，以后随胎次增加，其繁殖性能逐渐提高，第 5~9 胎次达到高峰，以后逐渐下降，并建议八眉猪在完成 7 胎以后可考虑淘汰。

（五）生长发育

八眉猪生长较慢，育肥期较长。大八眉猪 12 月龄体重才 50 千克左右，2~3 岁体重达 150~200 千克时屠宰；二八眉猪育肥期较短，10~14 月龄，体重 75~85 千克时可出栏；小伙猪 10 月龄、体重 50~60 千克时即可屠宰，育肥猪日增重 458 克。

（六）胴体品质

八眉猪的肉质好，肉色鲜红，肌肉呈大理石纹状，肉嫩，味香；胴体瘦肉率为 43.2%，胴体瘦肉含蛋白质 22.56%。

（七）杂交利用及评价

八眉猪是一个良好的杂交母本猪种，与国内外优良猪种杂交，具有较好的配合力，以八眉猪为母本，内江猪和巴克夏猪为父本，三元杂种日增重 580 克左右。

六、荣昌猪

(一) 起源与分布

荣昌猪为西南型主要猪种，也是我国著名的地方猪种之一，因原产重庆市荣昌县而得名。1972 年，荣昌猪正式纳入"全国育种科研协作计划"，成为全国选育的地方猪种之一，1987 年国家颁发了《荣昌猪国家标准》，1985 年荣昌猪被列为国家一级保护品种，2000 年被列入第一批国家畜禽品种保护名录，2014 年 2 月再次被列入国家级畜禽遗传资源保护名录。

(二) 体形与外貌

荣昌猪体形较大，结构匀称。毛稀，鬃毛洁白、粗长、刚韧，誉载国内外，每头猪能产毛 250~300 克，净毛率在 90% 以上。头大小适中，面微凹，额面有皱纹，有漩毛，耳中等大小而下垂。体躯较长，发育匀称，背腰微凹，腹大而深，臀部稍倾斜，四肢细致而坚实，乳头 6~7 对。绝大部分全身被毛除两眼四周或头部有大小不等的黑斑外，其余均为白色，少数在尾根及体躯出现黑斑。按毛色特征分为"单边罩"（单眼周黑色，其余白色）、"金架眼"（仅限眼周黑色、其余白色）、"小黑眼"（窄于眼周至耳根中线范围黑色，其余白色）、"大黑眼"（宽于或等于眼周至耳根中线且不到耳根范围黑色，其余白色）、"小黑头"（眼周扩展至耳根黑色，其余白色）、"飞花"（眼周黑色，中躯独立黑斑，其余白色）、"头尾黑"（眼周、尾根部黑色，其余白色）、"铁嘴"（眼周、鼻端黑色，其余白色）、"洋眼"（全身白色）。

(三) 优良特性与缺点

荣昌猪具有肉质好，适应性强，瘦肉率较高，配合力好，鬃质优良等特点，受到全国养猪业的青睐，尤其在经济条件较差的地区。荣昌猪耐粗饲、发情明显、配种容易、杂种仔猪生长发育快，深受养殖户喜爱，在生产上作为第一母本被广泛应用。但亦存在前胸狭窄，后腿欠丰满，卧系，个体间差异大，毛色遗传也不够稳定等缺点。

(四) 繁殖力

荣昌猪性成熟早，公猪 57 日龄时附睾中出现精子，4 月龄性成熟，5~6 月龄就可以用于配种，采用本交配种方式，使用年限为 1~2 年；采用人工授精的配种方式，使用年限为 2~5 年。母猪初情期为 86 日龄，4~5 月龄可以配种，繁殖利用时间一般 7~10 年，在保种选育场多采用 7~8 月龄初配，使用年限为 5~7 年。荣昌县畜牧局 2006 年对农村散养条件下的 122 头繁殖母猪及重庆市种猪场核心群的 79 头母猪的繁殖成绩统计结果：农村散养母猪第一胎窝产仔数 7.35 头，仔猪 60 日龄窝重 78.21 千克，3 胎及 3 胎以上窝产仔数 11.08 头，42 日龄断奶窝重 121.59 千克，60 日龄成活数 10.21 头；保种场母猪第 1 胎窝产仔数 8.56 头，初生个体重 0.77 千克，初生窝重 6.21 千克，42 日龄断奶个体重 10.03 千克，60 日龄成活数 7.64 头，3 胎及 3 胎以上窝产仔数 11.7 头，初生个体重 0.85 千克，断奶个体重 11.85 千克，60 日龄成活数 9.66 头。

(五) 生长发育和肥育性能

后备公猪（7 头平均）6 月龄体重 41.60 千克，后备母猪（54 头平均）体重 43.84 千克。30 日龄公猪体重（30 头平均）158 千克，成年母猪（30 头平均）144.2 千克。在农村一般饲养条件下，生后一年的肥育猪，体重为 75~80 千克；在较好的饲养条件下，体重可达 100~125 千克。据近年测定：荣昌猪体重 20~90 千克阶段，前期日粮含消化能 11.7~12.9

兆焦/千克，粗蛋白质14%~15%；后期日粮消化能11.9兆焦/千克，粗蛋白质11.8%~13.5%，日增重大于370克；育肥猪在高营养水平条件下，173~184日龄体重可达90千克，日增重620克以上。

（六）胴体品质

育肥猪在86千克时屠宰，屠宰率为71%，胴体瘦肉率41%，背膘厚3.7厘米，脂率为38.4%。

（七）杂交利用及评价

荣昌猪杂交利用时配合力较强，以荣昌猪为母本，与大白猪、巴克夏猪和长白猪杂交，以长白猪与荣昌猪的配合力较好，日增重的优势率在14%~18%，饲料利用率的优势率在8%~14%。用杜洛克猪和汉普夏猪分别与荣昌猪杂交，瘦肉率分别为54%和57%。从20世纪80年代开始，重庆市畜牧院龙世发等科技工作者以荣昌猪为基本育种素材，适量导入外种猪血缘，开始了新品系的培育，1996年成功育成了国内第一个低外血含量（25%）瘦肉型猪专门化母系-"新荣昌猪Ⅰ系"，与原种荣昌猪相比，新荣昌Ⅰ系猪的胴体瘦肉率提高了6.3%，料肉比降低了33.5%，背膘厚降低了21.7%。1998年重庆市畜牧科学院王金勇等以荣昌猪、大约克夏猪、长白猪、杜洛克猪为育种素材，经过10年的选育，育成了渝荣1号猪配套猪，与"洋三元"PIC配套系猪相比，该配套系表现出较强的适应性和抗病性，以及优秀的肉质品质和繁殖性能。该配套系于2007年6月获国家畜禽新品种证书。

七、金华猪

（一）起源与产地

金华猪属华中型猪种，中国四大猪种之一，产于浙江省金华地区的义乌、东阳和金华三县。产区农作物以水稻为主，产大麦、黑豆和玉米等杂粮作物，青绿饲料亦较丰富。当地劳动人民在历史上习惯以黑豆、大麦和胡萝卜等优质饲料喂猪，为金华猪的形成提供了良好的饲养条件。同时产区盛行腌制火腿，对猪种质量和肉脂品质十分重视，金华猪就是在这特定的地理、自然、生态、农业生产和社会条件及饮食文化的条件下，经过长期的选育和较好的饲养管理，而逐渐形成与发展的优良猪种。新中国成立以后，金华猪已推广到浙江二十多个县、市和省外部分地区。

（二）体形与外貌

金华猪体形中等偏小，耳中等大，颈粗短，背微凹，腹大，微下垂，臀部倾斜，四肢细短，蹄结实呈玉色，毛疏，皮薄，骨细，乳头8对左右。金华猪的毛色遗传性能比较稳定，以中间白、两头乌为特征，纯正的毛色在头顶部和臀部为黑皮黑毛，其余均为白皮白毛，在黑白交界之处，有黑皮白毛，呈带状的晕。按头型分为"寿字头"和"老鼠头"两种类型。"寿字头"型个体较大，生长较快，头短，额有粗深皱纹，背稍宽，四肢粗壮，分布于金华、义乌等地。"老鼠头"型个体较小，头长，额部皱纹较浅或无皱纹，耳较小，背较窄，四肢高而细，生长缓慢，分布于东阳等地。

（三）优良特性及缺点

金华猪早熟易肥，屠宰率高，皮薄骨细，膘不过厚，尤以肉脂品质较好，适于腌制火腿和腌肉，是我国猪种资源宝库中独有的肉质特色优良的佼佼者。但金华猪体格不大，初生重小，生长较慢，后腿不够丰满。

（四）繁殖力

金华猪性成熟也早，公猪70~75日龄初次发情，6月龄可达到初配年龄；母猪75日龄初次发情，3~4月龄达到性成熟，3月龄的排卵数相当于成年猪的25.4%，6月龄相当于成年猪的62.2%，6月龄为初配年龄，发情周期20.81天。金华猪母猪的优点是产仔多，母性好，仔猪育成率高，性情温顺。初产母猪窝产仔数11.55头，成活率95.92%；经产母猪窝产仔数14.22头，成活率94%。据观察统计，哺乳期平均每天放乳27.1次，产后10天达到高峰（33.4次），平均每次安静放乳时间为18.08分。据赵青、钟土木等（2009）报道，根据浙江加华种猪公司2004—2008年的388头金华母猪（与长白公猪杂交）生产记录，分析了金华母猪不同胎次、不同配种季节的繁殖性能，结果表明：金华母猪头胎窝产仔数最低，为9.82头，与二胎以后最高产仔数13.21头差距较大，从2~9胎次后的产活仔数较高，说明金华猪母猪的有效利用年限较长，但第10胎之后无论是总产仔数和产活仔数均出现急剧下滑的现象，建议金华猪在完成10胎后可考虑淘汰。从生产记录中分析证实，冬季配种的母猪繁殖性能优于其他季节，冬季配种的母猪在初生窝重、21日龄窝重、断奶仔数、断奶重和断奶窝重与其他季节相比处于最高水平。

（五）生长发育与育肥性能

在农村饲养条件下，母猪6月龄体重为41.16千克，公猪为34.01千克，成年母猪为97.13千克，成年公猪为111.87千克；体重20~70千克，生长期平均日增重410克。育肥猪70千克屠宰时，屠宰率为72.1%，瘦肉率43.14%，皮骨率19.21%，肌间脂肪3.7%。据测定，10月龄育肥猪胴体瘦肉率为34.71%。

（六）杂交利用及评价

金华猪具有许多优良性状，尤以肉脂品质较好。以金华猪为母本与长白猪、大白猪、中约克夏猪、杜洛克猪等杂交，肌内脂肪表现较好的杂种优势，其中约×金杂种猪的肉质较为理想。用丹麦长白公猪与金华母猪杂交，一代杂种猪体重13~76千克阶段，日增重362克，胴体瘦肉率51%；用大白公猪配长白猪和金华猪的杂种，其三品种杂种猪的平均日增重可达600克以上，胴体瘦肉率58%以上，表现出良好杂种优势。

八、中国香猪

（一）起源与产地

香猪是小型猪，因其沉脂力强，边长边肥，早熟易肥，肉脂优异，双月断奶仔猪宰食乳腥味，肥猪开膛后腹腔内不臭，被誉为香猪。香猪也称"珍珠猪"，苗族称"别玉"，壮族叫"牡汗"。根据香猪产地及毛、皮颜色不同，已通过鉴定的香猪分为从江香猪、巫不香猪、环江香猪、剑白香猪、贵州白香猪、久仰香猪和巴马香猪等7种类型。香猪在我国地方猪种分类中，属华南型猪种。香猪产于我国黔、桂接壤的九万大山原始森林地带，这里主要居住着苗、侗、壮、瑶、水等13个少数民族，因高山低谷，沟岭纵横、森林密布，保持着无污染生态环境。香猪就是在这特定的生态环境条件下，经数百年的自然选择及人工养育形成的小型地方猪种。香猪生产区从江县所在地黔东南苗族侗族自治州和广西巴马自治州均被命令为"中国香猪之乡"。香猪于20世纪70年代末发现，1981—1984年对其进行了较为全面的研究和测定，经赵书广、张沅、赵志龙等国家级专家鉴定，确定为香猪，从此揭开了香猪开发利用的序幕。2000年8月，香猪（含白香猪）被列入国家重点保护地方猪种，2014年2月香猪被再次列入国家级畜禽遗传资源保护名录。

（二）优良特性及评价

因香猪素有"一家煮肉香四邻，九里之遥闻其味"美誉，且猪体形小，早熟易肥，肉质香嫩。关于香猪的加工有数百年的历史，在20世纪30年代《宜北县志》中就有记载，据贵州《黎平府志》记载，自清朝始，香猪就加工为"腊仔猪""烤乳猪"，以"城河香猪"商标远销两广及港澳等地，扬名海外。中国农业大学王连纯、解春亭和陈清明教授等1985年4月考察从江香猪时，总结香猪具有"一小（体形矮小）、二香（肉嫩味香）、三纯（基因纯合）、四清（纯净无污染）"四大特点。

（三）体形与外貌

香猪体躯矮小，被毛多全黑也有"六白"，头较直，耳小而薄，略向两侧平伸或稍下垂；背腰宽而微凹、腹大、丰圆、触地；后躯较丰满，四肢短细，后肢多卧系。

（四）繁殖力

白香猪性成熟早，小公猪18日龄时有嬉爬行为，30日龄有精液射出，120日龄开始配种利用；幼母猪初情期在93日龄左右，发情周期21天，发情持续期6.25天；后备母猪6月龄即可配种，窝产仔数7~10头，初生个体重0.81千克以下，初生窝重6~7千克；5~6对乳头，平均泌乳力21.06千克；60日龄是香猪的传统断奶日龄，断奶仔猪数为5~8头，断奶个体重7千克左右。

（五）生长发育与育肥性能

香猪在幼龄阶段生长缓慢，香猪6月龄体重22.75~29.68千克；成年母猪体重平均35.41千克（体长80.79厘米，胸围73.02厘米，体高43.72厘米），成年公猪（当地农民传统培育）体重平均11.74千克（体长49.81厘米，胸围41.83厘米，体高28.58厘米）；香猪3~8月龄平均日增重186.17克，6~7月龄屠宰较为适宜。6月龄猪的屠宰率为64.46%。皮厚0.36厘米，背膘厚2.02厘米，瘦肉率45.75%。

（六）开发利用

由于香猪产区生态环境好，猪肉安全、卫生、无污染，目前开发已基本形成产业链。此外，由于香猪长期在封闭的林区生息繁衍，逐渐形成近交不退化，基因纯合的小型猪种，可作为近交系实验动物，作为人类"替难者"，将会有力地推动生命科学尤其是人类医学、异种器官移植应用研究的发展。

第三节　我国培育的主要新猪种

一、湖北白猪

（一）培育过程

湖北白猪新品种及其新品系是由华中农业大学和湖北省农业科学院畜牧兽医研究所共同承担的湖北省科委重点研究项目，培育目标为瘦肉率高、肉质好、生长速度快、适应性和繁殖性能高的外来亲本杂交，育成的瘦肉型新品种。由大约克夏猪、长白猪和本地通城猪、监利猪及荣昌猪杂交培育而成的瘦肉型猪种，它包括了6个既有品种共性，又各具特点，彼此间无亲缘关系的独立品系，其中Ⅰ、Ⅱ、Ⅲ系繁殖性能和适应性好，Ⅳ、Ⅴ系等生长发育快，瘦肉率高。1986 年 10 月通过了由湖北省科委主持的鉴定，此后对湖北白猪继续进行了品系繁育，并健全了良种繁育体系。

（二）品种特征和特性

1. 体形外貌

湖北白猪具有典型的瘦肉型猪体形。体格较大，被毛全白（允许眼角和尾根有少许暗斑），头轻直长，额部无皱纹，两耳前倾或稍下垂；颈肩部结构良好，背腰平直，中躯较长，腿臀丰满，腹小，肢蹄结实；乳头平均 7 对且分布均匀。

2. 繁殖性能

小公猪 3 月龄，体重 40 千克时出现性行为；小母猪初情期为 3~3.5 月龄，性成熟在 4~4.5 月龄；7.5~8 月龄，体重 100 千克适宜配种；发情周期 21 天左右，发情持续期 3~5 天，平均排卵 17.33 枚；初产母猪窝产仔数 10 头以上，三胎或三胎以上母猪窝产仔数 12.5 头，仔猪断乳育成率为 88%，平均初生个体重为 1.32 千克，2 月龄个体重 18.62 千克，高产母猪可繁殖利用到 14 胎。

3. 生长发育

湖北白猪具有典型的瘦肉型猪肌肉生长特征，生长发育快，2 月龄体重 18~22 千克，6 月龄体重 82~96 千克；成年公猪体重、体长分别为 251~256 千克和 145~148 厘米，母猪分别为 194~205 千克和 143~145 厘米。

4. 育肥性能

在良好的饲养条件下，Ⅰ、Ⅱ、Ⅲ系 20~90 千克活重肉猪日增重 56~620 克，饲料转化率 3.17~3.274 千克；Ⅳ、Ⅴ系平均日增重 622~690 克，饲料转化率 3.454 千克；据测定 22 头湖北白猪母猪年生产力，每头母猪年育成肉猪 23.55 头，肉猪断乳至出栏需 116.7 天，出栏活重 101 千克，饲养期平均日增重 695 克，每头母猪年出栏肉猪总量为 2378.17 千克，年产瘦肉总量为 1 033 千克，每头肉猪平均消耗饲料总量（包括母猪、仔猪）347.3 千克，料肉比 3.44：1。

5. 胴体品质

湖北白猪适宜屠宰体重为 90 千克，宜采用母猪不去势，公猪延迟（4 月龄）去势育肥方法。据对湖北白猪Ⅲ系、Ⅳ系共 51 头测定结果，屠宰率为 71.95%~72.4%，背膘厚 2.49~2.89 厘米，瘦肉率 57.98%~62.37%，眼肌面积 30.4~34.62 厘米^2，腿臀比例 32%；肉色鲜红，肉质良好，肌肉脂肪含量 31% 左右。

（三）优良特性

湖北白猪适应性好，能耐受长江中下游地区夏季高温和冬季湿冷的气候条件，且能很好地利用青粗饲料，具有地方品种猪种耐粗饲的性能，并且在繁殖与肉质性状等方面超过国外的母本品种。

（四）杂交利用与评价

用杜洛克猪、汉普夏猪、大约克夏猪和长白猪作父本，分别与湖北白猪母猪进行二元杂交试验，其一代杂种猪 20~90 千克阶段，日增重分别为 611 克、605 克、596 克和 546 克；每千克增重消耗配合饲料分别为 3.41 千克、3.45 千克、3.48 千克和 3.42 千克；胴体瘦肉率分别为 64%、63%、62% 和 61%，从此试验结果表明，湖北白猪作为优良的商品瘦肉猪的杂交母本品种，与杜洛克猪等品种有很好的配合力，在日增重、饲料报酬、背膘厚等方面有显著的杂交优势，还保持了中国猪种的主要优良特性，杂种效果以杜×湖一代杂种最好。

二、三江白猪

（一）培育过程

三江白猪产于东北三江平原，从 1973 年开始由原东北农学院、红兴隆农场管理局等单位组成育种协作组，选用东北民猪和长白猪为杂交亲本，进行正反杂交，再用长白猪回交，经 6 个世代定向选育 10 余年培育，于 1983 年通过专家鉴定，正式命名为三江白猪，是我国培育的第一个瘦肉型猪种。

（二）优良特性

三江白猪继承了民猪的许多优良特性，对寒冷气候有较强的适应性，对高温、高湿的亚热带气候也有较强的适应能力。在良好的生产条件下饲养，表现出生长快、耗料少、瘦肉率高、肉质好、繁殖力较高等优点；而且与国外引入猪种和国内培育猪种及地方猪种都有很好的杂交配合力。

（三）品种特征与特性

1. 体形外貌

三江白猪具有瘦肉型猪的体形结构，全身被毛白色，毛丛稍密，头轻嘴直，两耳下垂或稍前倾，背腰平直，腿臀丰满；四肢粗壮，肢蹄结实，乳头 7 对，排列整齐。

2. 生长发育和育肥性能

6 月龄后备公母猪体重分别为 85.55 千克和 81.23 千克，成年体重公猪 250～300 千克，母猪 200～250 千克；三江白猪具有生长快、饲料利用率高的特点，按三江白猪饲养标准饲养，生长育肥肉猪达 90 千克，活重需 182 天，20～90 千克活重期日增重 600 克，饲料转化率 3.5 千克以下。体重 90 千克时屠宰，胴体瘦肉率 58%，眼肌面积为 28～30 厘米^2，腿臀比例 29.51%，背膘厚 3.44 厘米；无 PSE 肉，大理石纹丰富且分布均匀，且肉质优良。

3. 繁殖性能

三江白猪继承了东北民猪繁殖性能高的优点，性成熟较早，发情特征明显，配种受胎率高，极少发生繁殖疾病，公猪 4 月龄即出现性行为，一般于 8～9 月龄、体重 100～110 千克即可配种。母猪初情期 137～160 日龄，发情周期 17～23 天，每头排卵在 15.8 枚左右，初配日龄为 8～9 月龄，窝产仔数初产母猪 10.17 头，经产母猪 12 头以上，仔猪初生个体重 1.21 千克，窝重 11.32 千克，35 日龄窝重 67.77 千克，个体重 7.8 千克，育成率 85%。利用年限公猪 3～4 年，母猪 4～5 年。

（四）杂交利用与评价

三江白猪在育成时，多作为杂交利用的父本，与大白猪、苏白猪杂交效果明显，日增重、瘦肉率等方面均有显著杂交优势。目前，三江白猪多作为杂交母本，与杜洛克猪杂交，其杂种猪的日增重在 663 克，胴体瘦肉率 63.81%，肉质优良，效果理想。

三、上海白猪

（一）培育过程

1963 年前很长一个时期，由于历史的原因，上海市及近邻已形成相当数量的白色杂种猪群，这些杂种猪具有本地猪和中约克夏猪、苏白猪、德国白猪等血统。1965 年以后在 3 个国营猪场带动下，组成育种网，广泛开展群众性的育种工作。从 1972 年开始又以 3 个养猪场为核心，采取场间隔离、类群建系的改良方法，分 3 片开展品系闭锁繁育，定向选种，实行窝选，重复交配，选择生产性能较高，体形外貌符合要求的基础猪群，并适当近交，群体选群，到1979年已基本建成农系、上系、宝系三个品系。由上海农业局和上海市农业科学院组织鉴定，认为其三个品系各项生产性能已达到预定培育指标，而且三个品系生产性能各有特色，遗传性能稳定，被认定为一个新品种。

（二）优良特性

上海白猪属肉脂兼用型猪种，主要特点是生长较快，产仔较多，屠宰率和胴体瘦肉率较高。特别是猪皮质优，而且适应性强，既耐寒又耐热，又能适应集约化饲养。在多用泔水、蔬菜茎叶，少用精料的饲养条件下，生长依然很好，是商品瘦肉猪和优质皮革原料猪的优良杂交亲本。

（三）品种特征和特性

1. 体形外貌

上海白猪体形中等，全身被毛白色，体质结实，面部平直或微凹，耳中等大而略向前倾；背部平直，体躯较长，腿臀丰满；乳头数7对左右，排列较稀。根据头型和体形，三个品系间略有差别，农系体形较高大，头和体躯狭长；上系体形较短小，头和体躯较宽短；宝系介于上述两者之间。

2. 生长发育

据上海市3个种猪场测定，6月龄后备公猪体重68.79千克，体长111.72厘米，后备母猪体重65.92千克，体长111.29厘米；成年公猪、母猪的体重与体长分别为258千克、167.10厘米和177.59千克、149.18厘米。

3. 育肥性能

上海白猪在每千克配合饲料含消化能11.72兆焦的营养水平下饲养，体重20~90千克阶段，育肥期109.6天，平均日增重615克左右，每千克增重消耗配合饲料3.62千克。据对上海白猪三个系的286头肥育猪进行屠宰测定，平均宰前体重87.23千克的肉猪，屠宰率72.58%，胴体瘦肉率52.78%，腿臀比例27.12%，眼肌面积25.63厘米^2，皮厚0.31厘米，膘厚3.69厘米。据上海市农科院畜牧所猪场测定，肥育猪以体重75~90千克屠宰为宜。

4. 繁殖性能

公猪多在8~9月龄、体重100千克以上时开始配种，成年公猪射精量一次250~300毫升。母猪初情期为6~7月龄，发情周期19~23天，发情持续期2~3天，母猪多在8~9月龄、体重90千克左右初配。初产母猪产仔数9头左右，3胎及3胎以上母猪产仔数11~13头。

（四）杂交利用及评价

从1971年开始以上海白猪为母本，国内外优良猪种为父本的两品种和多品种的杂交利用试验，先后完成苏联大白猪×上海白猪、长白猪×上海白猪、杜洛克猪×上海白猪、杜洛克猪×（长白猪×上海白猪）等39个杂交组合研究，并筛选出一批优良杂交组合在生产中推广应用，其中以杜洛克猪或大约克夏猪×上海白猪杂交组合最为显著。用杜洛克猪或大约克夏猪作父本与上海白猪杂交，一代杂种猪在每千克配合饲料含消化能12.56兆焦、粗蛋白质18%左右和采用干粉料自由采食条件下，体重20~90千克阶段，日增重为700~750克，每千克增重消耗配合饲料3.1~3.5千克。杂种猪体重90千克时屠宰，胴体瘦肉率在60%以上。

四、北京黑猪

（一）培育过程

北京黑猪主要育成于北京市国营双桥农场和北郊农场，两个场地处京郊，饲养有大量的华北型本地黑猪、河北定县黑猪，并先后引进巴克夏猪、中约克夏猪以及苏联大白猪、高加索猪等国外优良猪种进行广泛杂交，产生黑、白、黑白花三种外貌和生产性能颇不一致的杂种猪群。20世纪60年代初，北京农业大学、中国农业科学院畜牧研究所等单位在双桥和北郊农场挑选较优秀的黑猪组成基础猪群，经过外貌、生长发育和繁殖性能等表型值鉴定后，组成育种核心群，进行自群选育。1972年又重新组织育种协作组，将两个农场的黑猪合并，按系组建法建成38个系。1976年以后北京黑猪改用群代选育法，并采用测交法，淘汰花斑种猪，加强毛色遗传的稳定性，尔后又对北京黑猪的三个系群采用群体继代选育法，避免全同胞交配。1982年12月经北京市鉴定，北京黑猪达到预定选育目标，被定为母系原种。目前，北京黑猪只剩北郊系，又经多年纯种选育，生长与繁殖性能都有所提高。

（二）优良特性

北京黑猪1982年通过部级和北京市鉴定，确定为肉脂兼用型品种，1987年北京黑猪列入北京市"瘦肉猪生产系列工程"项目，被定为母系原种，其主要特点：体形较大，生长速度较快，母猪母性好，与长白猪、大约克夏猪和杜洛克猪杂交效果好，属优良瘦肉型的配套母系猪种。

（三）品种特征与特性

1. 体形外貌

北京黑猪体质结实，结构匀称，全身被毛黑色，头大小适中，两耳向前方直立，面微凹，额较宽，颈肩结合良好，背腰平直且宽；四肢健壮，腿臀较丰满，乳头7对以上。

2. 生长发育

据北郊农场1989—1991年两年测定，6月龄公猪体重90.1千克、母猪体重为89.55千克；成年公猪和母猪的体重、体长分别为260千克、168厘米和220千克、158厘米。

3. 育肥性能和胴体品质

北京黑猪经多年培育，生长性能及胴体瘦肉含量都有较大提高。据近年测定，其生长肥育期日增重可达到600~680克，每千克增重消耗配合饲料3.0~3.3千克；体重90千克时屠宰、瘦肉率达56%~59%，肉质优良，未发现灰白渗水和干硬猪肉。

4. 繁殖性能

北京黑猪公、母猪7月龄后，体重达100千克可配种。据1989年测定结果，母猪初情期为198~215日龄，发情持续期53~65小时，排卵数14枚左右，经产母猪排卵数16~18枚。初产母猪窝产仔数10.5头，2月龄每窝成活9.22头；二胎或三胎以上母猪窝产仔数11.67头，2月龄成活仔猪数10.08头。母猪年产2.2胎，可提供10周龄小猪22头。

（四）杂交利用及评价

北京黑猪是北京市养猪业的当家品种，也是北京市规模化养猪企业杂交繁殖体系中配套母系品种。北京黑猪在杂交中适宜作母本，与长白猪、大白猪和杜洛克猪等国外良种猪杂交，都表现出较好的配合力，在生长速度和瘦肉率方面都表现出较好的杂种优势。经反复试验筛选，发现以北京黑猪为母本，与长白猪、大约克夏猪杂交均有较好的配合力，在瘦肉率、产仔数等方面均有显著杂交优势。长白猪×北京黑猪平均窝产仔13.03头，大约克夏猪×（长白猪×北京黑猪）三元商品猪胴体瘦肉率达 58.16%，而且三元杂交商品猪肉质良好，瘦肉率高，从未发生 PSE 和 DFD 肉。目前，北京黑猪肉在北京市场受到消费者的青睐。

五、苏太猪

（一）育成过程

苏太猪培育的母本为太湖猪中的小梅山猪、中梅山猪、二花脸猪、枫泾猪 4 个类群，共 100 头以上的母猪，入选母猪要求为产仔记录在 18 头以上的经产母猪；父本则由当时从美国和匈牙利引进的 11 个家系的 12 头杜洛克猪组成。1986 年开始杂交，以纯种太湖猪和杜洛猪作为双亲的亲本群，杂交所生后代作为基础群，然后横交，所生后代作为零世代，采用群体继代选育法，以每年一个世代的速度进行。1996 年以后，还实行继代选育与世代重叠相结合的选育方法，为了保留繁殖力和提高生长速度与瘦肉率，还采取了高强度的留种方法。在苏太猪的培育过程中，还慎重地应用了近交技术，以及系统地开展了产仔数选择方法、提高瘦肉率选择方法、生长发育性状遗传参数估测、种质特性研究、配套杂交组合筛选等配套技术近 20 个项目的研究，完善和丰富了苏太猪的育种工作。

（二）优良特性

苏太猪经过 14 年的选育，作为培育新品种于 1999 年 3 月通过国家猪品种审定专业委员会的审定，正式定名为苏太猪。审定委员会的专家一致认为，苏太猪作为含有本地血液的培育新猪种，其繁殖性能以及反映种猪综合水平的窝产瘦肉量居世界领先地位，而且生长速度快、瘦肉率高、肉质鲜美，是目前中国生产商品猪的理想母本。特别是苏太猪能耐粗饲，可充分利用糠麸、糟渣、藤蔓等农副产品。母猪日粮粗纤维饲料可高达 20% 左右，是一个节粮型猪种。

（三）品种特征和特性

1. 体形外貌

苏太猪是全国审定猪品种或配套系中唯一一个含有 50% 中国猪血统的黑色瘦肉型猪种，全身被毛黑色，耳中等大前垂，嘴筒中等长、直，脸面有清晰皱纹；四肢结实，背腰平直，腹较小，后躯丰满，有效乳头 7 对以上。

2. 生长发育

苏太猪生长速度比地方猪种快，据王子林（2002）等测定生长发育，30 窝测定，体重达到 90 千克时，平均日龄为 168.02 天，生长最快的一窝为 157 天，最慢的 174 天。试验期日增重 655 克，最快为 749 克，最慢为 579 克。试验期料肉比平均为 3.09∶1，最好的为 3.01∶1，最差的为 3.25∶1。成年公猪体重 198.56 千克，成年母猪体重 178.62 千克。

3. 育肥性能

据 2006 年对 60 头育肥猪测定，育肥期公猪 25~90 千克，74.5~178 日龄，平均日增重为 628 克；育肥期母猪 25~90 千克、74.8~178.8 日龄，平均日增重 625 克。

4. 胴体品质

据对 30 头育肥猪进行的屠宰性能测定，宰前活重 89.87 千克，平均 177.4 日龄屠宰，屠宰率 72.08%，瘦肉率 56.18%。苏太猪肉肌内脂肪含量 3%，大理石纹 3.05，肉色鲜红、细嫩多汁、品味鲜美，是其他猪种无法媲美的。

5. 繁殖性能

苏太猪 150 日龄左右性成熟，母猪发情明显。初产母猪平均产仔 11.68 头，产活仔

10.84 头；经产母猪平均产活仔数 14.45 头，平均产活仔数 13.26 头，35 日龄断奶，仔猪成活率 90.35%。基本保持了太湖猪高繁殖力的特点。

（四）杂交利用与评价

以苏太猪为母本，与大约克猪或长白猪杂交生产的"苏太杂种猪"，164 日龄体重达 90 千克，日增重 720 克，料肉比 2.98∶1，胴体瘦肉率 60% 以上，苏太猪在日增重和饲料利用率方面呈现出较好的杂交优势，可见苏太猪是理想的杂交母本。因此，推广苏太猪为生产瘦肉型商品猪的杂交母本，可以避免普通二元母猪制作麻烦和配种困难的缺点，一次杂交可以达到或超过三元杂交的效果。苏太猪耐粗饲，根据江苏省苏北几个扩繁场反映，苏太母猪使用含 40% 的花生秧粉来代替部分玉米和豆粕的日粮，生产性能仍然良好，可见饲养苏太猪能降低饲养成本，这更切合我国国情。从目前的推广证实，苏太猪是一个值得推广的优秀母本猪种，适合中小规模养猪场饲养与杂交利用。

第四节 配套系猪种

一、我国引入的配套系猪种

我国引入的配套系猪种主要有 PIC 配套系猪、迪卡配套系猪、斯格配套系猪、达兰配套系猪和伊比德配套系猪。

（一）PIC 配套系猪

PIC 公司是由英国联合世界 24 个国家成立的世界第一个跨国猪改良公司，总部设在英国牛津。PIC 配套系猪是 PIC 种猪改良公司选育的世界著名配套系猪种之一，采用大约克、长白、杜洛克、皮特兰及一个合成系杂交配套育成，并以该公司命名的一个五系配套猪，PIC 中国公司在 1997 年从 PIC 英国公司遗传核心群直接进口了五个品系共 669 头种猪组成了核心群，开始了 PIC 种猪的生产和推广。从国内长期的饲养实践证明，PIC 种猪和商品猪符合中国养猪生产的国情，已在湖北、四川等地区推广饲养成功。

1. PIC 配套系猪配套模式与繁殖体系

PIC 公司拥有足够的祖代品系，在五元杂交体系中，根据市场和客户对产品的不同需求，进行不同的组合用以生产祖代、父母代以及商品猪。

2. PIC 配套系猪各品系猪的特点

（1）曾祖代原种各品系猪的特点 PIC 曾祖代的品系都是合成系，但具备了父系和母系所需要的不同特性，共有五系。其中，A 系瘦肉率高，不含应激基因，生长速度较快，饲料转化率高，是父系父本；B 系背膘薄，瘦肉率高，生长快，无应激综合征，繁殖性能优良，是父系母本；C 系生长速度快，饲料转化率高，无应激综合征，是母系中的祖代父本；D 系瘦肉率较高，繁殖性能优良，无应激综合征，是母系父本或母本；E 系瘦肉率较高，繁殖性能特别优异，无应激综合征，是母系母本或父本。

（2）祖代种猪 包括祖代公猪和母猪，祖代公猪为 C 系，祖代母猪为 DE 系，由 D 系和 E 系杂交而得，全身毛色全白，初产母猪平均产仔数 10.5 头以上，经产母猪平均产仔数 11.5 头以上。祖代种猪提供给扩繁场使用。

（3）父母代种猪 来自扩繁场，用于生产商品肉猪，包括父母代母猪和公猪。父母代母猪CDE系，商品名称康贝尔母猪，产品代码C22系，被毛白色；初产母猪平均产仔10.5头以上，经产母猪平均产仔11头以上。父母代公猪AB系，PIC的终端父本，产品代码为L402，被毛全白，四肢健壮，肌肉发达。目前，PIC中国公司的父母代公猪主要产品有L402公猪，陆续推出新产品有B280、B337、B365以及B399等；父母代母猪除了PIC康贝尔C22以外，将陆续供应市场的还有康贝尔系列的C24、C44父母代母猪等。

（4）终端商品猪 PIC五元杂交的终端商品猪为ABCDE，155日龄可达100千克体重，育肥期饲料转化率1:（2.6~2.65），100千克体重背膘小于10毫米，胴体瘦肉率66%，屠宰率为73%，肉质优良。

（二）迪卡配套系猪

1. 迪卡配套系猪配套模式

北京养猪育种中心1991年从美国引入迪卡配套种猪DEK-ALB，由美国迪卡公司在20世纪70年代开始培育的。迪卡配套系种猪包括曾祖代（GGP）、祖代（GP）、父母代（PS）和商品杂优代（MK）。我国从美国引进迪卡配套系曾祖代种猪，由五个系组成，均为纯种猪，这五个系分别为A、B、C、E、F，可利用进行商品肉猪生产，能充分发挥专门化品系的遗传潜力，可获得最大杂种优势。

2. 迪卡配套系猪的特点

（1）外貌特征 迪卡配套系种公猪肩、前肢毛为白色，其他毛为黑色；母猪毛色为全白，四肢强健，耳竖立前倾，后躯丰满。

（2）生产与繁殖性能 任何代次的迪卡猪均具有典型方砖型体形，背腰平直，肌肉发达、腿臀丰满、结构匀称、四肢粗壮、体质结实、群体整齐的突出特性。而且该配套系还具有产仔数量多（初产母猪产仔11.7头，经产母猪产仔12.5头）、生产速度快（日增重600~700克，育肥猪达90千克小于150天）、采食抓膘能力强（料肉比2.8:1）、胴体瘦肉率高（大于60%）、屠宰率高（74%）、肉质好（无PSE肉）、适应性强、抗应激强等一系列优点。

（3）杂交效果 迪卡猪与我国北方母猪有良好的杂交优势。

（三）斯格配套系猪

1. 斯格配套系猪的繁育体系

斯格遗传技术公司是世界上大型的猪杂交育种公司之一。斯格配套系种猪简称斯格猪，原产于比利时，主要用比利时长白、英系长白、荷系长白、法系长白、德系长白、丹系长白，经杂交合成，即专门化品系杂交成的超级瘦肉型猪。斯格猪配套系育种工作开始于20世纪60年代初，已有40多年的历史。斯格遗传技术公司一开始从世界各地，主要是欧美等国，先后引进20多个猪的优良品种和品系，作为遗传材料，经过系统的测定、杂交、亲缘繁育和严格选择，分别育成了若干个专门化父系和母系。这些专门化品系作为核心群，进行继代选育和必要的血统引进更新等，不断地提高各品系的性能。目前育成的4个专门化父系和3个专门化母系可供世界上不同地区选用。作为母系的12系、15系、36系三个纯系繁殖力高，配合力强，杂交后代品质均一，它们作为专门化母系已经稳定了20年。作为父系的21系、23系、33系、43系则改变较大，其中21系虽然产肉性能极佳，但因为含有纯合的氟烷基因利用受到一定限制；23系的产肉性能极佳；33系在保持了一定的产肉性能的同时，生长速度较快；43系则是根据对肉质有特殊要求的美洲市场选育的。我国从20世纪80年代开始从比利时引进祖代种猪，现在河北、湖北、黑龙江、北京、辽宁、福建等地皆有饲养，其中河北斯格种猪有限公司根据中国市场的需要选择引进 23、33 这两个父系和 12、15、36 这三个母系组成了五系配套的繁育体系，生产推广斯格瘦肉型配套系种猪和配套系杂交猪。

2. 斯格猪的特征与特点

（1）斯格配套系的母系和父系的一般特征与特点　母系的选育方向是繁殖性能好，主要表现在体长、性成熟早、发情症状明显、窝产仔数多、仔猪初生体重大、均匀度好、健康、生命力强、泌乳力强。父系的选育方向是产肉性能好，主要表现在生长速度快，饲料转化率高，腰、臀、腿部肌肉发达丰满，背膘薄，屠宰率和瘦肉率高。

（2）杂优猪终端商品育肥猪　群体整齐，生长快，饲料转化率高，屠宰率与瘦肉率高，肉质好，无应激反应综合征，肉质细嫩多汁，肌内脂肪 2.7%~3.3%。

（3）外貌特征　斯格猪体形外貌与长白猪相似，四肢比长白猪短，嘴筒也比长白猪短一些，但后腿和臀部十分发达。

3. 生产与繁殖性能

（1）生产性能　斯格猪其商品代猪具有生长速度快、饲料利用率和胴体瘦肉率高，肉质好，抗应激等特性。斯格猪生长发育迅速，28 日龄体重可达 6.5 千克，70 日龄体重 27 千克，170~180 日龄体重达 90~100 千克，平均日增重 650 克以上，料肉比在（2.85~3）:1；屠宰后胴体形状良好，平均膘厚 2.3 厘米，胴体瘦肉率 60%以上，后腿比例 33.22%。

（2）繁殖性能　斯格猪繁殖性能好，初产母猪平均产活仔 8.7 头，经产母猪产活仔 10.2 头，仔猪成活率在 90%以上。

4. 杂交利用

生产实践已证实，利用斯格猪父本开展杂交利用，在生长速度、饲料报酬和提高瘦肉率方面均能取得良好效果。

二、我国培育的主要配套系猪种

我国目前已形成的配套系主要有中育配套系、冀合白猪配套系、深农配套系、罗牛山瘦肉猪配套系 I 系、光明配套系和中国瘦肉猪新品系等。

（一）中育配套系猪

北京养猪育种中心运用现代育种理论和配套技术，经过十年的时间，培育出具有国际先进水平，适应中国市场需求的中育配套系。并在 2001 年开始推出中育配套系列中试产品，已经销售到全国 28 个省市和自治区，产生了良好的效益。

中育配套系母系和父系的特征与特点是：母系突出选育繁殖性能好，父系突出选育瘦肉猪体形，体质结实，肌肉发达，四肢粗壮，背膘不厚且均匀，瘦肉率高，氟烷敏感基因阴性。母系和父系生长速度快，饲料转化率高。

终端商品猪（也称杂优猪）的特征与特点是：出栏体重大，整齐，生长发育好，生长速度快，饲料转化率高，屠宰率与瘦肉率高，肉质好无应激。中育 1 号配套模式确定为四系配套，商品猪命名为中育 1 号。CB01 达 100 千克体重日龄为 147.40 天，背膘厚为 13.32 毫米，饲料转化率为 2.27，瘦肉率 66.34%。

（二）冀合白猪配套系猪

冀合白猪配套系包括 2 个专门化母系和 1 个专门化父系。母系 A 由大白猪、定县猪、深县猪三个品系杂交而成，母系 B 由长白猪、汉沽黑猪和太湖猪中二花脸猪三个品系杂交而成。父系 C 则是由 4 个来源的美系汉普夏猪经继代单系选育而成。A、B 两个母系产仔数分别为 12.12 头、13.02 头，日增重分别为 771 克和 702 克，瘦肉率分别为 58.26% 和 60.04%。父系 C 的日增重 819 克，料肉比 2.88：1，瘦肉率 65.34%。

冀合白猪配套系采取三系配成，二级杂交方式进行商品猪生产，选用 A 系与 B 系交配产生父母代 AB，AB 母猪再与 C 系公猪交配产生商品代 CAB 全部育肥。父母代 AB 与父系 C 杂交，产仔数达 13.52 头，商品猪 CAB154 日龄达 90 千克，日增重 816 克，瘦肉率 60.34%。其特点是商品猪全部为白色，母猪产仔多，商品猪一致性强，生长速度快，瘦肉率高。

第三章
现代种猪的饲养模式

现代种猪由于品种的改良和传统的饲养方式存在，加上现代工业的发展以及微生物和电子技术的应用，体现在种猪生产上有不同的饲养模式。虽然现代种猪生产有多种饲养模式，但只要符合现代养猪的特点，达到高繁殖效率和高生产水平都可称为现代养猪生产。然而，选择什么样的饲养模式，要根据种猪品种、经营者自身的技术和经济状况、市场需求以及生态环境条件等来决定。

第一节　种猪工厂化饲养模式

一、种猪工厂化饲养的标志和特点

（一）种猪工厂化饲养的标志

现代种猪生产是用工业生产方式进行的，亦称为工厂化养猪，其实质就是使用现代科学技术和现代工业设备来装备种猪生产，用先进的科学方法来组织和管理种猪生产，以提高劳动生产率、种猪的产品率和商品率，从而达到稳产、高产、优质和成本低的目的。工厂化种猪生产的标志表现为高繁殖效率和高生产效率。

1. 高繁殖效率

由于工厂化种猪生产采用最先进的科学技术和机械设备，创造出良好的生产环境条件，使种猪生产水平更为突出，在一定程度上大大提高了种猪的繁殖率，尤其是国外发达国家的工厂化猪场。国外养猪业发达国家大多饲养的是杂优猪，每头种母猪年产 2.8 窝仔猪，平均每头母猪年产仔 26~28 头，达到了较高的繁殖效率。

2. 高生产效率

工厂化种猪生产由于供水、供料、通风和清除粪便等工作是高度机械化、自动化和生产分工专业化，使种猪生产效率不断提高。我国一些工厂化种猪生产也显示了高生产效率，以一个繁殖母猪 100 头种猪生产场为例，占地一般 3 300 米^2 左右，猪舍建筑约 1 500 米^2，年出栏商品肉猪 1 500 ~ 1 800 头，只需 4~6 人；而传统养猪出栏同样的商品肉猪，需占地 2 万~2.5 万米^2，猪舍建筑面积在 6 000 ~ 8 000 米^2，需要 20 多人。工厂化种猪生产一个饲养人员可饲养 100 头种母猪，而传统种猪生产一个饲养人员只能饲养 20 头种母猪。

（二）工厂化种猪生产的特点

1. 流水式的工艺流程

工厂化生产普遍采用分阶段饲养和全进全出的连续流水式生产工艺，生产工艺流程通常将种猪群划分为若干工艺类群，然后将它们分别置于相应的专门化猪舍内，把配种、妊娠、分娩、保育等各个生产环节有机地联系起来，形成了一条科学合理的种猪生产线。在这条连续流水式生产线中，从种猪的饲养、配种、妊娠、分娩到仔猪的培育、断奶，种猪的繁殖过程是整个生产体系的核心。也就是说，将各生产阶段的种猪群按一定的生产规律和繁殖周期，组织成有工业生产特点的流水式生产工艺过程，并按计划有节律地常年均衡生产。对于原种猪场和种猪繁殖场来说，繁殖过程的生产工艺和生产组织即是猪场的全部生产工艺和生产组织；对于商品猪场来说，繁殖过程的生产工艺和生产组织则是猪场生产的主体部分。

2. 专门化的猪舍

工厂化种猪生产必须建立能适应各阶段种猪生理和生产要求的专用猪舍，如配种妊娠舍、分娩哺乳舍、种公猪舍、空怀母猪舍等，才能保证各生产工艺有序地进行。

3. 优良的种猪品种

工厂化种猪生产必须选用较高生产性能的种猪，并按繁殖计划建立良好的繁育体系，才能保证生产优良种猪和商品肉猪，从而才可获取较高的繁殖效率和经济效益。

4. 系列化的配合饲料

工厂化种猪生产必须要按照各阶段的种猪，配制出不同类型的配合饲料，满足各阶段种猪的营养需要，才能最大限度地发挥种猪的繁殖潜力。

5. 现代化的设施和设备

工厂化种猪生产主要特点是猪场占地面积少，栏位利用率高，对母猪实行集约饲养即完全圈养，也称定位栏饲养，每头母猪占地面积很小，就是哺乳母猪的活动面积也小于 $2 米^2$。采用的技术和设施先进，保证猪舍保温隔热、冬暖夏凉、清洁干燥、空气流通新鲜的生活和生产环境。设备还要符合种猪的生理和生产要求，方便饲养和管理人员的生产操作。

6. 严格的疾病防控措施

工厂化种猪生产必须有严格的疾病防控措施，要求建立健全严格的消毒、防疫和驱虫制度，同时还要建立符合国家规定的粪污及病死猪处理系统。

7. 高效的管理体制

工厂化种猪生产必须利用先进的科学管理技术，合理的劳动组织和计划，才可保证生产工艺流程正常运行。

8. 实行标准化生产

标准化就是做事的准则和规范，工厂化种猪生产的饲养和管理人员在一定规章制度约束下，严格按照规章制度做事，就是兽医人员对种猪和仔猪的免疫接种，也必须严格按照规定的时间、疫苗接种的剂量、注射部位等要求进行免疫接种。

二、工厂化养猪的先进性与实用性

工厂化养猪是一种先进的科学养猪法，并具有较好的实用价值，这已在我国工厂化养猪实践中得到了以下验证。

（一）引入良种猪并对我国种猪改良起到了一定作用

工厂化养猪必须用国外种猪，我国在引进工厂化养猪后，也大量引入良种猪，如杜洛克、长白、大白猪等，这些良种的引入，对我国养猪业的提高与发展起到了较大作用，用这些猪种进行经济杂交，也取得了很显著的改良效果，而且还育成了繁殖力高、肉质好、增重快的几个新品种和配套系猪，如湖北白猪、苏太猪、中育配套系等。

（二）工厂化养猪的技术先进

1. 全进全出的流水式生产工艺

全进全出的流水式生产工艺具有下列主要优点：改母猪季节分娩为常年流水式生产并执行按周安排工作日程；有计划地组织生猪生产，能实行均衡的商品猪出栏上市；全进全出，能减少疫病的传播机会；按阶段对猪进行科学管理，有利于猪的生长发育。

2. 实行标准化饲养

工厂化养猪实行的是标准化饲养，主要体现在配合饲料的应用、规范化的管理工作、程序化的工作操作、计算机管理系统的使用等方面。

3. 应用先进的繁殖技术

工厂化养猪在种猪繁殖技术上，采用了当今先进的繁殖技术，如同期发情、建立公猪配种站、开展人工授精、对仔猪实行早期断奶、培育无特定病原猪等。

（三）推广应用了养猪先进设备

工厂化养猪是以工业化的方式养猪，推广应用了养猪先进设备，提高了养猪生产效益，这也是与传统养猪的一个最大区别。如分娩舍产栏采用高床漏缝地板饲养，实践证明可减少仔猪下痢的发生，提高了仔猪成活率；分娩舍和保育舍的供热及机械通风设备的应用，对舍内环境条件调控起到一定作用；在亚热带地区，推广应用水帘降温，对猪的环境条件改善起到了显著效果，特别是公猪舍的水帘降温可以提高公猪的配种性能。目前工厂化养猪设备基本上已实现了国产化，在一定程度上讲，工厂化养猪也消化、吸收、引进了先进的养猪设备，推动了我国畜牧机械工业的发展。虽然有一些引进的设备，未能实现国产化，但也树立了样板，如广东横沥等猪场从国外引进的由电子计算机控制的万头猪场的液态喂猪设备，大大提高了劳动生产率和饲料利用率；荷兰 Velos 智能母猪饲养管理系统目前已在国内 100 多家猪场应用。这些先进的养猪设备和管理模式在国内猪场陆陆续续地实践运用，定会给中国养猪业注入新鲜血液。

（四）粪污处理技术与模式的应用

保护生态环境已成为工厂化养猪者的共识，现在很多猪场均建有沼气池，利用沼气发电和烧饭及供应热水，已成为新能源产生的一条有效途径。粪尿分离机、刮粪机、焚化炉和生物热炕已在一些工厂化养猪场普及使用，对减少粪尿污染及传染病传播起到了一定作用。此外，提高蛋白质的消化利用，减少氮的排泄，采用肥育期限制营养摄入量以减少营养排出而造成的污染等研究成果的应用，对生态环境的保护也有一定效果。

（五）现代化养猪防疫体系的建立

我国的工厂化猪场都制定了适合本地区本场的一系列防疫制度，诸如实施《中华人民共和国动物防疫法》和《兽药管理条例》等法规，并按国家及行业管理部门的规定，制定了适合本场的免疫程序；建立疾病监测实验室；实行在饲料中全群覆盖式的预防疾病用药措施；消毒、驱虫、灭蚊及灭鼠已成为日常工作；进入生产区更衣换鞋、淋浴、消毒已成为习惯；禁止狗、家禽、鸟进入生产区、生活区以防传染病传播；禁止在外采购肉食品，避免疫病传入等等。工厂化养猪现代化防疫体系的建立及推广，对我国防制猪的传染病传播及人畜共患传染病的发生，在一定程度上起到了一定作用。

三、工厂化养猪的问题与工艺改革技术与途径

（一）我国工厂化养猪面临的问题

1. 生产模式不能普遍采用

工厂化养猪的先进性与实用性已经验证，但它的可行性在一定程度上还要斟酌推敲。这种生产模式由人工自动控制环境，设备造价高昂。在美国一套设备耗资达 100 多万美元，每天耗水 150~200 米³，每头商品猪耗电 29 千瓦，而且要求严格的水电保证率。这种生产模式在欧美国家也不是普遍采用。我国是一个人口众多，资源匮乏的发展中国家，劳动力价低，能源不足，缺水严重，普遍采用这种生产模式是不符合中国国情的，也是不可行的。但是如果将它作为提倡模式多元化中的一种模式，在特定的环境和条件下，能满足它的高成本的要求，而又有取得高回报的保证，如以其高产、高质量、高效以及较高的出口利润和加工取得高回报以及实行农牧结合生态养殖模式等，那么，工厂化养猪是可行的。也就是说，根据我国的实际情况，一般不应推行单一的所谓工厂化养猪。

2. 生产工艺及猪舍设计也不能普遍采用

（1）"全进全出"在一些猪场难以推行　先进的工厂化养猪生产工艺实行的是常年均衡产仔、流水作业，而现有的猪场设计方案转群时不能做到整栋猪舍的猪同时转进，同时转出，即通常所说的"全进全出"。在很多猪场只能带猪消毒或对猪转出后的部分栏圈、设备进行消毒，不能做到空舍彻底消毒，限制了严格的防疫措施的实施。新猪群进圈后就不能避免交叉感染，一旦发生群发性疾病，便对猪场发展产生威胁，严重时造成猪场关闭。此外，流水式的"全进全出"生产工艺虽有一定的优点，但在我国实行的情况表明，与我国劳动力低廉、水资源缺乏和电力价格高等有一定矛盾，在有的地区难以解决这些矛盾和问题。

（2）猪舍通风不良　采用自然通风的猪舍，因往往不能满足夏季通风要求，常导致高温影响猪的生产力和健康；而采用纵向机械通风的猪舍，在冬季常因造成进风端温度过低而控制通风，导致舍内空气卫生状况恶化，湿度过大，形成通风与保温、排污、排湿的矛盾。在夏季，为保证猪体周围有较高的风速，必须使整个过风面积（猪舍模断面）上都有较高的风速，这势必要大大增加通风量，而猪处于低处，高处的风速并无意义，从而造成设备和能源的浪费。同时，在夏季的夜间或阴雨天以及春秋季节气候较适宜时，即使跨度较小的有窗猪舍也难以做到机械与自然通风结合来节约能源，因为不可能在外界环境较适宜时开窗而需要机械通风时又关窗。有的猪场采用纵向通风湿帘降温或喷雾降温，虽可起到降低舍内温度的作用，但其降温效果受空气相对湿度的制约。特别是空气湿度越大的闷热天气，其降温效果越差；在空气湿度较小的情况下，降温效果虽好，但在其降温的同时也增加了舍内湿度，会影响猪在高温下的蒸发散热。

3. 粪污染物处理难度大

工厂化养猪最主要污染物是粪尿和臭气（有害气体）。一般一个万头规模的猪场，年排污量至少在 3 万吨以上。如果不作适当处理，势必对环境造成严重污染而成为公害。而工厂化养猪水冲粪与水泡粪的清粪方式可以提高劳动效率，减轻劳动强度，但粪便与大量的水混合后，也给处理造成了极大困难，即使可以通过固液分离后再分别处理固形物和污水，这也必将增加固液分离的设备投资和能耗。同时，由于粪便中的大量营养物质溶于水中，使分离后的固体物料肥效大大降低，而污水处理的有机负荷却因此大大增加，粪污处理投入也相应提高，使一些猪场难以承受，造成粪污任意流失，导致环境污染，粪污不能作为资源利用的

重要原因。

（二）工厂化养猪的工艺改革技术与途径

客观地说，造成工厂化养猪工艺错误的原因有两点：一是设计思想的历史局限，工厂化养猪始创时世界环保意识非常淡薄；二是当时科技水平还不是很高。工厂化养猪通过几十年的实践，一些养猪专家和业主已认识到工厂化养猪要进行工艺改革，一是对工艺错误已有所认识和已做了一些改革，还在进一步改革以致完善；二是对工艺错误有新发现而立即着手整改；三是对处于低水平的工艺引进适用新科技加以提升。综合这三种类型，具体来讲，我国对工厂化养猪的工艺改革技术和途径主要在以下几个方面，有些方面的技术改革已经取得了一定的成效。

1. 场址选择首先要考虑环境保护

工厂化养猪创立初期，世界生态文明意识还很淡薄，因此工厂化猪场建设对此考虑欠周；更由于工厂化猪场的饲养规模过大，很快便成为所在地的较大污染源头。我国工厂化养猪比较密集的地区，首先从广东深圳开始。随即扩大到珠江三角洲。建场时虽然一般选在离开城镇3~5千米甚至10千米的地方，但由于城市化的发展，建场6~8年，猪场已被附近的工厂、居民区包围，造成严重的环境污染，只有被迫拆迁，另地重建。深圳还实行全市境内禁设猪场，东莞等地还规定东江两岸各5千米范围一律禁止养猪。其后全国各地也逐渐认识到工厂化养猪对环境的污染性，都有所改正，要求猪场场址要离开城镇边缘30千米以上。随后国家也相继颁布了有关法规，对规模化猪场的场址选择及污染物排放和处理都有严格的规定和标准。现代社会讲究生态文明，也很重视环境管理，因此，工厂化猪场的场址选择要考虑多方面的因素，而环境保护是首先要考虑的问题之一。场址既要考虑猪场建设本身的利弊，也要考虑对所在地生态环境的影响。

2. 走农牧结合良性生态循环养猪之路

工厂化养猪原有模式是单一经营猪场，当猪场规模越来越大，养猪生产越来越集中，环境污染问题就越来越突出。解决办法之一是工厂化猪场到农村建场，实行农牧结合，让猪场粪尿被附近农田、果园和鱼塘充分利用，走良性生态循环养猪之路。

从实践中看，工厂化养猪首先必须做好规划，而规划必须从可持续发展战略角度上考虑，将养猪、粪污处理、种植业、水产业统一起来安排，结合起来发展，但规划一定要因地制宜。一个万头工厂化猪场用地最少在50亩，一般要求在80~100亩，用厌氧设施处理粪污物，还要对鱼塘及农田或果树面积因地制宜进行规划。如果农田较少，则20亩土地沉淀池及生物氧化塘是必不可少的；如果农田地大于1 000亩，鱼塘大于200亩，则沉淀池及生物氧化塘不少于20亩。这样的规划，就可形成一个理想的可持续发展的农业良性生态循环。但在我国农田较多的地区，如东北、西北及海南等省，则可参照美国按农田面积依法确定饲养猪头数的限额。在猪舍设计上，地下可设粪池，就地发酵后定期流入农田，可省掉污水处理的一些费用，但猪舍投资要稍高一些。从目前的成功案例上看，工厂化猪场可因地制宜地采用粪便污水制沼气，开发再生能源，沼液沼渣作肥料还田，这是猪场粪污处理利用的一个较好生态循环形式。

3. "全进全出"流水式生产工艺的技术改革措施

"全进全出"流水式生产工艺具有一定优点，猪场能否"全进全出"地转群，实践已证实，通过多种措施虽可控制在一定时间（如7天）内同时配种繁殖，实现按周转群，但除年产几万头的大型猪场外，难以做到一周内某猪群的存栏猪数能装满一栋猪舍，实现不了整栋全进全出。我国养猪界专家从20世纪80年代就对这个焦点问题进行探讨研究，最后探讨出了"单元式"产房猪舍。"单元式"猪舍为东西排列的双列式，猪舍跨度一般为9~10米，每单元床位多少只影响单位的东西长度。"单元式"猪舍不仅可用于产房、保育舍，对万头以上规模的工厂化猪场可用于各种猪舍，各猪群均可实现全进全出，更大规模猪场可整栋实现全进全出。此外，工厂化养猪采用的流水式生产工艺由于耗电耗水量大，在我国不同的地区，不同的气候条件和能源情况，不必强求采用流水式的生产工艺。

4. 建筑生态型猪场

实践证实工厂化猪场在我国几十年的时间，有些问题的存在主要在猪场建设本身上，为此，我国一些养猪专家提出了新建猪场要有生态养殖的理念。

生态养殖理念主要针对工厂化猪场存在的一些主要问题提出来的，它的标准为：猪舍内能有新鲜空气，能排除有害气体，能达到冬暖夏凉，饲养密度适中，能除去灰尘；通风透光，减少舍内的病原体，猪粪尿不污染环境，无臭气影响生态环境。

新建工厂化猪场应走农牧结合的道路，污水灌溉农田和果园以及养鱼，不要盲目在城市郊区兴建万头工厂化猪场。猪场距城镇应在30千米以上，猪舍与猪舍的距离不少于20米，中间可种牧草或作猪的运动场。工厂化养猪规模不宜超过年产1万头商品猪，规模过大粪污处理难度大，在一定程度上讲，工厂化养猪是生态环境的一大污染源。一头猪粪尿排泄量是人的5倍。一头中猪平均日排泄粪尿量6千克，一个存栏6 000头猪的万头猪场平均日排泄粪尿量达29吨，年约10 585吨。如果不重视环境问题，或没有完善的防污设施和制度，或者再采取"先污染，后治理"的态度，会耗资巨大。

5. 设计种猪舍运动场

引进工厂化养猪生产线的猪舍均不设运动场，理由是减少猪病传染机会，特别是寄生虫病。生产实践已证实，限位饲的种猪由于运动量大大减少，不见阳光，会导致繁殖力降低，产仔数减少。也有试验证实，由封闭式猪舍的瘦肉型种猪转到开放式带运动场的猪舍饲养，并添喂青饲料对胎产仔猪数可提高1~3头。生产实践还证实，缺乏运动的种猪利用年限缩短，母猪一般只能利用6胎，公猪在本交条件下从开始配种后只能利用1~2年。没有运动的猪体质下降，同样受体内外寄生虫感染。因此，新建的工厂化猪场宜将猪舍之间的距离拉大，设计出运动场，给空怀和怀孕母猪特别是种公猪有一个活动场地，不但使猪舍通风透光，还增强种猪的体质，降低猪的发病率，提高利用年限和种用价值。有条件的地区还可采用放牧与舍饲相结合，让种猪在运动场拱拱泥土，晒晒太阳，给种猪创造本性活动的条件，这样能提高猪的免疫力，减少维生素和矿物质的补充，提高猪的生产力，降低生产成本，也从根本上改善舍内的空气环境质量。

6. 对封闭式猪舍进行有条件改造

封闭式猪舍不设窗户，有门平时也紧闭，附有一套自动控制舍内小气候条件的机械，通风系统和供暖降温设施能够为猪舍提供良好的环境，可以保证终年均衡生产的实施和提高生产效率。但在我国工厂化养猪的十几年实践证明，封闭式猪舍实际使用后表明，全封闭、高密度、省劳动力的工业化的养猪生产方式，不仅投资大，成本高，疏于人对猪的管理。最主要的问题是猪在封闭式猪舍中监禁般生活，又过分拥挤，活动受到很大限制，不仅生产力、繁殖力受到影响，而且免疫力和疾病抵抗力也会下降。封闭式猪舍在亚热带地区使用，表现是保温性能好，而降温效果差，同时耗电量也大。夏季舍内外温差只能降温3~4℃，在气温30~35℃的情况下，舍内闷热，对猪的生活环境有很大影响。近几年还发现由于饲养密度大，通风不良，猪的呼吸道疾病发生机会有增多趋势，种猪的繁殖障碍性疾病种类也增多。根据我国的气候和条件，封闭式猪舍以改为南北带窗户的半开放式猪舍为宜，在热带和亚热带地区，甚至可以采用全开放式。为了降低投资，猪舍以自然通风为主，降温采用电风扇、排风扇、滴水降温和喷雾相结合方式。公猪舍可采用湿帘降温设施。分娩舍的保温箱则用恒温电热板及红外线灯泡。对需要保温的猪舍，采用热风炉，有投资少、操作简单和除湿效果好的优点，但保温设施要因场而宜。

7. 采用干湿喂料器（即带饮水器的食料箱）

我国工厂化养猪场为了节省劳动力，采用不限量干喂饲养法，仔猪用颗粒料，中小猪多用于粉料，这与传统养猪采用料加水湿喂不同。但经有关人员试验，在一个44次湿喂与干喂的对比中表明，湿喂对增重有益的2次，对饲料利用率有益的25次，可见湿喂优于干喂。而且还发现，干喂时由于猪的采食与饮水设在栏内不同的地方，容易引起粉尘增加的趋势。我国养猪界专家针对这一问题，提出了万头工厂化猪场中采用干湿喂料器（即带饮水器的食料箱），把饲料和饮水器放在一起，猪一边吃料一边饮水，能增加猪的采食量，节约饲料，效果良好。也有一些猪场采用小型的土建用搅拌机将饲料加水（比例1∶1）搅拌后喂饲，食槽内不残留饲料，饲料浪费几乎减少到零。还有的猪场采用链板输送，能满足精饲料配一定青料后的混合料喂饲。当然，这也是中国特色的饲喂法，在生产中也有一定的效果。但在国外一些工厂化猪场中，大都采用自动湿喂系统，节省人工，没有粉尘，而且猪增重快，猪的吸收利用好，饲料利用率高。但引进这一喂料系统造价高，由计算机控制的液态料喂猪系统，目前国内个别工厂化猪场已引进应用。从中国工厂化养猪的实际情况看，在设施设备的选择使用上要科学合理，经济实用。一般要求凡500头基础以上母猪的工厂化猪场，都要采用自动供料系统，既节约劳动力，又能根据猪况调整喂量，也不浪费饲料。但在料槽选择上要因猪而宜，对母猪尤其是哺乳母猪选择干湿料槽或料水同槽比较适宜。

8. 仔猪提早断奶需因地因场而宜

工厂化养猪引进的瘦肉型品种种猪，这些猪种与中国一些优良地方猪种相比繁殖力低，加上限位饲养，又缺乏运动和不使用青饲料，因此平均每胎产活仔数都在10头左右。为了提高母猪产仔数，只能采取提高母猪年产胎数的办法，把母猪从60天断奶年产1.8窝，缩短到28～35天断奶，甚至14～21天断奶，使年产胎数增加到2.3～2.4胎（窝）。如今发展到哺乳7天的超早期断奶，这在国外认为是集约化猪场提高母猪繁殖力的好办法。实际上仔猪提早断奶是有条件的，即营养与环境，缺一不可。提早断奶的仔猪饲料一般要添加乳清粉、代乳粉、优质鱼粉、血浆蛋白粉和多种维生素、氨基酸及帮助消化的复合酸等，必须有专业的饲料营养技术人员才可配制而成，还要有先进的饲料加工设备。对有些工厂化猪场由于缺乏饲料营养专业技术人员，再加上饲料加工设备不具备生产乳猪料，提早断奶的乳猪营养需要满足不了，采取什么时间断奶都会造成仔猪生长发育不良而会发生死亡。其次还要保证产房和保育舍温度不能低于20～25℃（3～5周龄），相对湿度在50%～80%，否则仔猪增重减慢，下痢发病率增加，死亡率升高。由此可见，如果提早断奶的仔猪营养不全面，产房和保育舍的保温和卫生条件不符合标准，就会降低仔猪的免疫力，发病下痢增多，成活率反而降低。因此，根据我国不同地区的气候条件和饲养条件，从南到北，仔猪断奶日龄应有所不同，一般来说以28～35天为宜，有条件的猪场可实行14～21天断奶。但在东北地区，如果为了分娩舍的保温箱温度达到28～32℃，保育舍温度20℃而使消耗的电能成本超过每头仔猪成本的8%，就不如采用季节分娩更为合算。工厂化养猪的目的是高投入高回报，否则会亏损。

9. 母猪限位栏加活动栏或运动场模式

母猪限位栏是 20 世纪 80 年代的工厂化养猪的产物。发明设计者对母猪设置限位栏的初衷，是为了在工厂化养猪生产过程中，便于对繁殖母猪进行标准化的质量管理与流水式作业管理，以期获得更大的生产和经济效益。经过二十多年的生产实践，限位栏在方便流水式作业管理的同时，虽然也有一定的优势和好处，但对母猪健康状态带来了较大的伤害，进而使母猪生产性能下降，利用年限缩短，死淘率升高，对猪场生产也产生了整体的负面效应。因此，国内一些养猪专家也在不断探索和研究，提出了母猪限位栏加活动栏或运动场模式，在有些猪场的生产应用中取得了一定的成效。

第二节　智能化母猪群饲养模式

一、智能化母猪饲养管理系统的概念及生产模式

（一）电子母猪群养概念

智能化群养管理系统称为电子母猪群养饲喂管理系统，是指猪场 RFID（无线电射频识别）技术在母猪大群饲养的前提下准确识别个体怀孕母猪，并通过相应管理软件准确执行怀孕母猪的饲喂方案，使母猪在大群饲养的同时，个体能够精确喂料，保持怀孕母猪良好的体况和生产性能。因此，每头母猪必须配备 RFID 电子耳牌，使系统能够准确识别，同时饲喂管理软件必须稳定而准确地执行母猪饲喂方案。

（二）电子母猪群养生产模式

电子母猪群养自动饲喂系统有两种生产模式，也称为两种类型。一种是静态饲喂系统，每个饲喂站可饲养 50~70 头母猪。母猪统一配种后进入饲喂系统，中间如果有母猪返情了，将被分离出返回配种舍，但也不再有新的母猪补充到该饲喂站。这种模式的优点是猪群相对稳定，打斗少，好管理，缺点是设备利用率低。另一种模式是动态饲喂系统，该系统设有自动分离通道，可将需要分离的母猪，如返情母猪、待产母猪、生病母猪、需要注射疫苗的母猪等分到分离区，进行喷墨标记，之后由猪场工作人员做相应的处理。这种饲喂模式要求母猪群体相对要大，一般在 200 头以上，圈舍面积也大。具体需要的数量由工作站根据母猪的喂料量、采食次数以及保证每头母猪足够的采食时间来确定。群体中有返情的和临产的母猪可以被分离出去，同时补充进去新的怀孕母猪，但母猪群体数量保持不变。这种模式的优点是设备利用率高，缺点是操作比静态系统复杂，另外群体中母猪的变化也可能会有一定的打斗。

二、电子母猪饲喂管理系统的功能和优点

（一）电子母猪饲喂管理系统的功能

1. 自动化精确饲喂

自动化精确饲喂站在 24 小时为母猪提供精确的定量饲喂，任何一头母猪都可以随时在需要采食的时候进入饲喂站采食，当这头母猪进入饲喂站之后，饲喂站的后门即关闭，投料

系统即按这头母猪所需要的饲料量投料；当设备给母猪投料时，它不是把母猪当天所需的饲料一次性地投到采食区，而是一点一点地去投料，投料过程非常精确。而且电子母猪饲喂管理系统的软件可根据怀孕母猪的不同胎次设定不同的饲喂曲线，同时根据母猪的配种日龄、膘情体况等为每头母猪计算出当天精确的饲喂量，然后进行精确地投料。其目的是既能保证为母猪提供充足的营养，同时又不会因为营养过剩导致母猪膘情过高。系统通过精确化的母猪饲喂和管理，可明显节约饲料，西方学者的研究结果是每头母猪平均可节约饲料 0.5千克/天，在饲料浪费的猪场这个数字会更高。可见，电子母猪饲喂管理系统在节省饲料方面，也给猪场带来了一定收益。

2. 自动化发情鉴定

母猪发情探测站，具有自动化的发情鉴定功能，可以自动地检测出发情的母猪。为了检测母猪是不是在发情期，在一个小封闭的环境中，放上一头公猪，然后有一个圆孔，允许母猪和公猪进行鼻对鼻的接触，因为每头母猪都有自己的身份识别即电子耳牌，所以任何一头母猪在 24 小时之内与公猪进行鼻对鼻接触数次，每头接触的次数以及 24 小时鼻对鼻接触的总时间都被检测和记录下来，这些数据被记录换算成每头母猪当天的发情指数。当一头母猪的发情指数曲线出现波峰时，进行人工检查确定，以判断这头母猪是不是已经发情并需要配种，其准确率比单纯人工鉴定高 8%。

3. 自动分离待处理母猪

在母猪群体饲养状况下，有些母猪需要处理，母猪电子饲喂管理系统在处理方式上提供了几种选择，其中包括自动分离站，其目的是把需要处理的母猪从群体中分离至一个小的空间以便于处理。如在一个大栏里管理了有 350 头母猪，有不同阶段的妊娠母猪，有妊娠早期的，也有接近分娩的母猪。当母猪需要采食时，它们就会通过饲喂站的入口进入饲喂站采食。当任何一头母猪采食结束时，它会通过公共通道进入分离站，分离站会自动识别这头母猪是否需要进行处理，如果这头母猪不需要处理，那么就可通过出口回到饲喂大栏里面；如果这头母猪需要到产房进行分娩，那么它就会通过另一出口进入隔离栏，然后经操作人员检查确认后推进分娩产房。

（二）智能化母猪自动饲养管理系统的优点

1. 能满足动物福利的要求

智能化母猪饲养管理系统的猪场，对母猪舍采用群养的模式饲养母猪，根据母猪的生物学特性，将猪舍划分出了功能区域，包括采食区、饮水区、躺卧区和排泄区，见图 3-1。

由于采用群养模式，每头母猪占舍内面积为 $2 \sim 2.5$ 米^2，母猪可利用空间增大，并且可以在猪舍内自由活动，故不需要专门修建运动场。根据荷兰 Velos 智能化母猪饲养管理系统的特点，母猪舍还专门设置了发情监测区和分离区。从此，母猪不再生活在狭小的限位栏里，生活环境得到了很好的改善，生物学特性也得到了充分的尊重，母猪的生产成绩、利用年限较生活在限位栏时都有很大的提高。目前，整个荷兰大约有 30% 以上的猪场使用智能化母猪自动饲养管理系统后，每头母猪年提供断奶仔猪 24 头以上，母猪利用年限平均提高 $1 \sim 1.5$ 年。在美国，规模猪场妊娠母猪采取电子母猪饲喂管理系统，其生产指标为每头母猪每年提供 $26 \sim 28$ 头断奶仔猪。而在定位栏饲养条件下，母猪没有得到运动，增加了疾病的风险，生产中对母猪的应激大，容易导致妊娠前期的胚胎死亡；加上个体饲喂不容易控制，导致群体内各母猪之间肥瘦不均，群体的一致性差。而智能化母猪饲养管理系统是能充分照顾母猪生物学特性的养殖模式，也符合国际上动物福利的要求。欧盟从 2006 年 1 月 1

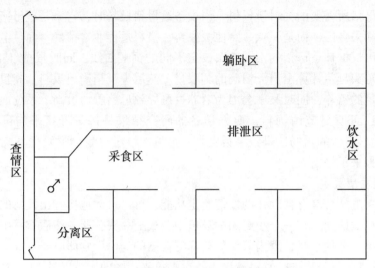

图 3-1　母猪舍各功能区域平面模式

日起正式生效的新食品卫生法中，强化了对动物福利的规定，到 2013 年欧盟将全面禁止使用限位栏，而智能化母猪饲养管理系统或母猪电子群养模式已成为现代规模化猪场管理的最佳选择，这些都是值得我国养猪生产关注的，也是我国一些猪场将来广泛地接收和采用的。

2. 使用智能化母猪饲养管理系统可解决猪场饲养母猪的最关键的几个问题

规模化猪场群养母猪，给母猪精确喂料、监测发情母猪以及分离需要处理的母猪，如发情、临产、生病以及打疫苗等就成了猪场生产管理者最头疼的问题。而荷兰 Velos 智能化母猪饲养管理系统，正好能解决群养母猪的这些问题。为了方便生产管理者利用设备对母猪进行管理，Velos 系统给母猪配上电子耳标，即母猪自己的身份证，这样每头母猪的详细情况通过身份证查到，也方便了猪场生产管理者掌握每头猪的第一手信息，该系统主要为生产管理者解决了以下问题。

（1）Velos 系统配置的单体精确饲喂器解决了给母猪精确喂料的问题　系统通过扫描电子耳标，系统自动识别该母猪的饲喂量，并且单体饲喂，确保母猪在完全无应激的状态下采食，而且达到精确饲喂，有效地控制了母猪体况，也减少了饲料的浪费，也为提高母猪利用年限和生产繁殖力奠定了一定基础。

（2）Velos 系统配置的发情监测器解决了监测母猪发情的难题　配置的发情监测器通过和种公猪的联合使用，24 小时不间断监测母猪的发情状况。当母猪发情时并和种公猪的交流频繁，发情监测器把这种交流的过程精确记录下来，当达到系统设置的发情指标以后，Velos 系统自动将该头母猪喷墨标记。

（3）自动分离要处理的母猪　当发情监测器喷墨标记下发情母猪时，用人工把被标记的发情母猪从大圈分离出来一般是很耗时也耗力的，而且对大圈的其他母猪也有一定的应激，就是分离临产母猪、有病母猪以及需要打疫苗的母猪也一样。而 Velos 系统配置的分离器可以让母猪在不知不觉中被分离到待处理区域，而不需要分离的母猪则回到大栏圈，这样既节省了人力，又避免了母猪的应激反应。

从以上可见母猪自动饲养管理系统在猪场生产中有很大的优势。一是实现了群养母猪内的单体准确饲喂，使高水平的饲养管理技术成为可能；二是每头母猪都可以按照自己的习性灵活选择采食模式；三是隔离的饲喂模式最大化地减少了个体间的打斗，大大减少了为采食而抢食产生的应激；四是对母猪实现了个体精确饲喂，确保每头猪不至于超量采食；五是为母猪提供了良好的福利条件，使母猪的生物学特性得到了充分的体现；六是 Velos 系统的智能化管理不仅可以精确喂料，监测发情以及分离待处理母猪，而且可以将母猪舍所有想了解的信息能全部传输到猪场生产管理者或业主的电脑里，形成详细的生产情况报告，就算生产管理者或业主不在猪场，只要在有网络的地方输入相关信息，就可以进入系统操作界面，方便生产管理者或业主随时了解猪场信息，而且目前还已通过网络可在手机上也随时上网了解猪场信息，真正实现了猪场管理智能化。

三、智能化母猪群养生产模式在中国猪场应用的前景

（一）国外母猪电子群养饲喂生产模式在国内已获得了良好的饲养效果

电子母猪群养生产模式作为世界养猪业的一种新模式，其产生和发展的历史背景是不一样的。电子母猪群养模式在欧美基于三个方面的原因：一是动物福利要求，二是猪场精细化数据管理，三是猪场快速扩张，特别是欧美国家的政府和动物福利组织的呼吁在很大程度上促进了电子母猪群养模式的推广。虽然有些猪场采用自动化限位栏饲养怀孕母猪也可以达到每头母猪每年提供 25 头以上断奶仔猪的好成绩，但电子母猪群养模式已成为现代化规模猪场的最佳选择。电子母猪群养模式在欧美普遍应用已达 10 多年，不仅猪场管理更轻松，生产成绩不断提高，而且满足了动物福利的要求，已被欧美国家的猪场广泛地接受和采用。中国养猪生产在改变传统小栏群养母猪而采用限位栏饲养怀孕母猪的过程中也总结了一定的成功经验，形成了以怀孕母猪限位栏饲养和控料为主的适合中国规模化养猪发展的一套模式。然而，在中国采用限位栏饲养却不配套自动输送饲料设备，猪场终究无法有效解决怀孕母猪的精确喂料和劳动强度大的问题。在一定程度可以说，中国猪场的饲养人员的素质和技术水平不高对提高猪场的生产效率起着负面作用，就是猪场配套自动化输料设备，也只是减轻了饲养人员的劳动强度，也很难把限位栏的怀孕母猪管理好，在国内一些猪场母猪生产水平不高就是例证。目前，国内也有一些猪场应用电子母猪群养生产模式，如新湘农生态科技有限公司是国内第一家应用电子母猪群养饲喂的猪场，运行两年来的生产成绩已经证实了智能化养猪模式的优势，适用电子群养三个工人可饲养管理 400~600 头母猪，出栏 1 万头以上保育仔猪，母猪年平均提供保育仔猪 23~25 头。由此可见，我国与欧美在养猪观念和猪场生产技术方面存在的差异巨大，可以通过改变观念和技术是可以发挥外来猪种的生产潜力的，而且生产水平可以接近国外发达国家生产水平。

（二）智能化母猪群养模式是提高我国养猪业生产力的新技术

智能化养猪模式在中国的应用是中国养猪业的一场观念与技术革命，具有重要意义，从一定程度上可以说，智能化母猪群养模式是提高我国养猪业生产力的新技术，可从以下方面看到，如果我国猪场也使用智能化母猪群养模式，这对我国猪场生产水平提高有很大作用。

1. 可为母猪生产力提高创造良好的环境条件

荷兰的 Veols 系统在所有母猪的耳牌中安装了芯片，芯片中存有该母猪所有的个体生物档案信息。当母猪要采食先进自动饲喂器时，该设备会自动识别该母猪，根据识别信息（耳牌号、背膘、妊娠期等）决定一天投料量。母猪吃完料后，进入分离器，根据识别的体温指标、一天吃的料量以及探望公猪的次数，将病猪与发情母猪分离出来，以便人工及时处置。该系统为母猪创造了自由活动的环境，不仅避免了用限位栏饲养对母猪心肺功能、肢蹄、泌尿生殖系统的伤害，还使母猪从自由活动中提高了健康水平，消除了限位栏带来的一

些应激，而且为母猪提供了群居环境，母猪可按自己的特性选择生活空间，组建和谐的小群体，从而也在心理上健全了母猪的体质，这为提高母猪繁殖力奠定了良好的基础。国外的使用经验证明，该系统在提高母猪健康水平的同时，也惠及后代，保育猪及商品肉猪的健康水平也得到保证，这对于保育猪或中猪死亡率高的国内一些猪场有重大的意义。

2. 降低生产成本，提高经济效益

由于该系统的智能化功能可真正做到个性饲喂，一颗饲料不浪费，避免了人工饲喂造成母猪过肥或过瘦带来的生产性能下降导致的生产成本上升；还可做到 24 小时不间断的精确管理，及时鉴别发情母猪，避免人工察情的漏判与误判带来的失误而使饲养成本上升。如果一个 500 头基础母猪的猪场使用了 Velos 系统，母猪年提供商品肉猪由 18 头提高到 22 头，那么一年可多出栏商品肉猪约 1 800 头，以每头盈利 300~400 元算，可增收 54 万~72 万元。我国母猪生产力若从现在的年产仔成活 16 头提高到 26 头，那么只需要 239 头母猪就能达到原来养 388 头母猪的生产指标。全国若 50% 的猪场达到此生产目标，又少养母猪数量节约下来的饲料、人力等不可估量。而且生态系统的理论证实了猪多病多的道理，当母猪存栏减少38%，无疑大大降低了全群感染疫病的风险，当然也带来了少养 149 头母猪的生产成本。而且智能化母猪群养模式可大大减少人工饲养，尽管中国人力资源丰富，但愿意去养猪的年轻人越来越少，很多规模化猪场饲养人员非常不稳定，风险、培训成本增加；加上中国人多地少，人均可利用资源甚少，劳动力成本和饲料原料、水电和相关设备不断增加，养猪企业要生存，必须走规模化养殖，使用现代化养猪设备，少用人工才能降低成本。现在一些有先进理念的猪场业主已认识到：能用电脑的不用人脑，能用机械的不用人工，人工需做的应该是那些机械完成不了的事情。在国内已有猪场成功应用智能化母猪群养模式，3 个员工饲养管理 400 头母猪，年出栏 1 万头保育猪；已有 10 个员工饲养管理 1 200 头母猪年出栏 3 万头商品肉猪的猪场，已经在中国出现并获得良好的经济效益。而且员工操作先进的管理系统有成就感，由于减员，场方有了给予高薪的空间，也不再担心人才流失，这对猪场科技水平和后续生产力的提高有很大作用。此外，大群母猪群养后，预防接种疫（菌）苗成为难题，但应运而生的无针头注射系统不仅解决了该难题，还使猪群避免了注射应激、交叉感染等问题的产生，而且疫（菌）苗接种可靠，节省人力，减轻劳动强度等。所谓用无针头注射器接种疫苗，就是注射器不带针头，借助高区射流穿过皮层将疫苗注入皮肤内或皮下，每次注入的时间只需要 0.03~0.3 秒（取决于量），但全过程却是一个复杂的动力学过程，概括地说可分为三个阶段：疫苗在高压作用下所形成的射流穿过皮层；疫苗通过形成的喷孔进入皮肤内或皮下等局部组织；在孔道下部形成疫苗等储库，然后从这里以弥漫浸润的方式快速进入血液，并且它们在血液中的浓度增长增快，还能延长其循环期限。用微量剂量无针头注射器，一般每小时能注射完成 300 头猪，不仅效率高，且未见一头猪出现应激反应。

（三）智能化母猪群养模式应用的问题及改进措施思路

到目前为止，全国近 100 家智能化猪场普遍存在严重的设备和技术问题，在一定程度上也可以说，电子母猪群养在中国猪场的应用存在很大的盲目性和诸多错误认识。许多猪场认为只要采用电子母猪群养就可以达到每头母猪年产仔猪 25 头以上，母猪使用年限可以延长1~2 年，且还能大大提高猪场生产效率和经济效益。然而，猪场生产效率和经济效益的提高受多方面因素的影响，这也是一些猪场引用智能化母猪群养模式所忽略的。中国电子母猪群养模式的猪场不会在短期内让所有猪场都有预期的良好效果，虽然少数猪场能够总结一些教训并采取改进措施，但在中国养猪业发展过程中，新事物、新观念的产生都要经历许多挫折才能总结适合一定阶段的经验。一种新设备或新模式只是解决猪场部分问题的一种工具，它不是万能的。为此，对智能化母猪群养模式的应用问题，根据国内有关专家的建议，总结几条措施思路供业内人士参考。

1. 智能化母猪群养模式在国外猪场应用取得高产水平的原因分析

（1）有健康的种猪生产群　国外应用智能化母猪群养生产模式能取得高生产水平的原因之一是猪场有健康的种猪生产群，而且种猪都是专业提供种猪的公司生产，已形成专业化生产体系。在荷兰作为欧洲最大的国际性猪育种公司 Topigs 供应了荷兰全国 80% 的种猪，这些种猪除了生产性能优秀外，健康状况良好，不携带猪瘟、伪狂犬病病毒。而在美国专业提供种猪的公司约 10 家，他们占有了全国父母代猪 90% 以上的市场。美国猪的性能和养猪的技术水平先进，就是出口国外的种猪必须是没有任何疫病，不注射蓝耳病疫苗，必须在种猪登录协会登录的种猪，而且猪场必须是各国检验部门认可的猪场。丹麦是全球猪种质资源开发利用最前沿的国家，全国联合育种和国际化经营已有 100 多年的历史，拥有世界著名的瘦肉型猪种，而且丹麦猪的生产性能达到极高的水平，这都与拥有健康的种猪群有很大关系。相比之下，中国的种猪群健康状况普遍不佳，这已是公认的事实，健康状况不佳的种猪生产群，必然影响其生产性能的发挥，就是应用最先进的智能化母猪群养系统，也难以达到一定的生产水平，这也是国内一些猪场应用电子母猪群养模式为什么没能达到预期目标的其中一个原因。

（2）国外种猪一般不受繁殖性障碍病的影响　细小病毒病（HC）、乙脑（JE）、口蹄病（FMD）、猪瘟（HC）、伪狂犬病（PR）和蓝耳病（PRRS）均是影响种猪繁殖性能的病毒病。而在荷兰全国没有细小病毒病、乙脑、口蹄疫，唯有蓝耳病仍在荷兰游弋，但也趋于平稳，而且一些猪场已意识到蓝耳病疫苗的巨大副作用，并从停用该疫苗又未影响母猪生产成绩这一事实看，可以这样说，这六种影响母猪繁殖水平的病毒性疾病，在荷兰也可能已不存在或已被控制。在美国整个养猪业没有口蹄疫、猪瘟等烈性传染病，伪狂犬病也已经净化，蓝耳病在少数母猪场是阳性，大部分猪场已经控制并逐渐转化为阴性。在美国几乎全部的种公猪站和越来越多的母猪场开始使用空气过滤系统防止蓝耳病等空气传播疫病的传入，大量的试验结果表明，中效以上的过滤器对蓝耳病毒、肺炎支原体有明显的效果。美国从工程学上杜绝病毒的空气传播，做到核心种猪特定疫病的净化，以提供健康的种猪和精液产品。在丹麦已经根除的疾病有：结核病（1930 年）、猪瘟（1933 年）、口蹄疫（1982 年）、伪狂犬病（1986 年）、布鲁氏杆菌病（1998 年）。丹麦已在 10 年前停止了蓝耳病疫苗的免疫，目前对于蓝耳病的控制主要通过提高管理水平和控制其他疾病来减少蓝耳病的影响，但目前蓝耳病并没给丹麦普通猪场造成什么影响。相比之下，中国的猪场受繁殖性疾病的影响较大，在一定程度上讲，应用智能化母猪群养模式，同样会受到高疾病风险的影响，同样影响母猪生产成绩。一个不健康的种猪群已成为中国猪群的储毒储菌库，也是中国猪病流行难以控制的主要原因。

（3）种猪群受霉菌毒素影响小　在美国现代大型养猪体系都是自建饲料厂，很少外购饲料，并按照 NRC 的标准，对各类猪喂给全价均衡的日粮，确保了各类猪对营养的需要。而在荷兰的猪场后备小母猪阴唇无红肿现象，发情配种率在 90% 以上，说明影响母猪繁殖性能的玉米赤霉烯酮对母猪影响小。相比之下，国产玉米霉变严重，其中以镰刀菌毒素危害为最，玉米赤霉烯酮的广泛存在同样严重威胁母猪的生产性能，由此造成的繁殖障碍不同程度地存在于各猪场中。

（4）母猪淘汰率高 荷兰猪场的母猪年淘汰率为40%，淘汰的主要对象是第三胎产活仔数11头以下的母猪。从使用智能化母猪群养模式的国家看，低疾病风险可以做到种猪连续生产和高淘汰率，从而保证种猪的高生产水平。特别在荷兰、丹麦、美国，低疾病风险，较单一的引种渠道，使之可以不断引入健康后备母猪，因此种猪的繁殖性能可以保持在高水平。相比之下，国内猪场由于种猪群带毒带菌，体质差，引种渠道太多，致使后备种猪引进风险大。虽然也有许多猪场采取同化措施，但引进后备母猪后，不是带来新的疾病流行，就是后备母猪发病的事例非常普遍；而不引进后备母猪，种猪群的生产难以长久维系；淘汰低水平母猪可以维持高水生产，又使猪场生产成本增加，而且使用设备利用率日趋降低。可见中国的猪场种母猪循环生产风险极大。

（5）利用设施供给猪只良好的生长环境，猪群产生的应激小 在美国、丹麦、荷兰等养猪发达国家，都是采取全封闭猪舍，而且利用智能控制设施设备形成猪舍气候自动调控系统，全面考虑了通风换气和保温或降温要求，为猪只营造一种最佳且恒定的良好生活和生长环境，有利于种猪生产潜力的发挥。特别在荷兰，因为海洋性气候，夏季最高温度在30℃左右，而且夏季短暂，故荷兰不存在对母猪繁殖性能有巨大影响的热应激。而在中国大部分地区存在不同程度的热应激，中原地区以及南方都有酷热的夏季，特别是长江流域及其以南地区，高湿度、30℃以上的天气可达两个月乃至更长时间，这极大地影响了种猪的繁殖性能。由于国内猪场难以用智能化设施设备控制猪舍小环境，尽管目前有的猪舍采用全封闭水帘降温有一定效果，但高湿度及高氨气的污秽小环境，使用湿帘降温也并非是解决热应激的好办法。

2. 智能化母猪群养模式的中国化改进措施与思路

规模化猪场不要认为采用智能化母猪群养模式也可达到每头母猪年产断奶仔猪25头以上或应用Velos系统就万事大吉，更不能100%照搬国外发达国家生猪生产的模式。因此，智能化母猪群养模式或Velos系统要在中国取得成功就必须走中国化道路。因为设施一般通过高昂费用的引进并且技术控制在发达国家的手中，因此，十分必要进行我国自主知识产权的种母猪群养设施的研究与开发。目前，种母猪群养模式在我国还处于尝试、探索的初级阶段，即从国外成套引进设备、消化吸收和本国化、本地化的阶段。一方面加强种母猪群养设施的研究，使高昂的设施费用降下来，能使一大部分中小型猪场也买得起，用得起；另一方面提高信息化、智能化水平，实现物联网环境下的养猪自动化、可视化和管理远程化。这也许是中国智能化母猪群养模式的研究方向和要达到的目的。此外，根据国内有关专家对荷兰Velos系统的深入研究，提出了Velos系统应用中国化问题。一是Velos系统内应用的中国化。国内猪场在应用Veols系统时，要突破荷兰静态与动态两种模式的束缚，由用户自由选择。静态饲养模式用于1 000头母猪以上的大猪场，可以将一周内受孕的50头母猪集中在一个大栏内，共用一个自动饲喂器；而动态饲养模式用于中小型猪场，断奶后的母猪进入大群母猪舍，内有怀孕母猪、后备母猪，每天分离器会将发情母猪分离出来，适时配种，确认怀孕后又放回到大群母猪舍，自动饲喂器会依据耳牌芯片的信息分别投入不同的饲料。也可依据中国的国情，将动态和静态两种模式结合更为实用。将断奶母猪赶到后备猪群中或配种舍中，舍中有发情鉴定器、分离器与自动饲喂站，发情母猪被分离到配种栏后适时配种，确认怀孕后放回大群妊娠舍，妊娠舍不再设置发情鉴定器与分离器，只设自动饲喂器。这样的模式比较适合国内猪场当前习惯性的生产程序，缺点是分离器不能满额运行。但在一些人工鉴定发情技术掌握得熟练的猪场，由于妊娠母猪投料不精细化，可以只设置自动饲喂器。二是 Velos 系统外的中国化。由于中国大部分地区的猪舍不适合采用全封闭模式，全自动控制的猪舍不仅造价昂贵，而且能源消耗大，如采用 Velos 系统大群饲养加开放式猪舍加室外运动场也许更适合中国国情。此外，中国人工费较国外便宜，产房等一些环节可做到相对人工精细化。目前的规模猪场产房有人日夜值班，有人接产、助产，及时处理新生仔猪，精心照料弱仔，一般的猪场产房中仔猪死亡率在 10% 以下，优秀的饲养员可将死亡率控制在 3% 以下；保育猪在人工精心照料下，死亡率控制在 1%~2%，而荷兰的产房奶猪死亡率在 10%~20%，中国产房精心照料的优势可在很大程度上弥补其他不足。而且荷兰猪场对第三胎产活仔猪少于 11 头的母猪一律淘汰的做法，我国猪场不可照搬，因为荷兰猪场产奶房猪死亡率高，其原因是采取的是自然分娩法。中国种猪病多，在短期内无法改变这种状况，猪场不断补充后备母猪风险大，为了充分发挥 Velos 系统提升种母猪生产力的作用，可采用将断奶母猪直接赶到配种舍中，不要和后备母猪混群。总的来讲，中国猪场在应用荷兰 Velos 系统时，不要忘记影响母猪生产力的 Velos 系统外的因素，要扬其长，避其短，中国的猪业生产模式应走健康种猪+舍内良好小环境+Velos 系统+产房与保育舍的精细化人工管理，这也许是中国猪场走向成熟而生产效益较好的一个特色的智能化母猪群养生产模式。

第三节　发酵床饲养模式

一、发酵床养猪技术原理与工艺流程

（一）发酵床养猪技术原理

发酵床养猪技术是依据生态学原理，利用益生菌资源，将微生物技术、发酵技术、饲养技术和建筑工程技术用于现代规模猪场养猪生产的一种综合技术。该模式是基于控制猪粪尿污染的一种健康养殖方式，利用全新的自然农业理念和微生物处理技术，在圈舍内利用一些高效有益微生物与作物秸秆、锯末、稻谷壳等原料建造发酵床，猪将粪尿直接排泄在发酵床上，利用猪的拱掘生活习性，加上人工定期辅助翻耙，使猪的粪尿和垫料混合；通过有益微生物分解猪粪尿，消除氨气等异味，从源头上解决了猪场养殖粪尿等污染物的排放问题；猪饲养中同时在饲料中添加微生物饲料添加剂，可使猪肠道内有益菌占主导，抵御和拮抗了有害菌滋生；由于有益菌产生的代谢产物如抗菌肽、酶、益生素等，可提高猪的免疫力、抗病力和饲料转化率；而且猪粪中有益菌数的提高，可增加发酵床垫料中有益菌的来源和数量，又促进猪粪尿快速分解，使整个发酵床形成了一个可循环的生态生物圈，向生猪提供了一个良好的生活与生长的生态环境，从而也延长了发酵床使用期限。也由于微生物发酵产热，冬春季节可节省一部分热能，在寒冬及初春季节特别是在北方地区发酵床养猪优势更明显。由此可见，生物发酵床养猪技术，是在有益微生物菌种作用下的一种无污染、无臭气、零排放、生物良性循环的生态养猪模式，从源头上实现了猪场养殖污染的减量化、无害化、资源化，具有良好的生态效益和经济效益。

（二）发酵床养猪工艺流程

发酵床养猪技术工艺流程大体如图 3-2 所示。

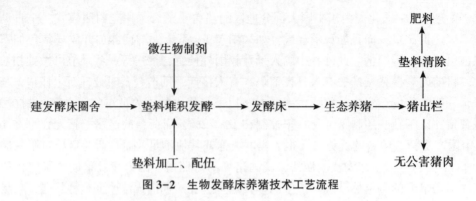

图 3-2 生物发酵床养猪技术工艺流程

二、发酵床的设计与建造

（一）发酵床的设计

1. 发酵床的名称

发酵床是将猪舍中超过 2/3 的面积建造成 80~100 厘米的深槽，即垫料槽，也称为发酵坑，用于存放经过发酵的垫料。此垫料一方面为猪的生长提供一个舒适的生态环境，同时还借助微生物的繁殖，降解转化猪的粪尿，消除氨气等臭味，因此把垫料槽或发酵坑形象地称为"发酵床"。

2. 发酵床设计的原则

（1）发酵床的面积　发酵床的具体面积可根据猪场的生产规模和生产流程确定，为了便于对发酵床垫料的日常管理和养护，猪舍内栏与栏之间用铁栏杆间隔，每栏面积以 25~60 米^{2}为宜。

（2）发酵床内的垫料面积　发酵床内的垫料面积为栏舍面积的 70% 左右，余下的栏舍面积应建成水泥硬地平台，作为夏季高温时猪的休息场所；对于有降温设施的猪舍，也可不设水泥硬地平台。

（3）发酵床内垫料的厚度　北方地区为 80~100 厘米；南方地区可在 60~80 厘米。发酵床内垫料厚度关系到发酵床的承载力、缓冲力及日常养护要求和使用年限。垫料厚度在 60 厘米左右的发酵床，承载力和缓冲力较差，此种发酵床使用年限偏短，而且日常养护要求更加到位。

（4）发酵床的深度　发酵床的深度决定了有机垫料的量，与猪的粪便产生量及饲养密度有关，根据猪饲养阶段的不同而异。一般要求保育猪发酵床的深度在 60~80 厘米，中大猪发酵床的深度在 80~100 厘米，在发酵池内部四周用砖和水泥砌起，砖墙厚度为 24 厘米，并用水泥抹面，发酵池床底部为自然土地面，不作硬化处理。

（5）发酵床要防止水渗入　发酵床无法排水，所以对整个猪舍的防水是重点，要做到屋顶不能漏雨、饮水设施不能漏水，猪舍四周有排水沟，发酵床要做到防止水渗入。

（6）猪舍内要有通风设施　发酵床内的垫料必须有一定湿度才能保证微生物菌群繁殖，而发酵床的垫料在微生物繁殖与分解猪粪尿时，会产生一定的温度，加上猪舍为封闭式建筑，这就要求有通风设施，特别是夏季高温高湿季节要加强通风，冬季也要定时开启通风设施，及时排除湿气，避免圈舍内湿度过大和通风不良。

（7）注意饲养密度　发酵床饲养生猪的密度不宜过高，特别是育成猪养殖密度较常规的水泥地面圈舍要降低 10% 左右，以便于发酵床能及时充分地分解猪粪尿。

（二）发酵床的建造模式

发酵床按垫料位置划分，可分为以下几种。

1. 地上式发酵床

地上式发酵床的垫料层位于地平面以上，就是将垫料槽建在地面上，操作通道及圈内硬地平台必须建高，利用硬地平台的一侧及猪舍外墙构成一个与猪舍等长的垫料槽，并用铁栅栏分隔成若干个圈栏。此种发酵床模式适用于我国南方及地下水位较高的地区。优点是猪栏高出地面，雨水不容易溅到垫料上，地面水也不易流到发酵床内，而且通风效果也好。缺点是由于床面高于地面，过道有一定陡度，送运饲料上坡下坡不方便。北方地区建此发酵床，在寒冷条件下，对发酵床的保温有一定的影响。

2. 地下式发酵床

地下式发酵床的垫料层位于地平面以下，就是将垫料槽构建在地表面下，床面与地面持平，新建猪场的猪舍可仿地上垫料槽模式，挖一地下长槽，用铁栅栏分隔成若干个栏圈；原猪舍改造可在原圈栏开挖垫料槽，最好将 2~3 个圈舍并成一个发酵床。此发酵床模式适合于北方干燥或地下水位较低的地区。优点是猪舍高度较低，造价也相对低，各猪舍的间距也相对较小，猪场土地利用率较高。由于发酵床床面与地面持平，猪转群和运送饲料方便。也由于发酵床的垫料槽位于地下，有利于发酵床的冬季保暖。但此种模式发酵床土方量较大，建筑成本也会加大。

3. 半地下式发酵床

也称为半地上式发酵床，就是将垫料槽一半建在地下，一半建在地上。半地上式发酵床地坑底不作硬化处理，坑的四周用砖和水泥砌成即可。此种发酵床模式可将地下部分取出的土作为猪舍走廊、过道、平台等需要填满垫起的地上部分用土，因而减少了运土的劳力，降低了建造成本。同时，由于发酵床面的提高，使得通风窗的底部也随之提高，避免了夏季雨大溅入发酵床的可能，同时也降低了进入猪舍过道的坡度，也便于运送饲料。此种模式发酵床适应北方大部分地区、南方坡地或高台地区。

三、发酵床垫料原料的选择及组成

（一）发酵床垫料的种类及选用原理

从发酵床原料实际使用效果上看，发酵床原料碳氮比是发酵床生态平衡体系中最重要的影响因子。"碳氮比"就是碳元素与氮元素的含量比值。生产实践已证实，发酵床垫料的选择，要用供碳强度大，供碳能力均衡持久且通透性、吸附性好的做主要原料，如锯末、稻谷壳、米糠、玉米芯、各种农作物秸秆、树枝、树皮、树叶、蘑菇渣等。另外，冬季为确保垫料发酵的进程及效果，也可根据需要，添加些猪粪、稻谷粉、麦麸、饼粕等，可提高发酵速度。原则上，只要碳氮比大于 25∶1 的原料，如杂木屑 491.8∶1，玉米秆 53.1∶1，麦秸 96.9∶1，玉米芯 88.1∶1，稻草 58.8∶1，野草 30.1∶1，棉籽壳 27.6∶1 等，均可作为发酵床垫料原料；而碳氮比小于 25∶1 的一般作为新垫料制作过程中"启动剂"，也可以作为发酵床的发酵效果差时的"营养调节剂"（猪粪 7∶1，麦麸 20.3∶1，米糠 19.8∶1，啤酒糟 8∶1，豆饼 6.76∶1，花生饼 7.76∶1，菜籽饼 9.8∶1 等）。由于养猪中猪粪尿是持续产生，且猪粪尿本身碳氮比低，能持续提供氮素（即持续提供营养辅料），所以从原理上讲，发酵床垫料原料或原料组合总体碳氮比只要超过 25∶1 即可。实际使用效果也证实，碳氮比越大的垫料原料，发酵床使用年限越长，而碳氮比越小，发酵床使用年限越短。物理特性是根据发酵床微生物生活繁殖的需要所确定的，一般粪尿处理的微生物多是耗氧性微生物，发酵床垫料必须保证微生物能在一种"水膜"的状态下生活，过干、过湿都会影响发酵效果，所以发酵床垫料必须满足具有一定的吸水性和透气性。

（二）发酵床垫料原料的组成与要求

发酵床原料碳氮比是发酵床生态平衡体系中最重要的影响因子。原则上讲，只要碳氮比大于 25：1 的原料都可作为垫料使用，但每种原料用于发酵床都有其自身的优缺点，故单一原料制作发酵床就会存在这样或那样的问题。因此，在发酵床原料的结合中，一般根据原料的特性，将两种以上的原料经过合理的搭配组合，制成混合垫料，使不同原料之间能够优势互补，而且还可降低发酵床的制作成本。生产实践已表明，不管是从碳氮比还是物理特性而言，"锯末+稻壳"的垫料组合都是比较好的（其碳氮比达到 200 以上）。我国农村拥有大量的农作物秸秆，如玉米秸秆、小麦秸秆、玉米芯、稻草及野草等，其碳氮比分别是 53：1，96.9：1，88.1：1，58.7：1 和 30.1：1，从原理上都可以作为垫料原料，但单独使用这些某一种原料作垫料，不管是碳氮比和物理特性都不是太好。生产实践已证实，最好能与碳氮比高的原料（如锯末、创花等，其碳氮比达到 400：1）进行组合，也才能保证垫料组合后的吸水性和透气性。不论是试验结果还是实践证明，目前发酵床效果确实的垫料组合有"锯末+稻壳""锯末+玉米秸秆""锯末+花生壳""锯末+玉米芯""锯末+玉米秸+花生壳""锯末+树叶""锯末+稻壳+花生壳+玉米秸""树枝粉+玉米秸秆+花生壳+玉米芯"等。生产实践中垫料原料组成，要根据垫料的基本要求，同时结合各种材料的物理特性以及用于猪只情况来计算垫料材料用量，而且不同的材料，不同季节所占的比例是不一样。一般的组合配方要求是用透气性和吸水性特性的原料，加上营养辅料、辅助调节剂、菌种进行配方组合，可参考表 3-1 垫料原料组成比例。

表 3-1　垫料原料组成比例

原料		透气性原料	吸水性原料	营养辅料	菌种	辅助调节剂
垫料用量		40~50%	30~50%	0~20%（视原料而不同）	视菌种成品类型而不同	结合垫料要求添加
比例	冬季	60~70 厘米厚	30~50 厘米厚	30~50 千克/米³	0.1~1 千克/米³	0~3%
	夏季	40~60 厘米厚	20~30 厘米厚	20~30 千克/米³	0.1~1 千克/米³	0~3%

四、发酵床垫料发酵剂菌种的来源及特点

（一）土著菌

日本自然学家和哲学家冈田茂吉于 1935 年创立了自然农业，并推广一种充分利用自然系统机制和过程，培育优质农畜产品的农业技术。后由韩国自然研究所经过 40 多年的研究，发明了利用发酵圈舍养殖猪、鸡、牛等畜禽的自然农业养殖法。自然农业养殖法的宗旨是"尊重自然，顺应自然"，它采用的五种核心秘方（天慧绿汁、汉方营养剂、乳酸菌、土著微生物、发酵素）和三种辅助材料（鲜鱼氨基酸、天然钙、糙米米醋），都是利用人们身边的自然资源制作的，其中作为发酵剂的土著微生物是从山林或稻田中自然采集的。

自然农业养殖法是利用天然采集的土著菌模拟其生态环境，辅以营养物质加以培养，是

重建生态环境的初级阶段，有明显的优点也存在不足。按其原理分析，其优点应该是存活力强，分解能力强，很容易成为优势菌；但其缺点也是分解能力强，太强的分解能力造成夏天温度的可控性降低，同时也可能造成发酵床寿命的缩短。

（二）生产生物肥料的菌种

生产生物肥料的菌种多由复合的芽孢菌、放线菌、霉菌组成，主要用于生物肥料的生产与有机垃圾的处理。这类菌群可产生纤维素酶、半纤维素酶甚至木质素酶，除能快速地将植物不易分解利用的纤维、木质素分解成可利用的糖类物质，对粪尿的分解能力也较强。然而，这类菌群同时也存在几个问题：一是菌种的安全。由于生物肥料常用的菌种中的放线菌与霉菌不是猪肠道的原籍菌种，而且某些霉菌的代谢产物具有毒性，发酵床垫料中的这类菌，对猪的健康构成威胁，是很不安全的。二是垫料消耗快。由于生产生物肥料菌种产生的纤维素酶、半纤维素酶与木质素酶，对发酵床垫料降解能力强，使垫料消耗快，增加了发酵床养猪的成本，从投入与产出上讲是很不经济的。三是菌种的活力较弱。生产生物肥料的菌种多数活力较弱，需要在适宜条件下进行发酵繁殖，猪场使用这类菌剂的发酵剂产品，需要将发酵床垫料堆积发酵处理后才可使用，很费工费时，在经济上也不划算。

（三）饲料级有益微生物复配的发酵剂产品

1. 主要菌群特点

饲料级微生物发酵剂由复合菌群组成，菌种来源于猪肠道内的原籍菌和经过筛选的有较强处理粪污功能的有益菌（有机质转化），各菌群的特点如下。

乳酸菌（包括双歧杆菌）：是健康动物（包括人）肠道中极为重要的合理菌群之一，无毒、无害、无副作用，能促进免疫细胞、组织和器官的生长发育，提高免疫功能；同时乳酸杆菌发酵糖类产生大量乳酸，可以抑制病原菌繁殖。

芽孢杆菌：能产生蛋白酶、淀粉酶和脂肪分解酶等有活性消化酶，可以帮助动物对营养物的消化吸收，同时还具有降解植物饲料中某些复杂碳水化合物的能力。有研究表明，芽孢杆菌还具有平衡或稳定乳酸杆菌的作用。

酵母菌：能为动物提供蛋白质和维生素，帮助消化，对防治消化道系统疾病有重要意义；而且能刺激有益菌生长，抑制病原菌繁殖，可提高动物机体的免疫力和抗病力。

放线菌：广泛分布于土壤中的优势微生物类群，能够产生各种胞外水解菌，降解土壤中的各种溶性有机物质以获得细胞代谢所需的各种营养，对有机物的矿化有着重要作用，是降解猪粪尿的主要菌群。

2. 饲料级有益微生物复配的发酵剂的优点

生产实践也表明，通过饲料工业大生产的饲料级微生物发酵剂，由于是复合菌群的组合，在发酵床垫料使用中，可将分解猪粪尿的效率大大提高，同时还具有保健的作用，这是土著菌和生产生物肥料的菌群没有的功能。

五、发酵床垫料的制作与铺设方法

（一）发酵床垫料的原料用量

发酵床具体的垫料组成可以根据当地的实际情况来定，可选用木屑、稻壳、秸秆粉、稻草粉、花生壳、玉米棒芯粉、树叶、树枝等，依据发酵床垫料原料的组成要求进行合理搭配，原料用量可参考表3-2发酵床垫料的原料用量。

表 3-2　发酵床垫料的原料用量

季节	原料比例/%			
	木屑、稻壳	稻草粉、秸秆粉	米糠（视情况而定）	发酵剂/（克/米³）
冬季	70~80	10~15	5~10	200
夏季	70~80	15~20	0~5	200

说明：冬季为加快垫料初起发酵速度，可使用少量生猪粪，5 千克/米³

（二）发酵床垫料的铺设方法

发酵床垫料的铺设方法主要依据发酵剂菌种的不同，分为混匀堆积发酵法与简易平铺法。

1. 混匀堆积发酵法

此种方法适合于利用生物堆肥的菌种与自然土著菌种的发酵床垫料制作。按照发酵剂产品使用说明，直接把垫料在猪舍里发酵。即把发酵菌种与营养剂复配后与垫料原料均匀混合后堆积发酵，等到垫料堆中核心温度达到70℃左右再倒堆一次，待温度降下来之后，将腐熟的垫料再铺设到发酵床中，这个时间过程至少需要 7 天以上。通过此种方法使发酵菌种繁殖，在垫料中形成优势菌群。但此种方法制作周期较长，又耗费人力物力较多，而且垫料原料经过高温腐熟过程，易被发酵菌种分解，发酵床使用周期缩短。

2. 简易平铺法

如选用工业化生产复配的高效发酵剂菌种，则可采用简易平铺法制作发酵床垫料。具体做法是：在发酵床最底层先铺设 30 厘米左右的填充料，如玉米棒芯、蘑菇渣、粉碎的秸秆等，然后铺一层 10 厘米垫料木屑，泼撒一层发酵剂，再铺一层 14 厘米稻谷壳；接着再铺一层 14 厘米木屑，木屑层上再泼撒一层发酵剂，然后再接着铺一层 10 厘米的稻谷壳；接着再铺一层 10 厘米木屑，再泼撒一层发酵剂，又接着铺一层 2 厘米的稻谷壳，最上层铺撒一层 10 厘米的干木屑（最好是颗粒最小的锯末）。从整个制作过程中，底层、中层、表层共泼撒 3 层发酵剂；3 层湿木屑、2 层湿稻壳，一层干木屑。垫料无需混匀，像盖被子一样一层一层铺上即可。发酵床铺设好后，2 天后垫料 10 厘米以下发热，再过 1~2 天，即可放猪进圈饲养。

六、发酵床猪舍设计与建造

（一）猪舍的外围护结构

1. 猪舍的高度与宽度

由于发酵床养猪技术的特殊性，垫料中来自粪尿的水分全部要通过发酵床垫料的蒸发作用排出，因此，要求猪舍有一定的跨度和有一定的举架高度，以便创造出较大的空间环境，保证充分的气体交换，排风除湿，避免潮湿环境对猪的不利影响。

对于新建猪舍的跨度一般 8~10 米，通常设计成 9 米。猪舍墙高 3 米，屋脊高 4.5 米，猪舍的举架高度以发酵池面计不低于 2.5 米。猪舍长度因地制宜。一般要求猪舍建筑面积不低于 200 米²。

采用生物发酵床养猪除新建猪舍外还可以在原建猪舍的基础上进行改造。在无法改动猪舍高度和跨度的情况下，将中间的隔墙打开，换成围栏，加大圈舍面积，修建成地下式发酵床。但要做到每个发酵池面积要超过 10 米²以上，并采取猪舍南墙低开窗，北墙开低窗的措施来加大气体交换空间。

2. 屋顶

猪舍的屋顶采用半钟楼式屋顶设计，即在猪舍的顶端南向设计一排立式通风窗，这是一种较好的通风采光设计模式，尤其是在北方冬季，是通风除湿的上佳选择，既保证了一定的通风效果，又不会对舍内温度造成太大的影响，同时又能保证圈舍的采光充足，不仅有利于猪舍保温，而且一定的光线还有利于微生物的生长繁殖。此外，由于阳光的照射以及发酵的温度，使得猪舍内部空气受热膨胀，比重变小，上升，从屋顶部立式通风窗流出，猪舍底部南北两侧低开的通风口吹进凉爽的风上移。如此循环往复，形成了猪舍内良好的空气对流现象，猪舍内空气得以交换。而且良好的通风使得发酵床内的水分不断蒸发，也能使发酵床底层垫料保持疏松柔软状态。还由于发酵床面的上升气流带走了猪床表面的水分，使得猪体接触的床面湿度降低，给猪创造了适宜的生活环境。在冬季，虽然猪舍外的低温和寒风使得北墙底部的通风窗不能打开，但由于采取了屋顶通风立窗的设计和对发酵床湿度、菌种活性的有效调控等措施，可以有效降低舍内湿度以及排除污浊气体，必要时可以打开北墙中层的通风窗，以确保通风换气质量。生产实践应用中也证实，这种设计模式效果较好。改造的猪舍无法开天窗，可以在屋顶安装无动力风帽，也可在墙体安装小的排风扇后定时开启，同样能达到较好的通风除湿效果。

发酵床养猪猪舍无论是采用哪一种屋顶设计，一定要在屋顶顶部设计安装一定数量的通风口，以便达到有效的通风除湿效果。一般采取4~6米安装一个天窗，天窗安装自动旋转式排风机或者建成钟楼式天窗，但要注意在天窗上钉上挡风板，既能保证冬季能排潮气又能阻挡冷空气进入猪舍，是一种非常好的做法。发酵床养猪的猪舍。如果没有通风口或者通风口面积过小，夏季虽然由于南、北对开的窗户形成的扫地风也能达到猪舍内空气的有效交换，但如遇到闷热无风天气，尤其是冬季猪舍外气温过低，气流过大，北侧通风窗不能开启，只开启南侧窗户而通风效果一般欠佳，而且开启时间过长，会造成猪舍内湿度急剧下降，不利于猪的健康；如果开启时间过短，潮湿的空气滞留在猪舍的顶部，舍内空气不能得到有效地交换，势必造成湿度过大，也会严重影响猪的生长发育。由此可见，发酵床猪舍的屋顶通风设计的重要性。

发酵床养猪的猪舍屋顶出于保温隔热考虑，屋顶的材料应选择导热系数低的材料。目前一般选择10厘米厚的聚苯乙烯彩钢板的较多，美观又好维修。

3. 墙与窗

（1）猪舍墙的厚度　可根据南北方气候差异进行考虑，北方地区北墙需要建到37厘米，南墙在24厘米。南方地区24厘米即可。

（2）窗户要求　为了加大通风和采光，南北墙都要设计成低开窗。北方地区考虑到冬季保温，在开窗设计上要有特殊考虑。如北墙只开一个大窗，会极大影响到猪舍内保温。因此，一般采用品字形的开窗设计。北墙设计成低开与中开两屋通风窗，即每个开间开两个长扁形的矩形地窗，中间开一个方形的或者竖长形的窗户。低开通风窗的下檐距过道地面的高度与食槽的高度一致，每栏2个，呈低而宽的矩形，中开窗为每栏一个，呈窄而高的矩形，这样既可以保证夏季的通风效果，又可以在冬季将地窗封堵，只用中窗通风，不影响猪舍保温。这种品字形北窗设计可较好地解决北方地区猪舍通风与保温的问题。

猪舍南侧墙上的窗户尽量设计成大窗户（2.2米×2米），以便通风与采光。窗户下檐高于发酵池面20~30厘米，上檐尽量高举，以增大采光角度，以利于采光，可距离屋檐20厘米，分上下两个窗，均采用中悬窗设计，最大限度地保证通风和采光。南侧墙如设计成塑料大棚式，则通风、采光效果更佳，但应注意夏季的遮光和冬季的保温。

（二）猪舍的内部设施

1. 猪栏

可设计成单列式猪栏，也可设计成双列式猪栏。单列式猪舍跨度7~9米，双列式猪舍跨度10~12米。由于猪舍跨度过大，影响南北向的对流通风，因此最好采用单列式，跨度为8~9米为宜。单列式猪舍每间猪栏东西宽度约4米，南北两侧去除2米宽的过道后，猪栏南北长6~8米，每间猪栏面积为24~32米²，每栏饲养猪16~20头，猪栏高度在80厘米左右。但对位于发酵池中间的南北向隔栏应深入发酵床下一定深度（20~30厘米），防止猪拱洞钻栏混圈。圈与圈之间的分隔用铁栏，有利于微生物菌群的繁殖。这种单列式猪栏设计基本上充分考虑到了发酵床养猪的特点，从福利养猪的理念出发，给猪设计出了一定的运动空间，也能满足猪的玩耍、躺卧、采食饮水、排泄等生理需要。单列式猪舍北侧通常设计成通长的过道，宽约1.2米，过道内侧与发酵池之间留出1.5米水泥硬化床面，为猪创造采食及在夏季炎热季节里可以躺卧散热的休息环境。

2. 食槽与饮水器

目前常用的方式有两种：一是把食槽和饮水器放在同一侧，在紧邻过道的硬化地面，这种方式适用于自动落料食槽的猪场；二是把食槽和饮水器分开放置于圈的两端。可根据具体情况来设计。无论哪种方式，都要注意饮水器下要设集水槽或地漏，将猪饮水或淋水滴漏的水引到舍外，防止水进入发酵床内，发酵池内垫料水分过大，会导致发酵失败。一般将水槽与食槽分设于猪栏的南、北两端，采食与饮水分开，利用环境设计营造出让猪在采食和饮水过程中不断往返于食槽与饮水器之间的环境条件，强化猪的运动，降低脂肪的沉积。这样的设计既提高了猪的健康和猪肉的品质，又使得猪在不断运动过程中，能将粪尿踩踏入发酵床内，有利猪粪的充分发酵，可减少人的劳动。

食槽的设计与建造要求是，在猪栏北侧沿着栏杆下面建成东西走向的食槽供猪采食，要保证每头猪有一定的食槽长度。栏杆建在食槽上方偏向外侧，使得少部分食槽在猪栏外侧便于投料，大部分食槽建在猪栏内侧便于采食。下部横栏高度以方便饲料的投放以及猪的采食为标准。食槽用砖和水泥垒成，并用水泥砂浆磨成光面，便于清洗。

在南侧猪栏两栏接合部安装自动饮水器，每栏2个，距床面高30~40厘米，下设集水槽，防止猪饮水时漏下的水流进发酵池内，将漏出的水向舍外引出，流入东西走向的水沟内，水沟应有一定陡度，使水流向舍外的集水池。

3. 过道及硬床面

过道宽度以便于饲养人员饲养、投料、操作等为原则，一般在1.2米为宜；采用垫料机械化管理的猪场，过道可在1.5米宽。圈门也要考虑到便于养护机械和垫料的进出，如用机械翻垫料的，可在圈与圈间隔的铁栅栏上开门，以便于翻料机械在发酵床上移动。

在夏季由于发酵床高温的负效应比较明显，尤其南方地区，因而在过道内侧与发酵床之间建造一定比例的硬化床面，为猪提供夏季高温环境躺卧休息的地方。如整个猪栏的面积24~30米²，水泥硬化床面和发酵的面积比在1:3为宜，每圈养猪12~20头，可根据猪的大小调整，育肥后期的猪占地面积不小于每头1.5米²，可根据每平方米载猪的体重不超过50千克/米²计算。发酵床养猪方式要求发酵床的运行体积不能低10米³，否则易出现死床现象而影响使用效果。

4. 通风设施

发酵床中粪尿发酵所产生的水分及二氧化碳需要排除，特别是在夏季高温高湿季节，否则，对猪的生长有很大影响。因此，发酵床猪舍要特别加强通风设施，除了利用窗户通风换气外，还可以安装排风扇或无动力风帽。

七、发酵床养猪技术的管理重点

（一）猪群的管理

1. 做好免疫接种与消毒驱虫和生物安全工作

（1）免疫接种　发酵床养猪与传统养猪一样，要按免疫程序进行免疫接种，控制疾病的发生。

（2）消毒与驱虫

① 发酵床猪舍在进猪前要彻底消毒。由于发酵床垫料内有大量的有益微生物，对垫料表面不可消毒，但对周围环境的消毒要按常规进行。

② 对猪只进行驱虫。所有猪只在进入发酵床饲养之前，必须进行驱虫，防止将寄生虫带入发酵床。

（3）猪群健康监控　对猪群健康状态要每天进行查情评估，发现具有轻微流行症状或严重感染的，或具有典型疾病特征的猪只，要及时挑出栏圈，送至病猪隔离舍进行治疗，就是治愈后的猪，也不能再送回发酵床猪舍内饲养，防止隐性感染，要始终保证发酵床猪舍的猪群健康状况良好。

2. 控制猪的饲养密度

进入发酵床猪舍的猪大小要较为均匀、健康，一般体重 7~30 千克的猪为 0.4~1.2 米²/头；30~100 千克的猪为 1.2~1.5 米²/头；母猪 2~3 米²/头。在炎热的夏天，要适当降低饲养密度可以减少猪的热应激。

3. 日粮设计与配制特点

（1）日粮设计要注意的问题　采用发酵床养猪日粮设计需注意以下几点：能杀灭纳豆菌、酵母菌、乳酸菌和双歧杆菌的抗生素不能使用，否则，粪便中残留的抗生素等会对发酵床中的微生物菌群产生不利影响。仔猪日粮中的酶制剂、酸化剂可减量添加；在日粮中不使用高铜、高锌等微量元素添加剂。

（2）日粮配制技术与特点

① 饲料或饮水中添加微生物饲料添加剂。肠道是猪机体最重要的微生态系部位，是一个高效的生物反应器，也是发酵床生态系统的子系统。健康猪体内的微生物（95%以上为厌氧菌，以双歧杆菌、乳酸菌为主），构成了猪体内正常微生态系统。在饲料或饮水中添加微生物饲料添加剂，或采用微生物发酵饲料，使猪肠道内有益菌占主导，能抵御有害菌滋生，可提高猪机体免疫力和饲料转化率。而且猪粪中有益菌数量提高，从而间接提高了发酵料中有益菌数量，也促进猪粪尿快速分解，延长发酵床使用寿命。生产实践已表明，一个建设和维护完好的发酵床，能保持着高度的活性和自我调节能力，对猪的生长发育和健康有利，对粪便的降解有利。其因素是在发酵床养猪这个生态系统中，猪体内已有的微生物菌群，微生物饲料添加剂和垫料中生长的微生物菌落，组成了猪内外的微生态系统。由于健康猪的粪便中含有大量的有益菌，能源源不断地补充到发酵床垫料上，能够保持发酵床中的有益菌始终占绝对优势，从而养护着猪舍健康的微生态环境。同时，发酵床垫料也能向猪提供有益菌、

无机物和菌体蛋白质，可以减少饲料中对上述成分的添加量；加之有益微生物对猪粪尿的利用，粪便中大量的尿酸、尿素等非蛋白氮，在与垫料有机质的混合发酵中，转化为有机氮，这一过程从源头上解决了猪粪尿的排放问题，构成了良好的养殖生态环境。

② 日粮的设计与配制技术。实行发酵床养猪的日粮配合与一般配合饲料大致相同，必须有足够的营养，才能获得理想的产出。虽然发酵床养猪可以利用微生物菌群将猪粪分解转化为无机物和菌体蛋白质，而且垫料中的木质纤维和半纤维也可降解转化成易发酵的糖类，猪能通过翻拱食用，也给猪提供了一定的蛋白质等营养，从而可以减少精饲料的饲喂量，达到节省精饲料的目的；而且发酵床养猪的饲养过程中，饲料饲喂量只给正常饲喂量的80%就行。但为了保证猪正常的生长发育，在饲料的配制过程中应考虑适当提高配合饲料营养水平。

为确保发酵床中微生物菌群的活性和发酵效果，饲料中不能添加抗生素。因此，为了保证猪的生长发育和保健，在饲料配制时应考虑添加一些抗生素替代品，如益生素、酸化剂、微生态制剂及中草药饲料添加剂。

4. 发酵床猪舍猪群夏季饲养管理综合措施

发酵床养猪的原理就是利用微生物发酵分解猪的粪尿，减少对环境的污染，达到"零排放"。然而，微生物发酵会释放出热量，虽然在春、秋末和冬季等低温季节既能为猪群提供舒适温暖的环境，又节约了大量的供暖费用。但在夏季天气炎热，加上发酵床上微生物产生的热量，又加上猪是恒温动物，皮下脂肪较厚，汗腺不发达，其体温调节能力相对较差，所以，夏季高温天气会严重影响猪的健康状况和生产性能。生产实践已证实，发酵床养猪除对发酵床垫料进行重点管理外，对猪群的安全度夏也是关系到发酵床养猪成败的一个重要问题。生产实践还表明，解决发酵床猪舍猪群安全度夏，在饲养管理上，必须采取以下措施。

（1）发酵床猪舍必须满足各类猪群对温湿度的要求　发酵床猪舍温、湿度难以控制，其原因是发酵床猪舍内垫料发酵会散热，尤其是我国南方地区，夏天高温高湿，发酵床养猪模式不利于猪只的健康生长。然而，不同生理阶段的猪只必须满足适宜的温湿度范围。除仔猪外，其他各类猪群的适宜温度均在30℃以下，大大低于我国大部分地区夏季气温（30～35℃）。因此，为了保障夏季猪场的正常生产，必须对发酵床猪舍进行降温，而且由于各类猪群所要求的温度不同，降温方法也必须根据实际情况而定。由于猪舍内空气的相对湿度对猪的影响和环境温度有密切关系。无论是仔猪还是成年猪，当其所处的环境温度是在较佳范围之内时，猪舍内空气的相对湿度对猪的生产性能基本无影响。有关试验表明，若温度适宜，相对湿度从45%增加到95%，猪的增重无异常。这时，人们常出于其他因素考虑，来限制相对湿度。如发酵床相对湿度过低时猪舍内容易飘浮灰尘，而且过低的相对湿度还对猪的黏膜和抗病力不利；而相对湿度过高会使病原体易于繁殖，也会降低猪舍建筑结构和设备寿命。因此，即使在较佳温度范围内，猪舍内空气相对湿度也不应过高或过低，适宜猪只生活的相对湿度为60%～80%。高温、高湿的环境会使猪增重变慢，且死亡率也高。但在夏季，猪舍内相对湿度偏高而无法降低时，应采取措施降低舍湿及做好卫生防疫工作，这样可确保猪场的正常生产。

（2）完善猪舍设计与配套设施　设计建造良好防暑效果的发酵床猪舍是发酵床养猪的首先要进行的工作，而提高猪舍的防暑效果可通过提高猪舍的隔热性能、加强猪舍通风和安装湿帘等措施来完成。因此，在建造生态发酵床猪舍的同时，要同步安装防暑降温及通风设施，不但有利于猪舍内温度、湿度的控制，同时也能避免之后再改装防暑降温及通风设备而造成资金浪费和延误防暑降温的作用。生产实践已证实，对发酵床猪舍的防暑降温设计要求，主要根据当地气候特点合理布局猪舍的朝向和间距，还必须采取以下几个方面的措施。

① 提高猪舍的隔热性能。隔热就是阻止猪舍外面的热量传到猪舍内，而热量的传入主要通过屋顶和墙壁。夏季强烈的太阳光直射屋顶，很容易将热量传入猪舍内，可采取三个方面的措施来提高屋顶的隔热性能。一是使用导热系数较小的材料，如加气混凝土板、泡沫混凝土板或泡沫塑料板等。二是将屋顶涂为浅色或涂反光材料，以增加对阳光的反射，减少热量的吸收。三是猪舍内吊天棚，在天棚和屋顶之间形成空气层，空气是热的不良导体，可以阻止热量由屋顶传入猪舍。增加墙壁的隔热设计，用空心砖代替普通黏土砖作墙体材料，可使其热阻值提高41%，而加气混凝土块可提高6倍，采用双层墙体也会大大提高墙体的热阻值。在提高猪舍墙壁隔热措施上，一般是使用空心砖或增加墙壁厚度。

② 完善猪舍的通风设计。通风可以加快发酵床猪舍内空气的流动，能及时带走猪体和发酵床所产的热量，同时也促进猪体的散热。发酵床猪舍建筑设计重点是猪舍应有利于夏季通风，可采取以下几点措施。一是猪场选址要合理。选择场址时要注意地势要开阔，夏季主风向上游不能有高大建筑群。山区建猪场应选山坡的阳面，既有利于夏季的通风，又便于冬季的保暖。二是发酵床猪舍的朝向以坐北朝南偏东15°角为宜。这样可以随着夏季主风向，避开冬季主风向。而且猪舍间距要适宜，一般以前排猪舍屋檐高度的5倍为宜，即两排猪舍间距不应少于10米。三是设计建设相对较大的窗户。尽量采用落地窗，保证夏季有良好的扫地风带走热量。北方地区可采取品字形的开窗设计。四是猪舍内不设隔墙，全部用铁栅栏间隔，有利于空气流通。五是加强通风量。猪舍内还可安装吊扇或排风扇来加强机械通风，也可将风机安装在猪舍的山墙上以加强纵向通风。

③ 使用猪舍降温系统。水分蒸发可以带走大量热量，起到很好的降温作用。发酵床猪舍除可以在走道经常洒水降温，或经常向猪舍屋顶上喷水降低温度，还可使用以下降温系统与设施。

湿帘-风机降温系统。有条件的猪场可实行湿帘-风机降温系统对猪进行降温。湿帘-风机降温系统已是一种生产性降温设备，主要是靠蒸发降温，也辅以通风降温的作用。由湿帘（或叫湿垫）、风机、循环水路及控制装置组成。生产实践已表明，湿帘降温系统在干热地区的降温效果十分明显。在较湿热地区，除了某些湿度较高的时期，也是一种可行的降温设备。湿帘降温系统既可将湿帘安装在一侧纵墙，风机安装在另一侧纵墙，使空气流在猪舍内横向流。也可将湿帘、风机各安装在两侧山墙上，使空气流在猪舍内纵向流。夏季炎热天气，湿帘加水，空气经过湿帘时由于水分蒸发便达到降温的目的（一般舍温可降低5℃以上，效果非常理想）。

滴水降温系统。当用常规降温措施均不太理想时，如当天最低气温高于25℃时可考虑向垫料滴水降温。由于滴水使滴水区域垫料水分过大而达到抑制该区域及周边区域发酵菌的发酵，同时受高温气候影响，使得该区域内形成较大的水分蒸发区，水分蒸发随着通风带走周边热量而达到降温效果。

使用冷风机通风降温。冷风机又叫环保空调，是利用水蒸发制冷带走圈舍内热量的装置，本质上是密闭的湿帘，但比湿帘的通风降温效率高，排出的水气较少。冷风机有以下优势：降温效率高，通风换气效果好，耗电少，运行费用低，运行过程中要求打开圈舍通风口，有利于发酵产生的废气和水气的排放。在夏季安装运行冷风机，能够完成解决高温天气的通风降温问题，特别适用于发酵床圈舍。

　　喷雾降温系统。喷雾降温系统是将水喷成雾粒，使水迅速气化吸收猪舍内的热量。这种降温系统设备简单，并具有一定降温效果，但会使猪舍内湿度增加，因而须间歇或定时工作。喷雾时辅以猪舍内空气一定流速可提高降温效果，空气的流动可使雾粒均匀分布，可加速猪体表、地面的水分及漂浮雾粒的气化。而对体重大一些的猪的喷雾降温，实际上主要不是喷雾冷却空气，而是喷头淋水湿润猪的表皮，直接蒸发冷却。

　　设置水泥硬化平台。在发酵床北面设计宽度不低于 1.5 米的水泥硬化平台，猪在发酵床上感觉热时，便会到水泥硬化平台上躺卧。但须注意的是水泥硬化平台，靠发酵床一边高于另一边，坡度以 3% 为宜。这样可防止被猪损坏的水龙头流出来的水浸泡发酵床，便于排水。此外，这种设计也可便于水嘴下方的水槽清洗。

　　（3）控制发酵床垫料发酵　控制发酵床垫料发酵其目的是降低发酵床温度，生产实践已证实可采取以下几条措施。

　　① 降低发酵床垫料的厚度。夏季垫料厚度为 80 厘米，可适当降低至 60 厘米，从而减少微生物的产热量，并能加快热量散失的速度。生产实践表明，60 厘米的垫料厚度既不会影响微生物对粪尿的发酵分解，同时还避免发酵产热过多而影响猪只度夏。

　　② 减少垫料水分或压实垫料。夏季要减少发酵床垫料的补水量，让垫料水分逐步控制到 38% 左右，这样既可以保证微生物的活性不受影响，又可以控制发酵强度，避免产热过多；同时还可以将垫料适当压实，减少垫料中的含氧量。在日常养护发酵床时也不要深翻垫料，疏粪时只需将表层垫料与粪尿混合均匀即可。

　　③ 营造区域性发酵。发酵床垫料本身有温度区域化分布的规律，一般四周温度低，中间和粪尿集中区温度高。冬、春、秋三季，尽量将粪便分散到发酵床的各个区域，使其均匀发酵。夏季对垫料的管理有所不同，要有意识地营造区域性发酵环境，一般不对垫料整体翻动，也不将猪粪均匀分开，让其自然形成粪尿区并就地挖坑深埋，使其他区域缺乏发酵营养源而减少发酵产热。

　　④ 制作发酵堆。夏季在猪群排泄区不断地堆积发酵垫料，形成以排泄区为中心的发酵堆，发酵堆的厚度可以达到 1~1.2 米，使原排泄区粪尿高效分解。因薄垫料区发酵效果较低，所以猪只就可以在垫料堆的中小部活动和躺卧；同时猪只又会在垫料堆适当位置形成新的排泄区，这样经过一段时间，可将垫料堆移到新形成的排泄区去，这样持续管理，猪只即可安全越夏。

　　（4）调整日粮配方和投喂方式

　　① 适当提高日粮营养浓度和适口性。夏季猪的食欲降低，为保证猪在采食量下降的情况下获得充足的营养，就要提高日粮中营养成分的浓度。选择适口性好、新鲜优质的原料配合日粮，适当降低高纤维原料的配比，控制饲料中粗纤维水平，适当降低饲料中碳水化合物的含量。猪只散热需要消耗较多体能，因此夏季应适应提高日粮中的消化能水平。常用的方法是添加 2%~3% 的油脂，能量提高到到 13.86~14.28 兆焦/千克，同时油脂还可以提高日粮的适口性，又能提高猪的采食量。夏季饲料中粗蛋白量可以不变，但要提高必需氨基酸含量，特别是赖氨酸，可额外添加 0.1%。矿物质含量也要提高，尤其是饲料中锌、硒、镁、钾、钠要供应充足。维生素能增强猪的体质，维生素 A、维生素 E、维生素 C、叶酸和生物素还可增强猪的耐热能力，由于高温也使猪对维生素的需求增加，因此，夏季饲粮中可多添加一些。但要注意夏季购买预混料时，高温容易导致预混料中的维生素破坏加剧，因此夏季购买预混料不要久贮，生产日期越短越好。此外，为了改善饲粮适口性和提高猪的食欲，夏

季饲料中可适当添加适量的甜味剂和香味剂。

②饲料中添加适量的抗热应激添加剂。电解质和维生素可减轻热应激的不良反应，有机酸具有维持猪群安静、减少机体产热的功能。因此，在夏季的饲粮中适量添加碳酸氢钠（小苏打）、氯化钾、柠檬酸钠、维生素C、水杨酸钠、柠檬酸、延胡索酸等，可有效地预防热应激。生产中也可将这些热应激添加剂组成方剂在饮水中添加（1升饮水加1克此添加剂配方）供猪饮用，表3-3为抗热应激的添加剂配比，可参考应用。

表3-3　抗热应激的添加剂配比

添加剂名称	配比（%）
氯化钾	9
碳酸氢钠	6
氯化钠	2
水杨酸钠	1
维生素C	1
硫酸镁	1
葡萄糖酸钙	2
葡萄糖	78
总计	100

③改变饲料的饲喂形态并补充青绿多汁饲料

夏季可改干料为稀料，如用湿拌料、稀粥料。以清晨、晚上凉爽时饲喂为主，中午、下午尽可能多补充一些青绿多汁饲料，也有一定的防暑作用。

（5）调整饲养管理程序

①适当降低饲养密度。饲养密度直接影响猪舍内的温度，因此在夏季应减少养殖密度。一般猪只夏季占有发酵床面积为：保育猪为0.6~1.0米²/头，育肥猪1~1.5米²/头，妊娠母猪2~2.5米²/头，哺乳母猪2.5~3米²/头，否则密度过大造成热应激而影响猪的采食量，降低生长速度。

②供给充足的清洁饮水。猪在夏季喝清凉的水可以降低自身温度。发酵床猪舍的水源最好直接来自深井水，冬暖夏凉。此外，要定期检查自动饮水器的出水量，每分钟的水流量不少于2升。

③在气温凉爽时饲喂。为提高猪群采食量，夏季应在气温较低时饲喂，可以在清晨5~6点，上午10点和傍晚19点进行，并在晚上10点加喂1次。增加饲喂次数之后，每次的饲喂量不必太多。

④其他管理措施。夏季要及时清理猪没有吃完的饲料，防止饲料发霉变质，并做好猪群的保健程序。

（二）垫料的管理

1.垫料养护的目的

发酵床垫料的管理非常重要，管理的目的是要使猪的排泄物与垫料的处理能力达到平衡，而猪的生长增重、气候、环境的变化，均可能影响垫料的运行。此外，发酵床的使用年限与垫料厚度和日常管理有关，日本发酵床使用年限可达10~20年，就是从这几个方面做到的。若日常管理不当，使发酵床发酵停滞，则将影响发酵床的使用寿命。因此，对发酵床垫料必须进行养护，才能保证发酵床能起到分解猪粪尿的作用，以及延长发酵床使用年限。生产中对发酵床养护的目的主要有两个方面：一是保持发酵床正常微生态平衡，使有益微生物菌群始终处于优势地位，抑制有害微生物的繁殖和病害的发生，为猪只的生长发育提供良好的生态环境；二是确保垫料中有益微生物对猪粪尿的分解能力始终维持在较高水平，同时为猪的生活提供一个舒适的福利条件。

2. 垫料养护工作的主要内容

（1）对垫料的通透性管理

① 垫料的翻动深度。发酵床的发酵主要是耗氧反应。发酵过程不但要供应氧气，而且要及时排出生成二氧化碳和蒸腾的水气，这就要求垫料有良好的透气性。为了保证发酵床垫料适当的通透性，即垫料中的含氧量始终维持在正常水平，是需氧菌能保持较高粪尿分解能力的关键因素之一，同时也是抑制霉菌及病原微生物繁殖，减少猪疾病发生的重要手段，通常比较简便的方式就是将垫料经常翻动。通常可以结合疏粪或补充垫料将垫料翻动。

② 垫料的翻动次数和方法。不同时期的垫料人工翻动次数不一样。1 年内垫料不用每天翻动，一般 3~4 天翻动 1 次；2 年以后的垫料可以隔天翻动 1 次。翻动方法是把猪粪尿集中地方的垫料分散到没有猪粪尿的垫料上，如果猪粪尿集中的地方特别热，水分特别高，可以把没猪粪尿较为干的垫料铲一些到猪粪尿集中的地方；或者用新的锯末、谷壳填充，以调节垫料的合适水分。在翻动过程中，注意垫料的水分与结实度。如果水分过高，要添加新鲜干燥的垫料调节水分；如果水分太少，要往垫料中适当喷洒些水。特别是两年半以后的垫料一般都比较结实，透气性差，所以在翻动时只要添加谷壳即可，这样可以使垫料保持较松散的结构，以利于有益微生物菌种发酵。

发酵床的垫料的管理还包括对垫料的定期发酵，在每批猪出栏或转群（一般 3~4 个月）后，要先将发酵床放置干燥 2~3 天，蒸发水分，有条件的猪场用小型挖掘机或小型装载机或用四齿的铁叉将垫料彻底翻动均匀一、两遍。选择合适的翻垫料工具也可节省很多力气，人工翻料选用四齿的铁叉子或三齿钉耙是很好的工具，比用铁铲等工具好用，也省力。翻料时看情况适当补充米糠与菌种添加剂和垫料，重新由四周向中心堆积发酵，表面覆盖麻袋等透气覆盖物使其发酵至成熟，杀死病原微生物。垫料的酵熟需要 7~14 天，此后将已经发酵成熟的垫料平摊开来，再铺设 10 厘米厚的未经发酵处理、无霉菌污染、干净的垫料原料，即可再次进下批猪饲养。在猪饲养结束的时候将进行一次高温发酵并增加新垫料，这样可延长其使用年限。

（2）疏粪管理　由于猪具有集中定点排泄粪尿的生活习性，往往在发酵床上会出现粪尿集中的局部区域。在粪尿集中的区碳氮比不利于微生物繁殖，粪尿分解速度也慢，会造成局部死床。因此必须每天进行疏粪管理，用四齿的铁叉或三齿钉耙将粪尿分散撒布在其他垫料上，进行深翻与掩埋。

（3）垫料的水分调节与判断　垫料的水分调节实质是对湿度的控制，应经常测量或判断垫料中的水分。发酵床的湿度一般控制在 40%~50%，即上层湿度在 40% 左右，中层在 45% 左右，深层在 50% 左右。如果垫料中水分或湿度过大容易引起死床，而水分过低，粉尘飞扬易引起猪呼吸道疾病。因此，任何情况下不能让垫料表面起灰尘，除夏季炎热天外，垫料上层 5~7 厘米应保持水分在 40%~50%。也有人提出发酵床比较适合的水分含量在 30%~40%，也有人认为发酵床垫料的水分含量通常为 38%~45% 为宜。发酵床垫料的水分因季节或空气湿度的不同是略有差异的，一般来讲，垫料表面用眼看有一种湿漉漉的感觉时为最好，视垫料水分状况适时的补充水分，这是垫料微生物正常繁殖的保障，同时也能维持垫料粪尿分解能力。垫料补水方式可以采用加湿喷雾补水的方法。

检查垫料水分时，可用手抓起垫料攥紧，如果感觉潮湿但没有水分出来，松开后即散，可判断为40%~50%的水分；如果感觉到手握成团，松开后抖动即散，指缝间有水但未流出，可以判断为60%~65%。垫料水分过多时，可打开通风口或窗户，利用空气调节湿度。

（4）做好垫料温、湿度监测　首先要经常监测垫料的温度，重点监测表层5厘米、20厘米和40厘米三层的温度。后两层是微生物菌群繁殖的活跃区，粪尿的分解主要是在这里完成的，应该有较高的温度。一般来说，20厘米左右的温度应该达到40℃以上，40厘米左右应该达到50~60℃，而表层温度应控制在35℃以下。如果表层和中层温度过高，应该控制和调整该层垫料的湿度，降低湿底可以控制温度。一般不采用提高湿度降低温度的措施，因为过高的湿度使垫料水分过高，常常导致发酵床死床。实际发酵床垫料的湿度与温度之间具有一定关系。生产实践也证实，对于发酵床的管理重点应放在冬夏两季的温、湿度控制上，而且还需要对猪的饲养密度进行合理有效的调整。生产实践中为了对发酵床垫料温、湿度进行合理控制，除了对猪的饲养密度进行合理有效的调整，重点是对垫料的翻动，达到控制温、湿度的目的。一般情况下，垫料中部温度稳定在40~50℃，如果垫料温、湿度发生明显变化，则需要对发酵床进行调控。生产实践中，当垫料湿度较低，温度也较低时（猪在发酵床运动时垫料会扬灰尘），应当喷洒水分和活性营养剂，加强垫料的翻动，提高有益微生物的活力；当垫料湿度较高（手紧握垫料出水不滴，松开后成团不散），温度较低时，应勤翻、深翻垫料，促其发酵产热，使水分蒸发；当湿度较低，温度较高时，少翻或不翻垫料，观察温度变化，密切观察猪群行动，可以为猪群进行间断性的喷淋；还可为猪提供凉爽的躺卧环境，如在走道上洒水，中午打开圈门让猪在湿润的走道上躺卧，以消除高温的影响；当湿度较高，温度也较高时，应加强通风，强制对流，排除湿气，尽快降低垫料的湿度，以消除高温高湿的不利影响。

（5）垫料的补充和更新

① 垫料的补充。发酵床使用一段时间后，床面会自行下沉，应保持床面与池面的高度差不超过15~20厘米。如果超过这一高度，则需要往发酵床内补充垫料。而且发酵床在消化分解猪粪尿的同时，垫料也会逐渐消耗，因此，及时补充垫料是发酵床性能稳定的重要措施。通常发酵床垫料减少量达到10%以后就要及时补充，补充的新料必须要与发酵床上的垫料混合均匀，并调节好适宜的水分。

② 垫料的更新。发酵床的垫料在养护与管理中是否需要更新，可按以下方法进行判断。

其一，高温段上移。通常发酵床的最高温度段：保育猪发酵床向下20~30厘米处，育肥猪发酵床向下30~40厘米处。如果日常按操作规程养护，高温段还是向发酵床表面移动，就说明需更新发酵床垫料了。因为发酵床表层温度应控制在35℃以下，表层和中层以上温度过高，虽然可以通过提高温湿度来降低温度，但往往会造成死床。

其二，发酵床的持水能力减弱，垫料从上往下水分含量增加。发酵床的垫料由锯木屑、稻壳、秸秆等物料组成，从实际使用效果看，要用供碳强度大，供碳能力均衡持久且通透性、吸附性好的物料做主要原料。原则上，只要碳氮比大于25:1的原料，均可作为垫料原料。当垫料达到使用寿命，供碳能力减弱，粪尿分解速度减慢时，垫料中的水分不能通过发酵产生的高热挥发，水分会向下渗透，并且速度逐渐加快，此种情况也说明发酵床垫料已失去了功能，往往会导致死床。因此，当该批猪出栏后应及时更新垫料。

其三，猪舍出现臭味并逐渐加重。出现这种情况首先是垫料床上有没有分解完全的猪粪。正常的发酵床中的猪粪会在 2~3 天的时间里被有益微生物分解掉，如果在松翻垫料时发现垫料变黑、无热、粪便分解不完全，猪舍出现臭味并逐渐加重，说明发酵床有问题了，要及时查找原因；有可能是养殖密度过大，粪便量大，菌种分解不了，继续下去就会造成死床；也有可能发酵床管理不善，湿度过大或过小抑制了菌种的活力；发酵翻松不及时，造成局部厌氧，生活在表层的好氧菌活力下降，导致粪便分解不及时；另外，发酵床养猪时间过长，垫料下降减量严重，补充菌种、垫料不及时，也会造成粪便分解能力下降。出现以上情况后，会使猪舍出现臭味并逐渐加快，解决的措施是更新垫料。

其四，发酵床垫料的使用寿命到一定期限。发酵床的运行寿命取决于四个因素：一是垫料的分解程度。这决定垫料是否有能力继续支持有益微生物降解粪尿，又取决于垫料中原有的碳元素含量与能否补充新垫料。二是氮元素的积累程度。一般来说，过多的氮元素积累造成垫料中碳素营养相对缺乏，使发酵床功能衰败，而氮素的积累又取决于粪尿降解成气体的效率和垫料的更新速度。三是垫料中盐类积累的程度。过高的盐浓度会抑制有益微生物的活力，降低发酵效率，形成所谓的盐渍现象。四是菌种的活力。菌种的活力强，不但发酵效率高，而且可以抑制其他杂菌存活繁殖。也可以说，这四个方面因素在一定程度上决定了发酵床的使用期限。因此，当发酵床垫料达到一定使用期限后，这四个方面的因素影响了发酵床的使用寿命，垫料会失去应有的功能和作用，必须将其从发酵池中彻底清出，并重新铺入新的垫料。

八、发酵床养猪生物安全措施及主要疾病的防治技术

（一）发酵床养猪生物安全措施

1. 建立和完善消毒卫生工作

一般认为发酵床养猪消毒次数要少，这种说法主要针对新建发酵床猪场而言。但由于饲养人员的穿梭走动及空气传播，加上我国猪病流行在某些地区比较严重，发酵床养猪同样面临疾病的危害。在疫病流行季节，发酵床猪舍内外也应加强消毒，并将消毒卫生工作贯穿于养猪生产的各个环节。其中在日常卫生工作中，每日要将水泥硬化平台清扫两次，并定期对猪舍外场地和猪舍内走道及食槽和水泥硬化平台清洗消毒，但不要对发酵床进行消毒。发酵床猪舍的消毒用药和常规猪舍消毒用药一致。

2. 制订合理的免疫程序

根据本场或本地区疫病流行情况，必须制定合理的免疫程序。有人认为发酵床养猪，猪舍环境改善，无臭味，猪的免疫力增强了，因此，一些猪场认为可以少注射疫苗。然而，目前尚无试验数据表明，发酵床养猪哪种疫苗不注射，哪种疫苗必须要注射。因此，不要轻易改变当地和本场成熟的免疫程序，按已制定的免疫程序，选择质量合格的疫苗，并且严格按照疫苗接种的使用说明、操作步骤，科学地接种疫苗。

3. 根据疫病流行规律使用药物合理预防

有条件的猪场应定期进行抗生素药敏试验，筛选出敏感药物对猪肺炎支原体和其他细菌感染进行预防治疗。对无条件进行抗生素药敏试验的猪场，根据本地区疫病流行规律，按照药物的预防剂量，可间断性地把允许适用的抗生素，添加到饲料中或饮水中进行预防。过一段时间后，再在饲料中添加发酵床微生物添加剂，并翻挖垫料，以提高发酵床菌种的活性。

4. 加强饲养管理

发酵床养猪如管理不好，特别能导致呼吸道等疾病的发生。尤其在冬季，为了提高发酵床猪舍的保暖效果，忽视猪舍通风，造成猪舍内空气混浊，湿度过大；北方冬季气候干燥，发酵床垫料表面水分挥发快，垫料表面易起灰尘；发酵床翻控不及时，导致发酵床温度低。这些问题的存在都能导致猪呼吸道等疾病发生。因此，做好发酵床猪舍冬季保温除湿与夏季降温通风的工作，严禁饲喂发霉饲料，严格执行全进全出的饲养方式和饲养管理，能在一定程度上预防发酵床养猪常发病的发生，特别是能将呼吸道疾病降低至最低发病几率。此外，使用良好的发酵床菌种，有效地维护和管理发酵床，也能减少猪疾病的发生。

（二）发酵床养猪主要疾病的防治

1. 猪蛔虫病

（1）病原 猪蛔虫病是由猪蛔虫寄生在猪小肠内而引起的一种线虫病。该病流行较广，主要严重危害 3~5 月龄的猪。此种寄生虫病不仅影响仔猪生长发育，重者还引起死亡，是仔猪常见的重要疾病之一。无论是在发酵床上还是普通水泥地面上养殖，猪蛔虫病都有可能发生。

猪蛔虫病病原为线形动物门蛔虫目蛔虫（蛔虫目蛔虫科属）科属的猪蛔虫，是一种大型线虫，在猪的寄生线虫中个体最大。新鲜虫体为淡红色或淡黄色，虫体是中间稍粗，两端稍细的圆柱形。雄虫长 15~25 厘米，直径约 3 毫米，尾端向腹部弯曲，形似钓鱼钩；雌虫长 20~40 厘米，直径约 5 毫米，较直，尾端稍钝。猪蛔虫卵随粪便排出至体外后，在适宜的温度、湿度和充足氧气的环境下发育为含幼虫的感染性虫卵，猪吞食了感染性虫卵而被感染。

（2）临床症状 猪蛔虫病流行十分广泛，3~5 月龄的猪最容易感染。猪蛔虫病的临床症状随着猪年龄的大小，猪体质的好坏，感染的数量以及蛔虫发育阶段的不同而有所不同。仔猪轻度感染时，体温升高至 40℃，并有轻微的湿咳，有并发症时，则易起肺炎。感染较重时，病猪会出现精神沉郁，被毛粗乱，呼吸和心跳加快。成年猪感染猪蛔虫后，如蛔虫数量不多，病猪的营养一般良好，常无明显的症状；但感染较严重时，常因胃肠机能遭到破坏，病猪则出现食欲不振、磨牙、轻度贫血和生长缓慢等症状。

（3）防治措施

① 预防措施。病猪和带虫猪是本病的主要传染病，消化道是本病的主要感染途径，发酵床管理不善（污染化）、饲养管理不良、卫生条件差、野鸟传播都可引起本病的发生。由于此病对猪危害不是很严重，病猪死亡率低，猪场兽医往往忽视驱虫，这也是造成本病广泛流行的原因之一。在猪进入发酵床之前不让猪有受感染的机会，是较好的策略，可采取以下两点措施。一是定期驱虫，制定合理的驱虫程序。发酵床养猪和传统水泥地面养猪管理一样，应实施合理的驱虫程序，做到预防性定期驱虫。控制寄生虫应选择高效、安全、广谱的驱虫药，常用的有伊维菌素、恩拉菌素、芬苯哒唑等。同时，猪场内严禁饲养猫、狗等动物，以消灭寄生虫的中间宿主。针对寄生虫的生活史，猪场可参考下面程序控制与预防：首先，所有猪在进入发酵床之前，必须进行驱虫，防止将寄生虫带入发酵床。种猪配种前要进行驱虫。在蛔虫病流行的猪场，每年春秋两季对全群猪只驱虫 1 次，特别是对断奶后到 6 月龄的猪，应驱虫 1~3 次。新购进猪只驱虫 2 次（2 次间隔 10~14 天），并隔离饲养至少 30 天，才能进入大群。猪在发酵床上驱虫时，用药后应及时将粪便摊开或翻扣，以防猪再次接触虫卵，同时利用垫料深层高温以杀灭虫卵。二是对垫料堆积发酵杀死虫卵。猪出栏后，应

于发酵床上添加微生物菌种或补充玉米面等营养物后堆积发酵，确保发酵温度在60℃以上，并维持5~7天。然后将堆积的垫料外翻，进行第二次堆积发酵，从而达到充分杀灭蛔虫卵的效果。对于没有感染蛔回病的圈舍，只要堆积发酵1次，即可再次进猪饲养。对于确定蛔虫感染的猪舍，应淘汰旧垫料，利用新垫料制作发酵床或将旧垫料二次堆积发酵后，再次利用发酵床养猪。

② 治疗措施。猪感染蛔虫后可用左旋咪唑、丙硫咪唑、噻苯达唑或伊维菌素等药物治疗。常用的是伊维菌素注射剂，其使用程序为：一般可在仔猪40日龄左右，后备猪配种前，妊娠猪产前2周按使用说明各注射1次；但在感染较重的猪场应在转入育肥猪舍时增加注射1次，以及繁殖母猪于配种时也加注1次，对种公猪每年注射3~4次。

2. 猪鞭虫病

猪鞭虫病又称猪毛首线虫病，也是一种体内寄生虫病，是由猪鞭虫所致的一种肠道寄生虫病。

本病主要寄生于猪的盲肠，以仔猪受害最重，严重时可引起死亡。育成猪一般很少发生感染。消化道是主要感染途径，病猪是重要的传染来源。

鞭虫卵和蛔虫卵一样对化学药品抵抗力很强，但对高温敏感，45~50℃条件下30分钟死亡。猪出栏后，垫料二次堆积发酵后，杀死虫卵可再次进猪饲养。猪鞭虫病的防治可参考蛔虫病。

3. 发酵床养猪呼吸道疾病的防治

（1）病因 发酵床养猪呼吸疾病很少由单一的传染性因素引起，往往是许多因素相互作用的结果。这些因素包括环境卫生、饲养管理、传染性病原等。生产实践也表明，发酵床管理不善、垫料霉变、猪舍湿度过大、免疫程序不合理等都会导致呼吸道疾病的发生。呼吸道疾病的主要原因有以下两个方面造成。

① 传染性病原。传染性病原主要指病毒、细菌、支原体和寄生虫等。

病毒。主要包括猪流感病毒、猪瘟病毒、伪狂犬病毒、繁殖-呼吸综合征病毒、猪呼吸道冠状病毒、猪圆环病毒、猪腺病毒等，这些病毒都是引起猪呼吸道疾病的传染性病原。

细菌。细菌主要包括多杀性巴氏杆菌、支气管败血波氏杆菌、胸膜肺炎放线杆菌、链球菌等，这些细菌被猪感染后也可引起猪的呼吸道疾病。

支原体与寄生虫。支原体主要包括猪肺炎支原体等；寄生虫有弓形体、蛔虫、肺丝虫等，都可引起猪的呼吸道疾病的发生。

② 非传染性因素。发酵床养猪呼吸道疾病的非传染性因素指管理和应激等。虽然发酵床养猪粪尿被发酵床中的微生物分解，对环境无污染，但对发酵床管理不善，圈舍内通风不良等，也能诱发或加剧猪呼吸道疾病的发生。这些因素主要有：环境温度不适，冬季湿度过大，饲养密度大，空气污浊不新鲜，发酵床表面干燥而灰尘多等；应激因素主要是夏季温度过高，以及栏舍设计不当造成通风不良等。此外饲料或垫料霉变而霉菌毒素产生，导致猪机体免疫力下降，也能诱发或加剧猪呼吸道疾病的发生。

（2）防治 猪呼吸道疾病在兽医临床上也是一种难以治愈的疾病。由于本病的病因与症状的复杂性以及继发感染的严重性，加之许多病原体还没有完全可靠的疫苗，使得本病难以取得良好的效果。兽医临床上要想有效预防和控制本病，必须采取综合性措施：一是对猪群加强管理；二是控制和净化原发病原，减少继发细菌的数量和种类，对病猪坚决实行淘汰制；三是改善环境和减少应激，重点做好通风、排湿和夏季降温工作；四是在日粮中添加有效脱霉剂，对饲料要保管好，防潮防霉；五是使用优良的发酵床微生物菌种，保证发酵床功能正常发挥；六是使用药物合理预防。猪肺炎支原体是引发呼吸道疾病的一种重要的致病原，支原体感染后，其他细菌会乘虚而入，有条件的猪场应定期进行抗生素药敏试验，筛选出敏感药物对猪肺炎支原体和其他细菌感染进行预防和治疗。

3. 抗酸菌病

（1）抗酸菌病的发现　猪的抗酸菌病是感染了抗酸菌引起的慢性淋巴结炎症，多数是隐性感染，当初在家畜检查中一开始是当成肠间膜淋巴结炎症被发现的。此疾病能引起人们的重视，一个重要原因是该细菌有致人肺结核的可能，特别是最近从艾滋病的患者身上也分离出该细菌，作为重要病原体正引起人们的高度关注。对于抗酸菌症，我国尚未见报道，但必须应引起国内高度重视。

2004年日本一些猪场大面积发生猪的抗酸菌病，猪场感染率达到68.8%。该病在猪身上几乎察觉不到任何的症状，有时有极为罕见的全身感染现象，猪发育不全，主要在下颚淋巴结和肠膜淋巴结产生的病变。病菌分离是从该淋巴结部分以及粪便中分离出来的，而且病原菌分离大约需要三周的时间。

（2）日本的防治经验　2004年日本对一发病农场繁殖母猪、小猪、育肥猪的粪便、锯木屑和土著菌等环境材料以及判断感染本病的出栏猪的肠间淋巴结进行检查，通过抗酸菌感色、小川培养基培养、抗酸菌的基因检查、HE染色等判定，最终判定该猪场猪病为抗酸菌病。该农场主和农业协会等相关机构通过实施三项措施控制了该猪场抗酸菌病的发生。一是回收使用发酵床材料并堆肥处理，停止使用土著菌；二是猪出栏后彻底对猪圈消毒，从另外的厂家购入锯木屑，重新制作发酵床；三是为细致调查疾病的发生，对猪群采用鸟型结构菌抗体试验（PPD检查），根据检查的结果，将阳性猪及早淘汰，用石灰水对猪圈进行全面涂抹消毒，并且停用土著菌。经过一段时间再检查，抗酸菌病症已完全不在。日本总结该病病因为：本疾病多发于使用木屑的猪场，木屑是重要的感染源。因此，使用木屑时，重要的是要选择没有被抗酸菌污染的木材。同时，感染母猪也是重要的污染源，因此用结核菌素反应查找感染的母猪，必须坚决淘汰。此外，感染的猪在感染4周后开始从唾液中排泄，因此，猪圈要定期消毒，降低环境中的细菌含量。有效的消毒药是苯酚系列和碘系列以及生石灰。

第四节　半集约化和散养饲养模式

一、半集约化饲养模式

半集约化指不完全圈养，猪舍外一般都设置有运动场供种猪活动和接受阳光照射。种公猪的圈舍面积较大，尤其是舍外的运动场。哺乳母猪的活动面积约5米^2，可以母仔同栏，也可设置高床饲养，并设置有仔猪保温设备。半集约化饲养特点是圈舍占地面积大，设备一次性投资比集约化饲养低，种猪有一定的活动场地，有利于繁殖。目前，半集约化饲养模式在我国还是一个主要模式，尤其是小型规模的猪场大都采用此模式饲养种猪。

二、散养饲养模式

散养也称为放养，户外饲养是典型的散放饲养模式。这种最古老的养猪模式因其效率低曾被冷落一个时期，但随着人们生活水平的提高和对绿色食品尤其是对原生态猪肉的需求，散养饲养模式的猪肉受到一些消费者的青睐，使散养饲养模式得到进一步发展，而且欧洲一些国家最近几年也流行散养饲养模式。散养饲养模式受气候影响较大，占地面积也大，有一定的局限性。目前，国内外生产高端猪肉的猪场，大都采取散养饲养模式。目前国内一些地区，散养饲养模式主要是林下放养，并采取放养与补饲相结合，饲养的品种主要以黑猪为主。从国内一些地区成功的散养饲养模式上看，区域性的资源优势与市场需求是解决散养猪产品销售的关键问题。

第四章
现代种猪的繁殖与配种技术

种猪的繁殖和配种是种猪生产中的重要环节，也是养猪技术的重要组成部分。对猪场而言，如何提高种猪的繁殖潜力，充分挖掘种猪的生产性能，是任何一个猪场的需要，也是猪场提高生产水平的目的，而此唯一的途径是提高繁殖与配种技术水平。

第一节　种猪的生殖器官与生殖生理

一、公猪的生殖器官与生殖生理

（一）公猪的生殖器官的组成与功能

公猪生殖器官由睾丸、附睾、输精管、尿生殖道、副性腺（包括精囊腺、前列腺和尿道球腺）、阴茎及包皮等组成。其功能主要是产生精液、排出精液以及与母猪发生性交配。

1. 睾丸

睾丸是产生精子和睾酮的组织，是公猪最主要的性器官。精子产生于"曲细精管"，各"曲细精管"间的间质细胞，可以分泌雄性激素——睾酮，它有维持公猪雄性特征和激发公猪交配欲的作用。

2. 附睾

附睾是精子后期成熟和贮存精子的组织器官。精子在附睾中停留很长时间，并经历重要的发育阶段而完全成熟。

3. 阴囊

阴囊有保护睾丸和调节睾丸内温度的作用，以确保精子正常生成。检测可知，阴囊温度比腹腔温度低 3~4℃，如果睾丸温度与腹腔温度相等，就不能产生精子，因此，隐睾症的公猪不能产生正常的精子。

4. 输精管

输精管是一条细长管道，精子由睾丸排出的通道。

5. 副性腺

副性腺由精囊腺、前列腺、尿道球腺等腺体组成，副性腺分泌物是构成精液的成分，其分泌物的作用：冲洗尿生殖道，稀释、营养、活化精子，运送精液和形成阴道栓防止精液倒流。

6. 尿生殖道

尿生殖道为尿液和精液的共同通道，起源于膀胱，终于龟头。

7. 阴茎与包皮

阴茎是公猪的交配器官，包皮是保护阴茎的。

（二）公猪的生殖生理

1. 公猪的性成熟与性行为

小公猪生长发育到一定阶段，睾丸中产出成熟的精子，此时称为性成熟。性成熟的时间受猪的品种、年龄、营养情况等影响。在正常饲养条件下，我国地方猪种在 3~4 月龄，体重 25~30 千克时达到性成熟；而培育猪种，国外引进猪种及其杂种猪，性成熟期要晚些，一般在 5~6 月龄，体重达 70~80 千克时才性成熟，还有些引进含瘦肉量高的猪种，性成熟更晚，其体重达 90 千克以后才性成熟。公猪达到性成熟，只表明生殖器官开始具有正常的生殖功能，此时的公猪还不能参加配种。过早地使用刚刚性成熟的公猪配种，不仅影响生殖器官的正常生长发育，还会影响其自身的生长发育，缩短使用年限，降低种用价值。

公猪性成熟后，在神经和激素的相互作用下，表现喜欢接近母性，有性欲冲动和交配等方面的反射，这些反射称为性行为。性行为的出现，由一些刺激性因素的作用所引起，视觉、嗅觉、触觉等感官刺激，通过神经传导系统传入大脑性兴奋中枢，引起一系列的行为变化。母猪腕腺可分泌一种特殊物质，对公猪的性行为有刺激作用。公猪的性行为主要表现为交配行为，交配要经过一系列的反射动作才能完成，而这些动作是按一定的先后次序出现的。性行为序列由求偶、爬跨、抽动反射和交配结束等过程组成。

2. 影响公猪性行为的因素

在种猪生产中，常常遇到公猪性行为不强的问题，其原因除了品种、年龄太大、生殖内分泌机能紊乱等原因外，还与以下因素有关。

（1）环境因素　公猪的性欲一般在春季强、夏季弱。夏季气温高、湿度大，不仅影响公猪性行为，且对精液品质有影响。特别是炎热的夏天，30℃以上较长时间的持续高温时公猪性行为有抑制作用，表现为爬跨次数减少，射精持续期缩短。

（2）管理和使用　一般讲，足够的光线和运动，以及合理的饲养管理与使用，对增强公猪的性行为有利，反之均可抑制公猪的性行为。

（3）体形大小　公猪与交配母猪体形不一致，可引起公猪性行为异常，主要表现为攻击行为或恐惧行为，不利于交配行为的顺利进行，易引起交配失败。

（4）群居环境　小公猪自断奶后单栏饲养，对性行为发育十分不利，交配行为显著减弱。但将性行为受影响的成年公猪靠近发情母猪舍 4 周后，性机能恢复正常。成年公猪单栏饲养，但与发情母猪舍靠得很近时，求偶行为与交配行为均增强。此外，配种前用发情母猪对公猪进行适当的性刺激，或让欲交配的公猪观看其他公猪的交配活动，或让公猪进行空跨一两次等，都可增强公猪的性行为。

二、母猪的生殖器官与生殖生理

（一）母猪的生殖器官的组成与功能

母猪的生殖器官由卵巢、输卵管、子宫角、子宫、阴道、阴唇等组成。其功能主要是产生卵子、排出卵子以及与公猪发生性交配。

1. 卵巢

卵巢位于肾脏后方及骨盆腔内,左右各 1 个,是椭圆形或多梭形,主要功能是产生卵子和雌性激素,其中雌性激素是刺激母猪发情的直接因素。

2. 输卵管

输卵管位于子宫与卵巢之间,由两根细管组成,是卵子进入子宫的通道,主要功能是卵子和精子相互运行以及精子获能、受精和胚胎卵裂的场所,并将受精卵输入子宫内。

3. 子宫

子宫由子宫角、子宫体和子宫颈组成,位于腹腔内及骨盆腔的前部,在直肠的下方,膀胱的上方。子宫的主要功能是运送精液、胎儿发育的场所。

4. 阴道

阴道是交配器官,又是分娩时的产道,还是子宫颈、子宫黏膜和输卵管分泌物的排出管道,由阴户和阴蒂组成。

(二)母猪的生殖生理

1. 初情期

初情期指母猪初次发情和排卵的时期,也是指母猪繁殖能力开始的时期,但此时的生殖器官仍在继续生长发育。初情期前的母猪由于卵巢中没有黄体产生而缺少孕酮分泌,因此发情前需要少量孕酮与雌激素的协调作用才能引起母猪发情。因此,初情期母猪往往是安静发情,即只排卵而不表现发情症状。母猪初情期到来的早与晚与品种、饲养水平、生态条件和公猪效应等因素有关,但最主要的因素有两个:一个是遗传因素,主要表现在品种上,一般体形较小的品种较体形大的品种到达初情期的年龄早;二是管理方案,如果一群后备母猪在接近初情期与一头性成熟的公猪接触,则可以使初情期提前。此外,营养状况、舍饲、猪群大小和季节等生态条件都对初情期有影响,一般春季和夏季比秋季或冬季母猪初情期来得早,我国的地方猪种初情期普遍早于引进猪种与培育猪种,因此在管理上要有所区别。一般国内猪种平均 97 日龄达到初情期。青年母猪初情期出现时还不适宜配种,因为生殖器官尚未发育成熟,如果此时配种受胎率低,产仔少,并影响母猪以后的生产性能。

2. 性成熟期

性成熟期指母猪初情期以后的一段时期,此时生殖器官已发育成熟,具备了正常的繁殖能力。但此时母猪身体发育还未成熟,故一般情况下也不适宜配种,以免影响母猪和胎儿的生长发育。据研究,国内猪种在第一情期发情配种,受胎率只有 20%,但自第二情期开始几乎所有母猪均可配种受胎,国内地方猪种的性成熟期平均为 130 日龄,引进猪种性成熟较晚,一般为 180 日龄左右。

3. 性行为

母猪的性行为主要表现为发情行为。母猪发情开始时,表现不安,有时鸣叫,阴部微充血,肿胀,食欲稍减退,以后阴门充血,肿胀明显,并显湿润,喜爬跨别的猪,同时亦愿意接受别的猪尤其是公猪的爬跨,表现出明显的交配欲。

第二节 母猪的发情规律与鉴定方法及适时配种

一、母猪的发情规律

（一）发情周期

小母猪在达到性成熟后，就出现周期性发情，即卵巢内有规律性进行着卵泡成熟和排卵，并周期性地重复这个过程。而且母猪在发情期内，除内生殖器官发生一系列生理变化，其身体外部征候也很明显，主要表现出行为和体态的变化，如不爱吃食，鸣叫不安，爬墙拱门，爬跨其他猪等，而且外阴部发生红肿，用力按压母猪腰部和臀部时静止不动，两耳直立，尾向上举，有接受公猪爬跨的要求。母猪上次发情开始到下一次发情开始的这段时间，称为发情周期，一般为 18~25 天，平均为 21 天。母猪的一个发情周期有四个阶段，即发情前期、发情期、发情后期、休情期。发情期不同，母猪有不同的表现。

1. 发情前期

母猪行为不安，食欲减退，外阴部逐渐红肿胀，阴道湿润并有少量黏液，对公猪声音和气味表示好感，但不允许过分接近。此期可持续 2~3 天，但不宜配种。

2. 发情期

是母猪性周期的高潮阶段，从接受公猪爬跨开始到拒绝接受公猪爬跨时为止，可持续 2~5 天，并分为三个阶段。

（1）接受爬跨期 此期母猪外阴肿胀达到高峰，阴道黏膜潮红，从阴道内流出水一样的黏液，但黏稠度很小。此期持续 8~10 小时，母猪开始接受公猪爬跨与交配，但尚不十分稳定。

（2）适配期 母猪外阴肿胀开始消退并出现皱纹，黏膜呈红色，阴道分泌物变得小而黏稠，阴门有裂缝，母猪主动接近公猪，并允许公猪爬跨。按压母猪背部时不动，两耳直立，精神集中，即所谓的"呆立反射"，是配种的最佳时期。

（3）最后配种期 外阴户肿胀消退，黏膜光泽逐渐恢复正常，黏液减少或不见。

3. 发情后期

又叫恢复期，母猪发情征状完全消失，外阴部恢复正常，压背反射消失，生殖器官和精神状态逐渐恢复正常。母猪不允许公猪接近，拒绝公猪爬跨。

4. 休情期

又叫间情期，从这次发情消失到下次发情出现，母猪精神保持安静状态逐步过渡到下一个性周期。

（二）发情持续期

母猪发情开始至发情结束所持续的时间即母猪的发情持续期，也是从母猪呈现压背站立不动或接受公猪爬跨开始算起，到拒绝压背或公猪爬跨为止，是集中表现发情征状的阶段。母猪的发情持续时间，因猪的品种、年龄而有所不同，因而适宜配种的时间亦不一样，一般地方品种母猪发情持续时间长，可达 3~5 天；培育品种母猪发情时间短，多为 2~3 天；杂种母猪发情时间多为 3~4 天。从年龄来看，老龄母猪发情持续时间短，幼龄母猪发情持续时间长，壮年母猪发情持续时间中等。而且不同类型母猪发情持续时间也有差别，初配母猪的发情期持续时间比经产母猪稍短，发情表现不如经产母猪明显。另外，经产断奶母猪之间发情期持续时间也有较大差别。经产母猪断奶后出现发情时间、发情持续时间与排卵时间之间具有一定的关系。母猪断奶后出现发情时间越早，发情期持续时间越长，排卵出现时间越迟；母猪断奶后出现发情时间越迟，发情期持续时间越短，排卵出现时间越早。一般来说，经产母猪发情期持续时间短的不超过 20 小时，长时可达 100 小时左右，但 70% 左右为 24～48 小时。在猪场养猪生产中，可根据母猪发情持续期的长短来确定配种时间。

二、母猪的发情鉴定方法

所谓发情鉴定是指通过观察母猪外部表现，阴道变化及对公猪的性欲反应等，来判定母猪是否发情和发情程度的方法。其意义在于：判断母猪的发情阶段，预测排卵时间；确定适宜配种期，及时进行配种或人工授精，提高受胎率。母猪的发情鉴定方法较多，生产中常用的是外部观察法和试情法。

（一）外部观察法

此法简单、有效，是猪场生产中最常用的也是最主要的母猪发情鉴定方法。猪场饲养员或配种员每天需要进行二次发情观察，上午和下午各一次，并根据以下发情特征进行鉴别，做到适时配种。

1. 神经症状

母猪开始发情时，对周围环境十分敏感，常常表现不安，两耳耸立，东张西望，食欲下降，嚎叫，拱地拱门，爬圈，追人追猪等表现。

2. 外阴部变化

母猪发情时，外阴部充血肿胀，到了发情中期卵巢开始排卵时，外阴部充血红肿程度有所减退，变成紫红色，并出现皱纹，多带有浓稠黏液，此时阴门有裂缝，是配种的最好时期。

3. 静立反应

用手按压母猪的腰椎部，母猪两耳直立或有煽动行为，多数母猪四肢叉开，呆立不动，弓腰或稍向人靠近。出现明显的"静立反应"，也是适宜配种期。

（二）公猪试情法

有些母猪，如外来猪种的瘦肉型猪和初次发情的母猪，一般发情表现不明显，压背时站立不动的表现也不很明显，这就需要用公猪试情。所谓公猪试情法，就是母猪在发情时，对于公猪的爬跨反应的程度判断其发情阶段。其方法是将公猪赶到母猪圈内，发情母猪见到公猪时，表现痴呆站立，两耳竖立，注视公猪，接受公猪爬跨时站立不动，也是母猪的最佳配种期，但此时要及时将试情公猪赶下，以免误配。

三、母猪的适时配种时间

（一）适时配种的生殖依据

生产实践已证实，母猪准确的配种时间，可提高母猪的受胎率和产仔数。但是母猪的配种时间取决于排卵时间，由于母猪在发情期即将结束的时候排卵，因此应在发情期及时配种。其原因是猪交配后，精子、卵子必须在输卵管上 1/3 处结合才能受精。由于精子运动，经过 2～3 小时才能到达受精部位，精子在母猪生殖道内只能存活 15～20 小时，而卵子排出后在生殖道内有受精能力的时间为 8~10 小时，所以，精子和卵子都在生命力比较旺盛的时候，在受精部位即输卵管上 1/3 处相遇结合才能受精。若过早交配，当卵子出现在受精部位，而精子部分已经死亡或衰老，达不到受精的目的；若交配过晚，精子达不到受精部位，而卵子已经排下来，在受精部位不能相遇，同样达不到受精的目的，可见，过早或过晚配种都会影响受胎率和产仔数。

（二）适时配种的实践经验

由于在生产上因母猪发情开始时间很难掌握，到底什么时候配种为适时，一般多凭实践经验观察来解决。

1. 阴门皱褶和出现"止动反射"

一般在母猪发情后第二天，见阴门肿胀达到高峰后，刚见皱褶时配种为宜。此外，在早上巡视母猪时进行观察，发情母猪一般早醒、早起并爬跨其他母猪，拱门或翻圈等神经症状，配种人员到圈里按压母猪臀部，如母猪站立不动，有时两耳煽动，出现"止动反射"时配种为宜。

2. 发情母猪主动接近试情公猪

试情时赶公猪从母猪圈前经过，若母猪发情充分，即会主动上前有求偶的表现，此时配种为宜。

3. 断奶后发情母猪配种时间

对于断奶后 7 天之内的发情母猪，观察到母猪发情后在 8~24 小时内进行首次配种为宜，然后在第二天上午和第三天上午各再配一次；而对于断奶后 7 天以上母猪，观察到母猪发情后应立刻进行首次配种，然后隔 12 小时左右再配一次。一般情况下，每头母猪每个情期配种两次即可，有少数发情期持续时间长的母猪，需进行第三次配种。

4. 根据母猪年龄确定配种时间

在适时配种时还要考虑母猪的年龄，一般老龄发情母猪要早配，青年发情母猪要晚配，即采取"老配早，小配晚，不老不少配中间"的办法。

5. 根据猪种确定配种时间

就猪种而言，一些国外引进猪种母猪要适当早配，地方猪种母猪可晚配，一些杂种母猪交配时间介于两者之间。

第三节　猪的配种技术

一、猪的配种方式和方法

配种是公、母猪达到性成熟年龄繁衍后代的性交行为。根据其方式不同，分自然交配、人工辅助交配和人工授精。

（一）自然交配

自然交配也称本交，是公、母猪性成熟后本能的性交行为，是养猪生产中常用的传统繁殖方法。将公、母猪放在一起，任其进行性交，达到繁殖的目的。生产上可分为单次配种、重复配种、双重配种和多次配种方法。

1. 单次配种

指在母猪的一个发情期内只用 1 头种公猪交配 1 次。这种配种方法在适时配种的情况下，也能获得较高的受胎率，但在难以掌握最适宜的配种时间交配，会降低受胎率和产仔数。

2. 重复配种

指在母猪的一个发情期内，用同 1 头种公猪先后配种 2 次，即在第一次配种后间隔 8～12 小时再配种 1 次，这样可以提高母猪受胎率和产仔数。

3. 双重配种

在母猪的一个发情期内，用不同品种的 2 头公猪或同一品种但血缘关系较远的 2 头公猪先后间隔 10～15 分钟，各与母猪配种一次。这种配种方法，不仅受胎率高，而且产仔多。

4. 多次配种

在母猪的一个发情期内隔一段时间，连续采用双重配种的方法或重复配种的方法配几次。这种配种方法可提高母猪多怀胎，多产仔的效果。

（二）人工辅助交配

这种方法是在人工辅助的情况下配种。具体做法是：让母猪站在适当位置，辅助人员在公猪爬跨母猪时，一手将母猪尾巴拉向一侧，另一手牵引公猪包皮将阴茎导向母猪阴户，然后根据公猪肛门附近肌肉伸缩情况，判断公猪是否射精。当公猪射完精离开母猪后，用手拍压母猪腰部，可防止精液倒流。这种方法往往在本交中也要采用。此外，当公猪与配种母猪体格大小不一致时，一般要采取一些辅助措施。当公猪小母猪大时，要为公猪准备一个斜面垫板，或把母猪赶斜坡上，让公猪站在高处交配，称之"顺坡爬"；当公猪大母猪小时，应准备配种交配架或让公猪站在斜坡上的低处交配，称之为"就高上"。人工辅助交配在生产实践中对初次参加配种的青年公猪尤为重要。由于初次参加配种的青年公猪性欲旺盛，往往出现多次爬跨而不能使阴茎插入阴道，造成公、母猪体力消耗很大，甚至由于母猪无法支撑而导致配种失败。因此，对青年公猪初次配种实施人工辅助交配尤为重要。

（三）人工授精

猪的人工授精又称为人工配种，是人为地采集公猪精液，经过精液品质检查、稀释、保存等一系列处理后，再将合格的精液输入到发情母猪的生殖道内使其受胎的配种方法。

二、猪的人工授精技术

（一）采精方法

1. 采精室的设计

采精室是收集公猪精液的地方，采精室适宜温度为 15～25℃，最低不宜低于 10℃，有条件的猪场采精室可安装空调来保持采精时的适宜温度。采精室与实验室之间应安装传递口，不能安装门。考虑到采精员的安全，一般在采精区外 80～100 厘米处设安全区，用安全栏隔开，方法是用直径 12～16 厘米的钢管埋入地下，使其高出地面 75 厘米，两根钢管间的间距为 28 厘米，并安装一个栅栏门。

2. 假母猪的设计

假母猪是用来供公猪爬跨采精的器械，可用木材制作，也可购买钢制假母猪商品。

3. 种公猪采精调教

后备公猪 8～10 月龄，开始调教其爬假母猪采精。种公猪采精调教方法见有关章节所述。

4. 采精操作技术

公猪精液的获得，一般有两种方法，即假阴道采精法和徒手采精法，假阴道采精法适合寒冷地区采用，目前猪场最常用的是后一种方法。徒手采精法也叫手握法，其原理是模仿母猪子宫对公猪螺旋阴茎龟头约束力而引起公猪射精。手握法采精的操作步骤如下。

第一步，采精员一手戴双层手套（内层为对精子无毒的聚乙烯手套，外层为一次性塑料薄膜手套），另一手持37℃保温集精杯用于收集精液。

第二步，饲养人员将待采精的公猪赶进采精室（栏），用0.1%高锰酸钾溶液清洗其腹部和包皮，再用湿水清洗干净。

第三步，采精员挤出公猪包皮积尿，并按摩公猪包皮部，刺激公猪爬跨假母猪。

第四步，公猪爬跨假母猪并逐步伸出阴茎，此时采精员脱去外层手套，然后左手推成空拳，手心向下，于公猪阴茎伸出的同时导入空拳内，立即紧紧握住阴茎头部，不让其来回抽动，使龟头微露于拳心之外约2厘米，用手指由轻到紧，带弹性，有节奏地压迫阴茎，并摩擦龟头部，激发公猪的性欲，公猪的阴茎即开始作螺旋式的伸缩抽送。此时，采精人员握拳要做到既不使公猪阴茎滑掉，又不握得过紧，满足公猪的交配感觉要求，直到公猪的阴茎向外伸展开时公猪开始射精。公猪射精时，采精员拳心要有节奏收缩。

第五步，用4层纱布过滤收集精液于保温集精杯内。公猪的射精过程可分为三个阶段，第一阶段射出少量白色胶状液体，不含精子，不收集；第二阶段射出的是乳白色浓度高的精液为收集精液；第三阶段射出含精子较少的稀薄精液，也可不收集。公猪射精时间为1~5分钟不等。当公猪（第一次）射精停止，可按上述办法再次压迫阴茎及摩擦龟头，公猪可第二次、第三次射精，直至射完为止。正常情况下1头公猪射精量为150~250毫升，但射精量与公猪年龄、个体大小、品种、采精技巧和采精频率有关。

第六步，采精结束后，先将过滤纱布丢弃，然后用盖子盖住集精杯，迅速送到精液处理室。

良好的采精操作程序是保障公猪健康和精液生产的基础。实践证明，训练有素的采精员进行科学合理的采精，不仅每次采集的精液量大，精液品质好，而且可使精液保存的时间延长，还使种公猪的利用年限延长。

5. 采精注意事项

(1) 采精员要用拇指和食指抓住阴茎的螺旋体部分　采精员无论用左手或右手，当握住公猪的阴茎时，都要注意用食指和拇指抓住阴茎的螺旋体部分，其余三个手指并予以配合，要随着阴茎的勃动而有节律地捏动，给予公猪刺激产生快感而射精。

(2) 采精员要戴双层手套　采精时采精员握阴茎的那只手一般要戴双层手套，最好是聚乙烯制品的手套对精子杀伤力较小。当将公猪包皮内的尿液挤出后，将外层手套去掉，以免污染精液或感染公猪的阴茎。

(3) 注意手握阴茎的力度　采精时，采精员手握阴茎的力度太大或太小都不行。用力太小，阴茎容易脱掉，采不到精液；用力太大，一是容易损伤阴茎，二是公猪很难射出精液。采精时，公猪一旦开始射精，手应立即停止捏动，而只是握住阴茎，见公猪射精完后，手应马上捏动，以刺激公猪再次射精。

(4) 弃去前面较稀和最后射出的精液　当公猪射精时，一般射出的前面较稀的部分精清应弃去不要。由于尿生殖道是尿液和精液的共同通道，公猪最初射出的精液中会有尿生殖道中残留的尿液，其中含有大量的微生物和危害精子的机体代谢物质，而且最初射出的精液中主要是副性腺分泌物，几乎不含精子，因此不要收集这部分精液。当射出乳白色的液体时即为浓精液，就要用采精杯收集起来。公猪在射精的过程中，都会再次或多次射出较稀的精清和最后射出的较为稀薄的部分，都应弃去不要。精液品质的好坏其评价标准是取决于在相同的取舍方法下所得精子的密度和活力的高低，精液量只是其中一个标准。

（5）防止包皮液混入精液 公猪具有发达的包皮囊，其中积有不少于50毫升的发酵尿液和分泌物，包皮液对精子的危害性极大。当采精员右手按摩包皮囊时，尽可能挤净包皮液，并用消毒过的纸巾擦净包皮口。

（6）沙布须干燥 采精杯上面套的4层过滤用的纱布，沙布须干燥使用前不能用水洗，若水洗后要烘干后再用。

（7）注意安全 采精员应耐心细致，并确保自身和公猪的安全，一旦公猪出现攻击行为，采精员应立即逃至安全区内。

（8）固定每次采精时间 应在上午采食后2小时采精，饥饿状态时和刚喂饱不能采精，最好固定每次采精的时间。采精频率也要固定，成年公猪每周2~3次，青年公猪（1岁左右）每周1~2次。

（9）对公猪实施奖励 公猪射精的过程少则1~5分钟，多则5~10分钟，采精员要耐心操作。采精结束要让公猪自然爬下假猪台，对于那些采精后不下来而又不射精的公猪，不要让它形成习惯，应将它赶下假猪台。对采精后的公猪最好实施奖励，饲喂1~2枚鸡蛋，使公猪形成条件反射，以利于后续的采精。

（二）精液品质的检查

1. 精液品质检查的目的和方法及基本操作原则

公猪精液品质的好坏直接影响繁殖力，因此，进行精液品质检查的目的是鉴定精液的质量，一方面以此来判定种公猪生殖功能状态和采精技术的成败，以此了解公猪精液的优劣，以及确定其配种负担能力的依据，同时是对公猪饲养水平的检验，也是对公猪生殖器官机能和采精操作技术质量的判定；另一方面，决定人工授精时精液的取舍和确定制作输精的头份、稀释的倍数等。现行评定精液品质的方法有外观检查法、显微镜检查法、生物化学检查法和精子生活力检查法四种，但在实际应用上又分为常规检查和定期检查。不论采取那一种检查方法，必须遵守精液检查基本操作原则，一是采得的精液立即置于30℃左右恒温容器中，防止低温打击，并标记来源；二是检查要迅速、准确，取样要有代表性（摇匀）。

2. 常规检查

精液的常规检查是指每次采精后都必须检查的项目，包括射精量、色泽、气味、浑浊度、pH值、精子活力、精子密度等。

（1）色泽 色泽也称为颜色，正常猪精液为淡乳白色或浅灰白色，精液乳白程度越浓，精子数越多。如果精液颜色异常属不正常现象，说明生殖器官有疾病，颜色异常的精液应废弃，并立即停止采精，查明原因及时对公猪治疗。

（2）精液量 由于公猪精液中含有胶状物质，需先用4~6层的消毒纱布过滤，然后倒入一个有刻度的量杯中计量。后备公猪的射精量一般为150~200毫升，成年公猪一般为200~300毫升。精液量的多少因品种、品系、年龄、采精间隔、气候和饲养管理水平等的不同而有差别，尤以不同品种公猪之间较为突出，如大白猪公猪的射精量大，但浓度低，而杜洛克猪公猪射精量小，但浓度高。因此，在相同的采精方法下，应以精子密度、活力为主进行评价，而精液量只是其中一个标准。

（3）气味 猪精液略带腥味，是由前列腺中的蛋白质、磷脂所引起的。异常气味的精液应废弃。

（4）云雾状程度 云雾状也称为混浊度，由于精子运动翻腾如云雾状，精液混浊度越大，云雾状越显著，呈乳白色，精子密度和活率越高。因此，据精液混浊度可估测精子密度和活率的高低。家畜中牛、羊的精液精子密度大，放在玻璃容器中观察精液呈上下翻滚状态，云雾状程度很明显，这是精子运动活跃的表现。云雾状明显可用"卅"表示，"卄"较为明显，"+"表示不明显。猪的精子密度小，可用"+"表示。

（5）pH 值测定 新鲜猪精液 pH 值为 7.4~7.5，pH 偏低的精液品质较好，偏高则受精力、生活力和保存效果降低。采精后，滴 1 滴精液于试纸上，与标准色标对照来确定，或用 pH 计测定。

（6）精子活力 又称精子活率，是指精液中呈直线前进运动的精子数占总精子数的百分比。精子活力与受精能力关系密切，是评定精液品质的主要指标，因此，每次采精后及输精使用前，都要进行精子活力的检查，以确定精液能否使用。常用的方法是通过光学显微镜进行精子的视觉评定，把显微镜放大 200~400 倍，把精液样品放在镜前观察。

① 检查方法。检查方法有平板法和悬滴法两种。

平板压片法：取一滴精液于载玻片上，盖上盖玻片，使溢满但不外流为标准，放在镜下观察。此法简单，操作方便，但精液易干燥，检查应迅速。

悬滴法：取一滴精液于盖玻片上，然后将盖片反过来盖于载玻片的凹窝中，作成悬滴检查标本，放在 37~38℃ 显微镜恒温台或保温箱内，400 倍下观察。

② 评定。精子的运动方式在显微镜下观察有三种运动形式。一是直线运动，即精子按直线方向向前运动，精子前进运动时以尾部的弯曲传出有节奏的横波，这些横波自尾的前端或中段开始，向后达于尾端，对精子周围液体产生压力，而使精子向前游动；二是转圈运动，即精子沿圆周转做转圈运动；三是原地摆动，头部左右摆动，失去前进运动的能力。只有做直线运动的精子，才具有受精能力，才是有效精子。检查时，一般采用十级评分制，若视野中 100% 为直线运动则评为 1.0，90% 为直线运动则评为 0.9，依此类推。若有条件可在显微镜上配置一套摄像显示仪，将精子放大到电脑屏幕上进行观察。一般新鲜精液的活力为 0.7~0.8，应用于人工授精的活力要求不能低于 0.6。检查精子活力，一要使样品始终在 37℃ 的恒温下，否则检查的结果不准确，二是检查的显微镜的倍数不宜过高，倍数过高后视野中看到的精子数量少，评定的结果不准确。

（7）精子密度 也称精子浓度，指单位容积（1 毫升）的精液中含有的精子数。精子密度的大小直接关系到精液的稀释倍数和输精剂量的有效精子数，也是评定精液品质的重要指标之一。测定精子密度的方法有目测法、红细胞计数法和光电比色法。

① 目测法。也称为估测法，本方法常与检查精子活力（原精）同时进行，在显微镜下根据精子的稠密和稀疏程度，划分为"密、中、稀"三级。猪精子密度一般较稀，平均每毫升有 1 亿~2 亿个精子，所以每毫升精液中精子数在 3 亿个以上为密，2 亿个左右为中，1 亿个左右为稀。这一方法受检查者的主观因素影响，误差较大，但对于直观的估价，方法简便，尤其对于人工授精现场的观察有一定的参考意义。

② 血细胞计数法。用血细胞计数法可以准确测定每毫升精液中所含的精子数量。先准备显微镜、红细胞计数板等，基本操作步骤如下。

在显微镜下找到红细胞计算板上的计算室：计算室为一正方形，高度为 0.1 毫米，边长

1 毫米，由 25 个中方格组成，每一个中方格分为 16 个小方格。寻找方格时，先用低倍镜看到整个格的全貌，然后用高倍镜进行计算。

稀释精液：用 3%食盐溶液对精液进行稀释，同时杀死精子，便于精子数目的观察。用白细胞吸管（10 或 20 倍）稀释，抽吸后充分混合均匀，弃去管尖端的精液 2~3 滴，然后把一小滴精液充入计算室。

镜检：把计算室置于 400 倍显微镜下对精子进行计算，在 25 个中方格中选取有代表性的 5 个（四角和中央）计数，按公式进行计算，然后推算出 1 毫升精液内的精子数。简化的计算方法是数出 5 个大方格的精子数×5 万×稀释倍数，即为所测得的精子数。

为保证检查结果的准确性，在操作时要注意：一是滴入计算室的精液不能过多，否则会使计算室高度增加；二是检查方格时，要以精子头部为准，为避免重复和漏掉，对于头部压线的精子采取"上计下不计、左计右不计"的办法；三是为了减少误差，应连续检查两次，求其平均值，如两次检查结果差异较大，必须做第三次检查。

③ 光电比色法。此法快速、准确、操作简单，现世界各国普遍应用于牛、羊的精子密度测定。其原理是根据精液透光性的强弱，精子密度大，透光性越差。目前可将被测样本的透光度输入电脑，即可显示其精子密度。根据光电比色原理，目前已开发出一种精子密度仪，市场上有售，检查精子密度十分方便。

3. 定期检查

精液的定期检查，指不必每次采精后都检查的项目，有的可每月检查 1 次，有的每季度检查 1 次即可。定期检查也称为其他检查，主要检查以下项目。

（1）精子存活时间和存活指数检查 精子存活时间是指精子在体外的总生存时间，存活指数是指平均存活时间，表示精子活率下降速度的标志。精子存活时间越长，存活指数越大，精子生活力越强，精液品质越好，所用的稀释液处理和保存方法越佳。这两项指标与受精能力密切相关，是评定精液品质和处理效果的一项重要指标。

检查方法：将采出的精液经过镜检后，按 1∶（2~3）的比例稀释，取出 10 毫升分装在 2 个试管内，用软木塞塞紧，再用纱布包好放在 0~5℃的冰箱中，也可在 37~38℃的条件下进行检查，直到无活动精子为止。所有间隔时间累加后减去最后两次间隔时间的一半即为精子的生存时间，其公式为：精子存活时间（小时）= 检查间隔时间的总和−最末 2 次检查间隔时间的一半。生存指数是指相邻两次检查的间隔时间与平均活力的积之和，其公式为：精子生存指数=每前后相邻两次检查精子活率的平均数+间隔时间乘积。

一般优质精液用良好的稀释液保存，在 0~5℃ 条件下保存时间应在 24~48 小时，在 37~38℃条件下保存时间应在 4~6 小时。

（2）美蓝褪色试验 美蓝是一种氧化还原指示剂，用来测定精子呼吸能力和含有去氢酶的活性，氧化时为蓝色，可被还原为无色。精子在美蓝溶液中，由于精液中去氢酶在呼吸时氧化脱氧，美蓝获氢离子后使蓝色还原为无色。根据美蓝褪色时间可测知精液中存活精子数量的多少，判定精子的活率和密度的高低。

测定方法：取含有 0.01%美蓝的生理盐水与等量的原精液混合，置于载玻片上，然后用内径 0.8~1.0 毫米、长 6~8 厘米的毛玻璃管吸取，使液柱高达 1.5~2 厘米以上，然后放在白纸上，在 18~25℃的温度下观察并计时。猪精液褪色时间在 10 分钟或 17 分钟为品质良好；褪色时间在 10~30 分钟和 8~12 分钟为中等；30 分钟和 12 分钟以上视为品质较差。

（三）精液的稀释

1. 精液稀释时间

猪的精液如果不经稀释，在体外最多保存 30 分钟，活力很快下降而且很快失去受精能力。精液的稀释就是在精液中加入适宜精子存活并保持受精能力的稀释液，扩大精液容量，提高种公猪一次射精量的可配母猪数，而且降低精液能量消耗，延长精子寿命，也便于精子的保存和运输。

2. 精液稀释液的主要成分

（1）营养物质 用于提供营养以补充精子生存和运动所消耗的能量。能被精子利用的营养物质主要有：果糖、葡萄糖等单糖以及卵黄和奶类（鲜奶、脱脂乳和纯奶粉等）。

（2）保护性物质

① 缓冲物质。其作用是保持精液适当的 pH 值，利于精子存活。常用的缓冲物质有：柠檬酸钠、酒石酸钾钠、磷酸氢二钠、磷酸二氢钾等，以及近些年来应用的三羟甲基氢基甲烷（Tris）、乙二胺四乙酸二钠（EDTA）等。这些物质是一种螯合剂，能与钙和其他金属离子结合，起缓冲作用；还能使卵黄颗粒分散，有利于精子的运动。

② 抗菌物质。在精液稀释液中加入一定剂量的抗生素，以利于抑制细菌的繁衍。常用的抗生素有青霉素、链霉素以及氨苯磺胺等。

③ 抗冻物质。在精液的低温和冷冻保存过程中需降温处理，精子易受冷刺激，常发生休克，造成不可逆的死亡，所以加入一些防冷刺激物质有利于保护精子的生存。常用的抗冻剂为甘油、乙二醇、二甲基亚砜（DMSO）等，此外卵黄、奶类也具保护作用。

④ 非电解物质。副性腺中钙离子、镁离子等强电解质含量较高，这些强电解质能促进精子早衰，使精液的保存时间缩短，因此，需向精液中加入非电解物质或弱电解质，可改变和中和副性腺分泌物的电离程度，以防止精子凝集和补充精子能源，如糖类、磷酸盐类等。

（3）其他添加剂 主要用于改善精子外环境的理化特性，以及母猪生殖道的生理机能，有利于提高受精机会，促进合子发育。

① 酶类。如过氧化氢酶能分解精子代谢过程中产生的过氧化氢，消除其危害，维护精子活力；β-淀粉酶可促进精子获能，提高受胎率。

② 激素类。如催产素、前列腺素 E 型等可促进生殖道蠕动，有利于精子向受精部位运行而提高受精率。

③ 维生素类。如维生素 B_1、维生素 B_2、维生素 B_{12}、维生素 C 和维生素 E 等，能改善精子活力。

④ 其他。二氧化碳、植物汁液等调节稀释液 pH 值；乙烯二醇、亚磷酸钾等有保护精子的作用；三磷酸腺苷（ATP）、精氨酸等有提高精子保存后活力的作用。

3. 稀释液的种类和配制方法

根据稀释液的用途和性质，可将稀释液分 4 类。

（1）现用稀释液 用于采精后立即稀释精液后输精用，目的是扩大精液量，以增加配种母猪数。此类稀释液常以简单的高渗糖类或奶类配制而成，也可用生理盐水作为稀释液。

① 葡萄糖液。葡萄糖 6 克，蒸馏水 100 毫升，青霉素 10 万单位，链霉素 100 毫克。配制方法为：按量称取葡萄糖后，用 100 毫升蒸馏水溶化，灭菌后冷却，再加入青霉素和链霉素混匀即可。

② 鲜奶稀释液。将新鲜牛奶用 3~4 层纱布过滤，装在三角烧瓶或烧杯内，放在水浴锅

中煮沸消毒 10~15 分钟后取出，冷却后除去浮在上面的油皮，重复 2 次后即可使用。

（2）常温（15~20℃）保存稀释液　适宜在 15~20℃ 条件下短期保存的稀释液，此类稀释液以糖类和弱酸盐为主，pH 偏低。

① 葡-柠液。葡萄糖 5 克，二水柠檬酸钠 0.5 克，蒸馏水 100 毫升，青霉素 10 万单位，链霉素 100 毫克。

② 葡-柠-EDTA 液。葡萄糖 5 克，二水柠檬酸钠 0.3 克，乙二胺四乙酸二钠（EDTA）0.1 克，蒸馏水 100 毫升，青霉素 10 万单位，链霉素 100 毫克。

目前市场上有商品化的猪精液常温保存稀释药品，一般为粉剂，同时按说明书要求加入蒸馏水即可。商品化稀释液剂药品的好处在于商家大量的配制，可减少误差，方便猪场使用，成本也不高。

（3）低温保存稀释液　适用于精液在 0~5℃ 条件下低温保存，含有以卵黄液和奶类为主的抗冷休克物质。低温保存稀释液配方见表 4-1。

表 4-1　低温保存稀释液配方

	成分	葡—柠—卵液	葡—卵液	葡—柠—奶液	蜜糖—奶—卵液
基础液	二水柠檬酸钠（克）	0.5	—	0.39	—
	牛奶（毫升）	—	—	75	72
	葡萄糖（克）	5	5	0.5	—
	蜜糖（毫升）	—	—	—	8
	氨苯磺胺（克）	—	—	0.1	—
	蒸馏水（毫升）	100	100	25	—
稀释液	基础液（容量%）	97	80	100	80
	卵黄（容量%）	3	20	—	20
	青霉素（单位/毫升）	1 000	1 000	1 000	1 000
	双氢链霉素（微克/毫升）	1 000	1 000	1 000	1 000

资料来源：魏庆信等编著《怎样提高规模猪场繁殖效率》，2009

配制方法：基础液按量配好，灭菌后冷却，加卵黄和青霉素、链霉素，充分混合均匀。新鲜鸡蛋擦干净，用 75% 酒精棉球消毒，待酒精挥发完毕后，将消毒好的鸡蛋直接打在平皿内，用注射器针头刺破卵黄膜抽取卵黄液。

（4）冷冻保存稀释液　适用于精液的冷冻保存，其稀释液成为较为复杂，具有糖类、卵黄液、还有甘油或二甲基亚砜等抗冻剂。

4. 配制稀释液时应注意的事项

（1）一切用具干净并消毒处理　配制稀释液使用的一切用具应洗涤干净并消毒，用前还必须用稀释液冲洗方能使用。

（2）现用现配　配制稀释液原则上是现用现配，如隔日使用和短期保存（7 天），必须严格灭菌、密封，放在 0~5℃ 冰箱中保存。

（3）使用蒸馏水或离子水要求　所用蒸馏水或离子水要求新鲜，pH 呈中性。

（4）使用药品要求　药品最好用分析纯，称量药品必须准确，充分溶解并过滤；经过滤密封后进行消毒（用水煮沸或蒸气消毒 30 分钟），加热应缓慢。

（5）使用奶类要求　使用奶类要新鲜，鲜奶要过滤后在水浴中灭菌（92~95℃）10 分钟，去奶皮后方可使用。

（6）使用卵黄要求　卵黄要取自新鲜鸡蛋，先将外壳洗净消毒，破壳后用吸管吸取纯卵黄。在室温下加入稀释液，充分混合使用。

（7）使用抗生素、酶类、激素和维生素等要求　添加抗生素、酶类、激素和维生素等，必须在稀释液冷至室温条件下，按用量准确加入。氨苯磺胺应先溶于少量蒸馏水，单独加热到80℃，溶解后再加入稀释液。

5. 精液的稀释方法和稀释倍数

（1）精液的稀释方法

① 精液的稀释环境要求。精液稀释应在洁净、无菌的环境下进行，避免精子受到阳光或其他强光的直接照射，尽量减少精液与空气接触，杜绝精子直接接触水和有害、有毒的化学物质。精液处理室内严禁吸烟和使用挥发性有害气体（如苯、乙醚、乙醇、汽油和香精等）。

② 精液的稀释规程。新采集的精液应迅速放入30℃保温瓶，当室温低于20℃时，要注意因冷刺激导致精子出现休克。精液采出后稀释越快越好，一般在半小时之内完成为宜。稀释液与精温的温度必须调整一致，一般将两者置入30℃保温瓶或恒温水浴锅内片刻，做同温处理。精液在稀释前首先检查精子活力和密度，然后确定稀释倍数。稀释时，将稀释液沿精液瓶壁缓慢加入，并轻轻摇动，使之混合均匀。切忌剧烈震荡。但一定要注意，不能将原精倒入稀释液中。如做高倍稀释（20倍以上）时，要分两步进行，预防精子环境突然改变，造成稀释打击。先加入稀释液总量的1/3~1/2，混合均匀后再加入剩余的稀释液。稀释后再进行精子活力和密度的检查，在活力与稀释前一样，则可进行分装和保存。

（2）精液的稀释倍数　精液的稀释倍数决定于每次输精的有效精子数、稀释液的种类以及稀释倍数对精子保存时间的影响。一般稀释2~4倍或按每毫升稀释含1亿活动精子为标准进行稀释。精液的稀释倍数过大，对精子存活不利且严重影响受胎率；稀释倍数过小，不能充分发挥精液的利用率，所以，应准确计算精液的稀释倍数，如活率≥0.7的精液，一般按每个输精量含40亿个总精子，输精量为80~90毫升确定稀释倍数。某头公猪一次采精量是200毫升，活力是0.8，密度为2亿/毫升，要求每个输精剂量含40亿精子，输精量为80毫升，则总精子数为200毫升×2亿/毫升＝400亿，输精份数为400亿÷40亿＝10份，加入稀释液的量为10×80毫升−200毫升＝600毫升。精液稀释后，检验员要认真填写种公猪精液品质检查登记表，见表4-2。

表4-2　种公猪精液品质检查登记

采精		精液品质检查						稀释		检验员	备注
时间	公猪号	采精量（毫升）	颜色	气味	pH	活力	密度（亿个/毫升）	畸形率（%）	倍数	总量（毫升）		

（四）精液的保存和分装

精液稀释后如不立即进行输精，则要在适宜的环境条件下进行保存。精液保存的目的是为了延长精子的存活时间及维持其受精能力，也便于运输，扩大精液的使用范围，增加受配母猪头数，提高优秀种公猪的配种效能。精液保存方法有：常温（15~25℃）保存，低温（0~5℃）保存和冷冻保存（-196~-79℃）保存三种。前两种在0℃以上保存，为液态短期保存又称液态保存，后者冷冻后长期保存，又称冷冻保存。

1. 精液保存

（1）常温保存 将精液保存在一定变动幅度（15~25℃）的室温下，称为常温保存或室温保存。一般将稀释的精液分装后密封，用纱布或毛巾包好。置于15~25℃环境下避光存放，春秋季可放置室内，夏季也可置于地窖或有空调控制温度的房间内即可。常温保存主要是利用一定范围的酸性环境抑制精子的活动，减少其能量消耗，使精子保持在可逆性的静止状态而不丧失受精能力，达到保存精子的目的。由于不同酸类物质对精子产生的抑制区域和保护效果不同，一般认为有机酸较无机酸好。但常温保存精液也有利于微生物的生长繁殖，因此必须加入抗生素。此外，还要加入必要的营养物质（如单糖）并隔离空气等，均有利于精液的常存。常温保存精液，也可把精液置于22~25℃的室温1小时后（或用几层毛巾包被好后）直接置于17℃冰箱中。保存过程要求：每12小时将精液混匀一次，防止精子沉淀而引起死亡；每天检查精液保存箱温度并进行记录，若出现停电应全面检查贮存的精液质量。尽量减少保存精液保存箱开关次数，以免造成对精子的打击而致精子死亡。目前规模猪场普遍采用此保存法保存精液。此外还可采用隔水降温方法保存，将贮精瓶直接置于室内、地窖和自来水中保存。一般地下水、自来水和河水的温度在15~20℃这个范围内，可用作循环流动控制温度相对恒定，保存精液。生产实践证明其效果良好，设备简单，易于普及推广。

（2）低温保存 精液低温保存的分装与常温保存相同，保存的温度是0~5℃。一般将稀释并分装好的精液置于冰箱或广口保温瓶中，在保存期间要保持温度恒定，不可过高或过低。精液低温保存操作时注意严格遵守逐步降温的操作规程，具体做法是：精液从30℃降至0~5℃时，按每分钟下降0.2℃左右的速率，用1~2小时完成降温过程。但在生产实践中，为了提高工作效率，都采用直接降温法，即将分装有稀释精液的瓶或袋，包以数层纱布或棉花，再装入塑料袋内，而后直接放入冰箱（0~5℃）或装有冰块的广口保温瓶中，也可吊入水井深水保存。在没有冰箱或无冰源时，可用食盐10克溶解在1 500毫升冷水中，再加氯化铵400克，配好后及时装入广口瓶使用，温度可达2℃，每隔一天添加一次氯化铵和少许食盐以继续保温；也可用尿素60克溶于1 000毫升水中，温度可降至5℃。低温保存的精液在输精前一定要进行升温处理，一般将存放精液的试管或小瓶直接浸入30℃温水中即可。

精子保存还要注意的是不同的稀释液适用于不同的保存时间。保存1天内即行输精的可使用葡-柠-EDTA液，中效稀释液可保存4~6天，如蔗糖奶粉液等，长效稀释液可保存7~13天。但无论用何种稀释液保存精液，均可尽快用完，保存时每隔12个小时轻轻翻动1次，可防止精子死亡。

（3）冷冻保存 利用液氮（-196℃）干冰（-79℃）作冷源，将精液经过特殊处理，保存在超低温下，达到长期保存的目的。但猪的冷冻精液保存尚在试验改进中，就目前的技术而言，还不可能大规模地应用于生产。存在的问题：一是目前猪冷冻精液的受胎率比鲜精或常温保存的精液平均低10%~30%，生产上难以接受；二是猪每头输精份需大量的精子（3亿~6亿个），而目前的冷冻精液制作技术，无论是颗粒、细管，还是安瓿，都无法达到这样的剂量，塑料袋法虽可增加剂量，但冷冻的效果不理想。

2. 精液的分装

常温保存的精液首先要进行分装，分装方式有瓶装和袋装两种。装精液用的瓶和袋均为对精子无毒害作用的塑料制品。一般精液瓶上有刻度，最高刻度为100毫升，精液袋一般为80毫升。精液分装前先检查精子活力，若无明显下降，可按每头份80~100毫升进行分装，含20亿~30亿个有效精子。一头种公猪在采精正常情况下，其精液稀释后可分装10~15瓶（袋）。分装好后将精液瓶（袋）加盖密封，封口时尽量排出瓶（袋）中空气，要逐个粘贴标签，标明种公猪的品种、耳号及采精日期与时间。

（五）输精技术

输精就是把一定量的合格精液，适时而准确地输入到发情母猪生殖道内的一定部位，使发情母猪达到妊娠的操作技术。输精是人工授精最后一个环节，直接关系到母猪受胎率的高与低。

1. 输精前的准备

（1）接受输精母猪的消毒　保定接受输精的发情母猪，用0.1%高锰酸钾溶液清洁外阴，尾根和臀部周围，再用温水或生理盐水浸湿毛巾，擦干外阴部。

（2）输精员的消毒　输精员清洗双手并用75%酒精棉球消毒，等待酒精挥发干后才可操作输精。

（3）精液的准备　新鲜精液经稀释后进行品质检查，符合标准方可使用；常温和低温保存的精液需升温到35℃，经显微镜检测活力不低于0.6，方可使用；精液经解冻后精子活力不低于0.3，方可用于输精。

（4）输精管的选择　辅精管有多次性和一次性两种。

多次性输精管为一种特别的胶管，其前端模仿公猪的阴茎龟头，后端有一手柄，因头部无膨大部分或螺旋部分，输精时易倒流，而且每次使用均需清洗消毒，加上容易传染子宫炎，虽然可重复使用成本低，但隐患较大，规模化猪场最好不要使用。

一次性输精管有螺旋头型和海绵头型两种，前者适用于后备母猪的输精，后者适用于经产母猪的输精。海绵头输精管也有后备母猪专用的。一次性输精管使用方便，不用清洗，可降低子宫炎的发生率，目前已成为规模化猪场的首选。但选择海绵头输精管时，一要注意海绵头的牢固性，不牢固的则容易脱落到母猪子宫内；二是注意海绵头内输精管的深度，一般以0.5厘米为好。

2. 适宜的输精时间和次数

根据发情母猪的排卵时间，并计算进入母猪生殖道内精子获能和具有受精能力的时间来决定最佳输精时间。母猪发情后一般24~30小时开始排卵，但真正排卵是在发情开始，接受公猪爬跨后的40小时。发情持续短的母猪排卵较早，持续长的排卵较晚。母猪排出的卵子在输卵管内保持受精能力的时间为8~12小时，交配后的精子到达输精管上端要2~5小时，精子在母猪生殖道内保持受精能力的时间为25~30小时，因此，输精时间以排卵之前6小时为宜。但在实际工作中很难确切地掌握这个时间，常通过发情鉴定来判定适宜的输精时间，即母猪在发情高潮过后的稳定时期，接受"压背"试验时或从发情开始后第二天输精为宜。以外部观察法和试情法进行发情鉴定不易确定排卵时间时，常在一个发情期内两次输精，其间隔时间为12~18小时。在实际情况下，对断奶后3~6天发情的经产母猪，出现压背站立不动反应后6~12小时进行第一次输精；后备母猪和断奶后7天以上发情的母猪，出现压背站立不动反应时立即进行输精。在1个发情期中，母猪以输精1~2次为宜，如果输精 2 次或 2 次以上，每次输精的间隔时间为 12~18 小时。输精次数主要根据母猪发情持续时间的长短而定。

3. 输精量和精子数

常温和低温保存的精液输精量为 30~40 毫升，有效精子数 20 亿~50 亿个；冷冻保存的精液输精量 20~30 毫升，有效精子数 10 亿~20 亿个。

4. 输精方法

输精方法有注射法和自流式两种。母猪阴道和子宫颈接合处无明显界限，一般采用输精管插入法输精。从密封袋中取出没受任何污染的一次性输精管（手不应接触输精管前 2/3 部分），在其前端涂上精液或人工授精专用润滑胶或凡士林作为润滑液。输精时让母猪自由站立，输精员站（或蹲）于母猪后侧，用手将母猪阴唇分开，将输精管呈 45° 角向上插入母猪生殖道内，插进 10 厘米后再水平推进，并抽送 2~3 次，直至不能前进为止，当感到阻力时，证明输精管已到达子宫颈口，再逆时针旋转输精管，同时前后移动，直到感觉输精管前端被锁定，轻轻回拉不动为止，可判断输精管已进入子宫内，然后向外拉一点。用注射法输精，用注射器吸入精液，接上输精管，输精员左手稳定注射器，右手将输精管插入母猪阴道，插入深度初产母猪 15~20 厘米，经产母猪 25~30 厘米。然后左手拉住尾巴，右手持注射器，按压注射器柄，借助压力或推力缓慢注入精液，精液便流入子宫。当有阻力或精液倒流时，再抽送输精管，旋转并注入精液。也有学者提出不能用注射器抽取精液通过输精器直接向母猪子宫内推注精液，而应该通过仿生输精让母猪子宫收缩产生的负压自然将精液吸入到子宫深处，目前把这种输精法称为自然法，应在生产中应用为宜。注射时，输精员最好用左（右）脚踏在母猪腰背部，并将输精管左右轻微旋转，用右手食指按摩阴核，增加母猪快感，刺激阴道和子宫的收缩，避免精液外流，输完精液后，把输精管向前或左右轻轻转动 2 分钟，然后 轻轻拉出输精管。一般输精时间 3~5 分钟，输精完毕，并继续按压母猪背部防止精液倒流。自流式输精应将输精器倒举至高于母猪，使精液自动流入，但必须控制输精瓶的高低来调节输精时间。输完精后，不要急于拔出输精管，先将精液瓶取下，将输精管后端一小段打折封闭，这样可防止空气进入，又能防止精液倒流，最后让输精管慢慢滑落。

5. 填写精液品质检查和输精记录表

输精员输精后，还要认真填写母猪输精记录表，见表 4-3。

表 4-3　母猪输精记录

母　　猪			第一次输精时间	第二次输精时间	第三次输精时间	预产期	输精员
耳号	胎次	发情时间					

第五章
后备种猪的饲养技术

后备猪指后备公猪和后备母猪。后备猪是成年种猪的基础，后备猪的生长发育对成年种猪的生产性能、体形外貌都有直接的影响。后备猪的选留与培育是猪场持续再生产的关键，培养后备猪的目的就是获得体格健壮、发育良好、具有品种特征和高度利用价值的种猪。

第一节　后备种猪的选留标准与技术

一、后备种猪的选留要求与标准

（一）符合本品种特征

后备种猪的选择首先是品种的选择，主要是经济性状的选择。在品种选择时，必须考虑父本和母本品种对经济性状的不同要求。父本品种选择着重于生长肥育性状和胴体性状，重点要求增重快、瘦肉率高；而母本品种则着重要求繁殖力高、哺育性能好。无论父本还是母本品种都要求适合市场的需要，具有适应性强和容易饲养等优点。其次，无论是后备公猪还是后备母猪，都要符合本品种特征，即在毛色、体形、头形、身形、四肢粗细方面要一致。

（二）健康无病及生长发育良好

生长发育是猪从量变到质变的过程。生长发育是指细胞不断增大、分裂，致使猪的骨髓、肌肉、脂肪和各组织器官不断增长成熟的现象。各组织器官和身体部分生长早晚的顺序大体是：神经组织-骨-肌肉-脂肪。出生后不断向大的形态发展，叫做生长；而发育是指组织、器官和机能不断成熟和完善，使组织器官发生质的变化，如小猪出生时不具备生殖的能力，出生后到一定时期，出现发情、排卵，并出现了性周期，即发育到了性成熟阶段。猪体各部分和各组织生长的速度及发育的程度，决定了猪的早熟型，而且体重是衡量后备猪各组织器官综合生长状况的指标，随年龄，也有一定规律。虽然猪的生长发育受品种和用途类型决定，但猪的体重增加和生长发育表现的情况，又受饲料营养、生活环境条件等多种因素的影响。饲养不良，营养物质供应不足，正常的生长发育受阻，猪只生长缓慢，体重就达不到正常标准。因此，作为种用的后备猪，一定要有一个正常的生长发育标准，否则也会影响种用价值。一般要求后备猪生长发育正常，精神状态良好，膘情适中，健康无病，不能有遗传疾患，如疝气、乳头排列不整齐、瞎乳头等。遗传疾患的存在，影响猪群生产性能的发挥，给生产效益也造成一定损失。

（三）挑选后备种猪的标准

1. 后备公猪

同窝猪产仔数 9 头以上，断奶仔猪数至少 8 头以上，乳头数 6 对以上，且排列均匀；四肢和蹄部良好，行走自然；体形长，臀部丰满，睾丸大小适中，左右对称。

2. 后备母猪

要有健壮的体质和四肢，四肢有问题的母猪，会影响以后的正常配种、分娩和哺育功能；要具有正常的发情周期，发情征状明显；生殖器官发育不良，阴门小的猪，不能选留；乳头至少 6 对以上，两排乳头左右对称，间隔距离适中；不要选留后躯太大，外阴较小的母猪，这样的母猪易发生难产。

二、后备种猪的选留方法

（一）个体选择

个体选择是根据后备猪本身的外形和性状的表型值进行的选择。这种选择对中等以上遗传力的性状如体形外貌、生长发育、生长速度和饲料转化率等效果较好，且方法简单、有效、易掌握，实用性强。

1. 种公猪的个体选择

种公猪对后代的遗传影响是巨大的，一头种公猪在本交的情况下每年要配种 100 余头，产仔数在千余头，若采用人工授精，每年配种在千余头。种公猪的选择应从以下两个方面要求：一是生产性能。背腰厚度，生长速度和饲料转化率都属于中等或高遗传力的性状，因此对后备种公猪的选择首先应测定该公猪在这方面的性能，并进行比较，选择具有较高性能指数的公猪。二是优秀后备种公猪除性能指数较高之外，还应注意其外貌评分。其一是身体结实度，特别是要有强壮的肢蹄；其二是乳房发育程度，虽然对种公猪腹底线的选择没有后备母猪重要，但种公猪可以遗传诸如翻转乳头等异常腹底线给所生的小母猪。因此，如果要选留后代小母猪，则种公猪应当具有正常的腹底线（指乳头突出，位置间距合理，每侧应具有 6 个以上发育良好的乳头）。后备种公猪外貌评分标准见表 5-1。

表 5-1　后备种公猪外貌评分标准

部　位	评定说明	评定分数	
		满分	得分
基本特征	符合品种特征，雄性特征明显，身体结实匀称，骨骼强壮，被毛光泽而有色泽，膘情适中	40	
头颈	头部大小适中，颈部坚实无过多肉垂	5	
背腰	平直，结合良好	10	
腹部	不下垂	5	
臀部	肌肉发达，腿臀围大	10	
四肢	肢蹄端正，无卧系。系短而强健，步伐开阔，行动灵活，无内外八字	20	
乳房	发育正常，至少有 6 对正常乳头，乳头排列均匀	5	
外生殖器	睾丸发育良好，左右对称	10	

四川省畜牧科学研究院对四川省内主要种猪场饲养的引入国外种猪，进行了体尺等主要外貌性状的测定与评定，并制定了引进外来猪种成年公猪的选留和淘汰指标，可供参考，见表5-2。

表5-2　成年公猪的选留与淘汰指标

评定项目	指　　标
基本特征	符合品种特征，无凸凹背，体质结实，四肢坚实
体　长	长白猪170~180厘米，大约克夏猪160~170厘米，杜洛克猪140~150厘米
体　高	长白猪85~95厘米，大约克夏猪85~95厘米，杜洛克猪85~95厘米
繁殖性能	性欲强，配种受胎率高；射精量200毫升，精子活力在0.8以上
遗传缺陷	所产后代中患有锁肛、疝气等的个体不超过5%
疾　病	患过细小病毒病、流行性乙型脑炎、伪狂犬病的个体应淘汰
四　肢	结实，无病变

2. 种母猪的个体选择

后备母猪的选择标准应包括以下4个方面的内容。

（1）母性能力　母性能力指高产仔数和断奶重，温驯、易管理，其次是背膘厚和生长速度。母性能力应具有以下条件：易受精、受胎、产仔数高；母性强、泌乳力强；在背膘厚和生长速度上具有良好的遗传潜力。

（2）乳房发育程度　乳房选择是种用后备母猪选择的一个重点。后备母猪沿腹底至少应均匀分布并排列12个正常的乳头，可在断奶前检查，当达到配种年龄时，必须重新检查这些乳头的发育情况，此时如发现有瞎乳头、翻转乳头或其他不良乳头时应予以淘汰，否则无效乳头在产仔后将明显降低对仔猪的哺乳能力，从而大大降低仔猪的成活数。

（3）身体结实度　身体结实对种母猪也非常重要，包括需要强壮的肢蹄。一般从遗传学和经受环境应激能力两方面来评价身体结实度。身体畸形的种母猪能将其缺陷传给下一代，由于母猪长时间站立在地面上，并且配种时支撑公猪的体重，肢蹄结构尤为重要，这些性状直接影响母猪的生产性能。

（4）生产性能　生产性能是后备母猪选择的另一个重要标准，包括胴体品质（背膘厚等）和生长速度等性状。四川省畜牧科学院制定的成年母猪选留和淘汰指标可供参考，见表5-3。

表5-3　成年母猪的选留与淘汰指标

评定项目	指　　标
基本特征	符合品种特征，无凸凹背，体质结实，四肢坚实
体　长	长白猪140~160厘米，大约克夏猪140~150厘米，杜洛克猪130~150厘米，大长猪140~155厘米
体　高	长白猪75~85厘米，大约克夏猪75~85厘米，杜洛克猪75~85厘米，大长猪75~85厘米
繁殖性能	窝产活仔数：长白猪、大约克夏猪8~11头，长大猪、大长猪9~12头，连续3窝产活仔24头或3窝断奶仔猪20头以上 低于上述性能，或断奶后30天不发情，或连续3次配种失败者应予淘汰
遗传缺陷	所生仔猪中患有锁肛、疝气等的个体不超过5%

（续表）

评定项目	指　　标
疾　病	患过细小病毒病、流行性乙型脑炎、伪狂犬病等繁殖障碍疾病，患乳房炎、子宫炎、阴道炎、蹄病等经治疗无效的母猪，以及生产性能低的母猪，均应淘汰
四　肢	结实，无病变
年　龄	母猪连续使用超过 5 年应淘汰

（二）系谱选择

系谱是一个个体各代祖先的记录资料，系谱选择就是根据个体的双亲以及其他有亲缘关系的祖先的表型值进行的选择。在个体的祖先中，父、母对个体的影响较大，因此，在系谱选择中常常只利用父、母的成绩，祖代以上祖先的成绩没有很大的参考价值，也较少使用。系谱选择的资料来源早，一般用于个体本身性状尚未表现出来时，作为选择的参考，多适用于中等遗传力性状如肥育性状、胴体性状、肉质性状等，或低遗传力性状如繁殖性状。因此，系谱选择准确度不高，一般只用于断奶时的选择参考。

（三）同胞选择

同胞选择是根据同胞或半同胞的性能来选择种猪的一种方法。由于所选种猪同胞、半同胞比其后代出现得早，因此利用同胞或半同胞的表型选择种猪，所用的时间比后裔测定所用的时间短。如果测定种公猪后裔的产仔数，必须要等到该种公猪的女儿成年产仔后才能进行，这样会大大减少了优秀种猪的使用年限；若利用同胞、半同胞进行选择，在种公猪成年的同时，就可以确定种公猪的优劣，从而大大延长了优秀种公猪的使用年限。因此，此种选择方法相对来说简便也较可靠。

（四）后裔选择

根据被测种猪子女表型的平均值高低来进行选种的方法，称为后裔选择。后裔选择是通过子女的性能测定和比较来确定被测个体是否留作种用，此方法主要用于种公猪的选择。后裔选择是准确性较高的选种方法，但选种速度较慢，同一头公猪要等到后裔测定结果后才能大量使用，需要有 1.5~2 年的时间，延长了世代间隔，影响了选种效率。因此，目前的后裔测定仅在如下两种情况下采用：一是被测公猪所涉及的母猪数量非常大，如采用人工授精的公猪；二是被选性状的遗传力低或是一些限性性状。

三、后备种猪的选留时期

（一）初生选

初生选主要从窝选和胎次选两个方面中选择。

1. 窝选

父母的生产成绩优良，同窝产仔数在 7 头以上；同窝仔猪中无遗传缺陷如锁肛等；对个别体重超轻，乳头在 6 对以下的仔猪不予选留；同窝仔猪中公猪所占比例过高不予选留。有学者研究来自不同性别组成的猪群作为后备母猪的繁殖性能，结果表明，对于来自公猪较多的仔猪群的后备母猪，其配种的成功率较低，对于窝产仔数达 12 头的猪群，如果公猪所占比例超过 67%，那么这些猪群中的母猪不易作为后备母猪，而只能作为商品猪饲养。

2. 胎次选

后备猪一般不选头胎及 6 胎以上母猪所产仔猪，以 3、4、5 胎次为好。

凡符合上述条件的仔猪均应打上窝号及个体号，并记录出生日期、窝产仔数、品种、父母耳号，对个体应逐头记录其初生重、乳头数等。

（二）断奶时的选留

这一阶段仔猪的生产性能尚未显示，此时对预留种猪的选择，主要依据其父母的成绩，同窝仔猪的整齐度以及断奶仔猪自身的发育状况和体质外貌来决定。所选个体应生长发育良好、结构匀称、体躯长及毛光亮、背部宽广、四肢结实有力、稍高、肢距宽、眼大明亮有神、行动活泼、健康、乳头数最好在 7 对以上、排列均匀、并具有本品种的外貌特征，本身和同窝仔猪没有明显的遗传缺陷。生产实践中一般采用窝选或多留精选的办法，小母猪留 2 选 1，小公猪留 4 选 1。

（三）保育阶段结束选择

保育结束一般小猪达 70 日龄，经过保育阶段后，仔猪经过断奶、换环境、换料等几关的考验，有的适应力不强，生长发育受阻，有的遗传缺陷逐步表现。因此，在保育结束时进行第三次选择，可将基本合乎标准的初选仔猪转入下阶段测定。

（四）6 月龄选择

6 月龄时个体的重要生产性能除繁殖性能外都已基本表现出来，因此，在生产中这一阶段是选种的关键时期，应作为主选阶段。这时的选择要求综合考查，除了考查其生产速度，饲料转化率以及采食行为以外，还要观察其外形、有效乳头数以及外生殖器的发育情况和观察征候和规律等。对在上述方面不符合要求的后备猪应严格淘汰。

（五）初产阶段选择

这时后备种猪已经过几次选择，对其祖先，同胞，自身的生长发育和外形等方面已有了比较全面的评定，但对公、母猪同样要考察其生长发育、体形外貌等情况，只是重点在生产性能上。

1. 公猪选择

主要依据同胞姐妹的繁殖成绩、同胞测定的肥育性能和胴体品质以及自身性功能表现等情况确定选留或淘汰。生产中对性欲低、精液品质差、所配母猪产仔数少者要坚决淘汰。

2. 母猪选择

初产阶段母猪本身有繁殖能力和繁殖表现，对其选留或淘汰应以其本身的繁殖成绩为主要依据。生产中对总产仔数特别是产活仔数多、母性好、泌乳力强、仔猪断奶或成活率高、断奶窝重大、所产仔猪无遗传缺陷的母猪留作种用。但对出现下列情况的母猪要坚决淘汰：7 月龄后毫无发情征兆者；在 1 个发情期内连续配种 3 次未受孕者；仔猪断奶后 30 天无发情征兆者；产仔数过少者；母性太差者。

第二节　后备公猪的饲养管理与采精调教技术

一、后备公猪培育期饲养管理的目标与要求

有一定实际经验的饲养者都体会到，在规模猪场中后备公猪的饲养与管理有一定难度。要想把一头后备公猪培育成为合格的具有种用和经济价值的种公猪，其实不是一件容易的

事。生产实践中，规范的猪场对后备公猪培育期的饲养管理都有如下目标与要求。一是维持后备公猪良好的体况，既保证体质和肢蹄强壮，又不要使体况过肥或过瘦；二是通过饲料营养调节控制，使其初配时性欲旺盛、精液品质良好；三是通过科学的调教，使其性情温顺，初配时能顺利配种，为其以后正常配种奠定基础，达到提高配种受胎率的目的。

二、后备公猪的饲养与管理

（一）后备公猪的营养标准与饲喂要求

1. 后备公猪饲料配比要求

后备公猪培育期的营养影响到进入青春的年龄及性成熟，生产中对后备公猪的饲料配制都有一定的标准要求。饲养中后备公猪必须饲喂营养平衡的公猪专用配合饲料，如果饲养的后备公猪少，又难以购入公猪专用配合料，在后备公猪 60 千克前可用生长育肥猪配合饲料饲喂，后期可用哺乳母猪配合饲料饲喂。如果自配后备公猪配合饲料，可参考执行有关饲养标准，必须注意能量和蛋白质的比例，特别是矿物质、维生素和必需氨基酸等一定要满足需要。

2. 后备公猪的日粮营养

后备公猪的日粮营养水平前期可适当提高，后期应适当降低，其中蛋白质不低于 14%，消化能不低于 13 兆焦/千克，粗纤维含量 2.5%~5%。体重 20~50 千克，粗蛋白质 18%；体重 50 千克以后，粗蛋白质 16%~17%，赖基酸水平 0.9%。饲喂低赖氨酸水平（0.65% 和 0.5%）的饲料，不仅对后备公猪的生长速度和料肉比有不利影响，而且会延迟性行为的发生，造成第一次射精迟。此外，对于前期的小公猪可适当降低日粮的能量，不让其性成熟提前。在性成熟之前，过高的营养水平会使小公猪过肥，其性欲和性功能因此下降，精液品质也会变差。

3. 后备公猪的饲喂要求

对后备公猪一定要采取限量饲喂，使其体况不肥不瘦，但也要充分保证各器官系统的均衡生长发育。同时，还应控制饲粮体积，以防止形成垂腹而影响公猪的配种能力。生产中日喂量可根据实际情况（如体况、季节）灵活掌握，一般体重 20~50 千克，自由采食，或日喂量占体重 2.5%~3%；体重 50~100 千克，日喂量 2.5 千克，或日喂量占体重 2%~2.5%；体重 100 千克以上时应限制其采食量，喂给自由采食量的 70% 或日喂 2.5~2.7 千克的全价料直到参加配种。

（二）后备公猪的管理

1. 分群与单栏养

后备公猪从断奶选择后就要采取小群分栏饲养，对体重达 60 千克以上的要单栏饲养，以防互相爬跨而损伤阴茎。

2. 适量运动

适量运动对促进后备公猪骨骼和肌肉的正常生长发育，保持良好的种用体况和性行为具有非常重要的作用。饲养后备公猪的猪舍最好配有舍外运动场，或提供足够大的活动场地。

3. 定期称重记录

一般每周对后备公猪要进行体尺测量和称重一次，既能观察生长速度，又能根据体重的长势及时调整营养水平和饲料喂量，保证后备公猪具有良好的种用体况，同时，做好体重和体尺测量记录。

4. 调教

在日常饲喂中要对后备公猪进行有意识地调教，为以后的配种、采精、防疫等操作奠定良好的基础。对后备公猪的配种调教和采精训练，一般在正式配种前的一个月进行，但具体时间也要根据猪种而定。本地公猪因性成熟和体成熟的时间要早于国外种公猪，调教和初配年龄相应早些。对国外引进的猪种如大白猪、长白猪、杜洛克猪等瘦肉型种公猪初次调教日龄一般在 8~9 月龄，体重达到 100 千克，约占成年体重的 50% 时开始调教为主。生产中对后备公猪调教训练一定要有耐心，要温和地对待调教受训的公猪。千万不要殴打公猪，使其对人产生信任，形成和睦的人猪关系。

（1）采精调教　采精调教必须采取一定的方式和方法。将在下面作专一介绍。

（2）本交调教　对采取本交配种的公猪也要进行调教训练，本交调教一般在早晚时间和空腹进行，应尽量使用体重相近、性情温和、处于发情高峰的经产母猪。本交调教训练每周 1~2 次，每次 10~15 分钟，对刚调教好的公猪，开始本交配种时一般每周 2~3 次为宜。

5. 免疫接种

后备公猪在使用前两个月根据本场免疫计划和免疫程序接种疫苗。

三、后备公猪的采精调教及采精技术

后备公猪的采精调教是整个人工授精工作的基础。后备公猪的采精调教主要是指让后备公猪利用采精台（假母台），顺利完成爬跨射精和采精的过程。

（一）适宜调教的后备公猪

后备公猪的调教必须达到体成熟时，即外来引入的瘦肉型猪种 8~10 月龄，体重 90~120 千克时进行。调教不要早于 7 月龄和晚于 10 月龄，从 7~8 月龄开始调教好于从 6 月龄就开始调教，可缩短调教时间，易于采精和延长使用时间。英国的一项研究表明，10 月龄以下后备公猪的调教成功率为 92%，而 10~18 月龄成年公猪的调教成功率仅为 70%，故调教时间不能太晚。生产实践也证实，过早调教，后备公猪生理上未发育成熟，体形较小，爬跨假母台困难，会产生畏惧心理，对调教造成不良影响；过晚调教，种公猪体格过大、肥胖、性情暴躁，不易听从调教，难度增加。

（二）调教前的准备

1. 调教场地

调教场地应固定，一般是在采精室或采精栏，面积 9~15 米^2，且要紧邻精液检查室。采精室或采精栏一般建在公猪舍的一端，为独立的房间，可最大限度地减少公猪到达和离开调教场地的时间。采精室或采精栏是专门用来采精液的地方，场地应宽敞、平坦、安静、清洁、通风好、光线好、地面不滑，每次使用后对地面要清洗除异味。

2. 假母台及发情母猪的准备

假母台也称采精台，制作比较简单，一般是前高后低，长 100~130 厘米，宽 25 厘米，高 50~60 厘米，且其高度可以根据种公猪的大小进行调节，一般将高度调至与所调教的后备公猪的肩部持平。采精台要坚固、稳当、光滑，能承受种公猪压力和不损伤种公猪。采精台上部呈圆弧形，四周圆滑，没有光硬棱角和锐利的东西，为了防止碰伤阴茎，可在采精台的背上铺麻袋或其他富有弹性的垫物，也可包 4 毫米厚纯白食用橡胶，仿真母猪脊背，有一定的软度；或者将后部做成圆桶性状，留出空间。采精台头部两侧设辅助抚板，可根据需要装上去，作为成年体形较大公猪前脚的支撑板。采精台一般固定在采精室或采精栏的中央或一端靠墙，以一端靠墙较为方便，可以避免公猪围着假母台转圈而难于爬跨，安装位置应对着门口，地面的一端应略有坡度，便于排除公猪尿液或积水等。在假母台后下方放一块50厘米×80厘米橡胶防滑垫，防止公猪爬跨假母台打滑影响性欲。在调教前应准备一头体形和后备公猪相配的发情母猪，应有明显发情显像才行，用来刺激调教后备公猪性欲。对性欲强的后备公猪，也可以准备一些发情母猪尿洒在假母台上直接调教；或将别的公猪精液洒在假母台上刺激后备公猪爬跨假母台。

3. 采精器具准备

采精手套、集精杯、纱布等须清洁卫生，先用2%~3%碳酸氢钠或1.5%碳酸钠或肥皂、洗衣粉去污后，放入温开水中，浸泡几分钟，再用干净卫生清水冲洗，晾干备用。玻璃器皿用纱布包好后按常规消毒。采精调教人员要剪短、磨光指甲、消洗消毒手和手臂。安装假阴道时要求内胎两端等长，内要平滑无皱褶，两端胶圈要上紧，从气门外灌40~42℃温水400~600毫升，使内胎温度与母猪阴道温度基本相似；调节压力时从假阴道气嘴打气，使内胎两端成三角形即成；在气门的近端外涂润滑剂，内胎里面涂至1/2。装个操作过程保持手干净、无污染。

4. 检查公猪包皮和前毛

在采精调教之前要注意检查公猪包皮和前毛，如果前毛较长用剪刀剪短，防止在采精过程中不小心揪住包皮和前毛，产生不良影响。

(三) 调教方法

调教时间一般在每天早上进行。调教开始前少喂饲料或不喂饲料，如已喂过饲料则1~2小时后再进行。首先让待调公猪带入采精室，让其适应环境几分钟，然后赶入隔栏内或赶入观看采精公猪的爬跨和采精过程，使其对此过程有一个感观认识。在待调教前收集发情母猪尿液、公精精液和尿液喷洒于假母台上，调教时把发情母猪赶入紧邻采精室的圈内，但不能让被调教公猪看见发情母猪，仅以发情母猪的气味、叫声来诱导被调教公猪，使其主动爬跨假母台。假母台一般安防在靠墙角的位置，与墙大概呈45°，把被调教公猪赶到假母台与墙的夹角中，然后调教人员喊着"上"和"爬"等口语诱导公猪爬跨假母台。在整个过程中要温和耐心对待公猪，但指令要坚决，也要防止公猪进攻调教人员。如果公猪不爬跨，调教人员可用手晃动假母台头部，以吸引公猪的注意力，诱导其爬跨。如果采取上述措施后公猪还不爬跨假母台，可找一头正在发情的母猪，身上覆盖一片麻片，公猪见到发情正旺的母猪，能急剧刺激公猪性欲，当公猪开始爬跨母猪时，用一只手挡住阴门，避免公猪阴茎插入母猪阴门，当公猪爬跨前冲动作越来越猛烈，阴茎伸出越来越长和有力时，挡住阴门的手应立即抓紧阴茎螺旋部并使大拇指刚好压住阴茎头部，此时，手要用力，不要让阴茎在手中滑动。随着手对阴茎的加压，阴茎越来越硬并往前伸，这时顺势将阴茎引出，但不要用力将阴茎拉出。当公猪阴茎完全伸出腹下体外后，应继续保持加压，拇指压紧阴茎头部，也可以采用一松一紧的加压方法，刺激公猪性欲并使其有快感。当公猪开始射精时，拇指与食指张开，尽量让精液直接射到集精杯中，此调教方法需要反复几次，才能使公猪习惯爬跨假母台。公猪初次调教成功后，每隔1~2天，按照初次调教的方法再次调教，以加深公猪对假母台的认识。经过一个星期左右的调教，公猪就会形成固定的条件反射，再遇到假母台时，一般都会做出舔、嗅、擦和咬假母台等动作，经过一段时间的亲密接触和感情酝酿后就会主动爬跨假母台，调教才算成功。

（四）采精操作

经过调教训练的公猪爬上假母台并做交配时，调教或采精人员在假母台左侧，紧靠假母台后端，面向前下方蹲下，首先按摩公猪阴茎龟头，排出包皮中的积尿后，采用拳握法握住阴茎，以右手的中指和无名指在阴茎前端螺旋体上适加压力，左手则持集精杯接阴茎射出的精液。采精人员动作一定要规范，用手握采精，动作要快而准，用力均匀适度，要1次采完，直到公猪主动爬下假母台。集精杯可用一次性无毒塑料杯或泡沫杯，也可用保温杯，上方覆盖3~4层纱布以滤去公猪射出精液中的胶状物。采精前，集精杯需置于35~37℃恒温箱中保温，避免精子受到温差的影响。采精时还应避免阳光直接照射精液，采精完毕后要在集精杯外面贴上记录公猪号与采精时间的标签。

（五）采精调教应注意的事项和问题

1. 调教人员的心态

在对公猪的调整过程中，调教人员要有细心、耐心和恒心，不能急于求成，并掌握一定的技巧，切忌鞭打和怒骂公猪，尽量给公猪创造一个和谐亲善的环境，减少对公猪的不良刺激，否则不但调教不成，反而会激怒公猪对人发起攻击。此外，调教人员心情不好、时间不充足或天气不好的情况下不要进行调教，因这时容易将自己的坏心情强加于公猪身上已达到发泄的目的，使调教工作难以进行。对于不喜欢爬跨或第一次不爬跨的公猪调教人员要有信心，并进行多次调教。

2. 对性欲好坏的公猪采取不同的调教方法

公猪性欲的好坏，一般可通过其看见母猪时咀嚼唾液的多少来衡量，唾液越多，性欲越旺盛。调教时应先调教性欲旺盛的公猪，可在假母台上涂上其他公猪精液或一些发情母猪尿液、阴道黏液或利用发情母猪，用其气味诱使公猪产生性欲，爬跨假母台射精后采精；对性欲较弱的公猪，用上述方法不易调教成功，可以让其在调教性欲较强公猪时或其他公猪配种时在旁边观望，刺激公猪性欲旺盛后把发情母猪赶走，再引诱其爬跨假母台，或直接将公猪由母猪身上搬到假母台上诱使其爬跨。如不成功，反复调教几次使公猪性欲冲动达到高峰时，诱使其爬跨假母台即可采精调教成功。

3. 培养公猪与调教人员的感情

调教人员要经常给公猪刷毛、按摩睾丸等，这样既可减少公猪体表寄生虫，又可增进公猪和采精调教人员的感情。一般情况下调教人员不要给公猪打针和注射疫苗，防止公猪对调教人员产生怀恨心理。

4. 调教时间和采精频率

对于后备公猪调教的时间一般不超过15~20分钟，每天可训练1次，但一周内最好不要少于3次，直至爬跨成功。调教时间太长，容易引起公猪厌烦，达不到调教效果。一旦爬跨成功，头一周每隔1天就要采精1次，以巩固刚建立起的条件反射，以后每周可采精1次，至12月龄后每周采2次，一般不要超过3次。研究证明，1头成年公猪1周采精1次的精液量比采3次的低很多，但精子密度和活力却好很多。因精子的生成大约需要42天，采精过于频繁，公猪的精液质量差，精子活力低、密度小，母猪配种受精率低、产仔数少，公猪的可利用年限短。但经常不采精的公猪，精子在附睾中贮存时间过长会死亡，采集的精液活精子少、活力差，不适合配种。应根据公猪年龄按不同的频率采精，不能因人而异随意采精。无论采精多少次，一旦根据母猪的数量定下采精频率之后，那么采精的时间应有规律。比如一头公猪按规定一周只在周一采精1次，那么下一周一定要在周一采精，不能随意更改时间，因精子的生长和成熟有一定的规律，一旦更改则会影响精液质量。还应注意的是应用于人工授精的公猪，一般不要用于自然交配，以免影响采精时性欲和情绪。

四、提高后备公猪利用率的综合技术措施

在一些猪场中，往往会出现后备公猪的利用率不理想，要么体况过肥，要么体况过瘦，要么体质和肢蹄不怎么健壮，不是所要达到的种用和经济价值，尤其是人工采精调教训练仍然是有些猪场甚至是一些大中型猪场的难题。后备公猪利用率下降，直接增加公猪的饲养成本，间接地降低了猪场生产效益，这是让许多养猪业主都感到的一个问题。生产实践已证明，要想提高后备公猪的利用率，必须采取以下综合技术措施。

（一）后备公猪饲养与调教人员的选择

在选择饲养和调教训练后备公猪的人员时，一定要选择责任心强的员工。如果饲养和调教人员责任心不强或者没有责任心，让这样人饲养和调教后备公猪是很不合适的，这也是造成后备公猪失去种用价值或造成后备公猪利用率低的一个原因。

（二）后备公猪的日粮选择

后备公猪 50~70 千克之前一般是大群饲养，没有采用后备公猪专用饲料，但在 70 千克以后就必须饲喂后备公猪饲料，125 千克以后饲喂成年公猪饲料，如果没有成年公猪饲料可用哺乳母猪饲料代替。只有营养全面的配合饲料，才能保证后备公猪正常的生长发育，但在实际生产中，一些业主观念不改变，知识不更新，还是使用混合饲料，坚持每天早晚，每头公猪喂 1~2 个鸡蛋另外补充营养，这种做法现在已经不可取了。因为现在饲养的是瘦肉型良种公猪，必须饲喂全价日粮，才能满足营养需要，因此使用公猪专用饲料或哺乳母猪料代替，营养搭配非常合理，没有必要另外添加 1~2 枚鸡蛋补充营养。如果某些猪场还没有饲喂全价日粮，还用 1~2 枚鸡蛋来补充营养，这也是造成后备公猪失去利用价值的另一个原因。但是也要注意的是，目前多数猪场没有专用的后备公猪饲料，直接用哺乳母猪饲料饲喂后备公猪，如果不加以限饲，会导致其生长速度过快，体重严重超标，不得不提前淘汰而失去种用价值。

（三）后备公猪的分栏饲养

后备公猪在 140 日龄后会出现爬跨等性行为，后备公猪在大群中互相爬跨会导致阴茎或多或少的损伤，还可能引起公猪自淫，能引起其他公猪效仿，因此后备公猪 140 日龄之后一定要分栏饲养。

（四）后备公猪的隔离适应

隔离适应是引种的关键，一般外购后备公猪的猪场对此比较重视，一般不会出现问题，而能自己生产后备公猪的猪场往往容易忽视隔离适应。猪隔离适应是后备公猪进入生产猪群的必经之路，是必须要做的。有些猪场由于不重视后备公猪的隔离适应，使精液品质出现问题，造成后备公猪被淘汰，生产中判断后备公猪隔离适应是否成功的标准：调教后备公猪开始时的精液活力。如果精液都是死精，在找不出其他原因的情况下，那么很有可能是隔离适应没做到位。

（五）后备公猪的采精调教要求与技巧

1. 采精要求

达到 180 日龄，体重在 110 千克后，健康状况良好。采精栏不能太大，也不能太小，一般为 2.5 米×2.5 米比较合适。一般来说假母台都要安装在采精栏的一个角落，最好是与采

精栏成对角线。现卖的成品假母台高度可调，也很科学，一般将高度调至与所调教的后备公猪的肩部持平。调教时应尽量保持安静，不可高声喧哗，大吼大叫，更不能因为后备公猪一时不爬假母台而发怒或殴打，在调教后备公猪时，除调教人员外，不允许其他人围观。

2. 调教技巧

（1）**调教顺序** 一般先放调教成功的后备公猪或者老公猪，把所采集到的精液洒在采精栏内，再把需要调教的后备公猪赶出来调教，这样做成功率会高一点。

（2）**调教频率** 对后备公猪采精调教一次调教成功最好。对于还没有调教成功的后备公猪最好每天上、下午各调教两次，次数太多会让后备公猪烦躁。每次调教不要超过 10~15 分钟，如果没有成功，马上赶出采精栏；调教频率过多，时间太长，都会适得其反。

（3）**调教动作** 采精栏内除假母台外不允许放置其他物体，让被调教后备公猪专心研究假母台。后备公猪进采精栏后，调教人员迅速挤掉其包皮积尿，用毛巾擦拭外阴部，然后迅速离开采精栏，让后备公猪自己观察研究假母台，当后备公猪在试爬假母台的时候调教人员再进入，待其爬上假母台后再纠正姿势，动作要轻缓。

（4）**采精动作** 调教人员手握成实拳状，导入阴茎，抽动 2~3 次，迅速握紧螺旋部，露出龟头，适当按摩，使后备公猪有一定快感。但对于初学采精人员来说不要按摩，只要紧紧握住就行。在采精时并要观察公猪阴茎有无生理异常，采精结束后，待公猪阴茎缓缓收回至包皮后方可松手，然后用手抚摸后备公猪的头部，表示鼓励和赞赏，建立人猪和谐关系。

（5）**采精频率** 对调教成功的后备公猪要巩固，否则容易失败。具体方法：每天采精 1 次，连采 3 天隔 1 天采 1 次，连采 3 次；以后每周采 1 次精。为了有效巩固调教成功的后备公猪，在调教期间还应建立良好的条件反射，具体做法是在采精完成后赶回饲养栏内，喂给一小把饲料表示奖励。

3. 后备公猪调教的常见问题及处理方法

（1）**屡调屡败的后备公猪** 这类问题的后备公猪一般是不专心原因造成的。对这类问题处理可用麻袋或者竹帘将采精栏遮挡住，让被调教公猪在采精栏内看不到外面，使其专心观察研究假母台，最好是在修建采精栏时，在采精栏的外面修建一圈 24 厘米厚的实心墙体，高 1 米，距离采精栏 60 厘米，这样可使被调教的后备公猪能专心观察研究假母台并爬跨上假母台。

（2）**爬上假母台按摩阴茎不硬的后备公猪** 这样的公猪虽然很喜欢爬跨假母台，可无论如何按摩就是阴茎不硬。如是这样的公猪可以让其先查发情母猪，再采精就容易了，但必须重复几次。但是查情时间不能太长，应该控制在 20~30 分钟，以防疲劳。

（3）**性欲好就是不爬跨假母台的后备公猪** 对这类公猪可把它自己的尿液洒在假母台上刺激它，这样就很容易调教成功；或者在采精时将其关在离采精栏较近的栏内，让其观摩已经调教成功的公猪，激发爬跨假母台的欲望。

（4）**性欲旺盛的后备公猪** 有的后备公猪一进入采精栏就直接爬跨假母台射精，使采精人员来不及擦拭外阴，导致精液污染。这类公猪都是性欲非常强的公猪，只要建立起良好的条件反射就能有效地避免此问题的出现。具体做法是在调教的时候就养成习惯，当后备公猪刚进入采精栏内时，立即对其擦拭外阴，尽管当时所采集的精液不用，但只要坚持不懈，就会有效保证精液卫生，使后备公猪建立起良好的条件反射。

（5）**性欲起来慢的后备公猪** 这类后备公猪进入采精栏后短时间内对假母台没有反应，也不爬跨假母台，对这类性欲起来慢的后备公猪，需延长调教时间，让公猪在采精栏内任意的嗅、咬、撕假母台，人工按摩包皮，刺激公猪的性欲。这样的后备公猪一般经过1个多小时的调教性欲才可达到高潮，开始爬跨假母台，顺利采出精液，至此调教成功。

（6）害羞的后备公猪　这类后备公猪赶入采精栏后，任调教人员怎么调教、引诱，公猪就是不爬跨假母台；把发情母猪赶到后备公猪栏内，公猪也有性欲，满嘴泡沫，也拱母猪，母猪呆立反射也很好，但公猪就是不爬跨母猪。对这类后备公猪可把2~3头长期不发情的母猪放在同一栏内，让公猪与母猪同吃同住，一般2~3天后备公猪就会爬跨母猪，然后把后备公猪赶入采精栏内调教，公猪很快就会爬跨假母台。

（7）害怕进入采精栏的后备公猪　有的后备公猪进入采精栏后非常胆小害怕，发出低沉的警告声，也使调教人员不敢靠近，更不敢抚摸公猪。一般来说，这样的后备公猪往往是在采精栏内受到某种打击，以至于害怕进入采精栏，最常见的就是因调教或饲养人员的殴打所致。因此，调教和饲养人员的选择尤为关键，人为因素造成的问题，对后备公猪的调教会造成一定的影响。出现这样的问题，调教人员一定要耐心，一定要和后备公猪建立起和谐的关系。

（8）后备公猪调教成功后在采精时经常出现不爬跨假母台　在采精频率正常的情况下，公猪爬假母台时间越来越短，最后不爬。这类问题主要是因为调教人员在采精时将握住阴茎的手交替休息，甚至以为自己工作时间较长，很熟练，偶尔换手，或者手困了就提前松手，这样时间长了公猪不尽兴，也无快感，对爬跨假母台产生厌恶感，再次调教就很困难了。因此，对后备公猪第一次采精调教一定要认真操作。也有因调教人员不剪指甲，造成公猪阴茎的损伤，或者是由于绑假母台麻袋的铁丝头伤害公猪龟头，产生外伤，阴茎疼痛，使后备公猪不愿爬跨。采精人员调教一定不能留长指甲，指甲剪后要修光滑，调教人员也要有一个良好卫生习惯。市销的假母台一般都是铁皮制成，外包海绵、帆布等。对于海绵和帆布磨损了的假母台要及时用麻袋包裹一下，最好是用地毯，以防假母台铁皮外漏刺伤阴茎或龟头。包裹假母台的麻袋或地毯应该定期更换，在绑麻袋的时候一定要避免铁丝头外漏，以防损伤公猪阴茎，也可以用麻绳代替铁丝。此外，假母台要干燥一点，在冲洗采精栏的时候尽量避免淋湿，还要定期对假母台和采精台消毒。

（9）后备公猪进入采精栏后就排粪排尿　对于这种情况可以通过调整工作顺序来改善。可采取上班后先采精，后饲喂。对于在采精栏内排粪排尿的后备公猪，首先不能殴打或训骂，其次就是立即打扫卫生，尽量不要有粪尿气味，以防别的公猪效仿排粪排尿。此外，在采精调教结束后，立即将公猪赶回饲养栏圈，不要让其在采精栏停留过久，可有效防止公猪在采精栏停留过久，保持采精栏干净卫生。

第三节　后备母猪的培育与饲养管理技术

一、后备母猪培育的重要性

后备母猪指生长期至初配前通过选择作种用的小母猪。后备母猪的质量直接影响猪群的生产水平和猪场的经济效益，在规模化猪场的生产中基础母猪的年淘汰率为30%，因此后备母猪是构成繁殖猪群的一个重要组成部分。成功培育后备母猪，更新繁殖母猪群，提高繁殖母猪效率，以提高和改善整个猪场母猪群的生产力，是猪场持续生产经营的保证。但在一些猪场由于培育后备母猪方面的工作不被重视，经常会发生后备母猪同生长肥育猪方法饲养，未能形成种用体况，导致发情延迟或不发情，配种率低等问题，从而也导致了猪场母猪繁殖率不高。生产实践已证实，成功培育后备母猪对提高母猪一生的生产性能影响极大，后备母猪饲养管理的好坏，不仅影响母猪第一胎的产仔数和初生重，而且还会影响以后多胎生产成绩。因此，后备母猪的培育与饲养管理也是猪场养猪生产中的重要环节。

二、后备母猪培育的主要目标

后备母猪培育的主要目标：一是具有良好的种用体况，即保证生长发育良好，又不过肥偏瘦，体格健壮，骨骼结实，体内各器官特别是生殖器官发育良好，具有适度的肌肉组织和脂肪组织，而过度发达的肌肉和大量的脂肪会影响繁殖性能；二是使后备母猪充分性成熟，促进生殖系统的正常发育和体成熟，保证初情期适时出现，并达到初配体重；三是根据种源和疾病情况，采取合理的药物保健方案，最大限度地减少疾病传入基础母猪群，确保健康、合格的后备母猪转入繁殖群，提高母猪的使用率。

三、后备母猪的饲养

现代的养猪生产一般把后备母猪的饲养分为四个阶段，即生长期、培育期、诱情期和适配期。要想获得优良的后备母猪，必须根据这四个不同阶段科学地制订培育方案，以期达到培育目标。

（一）生长期（断奶至 70 千克）

这一阶段要求所选择留作种用的小母猪能充分生长发育，以自由采食的方式饲养，每千克日粮的营养浓度为：消化能 13.38～14.21 兆焦，粗蛋白质 18%～15%，钙 0.6%～0.5%，磷 0.45%～0.5%，赖氨酸 0.7%，采食量 1.5～2.5 千克/天。并要求加大运动量，有一定的活动场地。

（二）培育期（70～100 千克）

这一阶段是后备母猪的关键阶段，主要是适当控制小母猪的种用体况，此期的饲喂方式实行限饲，但是限制其能量的摄入，而要给予足够水平的氨基酸、钙、有效磷和维生素，尤其是维生素 A、维生素 C、维生素 E、叶酸与生物素等，最好采用专业设计的优质后备母猪料进行饲养，同时可添加含纤维素较高的饲料，如青饲料、麸皮等，使胃肠得以充分锻炼和促进胃肠发育。这时禁喂肥育猪饲料，对肥胖小母猪还要限量饲养，可减少因母猪过肥引发的肢蹄病和失去种用价值。每千克日粮的营养浓度为：消化能 13.38～14.21 兆焦、粗蛋白质 14%～15%、钙 0.5%、磷 0.4%、赖氨酸 0.7%、采食量 2.5～2.8 千克/天。

（三）诱情期（100 千克至第一次发情）

这一阶段的小母猪应饲养在催情栏中，使用适量的公猪为小母猪诱情。生产实践中一般采用性欲高的壮年公猪至后备母猪栏中调情，每天两次，每次 15 分钟，以诱发后备母猪的初情，为配种期打下基础。

（四）适配期（配种前 2～3 周）

这一阶段实行催情饲养，可增加排卵数，提高配种受配率。生产实践中具体做法是在后备母猪前 1～2 次发情期后，将其饲养在催情栏，配种前两周每日采食量增加到 3～4 千克，但在配种当天把饲料量减至 1.8～2.0 千克/天，此后恢复原来饲喂量。

四、后备母猪的管理

（一）合理分群

通过挑选留作种用的后备母猪，必须实行小圈分群饲养，按日龄、体重、大小分批次饲养，每圈 6~8 头，每头面积不低于 2 米²，以保证后备母猪生长发育的整齐度和均匀度，也可避免因密度过大而出现咬尾、咬耳等恶癖。

（二）充分的运动

后备母猪作为种猪培育，必须有健壮的体质，良好的体形，才能具备种猪体况的要求。而充分的运动对后备母猪的骨骼、肌肉的正常发育，结实的种用体况的取得及一定时期性行为的产生起着不可替代的作用。生产中对后备母猪可定时驱赶运动或室外运动场运动。驱赶运动最好保证每周两次或两次以上，每次运动 1~2 小时。夏季选择清晨或傍晚凉爽的时间运动，冬季选择中午温暖的时间运动。

（三）调教与驯化

1. 调教

调整后备母猪作为种猪培育，在以后的生产中，就要经历配种、防疫、产仔、哺乳、断奶转群等环节，因此在后备母猪培育时就要进行调教并注意两个问题。一是严禁对猪粗暴，在日常的饲养管理中要建立人与猪的和谐关系，从而有利于以后的配种、接产、产后护理等管理工作；二是训练猪养成良好的生活规律，如定点排粪便等。

2. 驯化

驯化的目的是让后备猪逐渐接触本场已有的病原微生物，使其适应并被动地产生抗体。驯化期间，猪场不能对后备猪使用抗生素和抗病毒药物，也不对猪场消毒。实施操作具体内容为：安排舍外运动 1 次，每次 1~3 小时；光照每天 14~16 小时；3~5 天调换一次栏圈；让后备猪与老龄、壮龄公母猪接触；连续数天将经产母猪和成年公猪粪便投入到后备猪栏内，让后备猪接触感染本场已有的病原；将经产母猪的胎衣切碎泡水拌入料中饲喂后备母猪。

（四）定期称重

定期称重个体既可作为后备猪选择的依据，又可根据称重适时调整饲粮营养水平和采食量，从而达到控制后备母猪生长发育和良好的种用体况的目的，但在实际生产中真正做到的并不多。称重的范围并不是每头都称，而是根据后备母猪的数量及生长状况有选择性的称重，一般占总数的 10%~30% 即可。

（五）诱情

在后备母猪生长到 80 千克（5.5 月龄）左右时，就要人为有意识地对后备母猪采取诱情。其诱情方法有以下几个。

1. 用性欲旺盛的公猪进行诱情

把性欲旺盛、分泌唾液多的种公猪赶入后备母猪圈内进行诱情，每天上、下午各 1 次，接触时间为 15 分钟，间隔 8~10 小时再接触。通过与公猪零距离的接触，用公猪的唾液、气味等来刺激后备母猪，促使后备母猪生殖系统的发育，提前进入发情期。此时虽然不能配种，但通过人为有意识地赶入公猪与后备母猪接触，可以刺激后备母猪的内分泌，促使批次集中发情，并可记录批次后备母猪的首次发情时间，为其在第二或第三情期配种及配种前的短期优饲做准备工作。

2. 混圈与移动

将后备母猪赶到发情的母猪圈内进行混圈，接受发情母猪的爬跨，或者将后备母猪与其他后备母猪进行混圈，或将后备母猪赶出圈到场地活动后再赶回原来圈室。

3. 增加日照时间

保证后备母猪每天日照时间达 8~10 小时，最多不超过 12 小时，也有生产者提出在后备母猪转到后备专用饲养区的当天起，应延长并保证每天不低于 16 小时的光照时间，夜间补充一般灯泡的照明即可（不宜用节能灯），以促进后备母猪提前进入初情期。

（六）环境控制

后备母猪舍要保持栏圈清洁干燥、温度适宜、空气新鲜，并能提供足够的光照强度和光照时间。对刚入圈室的小母猪，室温要求 20℃ 以上，冬季保持在 18~20℃ 为宜，夏季控制在 26℃ 以下，相对湿度 60%~75%。切忌潮湿和拥挤、通风不良和气温过高，这都对后备母猪的发情影响较大，会造成延长发情或不发情。

（七）疫病控制与保健

后备母猪在配种前 20 天要将所需接种的疫苗全部做完，确保后备母猪顺利投入生产。后备母猪所要接种疫苗为国家强制免疫的猪蓝耳病疫苗、猪瘟疫苗，口蹄疫疫苗，另外要接种影响母猪繁殖性能的猪细小病毒病、乙型脑炎、伪狂犬病等疫苗，其他视当地疫情情况有针对性接种疫苗。此外，后备母猪配种前应分别进行一次体内、外驱虫，体内驱虫可选用伊维菌素、阿维菌素和左旋咪唑等药物，体外驱虫可选用 2% 敌百虫、石硫合剂喷洒外表。其次，在饲料或饮水中可适当添加保健药物，对疾病进行预防。除了药物之外，还应经常观察猪的采食、精神状况、粪便色泽等，对有病的应及时隔离治疗，无治疗价值的尽早淘汰。

五、后备母猪的配种管理

（一）配种前病原检测及防疫

具体来说后备母猪在 6 月龄体重 80~90 千克时，按照免疫程序的要求做好繁殖障碍病和其他常见传染病的免疫注射，到 7 月龄时免疫完毕。7.5 月龄逐头母猪采血检测免疫抗体，对免疫不合格的后备母猪重新免疫，直到合格方可配种，对多次免疫仍不合格的后备母猪除疫病原因外要作淘汰处理，保证繁殖母猪群的安全。

（二）情期管理

情期管理对后备母猪的配种非常重要，实际生产中主要做好以下工作。

1. 促使后备母猪发情

将 6 月龄后备母猪与性欲旺盛的成年公猪同时放在运动场，利用公猪的追逐、拱咬等来刺激后备母猪早发情。后备母猪 7 月龄时从后备猪舍迁往配种舍，也可刺激后备母猪发情，另外，与配种舍经产母猪接触 15~30 天再进行配种，这可使新后备母猪对本场已存在的病原产生免疫力。

2. 建立发情记录

饲养管理中饲养人员必须具备"细心、耐心、精心"的工作态度，要切实注意观察后备母猪初次发情时间，5 月龄之后要建立发情记录，6 月龄之后划分发情区和非发情区，以便于达 7 月龄时对非发情区的后备母猪采取措施进行处理。发情母猪以周为单位按发情日期进行分批归类管理，并根据膘情做好限饲、优饲和开配计划。

3. 发情观察与鉴定

（1）发情观察　饲养人员或配种人员每天坚持两次发情状况检查（7：00—8：00，16：00—17：00），并做好详细的发情检查记录，主要包括：发情时间、发情母猪的耳号和其所在圈舍的圈舍号以及预计配种时间。

（2）发情鉴定　母猪发情分三个时期，即初期、中期、后期。

① 初期。精神兴奋、食欲降低。阴户出现红肿，并有少量透明黏液流出。

② 发情中期。精神亢奋，主动接近饲养人员，拱爬其他母猪或者让其他母猪爬跨，更有甚者（特别是地方猪种）出现翻栏现象并主动去寻找公猪。此时用手压其腰荐部都会出现静立不动、立耳、举尾、接受爬跨的"静立反射现象"。当阴户红肿有所消退并在阴户表面出现轻微皱折，从阴道中流出浑浊的黏液，用拇指与食指轻轻牵拉有连丝现象，此期为最佳时期。

③ 发情后期。精神兴奋降低，食欲增加，"静立反射"逐渐消失，警惕性增强，不愿意接近人，也不愿接受公猪爬跨，阴户颜色变淡、萎缩，阴道变得干涩。

4. 适时配种条件

后备母猪配种需要控制三个条件，方可取得良好的效果。一是后备母猪240日龄左右，体重达到110千克以上；二是背膘厚（P_2）18~20毫米；三是在第二个或第三个情期配种。在实际配种工作中，对后备母猪第一次发情一般不配种，安排10~14天短期优饲，在第二或第三次发情时及时配种为宜。初配月龄可根据背膘厚和体重来确定，若配种过早，其本身发育不健全，生理机能尚不完善，会导致其产仔数过少及影响自身发育和以后的使用年限而降低种用价值。但后备母猪也不宜配种太晚，体重过大或出现肥胖，同样会出现影响使用年限甚难以配种等问题，同时还会增加培育费用。一般要求，早熟的地方猪种的后备母猪生后6~7月龄，体重达60千克以上即可配种，晚熟的培育品种和引入的纯种猪种及二元杂交母猪应在8~10月龄，体重达120千克左右开始配种。但后备母猪如果饲养管理条件较差（特别是农村中小型猪场），虽然月龄达到配种时期而体重较小，可适当推迟配种开始时期；如果饲养管理条件较好，虽然体重接近配种开始体重，而月龄未到，可提前通过调整营养水平和喂量来控制增重，使各器官得到充分发育，最好是繁殖年龄和体重同时达到适合的要求标准。

5. 采用自然配种和人工授精相结合

后备母猪的配种常采用自然配种和人工授精相结合。第一次配种可采用自然配种，第二、第三次用人工授精。配种时间一般上、下午各一次，隔天再复配一次。一般猪场配种时间定在每天上午9：00前，下午3：30后各配一次。用人工授精，配种时让母猪自由站立，摩擦外阴，输精管插入的速度不宜太快，以旋转插入母猪阴道内20~25厘米，输精的速度要慢，一般需要3~5分钟完成一头母猪输精。一头母猪输精2~3次，间隔时间6~18小时。由于长大二元后备母猪发情征状较"一洋一土"或地方品种表现得不明显，发情时外阴稍有肿胀，但不松弛，无皱褶，精神状态变化不明显，给适时配种带来难度，但通过加强观察和公猪试情来发现长大二元母猪发情，从而可做到适时配种。生产实践中，对长大二元后备母猪在配种时，发情后1~2天，阴户由红、湿润转为淡紫色稍干时配准率高。

六、提高后备母猪繁殖性能的综合技术和措施

后备母猪的饲养管理较难，猪场生产上由于后备母猪的饲养与管理措施不明确，不具体

且无针对性，常常导致后备母猪投产利用率低，淘汰率高，造成种源的大量浪费。在一定程度上讲，后备母猪的饲养管理没有得到有些养殖生产者的应有重视。从一些猪场对后备母猪培育存在的主要问题上分析，主要是按生长肥育猪饲养后备母猪，往往因过肥或过瘦，未能形成种用体况，或出现肢蹄病、繁殖障碍等。导致发情延长或不发情，配种妊娠率低，哺乳期泌乳不足，断奶后母猪发情障碍，繁殖力低，使用寿命缩短，这就给猪场带来很大的经济损失，这在一些中小型猪场中表现尤为突出。可见，做好后备母猪的培育和饲养管理在一定程度上讲是一个系统工程，不能从单一方面进行，必须采取综合配套技术措施，从引种与培育、饲养与管理、疫病防治与保健、发情观察与配种等方面进行。

（一）建立坚实的后备母猪遗传基础

养猪业生产效率表现最为突出的是母猪生产指数，其中每头母猪年产仔猪数是目前最普遍采用的生产效率表示方法。10年前，母猪饲养场（户）力求每头母猪年产2.0窝，18头仔猪，现在该数字增至2.3窝，25头以上。要想达到此生产效率，很多猪场选择购买有较高遗传潜力的后备猪源，也有的猪场尝试自己建立扩繁体系，具体的选择取决于所获利益。生产实践已表明，猪场的优秀母猪群主要从好的后备母猪生长发育方案开始的，这个方案有三个重要基础，它们是遗传基础、生理基础和营养基础。这三个基础是现代能繁母猪群，通过遗传改进所获得的遗传优势能提高母猪群繁殖生产效率的重要条件。然而，改进繁殖性能并没有快速而又简单的方法，唯有通过合理遗传育种方案及良好的配套管理技术措施，对繁殖力和窝产仔数采用缜密的选育计划，为种用猪提供良好的繁殖生理和营养水平，表现它们的繁殖力，才能得到更加高产的母系。对规模化猪场而言，特别是一些中小型猪场，在后备母猪的培育和选择上要有以下新的理念。

1. 后备母猪的选育原则

从繁殖效率的理念上看，优秀的母猪繁殖性能都是以好的后备母猪生长发育计划开始的，因此，对较高瘦肉率、快速生长率、较大窝产仔数、较长母猪繁殖利用年限和较高饲料用率以及较安全的生物保护体系的遗传选育，应是后备母猪选育的原则，以此才能保证猪场生产体系有良好的遗传基础和稳定的健康猪群，这也是提高后备母猪繁殖性能的基本条件。

2. 后备母猪的选留的标准和条件

任何猪场饲养能繁殖母猪群的一个主要问题是，要不断地选择和购进足够的后备母猪，它们能在一定时间内循环繁殖填补育种群，保持猪场持续再生产的能力。因此，必须选择具有瘦肉率高、生长快、窝产仔数多的遗传潜力的后备母猪，因为这样的后备母猪会产生良好的遗传改进效益及终生种用价值。可见，重视后备母猪的合理选留及引种，将有利于提高整个繁殖母猪群的生产性能和产值。

猪场要想获得母猪群高生产力的繁殖率，必须按一定标准选留后备母猪。生产中，后备母猪的选留要达到以下标准和条件：一是符合该品种特性，要从高产母猪的后代中选择，同胞至少有12头以上，而且所产仔猪中母猪所占比例大于公猪，仔猪初生重每头1.3~1.5千克。由于初生重与大部分器官的大小间的关系是后备母猪繁殖性能的早期反映，初生重较大的仔猪，器官较发达。初生重与终身生产力的关系显示的也是与母猪繁殖潜力的关系，一般来讲，初生重较大的仔母猪有望每窝产仔数达到12头，而且这样的青年母猪也确实具备年产30头仔猪以上的繁殖能力。因此，后备母猪应在窝产12头的窝中选留，平均初生重1.26千克左右为宜。二是身体健康体形良好，体格健壮，匀称整齐，背线平直，四肢强壮有力。三是具有足够的7对有效的乳头数，乳头发育良好，分布均匀，其中有3对应在脐部以前。四是外生殖器发育良好，外阴大小适中，无上翘，自身及同胞无遗传缺陷（如疝、锁肛等）。五是 6 月龄左右能准时第一次发情，母性好，性情温顺，适应能力与抗应激能力强。六是外观判断健康状况的标志是双眼明亮，无红眼、泪斑、眼屎等现象，尾巴摇摆灵活，无腹泻等疾病症状出现过。七是实验室病原检测无萎缩性鼻炎、气喘病、猪瘟野毒感染等。达到以上标准与条件，一般讲这样的后备母猪具有较高的繁殖性能。

3. 后备母猪的引种要求

后备母猪的引种，必须到管理规范及健康状况良好的种猪场选购。引种中首先要按后备母猪的选留标准进行挑选，重点是要做好隔离室的准备和进猪后的保健工作。

（1）引种要建立隔离检疫制度 为防止引种不慎而引入病源，对引进的后备母猪要隔离饲养 8~10 周，并在这个时间内完成免疫接种、药物净化（细菌及寄生虫净化），同时与原场猪群同化（将本场淘汰的健康母猪和引进的后备母猪混群饲养 1 周），最后检疫无病才能进入后备猪群配种。

（2）引种到场后的保健 引种后的保健至关重要，在一定程度上讲这一工作做的好与坏，也关系到引种是否成功。生产中为了减少后备母猪的应激反应，主要采取以下几条技术措施。一是引进的后备母猪到场下车后，不驱赶、不惊吓，任期自由活动、休息和熟悉新环境。先让猪休息 1 小时后再采用少量多次的方法供给饮水，防止暴饮。水中可加入一些抗应激药，如 5%葡萄糖、0.3%食盐、电解多维。二是前几天投喂少量青饲料，控制商品饲料饲喂量，否则易造成猪的腹泻或便秘，进猪后当餐不喂食，第二餐喂正常料量的 1/3，第 3 餐喂正常料量的 2/3，第 4 餐可自由采食，5~7 天后逐渐过渡到正常饲喂量。三是冬季引种做好防寒保温，夏季引种要做防暑降温工作，以防应激状态下各种疾病的发生。引种后 3 天内不允许用水冲栏与冲猪身。四是还要注意的是，引种后猪只到场出现腹泻、便秘、咳嗽、发热、皮肤有斑等症状时，一般都属于正常的应激反应，可在饲料或饮水中添加一些抗应激药物，如维生素 C、多种维生素、食盐等，同时根据健康状况进行西药和中药保健以提高猪体的抗病力和免疫力。实践中视引入猪的生长情况有针对性地进行营养调控，对生长缓慢，皮毛粗乱的可在饲料中加入适当的营养性添加剂，以提高猪只的适应性和生长发育速度，从而达到种用价值的目的。

（3）净化体内细菌性病源与驱虫 引种猪可在饲养中添加 80%泰妙菌素 125 克或 15%金霉素 2 000 克，每月连续饲喂 1 周直到配种；此外，引种猪进猪场后驱虫 1 次，配种前一个月再驱虫 1 次。

（二）后备母猪的繁殖生理条件是繁殖性能和效率的基础

后备母猪从出生以后，繁殖性能就由饲养管理水平和繁殖生理条件来决定，其中，后备母猪的情期管理措施对提高后备母猪的繁殖性能具有一定的作用，生产实践中，主要采取以下技术措施。

1. 初情期启动

初情期启动是高效后备母猪发育过程的关键部分，是母猪性成熟和开始繁殖使命的重要标志。初情期指母猪具有第一次可观察发情表现、排卵并随后持续和规律性发情循环间隔的时间，后备母猪一般在 6~7 月龄，100~110 千克体重和 11~14 毫米背膘时启动初情期。初情期启动作为后备母猪饲养和管理方案的重要参数，不仅在操作上具有直观性，既不需要很复杂的仪器或手段对其进行判定，更为重要的是在生产和经济上具有可比性和预后性。因为性成熟通常取决于后备母猪的发情次数，认真观察和详细记录是鉴别性成熟的关键。但由于现代母猪具有更大的性成熟体重，使得后备母猪常常达到上市体重而未进入种用猪群，并且由于母猪生物学机能的原因，最终能用于配种的比例只为母猪后代数量的75%～80%，最终未能用于配种的母猪必定在生产和经济上增加饲料、圈室和人工等方面的成本投入。而且初情期启动除了可鉴定后备母猪是否具备繁殖能力，还可比较后备母猪对初情期诱导反应强烈与否进一步判定其繁殖力的高低，从而淘汰不合格和繁殖力低的母猪，减少生产成本的无效投入。但由于环境对初情有显著的影响，所以初情期是可变的，而诱发初情是后备母猪管理的重要措施，使其在165日龄时可达初情，生产实践中对后备母猪发情通过日常管理，可使后备母猪发情提前，主要措施如下。

（1）分群饲喂　按体形日龄分群饲喂后备母猪，在160日龄时开始刺激发情。

（2）用公猪刺激发情　每天让后备母猪在圈中接触10月龄以上的公猪20分钟，但要注意监视，以避免计划外配种。后备母猪定期与成熟公猪的接触，看、听、闻、触公猪就会产生静立反射而刺激发情。

（3）混群调栏　将小母猪重新组合，调整到另一圈舍，通过改变全部的合群伙伴与生活环境，往往可使后备母猪在短期内陆续发情。

2. 催情补饲

生产实践中的实验证明，后备母猪在配种前一段时间（10～14天）内提高饲养水平，实行短期优厚饲养，可使母猪排卵数达到最大，从而达到提高后备母猪繁殖效率的目的。研究发现，催情补饲可使后备母猪多排卵2.6枚左右，有关科技人员对36次试验的总结，补饲可使排卵数提高15%，从而增加产仔数。具体做法是后备母猪首次发情（不配）后至下一次（第一至第二次或第二至第三次发情间隔一般均为21天左右）配种前10～14天，提高饲养水平，每天给每头后备母猪提供3.5～4.0千克的配合饲料，使每日摄入代谢能提高到46.0兆焦。配种后按怀孕母猪饲养，饲喂怀孕母猪料每天每头1.8～2.2千克。此时如高水平饲喂会影响胚胎着床，导致胚胎死亡增加，这主要是血浆中黄体激素水平降低造成。

（三）后备母猪的合理营养与管理

1. 后备母猪饲养和管理方案的目标

母猪是生猪生产的源头，其遗传生产潜力更是决定着猪场整个生产系统的最大生产效率。近些年来，种猪生产者在遗传选育上过度追求高生产率和高瘦肉率猪种，使得现代母猪具有更大性成熟体重及对营养失衡更敏感，并且为尽量减少母猪非生产日龄（NPD）采用早期断奶等措施，都在很大程度上损害了母猪的健康和繁殖，造成的结果就是现代规模化猪场母猪年更新率高达40%～50%，甚至达到68%或以上。母猪高的年更新率使得猪场必须维持更大的后备母猪群来满足生产，从而也造成不良的后果，一是增加猪场额外的成本投入，二是使得整个种母猪群体的结构偏向于低胎次母猪比例，使得母猪群体繁殖潜力和生产效率随后备母猪的增加而下降。因此，如何建立和维持一个规模合理的后备母猪群，特别是能使这些猪种具有优良的繁殖性能，是摆在猪场生产者首要面临和要解决的重要问题。国内外养猪生产的实践证明，猪种品种确定以后，营养和饲养管理是决定养猪生产成败的关键。由于后备母猪的营养和饲养管理缺乏标准化和可持续性，更多是参照生长育肥猪和妊娠母猪来饲养，因此，猪场无论大小制订专门的后备母猪营养和饲养管理方案是解决问题的关键所在。生产实践中制订后备母猪营养和饲养管理方案，首先必须明确其目的所在。后备母猪的培育期的营养对母猪的繁殖性能具有短期和长期作用，通过适宜饲养管理使后备母猪获得最佳繁殖性能和长久繁殖能力，继而构建高效合理的繁殖胎次结构种猪群，这是后备母猪营养和饲养管理方案的根本使命所在，这也是后备母猪饲养和管理方案的目标。

2. 后备母猪营养和饲养管理方案的主要参数

很多养猪生产者认识不到后备母猪的选择和饲养是项系统工程，但这项系统工程并非追求形式上的简洁和完美，更多的是讲究实际应用上的可操作性和有效性。传统的后备母猪饲养管理系统不能很好地为生产者提供连续而质量较高的后备母猪，其原因在于传统的管理系统把许多作为评定后备母猪潜在的繁殖性能的指标给忽略或剔除，从而生产者无法有目的地选择具备高产性能的后备母猪和有计划地制订对后备母猪进行专门的饲养与管理方案。因此，任何一个猪场在明确营养和饲养管理方案的目标后，下一步工作就是选择和确定后备母猪培育期方案的主要参数指标，然而这离不开对组成系统的要素或参数的选择和确定。生产实践已证实，后备母猪营养和饲养管理方案的主要参数如下。

（1）后备母猪初情期日龄启动　初情期日龄启动是培育高效后备母猪发育过程的关键环节，也是母猪性成熟和开始繁殖使命的重要标志。初情期指母猪具有第一次可观察发情表现，一般在6~7月龄，100~110千克体重和背膘11~14毫米时启动初情期。初情期及早启动的好处在于能尽早开始后备母猪专门饲养管理，从而通过营养等技术调节，使后备母猪具有适宜的初配体重和体况，最终影响随后胚胎存活、妊娠产出和初产母猪泌乳性能等繁殖性能。生产实践也证实，初情期启动除了可鉴定后备母猪对初情期诱导反应强烈是否进一步判定其繁殖力的高低，从而淘汰不合格和繁殖力低的后备母猪，减少生产成本的无效投入。

（2）后备母猪的初配日龄、体重和体况　后备母猪初配日龄和初情日龄密切相关，一般认为在初情日龄后的6个星期或以后为初配日龄。虽然后备母猪开始其一生繁殖使命的标志很多，如初情日龄、初配日龄、初次受孕日龄和初次分娩日龄等，并且这些指标都可影响随后的母猪阶段繁殖性能和终身繁殖成绩，但其中初配日龄以及初配时的体重、体况或体储是衡量随后母猪阶段繁殖和终身繁殖成绩的最重要参数。因为在后备母猪配种前，必须完全成熟，而且体形合适，同时体内要有足够的瘦肉和脂肪沉积，特别是体储，这是繁殖过程必需的，体储不够的后备母猪根本不能成功地实现配种。另外，当外界营养摄入不足或环境不良时，体储可起到"缓冲物"的作用而起到自我保护。但是，后备母猪生长增重过快，初配时体重过大或过胖也会因易患腿病或因肥胖而来的代谢紊乱症而被淘汰。因此，后备母猪具有适宜的初配日龄、体重和体况是非常重要的，一旦后备母猪开始它的种用繁殖使命，要想校正或弥补其身体的不足就变得非常困难，结果是其终身的繁殖性能受到影响。

从以上两个方面可见，后备母猪初情日龄和初配日龄及体况可作为制定和优化其饲养和管理方案的主要参数。生产实践也表明一个好的后备母猪饲养系统起码体现在三个方面：一是执行最严格的选择计划用以鉴别75%~85%最高产的母猪；二是优化后备母猪初情期启动诱导程序，并应用最适宜营养方案以便在初配时具有适宜的体重；三是尽量减少母猪NPD的积累，如低生长速度、非必要的推迟初情期和初配日龄以及后备期对母猪NPD累积的最大因素。其中后备母猪机体生长速度是品种、性别、营养、健康和环境等因素及各因素间相互作用的结果，更简单地说就是体现母猪日龄和体重变化的一个结果。总而言之，快速生长的猪体重较重且比生长慢的会更早地进入初情期。因此，就初情期日龄启动和初配时体况而言，初情期日龄启动更是后备母猪饲养和管理方案中的核心繁殖参数。

3. 后备母猪的饲养与运动要求

（1）后备母猪的饲养　现代工厂化猪场饲养的种猪几乎全部是从欧美引进的瘦肉型猪种，母猪更高产、个体更大、性成熟较晚、初配日龄普遍推迟10~60天，与20世纪70、80

年代相比，现代瘦肉型猪种后躯发育丰满，背膘储备低，营养要求更高，如果继续沿用传统的限制饲养方式饲养后备母猪，必然会导致以下结果：一是接近初情期的后备母猪促黄体激素的分泌受到限制；二是配种时体重过小，基础营养储备不足。为此，张永泰（2005）研究认为，现代瘦肉型后备母猪配种时体重稍大些，要有足够的体脂储备，但体重 60 千克以上如饲粮能量水平过高，长得过快会造成猪的体质较差，肢蹄病较多。林长光（2003）曾在后备母猪达到 150 日龄（大约 90 千克）进入育成期时，提供一种中等能量水平（13.0～13.5 兆焦/千克）和较高蛋白质（16%）的饲养并限饲（2.3～2.9 千克/天），取得了较好效果。可见使用足够的蛋白质和相对低的能量饲粮，适当限饲是必要的。有关研究还表明，后备母猪在产仔时骨骼要充分矿化，所以后备母猪在配种前必须储备充足的常量元素和微量元素。李连任（2006）研究发现，一般从体重 20 千克起留作种用的小母猪饲粮中等水平粗蛋白质、赖氨酸、钙、磷均应比商品猪高 7%～10%。大连础明集团有限公司 2003 年 4 月从丹麦王国 10 个 SPF 原种猪场引进长白、大白、杜洛克 3 个猪种共 272 头，该公司在丹麦提供的种猪营养标准的基础上，吸收国内一些场家饲养丹麦猪的经验教训，通过饲养实践和广泛征求有关专家意见，经过几次调整制定了本场实际执行的丹麦猪饲粮营养水平，它与美国 NRC（1988）公母猪营养水平平均值相比，可消化能提高了 2%～3%，粗蛋白质、赖氨酸、钙、磷分别提高 1.0～1.5、0.15～0.18、0.20～0.25、0.21～0.18 个百分点，保证了引进猪种的饲养效果。

（2）后备母猪的运动　后备母猪四肢是否健壮是决定其使用年限的一个关键因素。有关专家研究发现，青年母猪每年因运动不足问题导致的淘汰率为 13%，成年母猪为 11%；也有专家研究报道，母猪每年因运动不足问题导致的淘汰率高达 20%～45%，这在工厂化猪场尤为突出。运动不足的问题包括一系列现象，如跛腿、骨折、后肢瘫痪、受伤、卧地综合征等，其中跛腿原因有骨软骨病、烂蹄、传染性关节炎、溶骨病、骨折等，而骨软骨病是引起后备母猪和成年母猪腿弱的主要原因。虽然后备母猪腿病与很多因素如饲养的地面条件、环境、遗传等有关，但运动不足和后备母猪骨骼发育所需常量元素和微量元素以及维生素的需要量供应不足，应该是后备母猪腿病和肢蹄不够健壮的主要原因。

4. 后备母猪要适度限制采食

后备母猪在 5 月龄后应适度限制采食，育成阶段体重 60～90 千克后，日采食量分别是其体重的 2.5%～3.0% 与 2.0%～2.5%，以防止后备母猪过肥而导致激素分泌失衡，卵巢会有较多的脂肪蓄积，影响后备母猪的发情与排卵数。但限饲程度对后备母猪繁殖性能的影响较大，生产实践中要注意的是，一方面需采用高饲喂水平使后备母猪初情期提早，但另一方面，进入初情期后又需限饲以控制其体增重，这两方面需进行精细平衡。在实际饲养中一般采取在后备母猪培育后期和配种前一段时间适度限饲，以防后备母猪过重过肥，使后备母猪在第二次发情配种时的体重在 110～120 千克。限饲时，每天饲喂含代谢能 13.51 兆焦/千克，总赖氨酸 0.8% 的饲粮 2.25～2.5 千克，使后备母猪不至于过肥但又不影响初情期时间。在某些实际生产条件下，对采食量进行限制不可行时，可采用一些低能原料配制低能饲粮进行饲喂，这是另外一种形式的限饲。不论采取何种限饲方式，有条件的猪场，在限饲阶段可饲喂一定量的青绿饲料，对后备母猪的催情配种有一定的作用。

5. 后备母猪配种前后营养要求

（1）配种前的催情补饲　在配种前 10～14 天提高饲喂水平以增加排卵数的措施叫催情补饲。催情补饲提高排卵数的主要原因是能量摄入的增加而不是蛋白质摄入的增加。有专家研究报道，代谢能摄入量增加 25.10 兆焦可使限饲的后备母猪获得理想的排卵数。但催情补饲一般会增加排卵数 2~3 枚，不过也有大于此数值的报道。催情补饲后总的排卵数不会超出正常的排卵总数。在初情期至配种期间，大部分母猪都有一定程度的限饲，而这种限饲会抑制排卵，催情补饲的作用就是降低限饲的负面影响，从而保证了限饲在控制体重方面的正面作用。但在实际生产中要注意，配种前 10~14 天进行催情补饲以提高排卵率，配种后早期须将饲养水平降至催情补饲前的水平，以降低胚胎死亡率。

（2）配种后的饲喂要求　由于后备母猪本身仍处于生长发育的阶段，因此配种后的后备母猪的饲喂要不同于经产母猪的饲喂。生产实际中在后备母猪的整个妊娠期间其饲喂要高于经产母猪，其饲喂要求是：在配种后 0~21 天，日喂量在 1.8~2.0 千克，类同于经产母猪的日喂量应，在配种后 22~84 天，日喂量应达到 2.6~3.0 千克，高于经产母猪的日喂量；在配种后 85~110 天，视后备母猪的膘情体况，日喂量应提高到 3.5~4.0 千克，有时需要高。但把握的原则是对于后备母猪在不同妊娠阶段的饲喂量始终要以其本身的膘情体况为参考依据，尽可能根据膘情体况来调整饲喂量，力争避免因担心初生仔猪体重小，而过度饲喂导致母猪过肥或害怕母猪难产而限量饲喂导致母猪偏瘦的极端现象出现，两种情况均会影响母猪正常产仔。总的来说，后备母猪或经产母猪配种前的营养水平对母猪繁殖性能的影响较配种后（妊娠初期）影响大。配种前营养水平主要对卵泡的发育产生影响，而配种后营养水平则主要影响胚胎的附植以及胎盘的形成过程。目前国内外的研究支持这样的观点，在提高配种前 1 个情期最后 1 周或哺乳期最后 1 周的营养水平，将会促进卵泡的快速发育获得较高的产仔率；但在配种后的 1~2 周内适当降低营养水平则有助于胎胚附值，而在 2 周后提高营养水平有利于胎盘的形成。

6. 切实关注后备母猪的正常分娩

后备母猪能否顺利分娩产仔，决定了这头母猪的生死存亡，也决定了后备母猪是否可以继续投入到下一个繁殖生产周期中去。但在生产中而有部分头胎母猪因产仔不顺利就遭淘汰，这种情况对于一个猪场来讲是损失巨大的。因此，关注后备母猪的正常分娩，应引起猪场生产与管理者足够重视。生产中要从产前的准备工作，产仔中的正确接产和产后的护理等环节，细致周到，帮助后备母猪度过产仔关，并且在日后的哺乳过程中辅以人性化的特别关照，尤其是控制掉膘幅度，保证断奶后正常发情配种才算过好一个繁殖周期关，至此才算培育成一头合格的种母猪。

（四）后备母猪不发情的原因和对策

后备母猪 8 月龄，体重在 110 千克以上仍未发情时，一般称之为后备母猪乏情。在养猪实际生产中，特别是在饲养管理不够规范的中小型猪场时有发生，这直接影响养猪场母猪的利用率，也导致养猪生产成本上升，经济效益下降。

1. 后备母猪发情观察与配种情况分析

针对不少猪场反映选留或购买的后备母猪存在不发情、配不上种等繁殖障碍等问题，有关学者及猪场生产管理者对此问题也进行了研究分析。据廖波、陶德标等（2003）结合本公司一个有千头母猪的种猪场，对半年连续选留的 10 批 301 头后备母猪的发情、配种至分娩的整个过程，进行系统详细的观察记载，并将获得的有关资料整理报道，观察结果分析情况如下。

（1）后备母猪正常发情配种情况　观察 10 批共 301 头后备母猪，能正常发情配种的母猪 284 头，占总数的 94.35%，说明在一般情况下，绝大多数母猪能发情配种。

（2）始终没有发情征状或假发情的后备母猪情况 此类情况后备母猪共 17 头，占总数的 5.65%。

（3）出现返情的母猪 正常发情配种后，出现一次返情的母猪 61 头，占总数的 20.27%；返情的母猪 61 头，占总数的 20.27%；返情 2 次的 25 头，占一次返情再配数的 40.78%，即配上了种的约 59%，连续 3 次以上返情（主要是生殖道炎症）共 13 头，占后备母猪总数的 4.32%。

（4）配种后不发情又空怀的情况 后备母猪 8 头，占总数的 2.66%。其原因，一是配上种后，后备母猪早期因病使胚胎死亡吸收，二是子宫有炎症等。

（5）301 头后备母猪的选留和淘汰情况 301 头后备母猪从 6 月龄左右选留起，观察至分娩，其间的淘汰处理情况：不发情或假发情拒配淘汰 17 头；因子宫炎症等多次返情配不上种淘汰 16 头；配种后至产前空怀淘汰 8 头。以上共计淘汰 41 头，占总数的 13.62%。

（6）选留 301 头后备母猪，实际配种受胎 260 头，占选留后备母猪数的 86.38%。

从怀孕至初胎分娩，因病流产和肢残淘汰 11 头，疾病和应激死亡 3 头，难产及出现全窝死胎、木乃伊 9 头，共损失 23 窝，占受胎总数的 8.85%。正常产仔 237 窝，占怀孕母猪数的 91.15%，占总数的 78.74%。

综合以上情况，真正由于遗传性疾病引起生理上变化导致不能发情配种的后备母猪是少数，只占总数的 5.65%；配种后因各种疾病及部分人为原因导致配种后不孕及淘汰的占相当高比例，约占总数的 18.27%。总的来讲，后备母猪不发情、配种后返情及配种后因病等原因淘汰的母猪还是占了一定的比例。从此后备母猪发情观察与配种情况分析报道上看，对后备母猪必须减少各种原因导致的繁殖障碍损失，应是猪场对后备母猪管理的重点，并对此采取相应措施才能提高母猪繁殖率。

2. 后备母猪不发情的原因分析

（1）选种失误 在一些中小型猪场存在的一个主要问题是缺乏科学的选种标准，特别是当市场急需大量的后备母猪时，往往是见母就留，将不具备种用价值的小母猪也当做后备母猪留作种用。

（2）疾病因素 后备母猪在培育期患慢性消化性疾病（如慢性血痢）、寄生虫病、猪繁殖与呼吸综合征、子宫内膜炎、圆环病毒病等疾病，导致卵巢发育不全，卵泡发育不良使激素分泌不足而影响发情。

（3）饲料营养问题 后备母猪饲料营养水平过低或过高，最常见的是怕后备母猪体况过肥使能量摄入不足，体脂肪储备偏少。有些后备母猪体况虽然正常，但在饲养过程中维生素添加不足，特别是缺乏维生素 E、维生素 A、维生素 B_1、叶酸和生物素，使后备母猪性腺发育受到抑制，性成熟推迟。在后备母猪饲养中，任何一种营养元素的缺乏或失调，都会导致后备母猪发情推迟或不发情。

（4）饲养管理不当 一是膘情控制不合理，过瘦或过肥都会影响性成熟的正常到来；二是后备母猪单圈饲养或饲养密度过大，可导致初情期延迟；三是猪舍温度过高或过低，卫生状况差，空气质量差等应激因素也会导致后备母猪不发情或发情延迟。

（5）公猪刺激不足 生产实践已证实，后备母猪的初情期早晚除由遗传、营养等因素决定外，还与后备母猪开始接触公猪的时间有关。有关实验证明，当后备母猪达 160 日龄以上时，用性成熟的成年公猪直接进行刺激，可使初情期提前 30 天左右。

（6）饲喂霉变饲料 对母猪正常发情影响最大的是玉米霉菌毒素，母猪摄入有这种毒素的饲料后，其正常的内分泌功能将被打乱，导致发情不正常或排卵抑制。

3. 后备母猪乏情的应对措施

（1）合理选种 外购后备母猪要到具有种猪繁育资质，市场信誉好的专业种猪场引种。选留的后备母猪标准应体长腹深、四肢健壮、外阴大小适中、后躯丰满、健康无病。

（2）科学饲养管理 合理配制后备母猪饲料，为后备母猪提供合理营养日粮，特别是要满足日粮中矿物质、维生素、蛋白质和必需氨基酸的供给，注意钙磷比例，防止高钙日粮，不饲喂发霉变质饲料，这应是后备母猪日粮配制的最低标准要求。此外，如促使后备母猪躯体全面发育，培育前期（80 千克以上）则采取定量限饲（此期的日喂量应为猪体重的 2.5% 以下为宜）。在后期的日粮中，可适当添加维生素 E 和中草药催情剂。有条件的猪场对后备母猪舍应设置运动场，保证后备母猪有充足的运动空间，栏舍光照要充足，防止各种环境应激，特别是要防止群体咬斗和高热高湿应激，每栏饲养头数 4 头左右，不宜大群或单个饲养，要为后备母猪提供福利化的生活环境。

（3）调控体况 体况瘦弱的母猪应加强营养，短期优饲，使其尽快达到八成膘情；对过肥母猪可采取饥饿应激处理，日粮减半饲喂，多运动少喂料，直到恢复种用体况，或在保持正常供水的前提下停止喂料 1 天，促使发情。

（4）做好疫病预防工作 按免疫程序接种疫苗（猪瘟苗、伪狂犬病苗、蓝耳病苗、细小病毒苗、乙脑苗等），以防病毒性繁殖障碍疾病引起的乏情。后备母猪的疫苗防疫种类一定要根据本场实际情况，不要注射（接种）本场根本没有发生过的疫病的相关疫苗。疫苗种类不是免疫的越多越好，一定要立足本场，切不可照抄照搬其他猪场的免疫计划和程序，务必结合本场实际，实事求是的防疫。在后备母猪实施各种疫苗防疫间隔 2 周后，要逐头检测抗体情况，对抗体不合格的要补接种，一头也不得漏掉，务必保证后备母猪配种前各种抗体都应合格，不留疾病的隐患。但为了保证后备母猪作为种用安全，有条件的猪场必须对其活体采取扁桃体进行猪瘟的抗原检测，并抽血做伪狂犬的抗原检测，做到猪瘟、伪狂犬等病源的净化，为种猪群提供健康的保证。在逐头活体取样检测合格后，方可进行后备母猪配种前的疫苗注射，不合格的不能留作种用。在防疫期间，公猪诱情工作不得间断，通过防疫刺激和公猪诱情，一般情况下，有部分后备母猪表现发情征状。

（5）药物保健 生殖道炎症和呼吸道疾病特别是前者是导致后备母猪利用率低的主要原因，需引起高度重视。因此，在后备母猪的日常饲养管理过程中，要分阶段使用中西药进行保健，提高抗病力、净化体内的病原体、控制支原体肺炎、放线杆菌胸膜肺炎和链球菌等细菌性疾病，防止续发感染和病原体从后备母猪垂直传给下一代仔猪。应注意尽量选用安全、毒性小的药物，不使用禁用兽药，少用或不用易产生残留的兽药和对猪体有毒性作用的兽药。药物保健工作还要注意的是在防疫期间，以防疫后 2 周禁止采取药物保健措施，以保证各种疫苗刺激相应抗体应答的产生。

（6）强制发情措施 对于 8 月龄后体重 110 千克以上不发情的后备母猪，应采取强制性措施，令其发情。

① 混群调栏。将不发情的后备母猪重新组合，调换到另一圈舍，通过改变全新的合群伙伴和生活环境，往往可令原先不发情的母猪在短期内陆续发情。

② 加强运动。将不发情后备母猪赶到公共活动场内任其自由活动或适当驱赶运动，连续 2~3 天。

③ 公猪调情。每天将试情公猪赶到后备母猪栏边或活动场内，刺激不发情母猪。如经

常更换调情公猪，诱情效果会更好。

④ 母猪诱导。每天将正在发情旺盛的母猪赶到不发情的后备母猪栏内或运动场中，通过嗅觉刺激和爬跨接触，诱导后备母猪发情。

（7）药物处理　通过各种方法仍不奏效的情况下，对乏情的后备母猪可进行药物处理1~2次，如饲喂催情中药制剂、肌肉注射氯前列烯醇、绒毛膜促进腺激素、孕马血清等激素促进母猪发情排卵。肌肉注射激素可任选以上一项，一般催情后2~3天即可见效，个别不发情的后备母猪可于5天后重复催情一次，或改用另一种激素。激素的使用，在某些情况下可以取得比较好的效果，但激素的使用必须以饲养管理为前提，维持母猪中等偏瘦的体况，防止疾病感染，在此基础上仍不能正常发情配种的母猪，可以用激素加以调节。也有一些猪场常用乙烯雌粉催情，这是很不适宜的。因为乙烯雌粉注射之后，虽有发情症状，但不排卵，往往屡配不孕，或窝均产仔数极低。有资料记载，乙烯雌粉长期使用还可诱发卵巢囊肿，应予注意。对祖代和曾祖代猪场及原种猪场，应禁用激素形式。

（五）后备母猪的淘汰与更新

在对后备母猪培育与饲养管理过程中，也要及时淘汰不合格的后备母猪，尽量减少怀孕期淘汰，以降低经济损失。一是对后备母猪达270日龄从未发情，或者得了繁殖性疾病及传染性疾病而影响繁殖的要及时淘汰处理；二是病残或治疗效果不佳，如生长缓慢、被毛粗乱、眼睛有大量分泌物的后备母猪要及时淘汰处理；三是对患有气喘病、胃肠炎、肢蹄病或者患病后治疗2个疗程，未见好转的也要及时淘汰处理。

第六章
种公猪的饲养管理技术

饲养管理好种公猪是提高规模化猪场繁殖效率的又一重要环节。对种公猪的饲养主要是日粮的调控,管理则是日常的管理措施和技术。对猪场而言,饲养公、母猪的目的,就是获得数量多,质量好的仔猪;而公猪饲养的好坏,对猪群的影响很大,对每窝仔猪数的多少和体质优劣也起着相当大的作用。俗话讲,"母猪好,好一窝;公猪好,好一坡"。因此,种公猪的饲养管理技术如何在一定程度上也决定了猪场繁殖效率的高低。

第一节 种公猪的类型及饲养原则与营养需要

一、种公猪的类型

(一)纯种公猪

纯种公猪指引入的外来猪种和地方猪种的公猪。外来猪种公猪有大白猪、长白猪、杜洛克猪、汉普夏猪、皮特兰猪等,这些猪种的公猪主要用于纯繁和杂交配种。地方猪种的公猪主要用于地方猪种的纯繁配种。

(二)杂种公猪

杂种公猪主要是优良猪种的杂种公猪,杂种公猪的使用,是对传统观念的突破。杂种公猪完全可以将优良的生长速度、胴体品质等性状遗传给后代,而且其个体有很强的配种能力,可以给现代养猪生产,尤其是工厂化养猪带来很大方便。除了比较著名的杜洛克猪、汉普夏猪、皮特兰猪的杂种后代可作配种公猪外,其他杂种公猪如长大、大长也是很好的改善父本,特别是配套系猪种,杂种公猪的使用起到了很大作用。

二、种公猪的饲养原则与营养需要

(一)种公猪的饲养原则

优良的种公猪具有较强的雄性表现,性欲旺盛,体质健壮,后躯丰满,肢蹄强健有力,睾丸发育良好匀称。种公猪具有的这些特性必须在合理的饲养条件下才可达到。为此,种公猪饲养前提是合理。而种公猪的营养供应又是维持公猪生命活动,产生精液和保持旺盛性欲和配种能力的物质基础。由于公猪配种使用频率高,而且射精量多,需要大量的营养物质,特别是需要饲喂品质好的蛋白质饲料,这对于保证公猪的体质健壮和性欲旺盛及精液质量十分重要。因此，喂给营养价值完全的日粮，可增进公猪的健康并提高配种受胎率。然而，喂给营养丰富的日粮对种公猪而言，还要与运动和配种相平衡，因此，饲养公猪应遵循的原则是，既保持公猪具有良好的体况、旺盛的性欲和高质量的精液，又要保持公猪营养、运动和配种三者之间的平衡。生产实践也表明，营养、运动和配种三者之间是互相联系又互相制约的，如果三者之间失去平衡，就会对公猪体况及其繁殖力产生不良影响，如在营养丰富而运动和配种使用不足的情况下，公猪就会肥胖，导致性欲降低，精液品质下降，影响繁殖力和配种效果；但在运动和配种使用过度，营养供应不良的情况下，也会影响繁殖力和配种效果。因此，对于种公猪可通过营养和管理的手段，使其达到性欲旺盛，体质健壮，四肢结实，射精量大，精子密度大和活力强的饲养目的。

（二）种公猪的营养问题

种公猪的营养是保持其健康体质和旺盛性欲的关键。然而，目前对种公猪的营养研究较少，适合于种公猪在不同年龄、体重和使用强度条件下的饲养标准还未确切制定，种公猪的营养问题常常没有引起国内管理者和学术界的重视。实际情况也存在，目前多数猪场没有专用的种公猪饲料，直接用哺乳母猪饲料饲喂种公猪，导致其生长速度过快，运动不足，体重严重超标，影响繁殖力和精液品质，不得不提前淘汰。有资料显示，种公猪的淘汰率已达到近40%，这对一些猪场来讲，会增加培育成本和生产成本。目前，一些猪场生产者为解决种公猪超重问题，采取的主要方式是限制饲喂，即通过降低蛋白质和能量水平来降低种公猪的日增重。然而，生产实践也表现出过度限饲和限饲不足都会对种公猪的繁殖力（包括性欲、精液量、精子数量和质量等）产生不同程度的影响。在种公猪的营养需要上，国际上有名的饲养标准 NRC 和 ARC 中有关种公猪的推荐量都是基于繁殖母猪，且这些推荐量是建立在良好的圈舍和良好的生态环境条件基础上的，与实际种公猪的营养需要量有一定差异，特别是与国内猪场饲养的引入种公猪的营养需要量差异更大。因此，在实际生产中应根据猪场种公猪的具体饲养情况，适时合理地对有关饲养标准进行调整，以改善种公猪的体况，提高种公猪的精液质量和繁殖力为主要目的。

（三）种公猪的营养需要

种公猪的营养是保持其健康体质和性欲旺盛的关键，而各种营养物质是保证公猪正常生理需求的物质基础。种公猪的营养需要主要指对能量、蛋白质、维生素、矿物质的需要，但这些营养物质，还应根据公猪本身正常生理需要和生产阶段来考虑和设计。

1. 能量的需要

种公猪的日粮能量需要量是维持、产精、交配活动和生长需要量的总和。合理供给能量，是保持种公猪体质健壮，性机能旺盛和精液品质良好的重要因素。在能量供给量方面，后备公猪和成年公猪应有所区别。后备公猪由于尚未达到体成熟，身体还处于生长发育阶段，消化能水平以 12.6~13.0 兆焦/千克为益。如果后备公猪日粮能量供应不足时，将影响睾丸和附属性器官的发育，性成熟推迟。成年公猪消化能水平以 12.5~12.9 兆焦/千克为宜，如果成年公猪的日粮中能量供应不足时，性欲降低，睾丸和其他性器官的机能减弱，所产生的精液浓度低，精子活力弱。但是无论是后备公猪和成年公猪的能量供给也不宜过多，否则过于肥胖，降低甚至丧失种用价值。生产中为了不影响种公猪的繁殖力，在配种阶段还应适当增加营养需要量，一般在配种前 1 个月，标准增加 20%~25%，就是在冬季严寒期，标准也可增加到 10%~20%。

2. 蛋白质和氨基酸的需要量

蛋白质对精液数量的多少和质量的好坏，以及精子寿命的长短，都有很大的影响。种公猪精液干物质占5%，而且参与精子形成的氨基酸有赖氨酸、色氨酸、胱氨酸、组氨酸、蛋氨酸等，其中最重要的是赖氨酸。因此，在日粮中必须供给足够的优质蛋白质饲料。关于种公猪蛋白质和氨基酸的需要量的系统研究很少。目前，我国肉脂型种公猪饲养标准按体重分别给予粗蛋白质的营养需要量为体重在90千克以下时为14%，体重在90千克以上时为12%，NRC（1998）第10版中种公猪粗蛋白质水平为13%。实际上，在考虑种公猪适宜蛋白质水平时，采精频率是一个重要的参数。有学者研究证实，公猪处于高营养水平和高采精频率时，将比低营养水平、高采精频率有较高的精子量。因此，当公猪高强度使用时，可以通过添加赖氨酸或蛋氨酸的方法来保持精子产量，即公猪不同的使用强度要喂以适宜的蛋白质和氨基酸水平。生产中，在公猪配种季节，蛋白质一般在15%以上，赖氨酸在0.7%～0.8%。在实际操作中，在配种旺季，为公猪每顿增加2～3个鸡蛋，或在日粮中加喂3%～5%的优质鱼粉。

3. 维生素的需要量

关于种公猪对维生素的需要量研究的不多，生产中也没有根据种公猪的品种、体况、饲料品种、季节和采精频度等情况而专门配制的维生素添加剂。在一些猪场的种公猪的日粮中并不添加维生素，有的即使添加了一定的维生素，但是添加品种、剂量较为笼统，结果造成种公猪维生素营养的失衡，影响到种公猪的体况和繁殖力。种公猪对维生素的需要主要是以下几种。

（1）维生素A　维生素A对种公猪的繁殖性能有很大的影响。若公猪日粮中维生素A缺乏时，性欲降低和精液质量下降，如长期严重缺乏，会引起睾丸肿胀或萎缩，不能产生精子而失去繁殖能力，还会使公猪体质衰弱，上皮组织出现角质化、步态蹒跚、动作不协调，从而也导致各种疾病。NRC（1998）中给出的种公猪维生素A需要量为每千克饲料中4 000～8 000单位。

（2）维生素D　当维生素D缺乏时，钙、磷吸收与代谢紊乱，种公猪易发生骨软症，不利于公猪爬跨交配，影响繁殖。在生产中如果种公猪每天有1～2小时的日照，就能满足其对维生素D的需要。NRC（1998）中给出的种公猪维生素D需要量为每千克饲料200～400单位。封闭式猪舍的种公猪，如保证不了1～2小时日照，应在每千克日粮中添加维生素D 300单位。

（3）生物素　生物素也叫维生素H，种公猪缺乏维生素H除表现繁殖力下降外，更主要表现在皮肤脱毛、蹄壳干性龟裂而开裂出血，有的继发炎症感染，剧烈的疼痛使种公猪严重跛行，从而不能爬跨采精或配种，丧失性欲。现研究种公猪日粮中至少应添加0.03毫克/千克的生物素，如有肢蹄疾患，应增至1毫克/千克。

（4）氯化胆碱　氯化胆碱属于B族维生素，近些年来对氯化胆碱的研究取得一些成果。日粮中缺乏氯化胆碱，会影响到锰、生物素、B族维生素、叶酸和烟酸的吸收，即使饲料中这些物质含量丰富，也不能被充分利用。另外，氯化胆碱还是重要的抗脂肪因子，能减少脂肪沉积，提高饲料转化率。有研究表明，在饲料中添加0.1%～0.2%的氯化胆碱，对提高种公猪的繁殖力相当有益。

（5）维生素E　维生素E对种公猪的繁殖性能也有着较大影响，据有关学者试验，每头公猪每天经口给予1 000 IU维生素E，可明显增加精子数量和提高精液品质。维生素E可用麦胚芽来补充，也可在每千克日粮中添加维生素 E 8.9~11 毫克。维生素 E 的吸收与元素硒（Se）有密切关系，如果饲料中缺乏硒，也会影响猪机体对维生素 E 的吸收，引起贫血和精液品质下降。现已证实，维生素 E 和硒有很好的协同作用，每千克日粮中添加 0.35 毫克的硒和 50 单位的维生素 E，可满足种公猪的需要。

4. 矿物质的需要量

（1）钙与磷　钙与磷在种公猪的矿物质营养中最重要，它们能促进骨骼中矿物质的沉积和四肢坚实。公猪日粮中钙、磷的不足或比例失调，会使精液品质显著降低，出现死精，发育不全或活力不强的精子。公猪的日粮中钙、磷的比例以 1.5∶1 为好，或对体重超过 50 千克的种公猪在整个繁殖期内，日粮所需钙、磷分别是 7~7.5 克/千克和 5.5~6 克/千克。但要注意的是钙离子浓度过高会影响精子活力。

（2）锌　锌与公猪繁殖性能密切相关，而且锌的正常供给对减少公猪的蹄病是有益的，特别是锌对维持睾丸的正常功能的发挥是非常重要的。锌是多种酶的组成成分或激活剂，缺锌会对种公猪的精子生成、性器官的原发性和继发性发育产生不利影响。在精子生成的后期阶段，特别是精子成熟时期，必须有大量的锌加入到精子及精细胞膜的介质中。生产实践已表明，种公猪缺锌则性欲减退，精子质量下降，皮肤增厚，严重的在四肢内外侧、肩、阴囊和腹部、眼眶、口腔周围出现丘疹、龟裂、结痂，蹭痒后会溃破出血。锌的推荐浓度为 70~150 毫克/千克。但高水平的锌和有机替代物并不能提高精液的数量和质量。生产中在饲料中加入硫酸锌 1 000~2 000 毫克/千克或氧化锌 400~600 毫克/千克，能在短期内改善缺锌状况。但应注意，饲料中钙含量过高，维生素缺乏，都会影响锌的吸收。

（3）硒　近年来对硒的研究取得了很大进展，人们已认识到硒的作用与维生素 E 有密切关系，对机体酶的活性均有影响，硒具有一系列生物学特性，可预防许多疾病。硒对动物繁殖性能的影响很大，硒能提高动物的繁殖性能。动物体内的代谢过程不断产生氧化自由基，这些基团可导致动物不育。硒通过谷胱甘肽过氧化物酶的抗氧化作用来保护精子原生质膜免受自由基的损害。种公猪缺硒可使性行为减弱，附睾小管上皮变性、坏死、精子不能在附睾发育成熟，因此附睾对缺硒的反应比睾丸本身的发育和生理功能的发挥更敏感。有试验表明，随着日粮中硒浓度从 0.01 毫克/千克增加至 0.08 毫克/千克，精子的活力几乎呈直线上升。由于维生素 E 与硒有很好的协同作用，种公猪使用维生素 E-亚硒酸钠添加剂添加到饲粮中（硒 0.1~0.5 毫克/千克饲料），可以满足种公猪的需要。

（4）钴　缺钴可直接引起种公猪繁殖机能的障碍，因为钴可提高锌的吸收和利用，减少因日粮中钙的含量过多而导致的缺锌症状。钴在肝脏内大多以维生素 B_{12} 的形式存在，种公猪补充维生素 B_{12} 即可满足对钴的需要。

（5）锰与铁　锰对动物具有重要的营养生理功能，缺锰可引起动物骨骼异常，跛行、后关节肿大。日粮中缺锰，公猪睾丸缩小，性欲降低，精子生成受损；而锰的利用不足也会导致公猪性欲缺失，曲细精管变性，精子缺乏，精囊中堆积许多变性精细胞。锰的缺乏不仅会引起贫血，还可使公猪出现精神困倦无力而影响公猪配种。NRC（1998）中给出种公猪锰、铁的推荐量为每千克饲粮中 20~30 毫克，80~90 毫克。

（6）铬与盐　铬是近年来研究较多的微量元素，一般情况下日粮中添加三甲基础啶铬并不能增加种公猪精子的产量和提高精子的质量，但在应激情况下给种公猪添加 0.2 毫克/千克的铬可满足提高精子品质。种公猪日粮中也不可缺乏食盐，补充量为每天 10 克。

5. 粗纤维的需要量

种公猪日粮中也应有合理的粗纤维水平，一般要求粗纤维含量应为 5%~8%，可溶性纤维与非可溶性之比为 4∶6。

第二节　种公猪的日粮配制及饲养方式和饲喂技术

一、种公猪的日粮配制

(一) 日粮配制标准与要求

为了满足公猪的营养需要，前提是应根据种公猪饲养标准组成日粮进行饲喂，然后必须考虑其品种类型、体重、生长率、交配频率和生存的环境状况。通常种公猪日粮消化能（DE）为 12.6~13 兆焦/千克，粗蛋白质含量要在 14% 左右，其中可利用赖氨酸为 0.55%，钙为 0.75%，磷为 0.6%，在特殊条件下应对营养物质含量做适当改动。其次，在饲料配方的选择和饲料的配制过程中，应首先考虑种公猪对各种营养成分的需要量，然后根据当地饲料作物的种植和市场情况选择适合于种公猪生长和生产的饲料原料来配制饲料。

(二) 日粮配制方式

种公猪的饲粮配方基本上是一个精料型组合，而且以玉米、豆粕为主，糠麸为辅，配合以 4% 的预混料，才能完成配方的营养指标。由于猪场公猪数量有限，就是大型猪场的自有饲料加工厂，也不便为公猪专门开动一次饲料加工设备，为有限的公猪加工配制一年以上的饲料存入仓库，这样易招致公猪饲粮的霉变或过度氧化，导致维生素等饲料添加剂失效。在生产实践中，如没有专门的出售种公猪配合饲料情况下，对种公猪的饲料配制可按以下方式。

1. 用浓缩饲料配制种公猪全价配合料

一般专业饲料厂家生产的浓缩料含有公猪所需的优质蛋白质、氨基酸、维生素、矿物质、微量元素等营养物质。猪场可选购公猪专用蛋白质浓缩料，利用自家或购入的谷物及副产品原料，按公猪不同饲养时期的饲养标准来配制成公猪全价配合料。浓缩料一般含 38% 蛋白质，可以在公猪日粮中配入 25%，另 75% 由玉米、小麦、大麦等谷物和糠麸组成，条件好的猪场可在公猪料中加入 3%~5% 的优质牧草粉（苜蓿等），可有效改善公猪繁殖性能，满足纤维需要量，防止便秘及胃肠溃疡。

2. 用预混料自配公猪全价配合饲料

技术和设备条件较好的中小型猪场，可以选购知名饲料厂家生产的 1% 或 4% 的公猪专用预混料，猪场按产品说明加入蛋白质饲料（豆粕、花生粕及鱼粉等）、能量饲料（玉米、小麦、大麦等）及粗饲料（牧草粉、麦麸、啤酒糟等）以及食盐、钙磷饲料和氯化胆碱等，自配成营养全面的公猪全价配合饲料。蛋白质饲料以豆粕为主，不要用棉籽粕、菜籽粕等杂粕，特别是不能用对公猪繁殖性能有影响的棉籽粕，但必须考虑选择多品种蛋白质饲料。由于动物性蛋白质（如鱼粉、蚕蛹等）生物学价值高、氨基酸含量平衡，适口性好，对提高公猪精液品质有良好效果，有条件的猪场，在公猪饲料配制中不应缺少鱼粉，尤其是进口优质鱼粉。实在无鱼粉，可用部分蚕蛹、鲜鱼虾等代替。

3. 用哺乳母猪料加其他营养物质

由于一些小型猪场无预混料加工或搅拌设备，用浓缩料和预混料配制公猪饲料有一定难度，一个比较简单的变通方法是可以用哺乳母猪的饲料代替公猪饲料。由于哺乳母猪饲料周转快可以保持新鲜，同时，哺乳母猪和公猪的营养要求十分接近，只是公猪饲粮要求标准更高一点。为此，对公猪饲料可以通过以下手段额外加强营养，也能基本上达到公猪的饲养标准要求。一是在配种季节使用哺乳母猪料时，每日用 2~5 个鸡蛋直接加入饲料中饲喂。二是胡萝卜打浆后按 1∶2 与羊奶或牛奶混合每头每天补饲 1.5 升。三是用杂鱼煲汤。原料以河中杂鱼或人工养殖的河蚌肉，适当配入鸡架、枸杞、山药、食盐少量，每头公猪每日喂量 1 千克。用此剂喂种公猪性欲感极强。

（三）原料用料的注意事项

1. 搭配优质青饲料

种公猪在饲喂全价精饲料的同时，给予一定量的优质青饲料。如果每天提供 2~4 千克牧草、蔬菜等青饲料，精饲料喂到 2 千克，营养就可满足了。如果青饲料质量差，或公猪体重大，配种强度大，每天精料量可提高到 2.5 千克。

2. 种公猪饲料中严禁混入发霉和有毒饲料

有研究表明，在饲喂污染玉米赤霉烯酮的饲料 3 天后，种公猪射精量比对照组减少了41%，精子数在 1 周内显著下降，精子活力也有影响。

3. 种公猪的饲料不能用棉籽饼粕

由于棉籽饼粕中含有较多的棉酚，棉酚作用于种公猪睾丸细精管上皮，对各级生精细胞均有影响，尤其对中、后期和接近成熟的精子影响最大，并可引起睾丸退化。为了保证种公猪有旺盛的性欲和产生高质量的精液，以便繁殖健康的仔猪，种公猪的饲料配合中不要用棉籽饼粕。

二、种公猪的饲养方式

种公猪的饲喂方式主要根据公猪一年内配种任务的集中和分散情况，分别采取以下两种饲养方式。

（一）一贯加强的饲养方式

在规模化、集约化养猪生产模式下，母猪实行全年均衡分娩，种公猪需常年负担配种任务，因此，全年都要均衡地保持种公猪配种所需的高营养水平。

（二）配种季节加强的饲养方式

适用于母猪实行季节性产仔的猪场。用于季节配种的公猪，在配种前 1 个月，逐步给公猪增加营养，并在配种季节保持较高的营养水平。配种季节过后，逐步降低营养水平，只供给公猪维持种用体况的营养需要量。

三、种公猪的饲喂技术

标准化饲喂公猪要定时定量，体重 150 千克以内公猪日喂量 2.3~2.5 千克，150 千克以上的公猪日喂量 2.5~3.0 千克全价配合饲料，配种或采精频繁时（4 次/周），每日喂全价配合料在 3 千克以上，以湿拌料或干粉料饲喂均可，每天必须供给充足的饮水。在满足公猪营养需要的前提下，要采取限饲。种公猪的限饲应根据日龄、体重、季节以及种公猪的配种量做适当调整，饲喂时还要根据公猪的个体膘情给予增减，保持 7~8 成膘情为标准。公猪过肥或过瘦，性欲会减退，精液质量下降，繁殖力会受到一定影响，而且过于肥胖的可能会产生肢蹄病。生产中为了提高种公猪性欲、射精量和精子活力，也为了使限饲不影响公猪的繁殖力，应全年喂给种公猪适量青绿饲料或青贮饲料，一般喂量应控制在日粮总量的10%左右（按风干物质算），不能喂太多，以免形成草腹。种公猪一般每次只喂八成饱，一天3次，定时定量，投料后的1小时应看槽底有无剩料，如1小时后槽底还有剩料说明投料过量或公猪食欲有问题了。剩料变质和公猪采食无规律是公猪拉稀的最常见因素。

第三节　种公猪的科学管理及对管理中的问题采取的技术措施

一、种公猪的科学管理事项

保持公猪体质健壮和合适的体况，一方面在于喂给营养价值完全的日粮，另一方面要对公猪进行合理的管理。对公猪的管理除了经常注意保持圈舍清洁、干燥、阳光充足，创造良好的福利条件外，重点还要做好以下几项工作。

（一）种公猪的合理运动

合理运动是保证公猪的体质健壮，合适的体况以及旺盛性欲必不可少的措施，而且合理运动还可锻炼四肢，防止各种肢蹄病的发生。种公猪除在运动场自由运动外，每天还应进行驱赶运动，上、下午各运动一次，每次2千米。夏季可在早晚凉爽时运动，冬季可在中午运动一次，如果有条件可利用放牧代替运动。

（二）建立良好的生活制度

妥善安排公猪的饲喂、饮水、运动、刷拭、配种、休息等生活日程，使公猪养成良好的生活习惯，增进健康，保持良好的配种体况，是提高配种能力的有效方法。

（三）群养与分群

种公猪可分为单圈和小群两种饲养方式。单圈饲养单独运动的种公猪，可减少相互干扰和自淫的恶习，节省饲料。小群饲养种公猪必须是从小合群，一般是2头一圈。对公猪饲养头数较多的猪场，一般采用小群饲养，合群运动，可充分利用圈舍，节省人力。小群饲养，合群运动要防止公猪咬斗。为了避免争斗致伤，小公猪生后应将其犬牙剪掉。

（四）防寒防暑

饲养在封闭式猪舍内的公猪，舍温应保持在10℃左右，注意炎热季节的防暑降温工作；在敞开式猪舍饲养的公猪，冬天应防寒防冻。

（五）合理利用

配种利用是饲养公猪的唯一目的，也是决定其对营养和运动量的主要依据，生产中对种公猪的合理利用，主要抓好以下两点。

1. 掌握好初配年龄

后备公猪最适宜的初配年龄，就要根据猪不同品种、年龄和生长发育情况来确定，一般宜选在性成熟之后和体成熟之前配种。最适宜的初配年龄一般以品种、年龄和体重来确定，小型早熟品种应在8~10月龄，体重60~70千克；大中型品种应在10~12月龄，体重90~

120 千克，占成年公猪体重的 50%~60% 时初配为宜。如果配种时间过早，不仅会影响到公猪今后的生长发育，而且会缩短公猪的利用年限；如果初配时间过迟，也会影响公猪的正常性机能活动和降低繁殖力。

2. 掌握好配种强度

种公猪配种利用强度过大，会显著降低精液品质，影响受胎率和利用年限；但如果公猪长期不配种，将导致性欲不旺盛，精液品质差，因此必须合理利用公猪。一般初配青年公猪以每周使用 2~3 次，2~4 岁的壮年公猪在配种旺季，在饲料营养较好的情况下，每日可采精或交配 1 次，在公猪少的情况下，必要时可每日利用 2 次，但 2 次利用时间应隔 8~12 小时，同时每周至少休息 1~2 天。

（六）种公猪的淘汰

由于公猪质量对猪场生产有着巨大的影响，特别是工厂化养猪生产，对猪群质量亦有更高的要求，为了达到低成本、高效益、高生产水平的目的，在生产中必须对劣质公猪及时淘汰，而优秀公猪要充分利用。对老龄公猪、体质衰退、繁殖力降低，也要及时淘汰。生产中种公猪的淘汰分自然淘汰和异常淘汰。为适应生产需要，应不断更新、补充血缘需要的后备公猪，淘汰老龄公猪，属自然淘汰的范围。在规模化猪场种公猪年淘汰率在 33% 左右，公猪一般使用 3 年后就淘汰。生产中因公猪精子活力差、体况过肥、性欲差、疾病、出现恶癖等现象淘汰的，称之为异常淘汰。生产中连续 3 次精液检查活力低于 0.6，密度达不到中级或精子畸形率超过 30% 的公猪；性情暴和易攻击人的公猪；后代有遗传缺陷的公猪；繁殖力差：如产仔数低，受胎率低的公猪；性欲下降，无法配种或采精的公猪；有肢蹄病和其他疾病无法治愈的公猪；有自淫和恶癖的公猪等，都应及时淘汰。

二、种公猪饲养管理中的主要问题及采取的技术措施

（一）种公猪缺乏足够的运动

1. 种公猪缺乏运动的后果

生产实践已证实，种公猪配种期要适度运动，非配种期和配种准备期要加强运动。适度运动是加强机体新陈代谢，锻炼神经系统和肌肉的主要措施；强度运动可促进食欲，增强体质，提高繁殖机能。目前，多数养猪场饲养的种公猪运动量都不够充分。配种期内公猪运动过少，精液活力下降，直接影响受胎率；非配种期内公猪运动量强度不大，易使公猪体况过肥或易发生肢蹄病，影响了公猪配种期的繁殖性能。很多猪场的公猪无性欲和肢蹄病加起来占到猪场种公猪存栏的 25% 左右，品种的变更固然是原因之一，但最主要的原因是现代公猪缺乏足够的运动，而导致肢蹄疾病或体况过肥或丧失繁殖性能，使公猪不到 3 岁被淘汰。公猪淘汰率过高的猪场，饲养成本和生产成本加大，必然对猪场的经济效益有影响。

2. 对种公猪的运动采取适宜的技术方法

生产中对配种期的种公猪采取适量运动，每天的运动量在 1 000 米即可。一般每天上下午各运动一次，夏天应早晚进行，冬季应中午运动，如遇酷热天气时，应停止运动。对非配种期的公猪和配种准备期的后备公猪，可采取加强运动。生产中一般采取驱赶运动，有经验证实，每日 3 000 米的驱赶运动较为合适。驱赶运动就是驱赶公猪走路和跑动，一般是在早上饲喂前或者下午太阳落山时，忌中午烈日当空或饱食后进行。驱赶公猪走动和跑动有技术讲究，要掌握好"慢-快-慢"三步节奏。公猪刚一出圈门时就容易猛跑、撒欢，此时要对公猪安抚，如对公猪擦痒、刷拭背部可使公猪慢慢安静下来，徐徐而行。公猪行程到 1/3 路

程要加快速度，跑成快步或对侧步，使公猪略喘粗气达到一定的运动量。1 周岁以下的青年公猪体质强壮，可用驱赶细步疾跑冲刺 100~200 米。在行程的后 1/3 路段要控制公猪的速度，使之逐步放慢或逍遥漫步，并达到呼吸平稳。公猪在回程路上既要平稳慢行又不可停留，要争取直奔原圈，不可以在回程路上停留时间过长，以防公猪向配种舍或母猪舍方向奔袭。

（二）公猪自淫

由于有些猪种性成熟早，性欲旺盛，常引起非正常性射精，有些公猪舔食精液，即自淫的恶癖，影响公猪的配种。生产中杜绝或克服这种恶癖的措施，一是公猪单圈饲养，公猪舍远离母猪舍，配种点与母猪舍隔开；二是要加强公猪的运动，采取强制驱赶运动法；三是降低饲养标准；四是建立合理的饲养管理制度等，使饲养管理形成规律，分散公猪的注意力；五是公猪圈置于母猪圈下风方向，防止公猪因母猪气味而出现条件性自淫；六是防止发情母猪在公猪圈外挑逗；七是经常刷拭猪体，以克服公猪皮肤瘙痒问题。以上措施可有效地防止公猪自淫。

（三）放松非配种期种公猪的饲养管理

在非配种期放松了对种公猪的饲养，不按饲养标准规定的营养需要饲喂，使公猪过于肥胖或瘦弱，以致降低性欲或不能承受配种期间的配种或采精任务。因此，在非配种期应本着增强公猪体质，调整和恢复种公猪身体状况的原则，进行科学饲养管理，以便在配种期更好地发挥作用。

（四）种公猪的利用年限缩短

1. 过度利用

在配种季节，当需要配种的发情母猪较多，而公猪又较少时，有可能过度使用公猪，不但影响母猪受胎率，也影响了公猪的使用年限，不遵守初配公猪每 3 天采精 1 次，1 岁公猪每 2 天采精 1 次，成年公猪每天采精 1 次，每周休息 1~2 天的原则，也不做采精记录和采精计划，无目的采精利用，结果造成采精量减少，最后到无精子，往往使初配公猪和青年公猪未老先衰而被迫淘汰。种公猪的使用强度，一定要根据年龄和体质强弱合理安排，特别是配种高峰季节，更应该合理地使用种公猪，否则会对种公猪的种用价值造成不良影响。

2. 饲养不当，体重过大

种公猪饲喂的日粮能量过高，蛋白质含量低，饲喂次数多，又不限制饲喂，使种公猪肥胖，体重过大，采精时或配种时爬跨困难，因不能正常采精或配种而被淘汰。种公猪的日粮要高蛋白质，低能量，每天饲喂量不要超过 3 千克，可补饲一些青饲料充饥，并加强运动，这样能防止种公猪体重过大给采精和配种爬跨带来不必要的困难。

3. 对种公猪的运动和保健工作不到位

很多猪场饲养的种公猪，在非配种期，每天不进行专门的驱赶运动，使种公猪体况肥胖，在配种期也不叫公猪适量运动，甚至连基本的自由运动都做不到，每天采精或配种后回圈趴卧休息，至使采出的精子活力下降，均造成种公猪繁殖性能下降。此外，很多猪场种公猪饲养员根本不按摩种公猪睾丸，即使按摩也不长期坚持，对种公猪的繁殖力提高也有一定影响。再有，每天刷拭种公猪体表具有促进血液循环，防治寄生虫病，具有人性化等很多好处，是保障种公猪正常采精或配种不可做的工作，但很多猪场没做到，对提高种公猪利用年限也有一定的影响。

4. 繁殖障碍

种公猪的繁殖障碍有先天性和后天性两类。先天性主要是遗传缺陷，包括睾丸先天性发育不良，隐睾、死精和精子畸形等；后天性主要有骨骼及肢蹄病、生殖器官传染病、营养缺乏病、饲养管理和环境因素（如热应激等）造成的疾病，不合理的配种制度和配种方法造成的疾病等。生产中对种公猪的繁殖障碍如性欲减退或缺乏，不能正常交配，精子活力不正常，营养缺乏及饲养管理、环境因素等可以采取措施补救外，其他繁殖障碍出现后，都要对种公猪作淘汰处理。

（1）性欲减退或缺乏及精液不正常的措施 性欲减退或缺乏主要表现对母猪无兴趣，不爬跨母猪，没有咀嚼吐沫的表现。造成此现象的主要原因是缺少雄性激素，营养状况不良或营养过剩。生产中除调整饲料中蛋白质、维生素和无机盐水平，适当运动和合理利用外，可采取以下措施。

① 性欲减退或缺乏严重的公猪，可用 5 000 单位绒毛膜促性腺激素，每头每日 1 支，用 2~4 毫升生理盐水稀释，肌肉内注射。

② 使用提高雄性动物繁殖性能的饲料添加剂，可选用以下一种或两种合用。

松针粉：富含维生素 A、维生素 E 和维生素 B 族类维生素，还富含氨基酸、微量元素和松针抗生素及未知因子，有提高种公畜性欲和精液分泌量的作用。在种公猪日粮中添加 4% 的松针粉，可明显提高性欲和采精量，并对公猪具有一定保健效果。

韭菜：富含维生素 A、维生素 E。对公猪具有强化性功能，提高精子活力作用，公猪每天可饲喂 250~500 克。

大麦芽：用大麦经人工催芽长到 0.5~1 厘米时喂种公猪，对提高公猪性欲功能、改善精液品质有效果。因为 0.5~1 厘米长的麦芽中富含维生素 A 和维生素 E，公猪每头每天 150 克。

淡水虾：富含动物性蛋白质和维生素 E 等，对促进公猪精子正常发育有益，并对提高公猪性欲功能起增强作用。种公猪每天 100~150 克，连用 2~3 天。

桑蚕蛹：含丰富的动物蛋白质、脂肪、钙与磷和 12 种氨基酸以及维生素 E、维生素 A 和叶酸。对雄性动物有强化性欲，提高精子活力等作用。种公猪的日粮中可添加 2%~5%。

猪胎衣：将猪胎衣洗净焙干，其含丰富的动物蛋白质和必需氨基酸，以及钙、磷和维生素 E、维生素 A 等营养物质，可使雄性动物性欲增强，使精液中的精子密度增大，畸形精子数目减少，公猪每头每日内服 50~100 克。

鹌鹑蛋：富含氨基酸、矿物质、维生素和较多的卵磷脂和激素，对精子的形成有促进作用。公猪每头每天 20 个。

锌：对雄性动物的促性腺激素、性机能、生殖腺发育、精子的正常生长都有促进作用，是精液的重要组成部分。以硫酸锌为例，种公猪每天每头 30~35 毫克。

硒：硒与维生素 E 对提高种猪的繁殖性能有共同协调作用。硒可以使种公猪精子浓度提高，精子活力加强，精子畸形比例减少。常用的有酵母硒和亚硒酸钠，添加量 0.5~1 毫克/千克日粮。

精氨酸：具有对雄性动物的性欲增强，促进睾丸酮分泌及精子正常生长发育有密切关系。在每头种公种日粮中可添加 50 毫克精氨酸。

淫羊藿：中草药，富含维生素 E 和其他未知因子，能促进种公猪精液分泌，间接地兴奋性机能，增进交配欲。种公猪每头每天 10~15 克。

阳起石：矿物质中药，含硅酸镁、硅酸钙等物质，为种公畜性功能兴奋性强壮药，可防治种公畜阳痿不起，遗精等作用，种公猪每天用量6~15克。

（2）公猪性欲正常，但不能交配的措施 其发生的原因：一是先天性阴茎不能勃起；二是阴茎和包皮异常；三是阴茎有外伤造成炎症；四是肢蹄伤痛等。对可治疗的病要及时治疗，不能治疗的要淘汰。

（3）睾丸炎和阴囊炎的治疗 发生睾丸炎和阴囊炎的公猪，使精子生成发生障碍，精子尾部畸形等。对这样的种公猪要及时发现及早治疗。一般治疗方法是在睾丸外部涂以鱼石脂软膏，再配合注射抗生素等消炎药。但对于无治愈希望的公猪，应及早淘汰为宜。

（五）高温热应激对种公猪精液质量的影响

热应激是指动物机体对热应激源的非特异性防御应答的生理反应，其实质是指环境温度超过等热区中的舒适区上限温度所致的非特异性反应。近些年随着养猪业集约化规模化的发展和全球性气温的升高，热应激也越来越严重。夏季持续高温造成种公猪的热应激反应，已经受到一些猪场的重视。

1. 高温对种公猪的影响机理

高温能使种公猪肾上腺皮质激素升高，抑制睾丸类固酮的产生。研究发现，气温高于34℃时，睾丸激素的合成和血液睾酮水平明显降低，致使公猪的交配欲减退，射精量减少，活精子与精子总数的比例下降。

2. 高温对种公猪精子生成的危害

猪对热的调控能力很差，特别是种公猪对高温应激特别敏感。高温可引起种公猪性欲低下，精子活力降低，精子死亡率和畸形率上升等现象。公猪精子的发生、形成、发育和成熟至少需要40天左右的时间。睾丸外侧的附睾具有转运、成熟、贮存和获能精子的作用，精子在附睾中移动需要12天。一旦公猪热应激2~3个星期后还没有被察觉，当热应激发生时，必将导致精子活力、精子总数和精液密度下降，同时不正常精子浓度上升。有研究表明，当环境温度高于33℃，种公猪体温超过40℃，则会导致睾丸温度升高，精液质量随之降低，精液中精子数减少，活力降低，甚至出现死精。一旦种公猪热应激，精液的质量和数量回到正常一般需要7~8周。还有研究表明，受精率和温度的相关性很高，受精率在20℃时为85%~90%，在33℃下为50%~60%。可见，高温热应激对种公猪精液质量的影响极大。

3. 预防热应激对种公猪影响的技术措施

（1）防暑降温 夏季公猪舍要通风良好。有条件的猪场夏季可使用空调降温或采用湿帘或冷风机降温。采用湿帘降温循环水一定要使用深井水，一般能降低8~10℃，但相对湿度高时，降温效果不佳。一些开放式的公猪舍可采用吊扇加喷淋或在公猪圈内修一个3~4米^2，25厘米高的水池，使公猪卧于水池中，以便降温。公猪舍屋顶装一个喷水系统，这样也可使温度降低2~3℃。

（2）营养和药物调控

① 调整日粮配方，添加油脂。高温环境下，种公猪采食量减少，造成能量供给不足，必须调整日粮配方，选择适口性好、新鲜优质的配合日粮，控制饲料粗纤维水平，减少体增热的产生。同时，在日粮中添加1%~3%的脂肪，对受热应激的种公猪有利。

② 调节日粮粗蛋白质水平，补充氨基酸。夏季高温环境会使种公猪对蛋白质的需要发生变化，炎热时猪只体内氮的消耗多于补充，热应激时尤为严重，处于热应激状态下的种公猪对蛋白质的沉积有所下降。因此，夏季应调整日粮粗蛋白质的含量，以满足高能量日粮配

方中各种氨基酸的需要量。有研究表明，蛋白质需要量随温度而变化，高温时增加蛋白质摄入量会改变氮的沉积。生产实践证实，喂给合成的赖氨酸代替天然的蛋白质饲料对种公猪有益，因为赖氨酸可减少日粮的热增耗。赖氨酸的添加量一般为每千克饲粮中 0.5 克。

③ 添加维生素 C 和维生素 E。维生素在代谢过程中起辅酶催化作用。应激状态下，动物最重要的代谢途径之一是脂解作用，这需要一系列辅助因子参与酶促反应。维生素 C 和维生素 E 参与了体内多种代谢，具有明显的抗热应激作用。实践表明，在日粮中添加维生素 C 200~500 毫升/千克和维生素 E 200 毫克/千克，可提高机体免疫力，有效缓解热应激，并有改善种公猪繁殖性能的趋势。

④ 在饲料中添加碳酸氢钠（小苏打）。在饲料中添加碳酸氢钠的主要作用：一是能中和胃酸、溶解黏液，降低消化液的黏度，并加强胃肠的收缩，起到健胃、抑酸和增进食欲的作用；二是在消化道中可分解 CO_2，由此带走大量热量，有利于炎热时维持机体平衡。而且碳酸氢钠可以提高血液的缓冲能力，维持机体酸碱平衡状态，提高种公猪抗热应激能力。饲料中添加 250 毫克/千克碳酸氢钠，可减轻热应激对种公猪的不利影响。

⑤ 饲料中添加中草药饲料添加剂。中草药饲料添加剂具有安全无公害、无耐药性、无药物残留和无毒副作用的特点，已经成为种猪抗应激饲料添加剂的研究热点之一。大量研究表明，选用具有开胃健脾、清热消暑功能的中草药饲料添加剂，如：山楂、苍术、陈皮、夏枯草、金银花、鱼腥草、黄芩等喂猪，可以缓解炎热环境对公猪的影响。

第七章
妊娠母猪的饲养管理技术

妊娠母猪的饲养管理，在现代种猪生产中也是一个很重要的阶段。种猪的繁殖效率高低，在一定程度上主要取决于对妊娠母猪的饲养与管理上，尤其是对妊娠母猪实行精细化饲养管理方式，特别是推广应用电子母猪群养饲喂管理技术与模式均是提高种猪繁殖效率的一个根本途径。

第一节 母猪妊娠诊断的意义和方法

一、母猪妊娠诊断的意义

母猪妊娠是种猪生产中繁殖产仔的前提，因此在生产中准确判定母猪配种后是否妊娠极其重要。生产实践中对母猪妊娠诊断一般分为三个时期，即妊娠初期、中期和后期。在妊娠初期，诊断可以早期发现母猪是否受胎，如没受胎，可及时补配，减少空怀天数；在妊娠中期，通过诊断可以对已受胎的母猪加强保胎工作；在妊娠后期，通过诊断可以大概估计出胎儿头数，并根据母猪体况，便于确定母猪的重点护理内容，并根据掌握的分娩日期，及早做好接产准备工作，确保母猪的分娩安全。由此可见，对母猪进行妊娠诊断，可以缩短母猪的非生产饲养期，降低饲养成本，对母猪保胎防止流产、减少空怀、提高母猪繁殖力具有重要意义，在猪场生产中至关重要。

二、母猪妊娠诊断的方法

母猪妊娠诊断的方法有很多，如直肠触诊法、不返情观察法、阴道活组织检查法、超声波诊断法、发情诱导法、雌激素测定法等。目前生产中主要的诊断方法是以下几种。

（一）外部观察法

外部观察法主要根据母猪发情周期、母猪对公猪的反应以及母猪的行为和外部形态变化来判定。母猪的发情周期一般为21天，如果母猪配种后21天不再发情，并表现食欲旺盛、行动稳重、性情温顺、躺睡、皮毛逐渐有光泽、有增膘现象、阴户收缩和阴户下联合向内上方弯曲等，则可判断母猪已怀孕。母猪在配种后两个月内，体态会发生一些变化，如腹下垂、乳腺乳房开始膨大等，就可以确认已妊娠。

已配种而未受孕的母猪在配种后21天左右会再度发情，此时母猪表现为食后不睡觉，精神不安，阴户微肿有黏液等，生产中，母猪配种后 21 天左右，观察母猪与公猪接触时的表现，有助于判断母猪是否返情，作为母猪是否需要重配或淘汰的参考依据。采取的方法是可以让公猪在母猪栏前停留 2 次，每次 2 分钟，以观察母猪反应。如果母猪愿意接近公猪，该母猪已返情，需要重配。返情超过 2 次以上的母猪可能有生殖道疾病，应予以淘汰。但也有个别母猪在配种后 20 天左右表现为假发情，此时母猪发情症状不明显，持续时间短，虽稍有不安，但食欲不减，不愿意接近公猪，应予以鉴别，以防止怀孕母猪作为未怀孕母猪而再次配种而引起流胎。因此，采用外部观察法进行妊娠诊断，此法要求饲养员具有丰富的经验和认真的态度。

（二）应用超声波进行早期诊断

应用超声波进行早期诊断也称为超声图像法，其方法判断母猪是否怀孕的准确率达 90%~95%，用 B-型超声波图像仪通过直肠或腹壁成像，可在配种后 15 天开始进行妊娠诊断。超声波妊娠诊断仪的原理是来自母猪子宫液的超声反射波，伴随着妊娠波在母猪子宫液的速度提高，配种后 25~30 天达到可检测水平，80~90 天内一直保持着可检测性。国内市场现已有许多便携式的诊断仪，虽然价格较贵，但对大型规模化养猪场具有实用价值。目前，在一些大型规模化养猪场，多使用 B 超进行早期妊娠诊断。方法是把超声波测定仪的探头贴在母猪腹部体表后，发射超声波，根据胎儿心脏跳动的感应信号音，或者脐带多普勒信号，可判断母猪是否妊娠。配种后 1 个月之内诊断准确率为 80%，配种后 40 天测定准确率为 100%。可见，超声波对妊娠 30~50 天的母猪诊断比较准确有效，这对母猪早期妊娠诊断具有重要意义。

（三）发情诱导法

空怀母猪在雌激素的作用下可诱导发情，而妊娠母猪却对一定剂量的雌激素不敏感，由此可用雌激素诱导发情的方式进行妊娠诊断，准确率可达 90%~95%。其操作方法为在母猪配种后 17 天注射 1 毫克己烯雌酚，如果在 3~5 天内母猪没有发情表现，则认为已经妊娠，否则为空怀。但由于母猪个体间对激素的敏感性差异较大，也影响判断的准确性。此外，也可采用 PG600 进行诊断，即配种后 40 天内的母猪注射 1 头份 PG600，未妊娠母猪处理 3~5 天即可出现发情，而且 PG600 对妊娠母猪和胎儿没有任何影响。

（四）孕酮或雌激素酶免疫测定法

由于母猪妊娠时孕酮和雌激素水平升高，但在配种后 18~21 天如果母猪空怀，则孕酮和雌激素水平降低。因此，测定这个时期的孕酮或雌激素水平，可以诊断母猪是否妊娠。目前，国外已根据酶免疫测定的原理生产出十余种母猪妊娠试剂盒供应市场，操作时只需按说明书要求加样（血样或尿样），然后根据反应液的颜色判断是否妊娠。酶免疫测定技术具有操作简单、快速、无污染和成本低的优点。

第二节 妊娠母猪的营养需要及日粮配制要求

一、妊娠母猪的营养需要

母猪妊娠期的营养，除供母猪本身的维持需要外，还包括供胎儿和胎盘的生长、子宫的增大、乳腺的发育及母猪本身的增重和妊娠期代谢率所需。因此，妊娠母猪的营养与胚胎和胎儿的生长发育、仔猪的初生期、出生后的生活力和日增重、产后泌乳力等密切相关。

（一）能量的需要量

妊娠母猪能量需要包括维持需要、胚胎生长发育需要、子宫生长需要、母体增重需要等几部分。母猪妊娠期营养需要的 75%～80% 是维持能量需要，即每千克代谢体重需要代谢能 457 千焦，母体增重约需消化能 21.4 兆焦/千克，胚胎生长发育需消化能约 0.87 兆焦/天。然而，妊娠母猪的能量需要量因妊娠所处时期、自身体重、妊娠期目标增重、管理环境因素而异。就妊娠全期而言，应限制能量摄入量，但要注意的是能量摄入量过低时，则会导致母猪断奶后发情延迟，并降低了母猪使用年限。这是由于妊娠母猪采食量与哺乳期采食和增重之间的关系是一种反比关系。妊娠期增重多，则哺乳期减重也多，即妊娠母猪体内蓄积或沉积的物质是为泌乳而储备的，哺乳时可以被迅速利用。但母猪妊娠期过肥，会导致产后食欲不振及其他不良后果发生。因此，生产中应避免妊娠母猪增重过多。生产中为了解决妊娠母猪的能量需要中的问题和矛盾，可对妊娠母猪的能量需要按三个时期进行供给。

1. 妊娠前期（0～30 天）

妊娠前期是胚胎细胞减数分裂、分化和早期生长发育阶段，此期所需要营养主要用来维持母猪基础代谢和胚胎早期生长需要。有研究表明，配种后 24～48 小时的高水平饲喂可降低胚胎成活率，这是因为饲料采食量增加能够增加肝脏血流量和增加孕激素的代谢清除率，从而影响胚胎的成活和生长。有学者研究报道，在初产母猪妊娠期内将采食量由 0.9 千克/天增至 2.5 千克/天时，妊娠期第十五天时胚胎的存活率由 86% 降至 67%。其原因为高采食量导致血浆孕酮水平降低，从而降低了胚胎成活数。因此，母猪配种后 3 周内，受精卵形成胚胎几乎不需要额外营养，给母猪饲喂低能量低蛋白质的妊娠日粮（DE≤12.54 兆焦/千克，粗蛋白质≤13%），日饲喂 1.5～2 千克即可维持正常繁殖需要。

2. 妊娠中期（31～85 天）

妊娠中期是胎儿肌纤维形成、母体适度生长及乳腺发育的关键时期。妊娠中期的营养水平还对初生仔猪肌肉纤维的生长及出生后的生长发育也很重要。由于肌肉纤维数量也是决定仔猪出生后生长速度和饲料转化率的重要因子。有试验表明，在母猪妊娠中期（25～80 天）将采食量提高 1 倍，胎儿肌肉纤维总数提高 5.1%，次级肌肉纤维数提高 8.76%，仔猪出生后的日增重提高 10%，饲料转化率提高 7.98%。由此可见，妊娠中期的营养目标是维持母猪适度增重及营养物质的储备，在此阶段提高饲喂水平可以改善初生仔猪的生产性能，一般这个时期饲喂量为 2～2.5 千克/天。

3. 妊娠后期（86 天至分娩）

妊娠后期，母猪的营养需要随着胎儿的进一步发育而相应增加。在此期间，母猪能量摄入不足，会增加初生重较轻的仔猪比例，增加哺乳期仔猪死亡率，降低仔猪生长速度。已有大量试验表明，初产母猪妊娠期消化能摄入量由 11.7 兆焦/天增加至 25.92 兆焦/天，仔猪的初生重随之线性增加，但摄入量超过 35.95 兆焦/天，仔猪初生重并不继续增加；经产母猪的消化能摄入量由 10.03 兆焦/天增加至 41.8 兆焦/天，仔猪的初生重随之线性增加。因此，为了防止妊娠后期体脂肪的损失，能量摄入量应不低于 30.5 兆焦/天。如果妊娠后期能量摄入量不足，母猪就会丧失大量脂肪储备，会影响下一周期的繁殖性能，此阶段的采食量为 2.5～3 千克/天。

（二）蛋白质和氨基酸的需要量

妊娠母猪的蛋白质营养主要是保证其有足够的体蛋白沉积以提高泌乳期的产奶量,从而改善其繁殖性能。一般来说,蛋白质需要量随妊娠期的增长而增高。但由于妊娠期蛋白质轻微不足带来的负面影响可在哺乳期以超过推荐量的蛋白质水平加以补偿,因此在日常生产管理中很少发生因蛋白质不足而降低母猪生产性能的情况。但如果长期缺乏蛋白质,就会影响到以后的繁殖性能及仔猪的生后表现,对初产母猪的影响尤为明显。然而,日粮中蛋白质水平过高,既是浪费,也无益。因此,为获得良好的繁殖性能,必须给予一定数量的蛋白质,同时考虑品质。保证妊娠母猪饲粮蛋白质的全价性,可显著提高蛋白质的利用率,降低蛋白质的需要量,正常情况下,日粮粗蛋白质和赖氨酸水平分别为13%和0.6%,即可满足妊娠母猪的繁殖需要。但对我国肉脂型猪种可适当降低蛋白质和氨基酸水平。我国肉脂型猪饲养标准规定,妊娠母猪每千克饲粮粗蛋白质含量为:前期11%,后期12%,同时也规定了赖氨酸、蛋氨酸、苏氨酸和异氨酸的含量(%):前期分别为0.35、0.19、0.23和0.31,后期分别为0.36、0.19、0.28和0.31。由于赖氨酸是母猪日粮的第一限制性氨基酸,NRC(1998)针对体重、妊娠期体增重及预期产仔数的不同,总结出赖氨酸需要量为9.4~11.4克/天。因妊娠母猪的赖氨酸需要量因能量摄入和猪种的不同而有明显差异,但提高赖氨酸与粗蛋白质比例可改善妊娠母猪繁殖性能。有关试验表明,日粮赖氨酸0.56%~0.63%,可显著提高仔猪的初生窝重和产活仔数,并可以提高母猪对氮的利用率。精氨酸对胎儿生长也具有重要意义,精氨酸也称为胎儿的必需氨基酸之一。精氨酸在胚胎组织的沉积率是所有氨基酸中沉积率最高的一种。常规的玉米和大豆基础日粮通常含0.8%~1.0%的精氨酸,降低精氨酸供给,会减少母猪供给胎体的营养,最终会导致胎儿生长的延迟。还有研究表明,与饲喂13%粗蛋白质相比,饲喂14.39%~15.7%高水平粗蛋白质,产仔数提高25%,初生窝重提高34.96%。有学者研究报道,妊娠期间饲喂含16%粗蛋白质的日粮并同时增加采食量,可增加初产母猪所产仔猪的初生重和断奶重,但对经产母猪的产仔性能影响不大。

（三）矿物质的需要量

一些研究表明,母猪的矿物质添加有一个重要的"窗口期",而且不同的矿物质有不同的"窗口期"。有试验报道,胎儿的矿物质沉积主要是在妊娠的105~114天。同时钙的增加比磷更快。目前,一些研究证实,母猪在妊娠的最后3~4周和整个哺乳期以及断奶后最初3~4周的时间,对微量元素的需求量较高,在这个时段内,母猪每日摄入的有效微量元素的量对母猪的繁殖表现极其关键,对妊娠母猪来说,下列矿物质及微量元素的需要量在生产中要重视。

1. 钙和磷的需要量

钙和磷是妊娠母猪不可缺少的营养物质,饲料缺乏钙和磷时,势必影响胎儿骨骼的形成和母猪体内钙和磷的储备,能导致胎儿发育受阻、流产、产死胎或仔猪生活力不强,患先天性骨软症以及母猪健康恶化,产后容易发生瘫痪、缺奶或骨质疏松症等。很多研究表明,胎儿发育的最后2~3周,需要额外添加钙、磷以及微量元素。在生产中一般是通过妊娠后期2~3周适当提高母猪饲喂量来实现的,因此,对于妊娠母猪必须从饲料中供给比例适当的钙、磷,即钙、磷比以(1~1.5):1为好。

2. 铬的需要量

铬是近些年研究比较热的微量元素。由于铬是葡萄糖耐受因子的组成成分,是胰岛素发挥最大功能所必需的微量元素,母猪饲料中添加铬可通过提高胰岛素活性而改善繁殖力。有研究表明，使用吡啶铬或铬酵母，在母猪第一次配种前最少饲喂 6 个月，在母猪的整个繁殖期连续饲喂，能够提高全群母猪的繁殖表现。

3. 硒的需要量

最近一些研究表明，有机硒的吸收机制与氨基酸一致，在提高产仔数和泌乳力上都有作用。在母猪妊娠后期和整个哺乳期，以硒酵母的形式喂给母猪有机硒，可以提高乳汁中硒的含量，以及增加母猪和仔猪肝脏中硒的储备量。

4. 铁的需要量

母猪在妊娠期间会丢失大量的铁，特别是高产母猪，常常表现临界缺铁性贫血状态，不但影响健康，而且降低对饲料的利用率。有研究表明，在母猪妊娠晚期和哺乳期，饲料中添加来源于有机物质的 200 毫克/千克的铁，能够提高初生仔猪的铁含量，降低仔猪的死亡率，提高断奶窝重，缩短断奶至配种的间隔天数。有机铁的吸收速度快，效率高，而且不会引起矿物质间的拮抗作用，因此氨基酸螯合铁是一种良好的来源。

从以上可见，及时供给妊娠期母猪的矿物质和足够的微量元素，能保证母猪的繁殖力，表 7-1 除铬以外，是妊娠母猪日粮中矿物质的推荐添加量，供生产中参考应用。

表 7-1　妊娠母猪日粮中矿物质的推荐添加量

矿物质	NRC（1998）	推荐添加量
钙（%）	0.75	1
磷（总量,%）	0.6	0.8
铜（毫克/千克）	5	15
铁（毫克/千克）	80	80~120
锰（毫克/千克）	20	20~40
碘（毫克/千克）	0.14	0.4
硒（毫克/千克）	0.15	0.3
锌（毫克/千克）	50	100~120
铬（微克/千克）	—	200

（四）维生素的需要量

近年来研究表明，在妊娠母猪日粮中补充与繁殖有关的维生素不仅可以满足妊娠母猪的需要，保证母猪健康，而且还可以充分发挥母猪的繁殖性能。

1. 维生素 A 与 β-胡萝卜素

维生素 A 参与母猪卵巢发育、卵泡成熟、黄体形成、输卵管上皮细胞功能的完善和胚胎发育等过程，母猪妊娠期缺乏维生素 A，胚胎畸形率、死胎率和仔猪死亡率增加。补充维生素 A 或 β-胡萝卜素可促进排卵前卵母细胞的发育，能增强早期胚胎发育的一致性，可提高胚胎成活率，增加窝产仔数。

2. 维生素 E

维生素 E 称为抗不育维生素，是影响母猪繁殖性能的主要维生素之一。母猪严重缺乏维生素 E 和硒，可引起胚胎重吸收和降低窝产仔数。在母猪饲粮中补充维生素 E，可预防仔猪维生素 E 缺乏，改善窝产仔数，还增加奶中维生素 E 的含量，并改善母猪健康状况。有研究表明，母猪临产前 2~3 周和哺乳期每千克日粮中添加 60~100 单位维生素 E，还可减少乳房炎、子宫炎和泌乳量不足等综合征的发生率。

3. 叶酸

叶酸对促进胎儿早期生长发育有重要作用，可显著提高胚胎的成活率。有研究表明，妊娠母猪日粮中添加 15 毫克/千克叶酸，胚胎的成活率提高 3.1%。因此，妊娠期是补充叶酸的关键时期，母猪妊娠期补充叶酸，通过提高胚胎成活率而不是增加排卵数来增加窝产仔数。但要注意叶酸的补充应在妊娠早期，在妊娠后期或哺乳期补充叶酸效果不明显。

4. 生物素

繁殖母猪饲粮中添加生物素可缩短断奶至发情天数，增加子宫空间，增强蹄部健康，改善皮肤和被毛状况，从而提高母猪生产效率和使用年限。生物素参与能量代谢，并可刺激雌激素的分泌，降低不发情率。有试验表明，在妊娠母猪日粮中添加 0.33 毫克/千克生物素，母猪断奶发情时间由 6.45 天缩短到 6 天，产仔数提高 2.73%，21 日龄仔猪提高 11.38%。

（五）纤维素的需要量

生产实践已证实，日粮中粗纤维含量太低，亦会引发妊娠母猪和哺乳母猪的一系列问题，如母猪便秘、工厂化养殖中母猪的胃溃疡等；妊娠前期的母猪如果饲料中饲喂低纤维日粮，受采食量的限制，很难有饱腹感，从而引发跳圈之类的问题。近些年来学者们对妊娠母猪日粮中添加纤维对母猪和仔猪的影响进行了大量研究，结果表明，妊娠母猪日粮中添加适量的粗纤维可在一定程度上提高母猪的繁殖性能，可以提高妊娠母猪采食量、妊娠期增重、减少泌乳期失重。有试验证实，妊娠母猪日粮中粗纤维含量 8%~10%，对母猪繁殖性能有利。而且在妊娠母猪日粮中适当添加纤维素可以增加母猪饱腹感，减少饥饿，降低刻板行为的发生率。

生产中要注意的是，高纤维日粮可增加热应激，夏季母猪如果采食高纤维日粮，会导致体热增加，产生热应激。尤其是妊娠后期的母猪，常因热应激造成气喘、不安、厌食及发热等现象，导致无乳、缺乳及养猪者经常忽略的非炎症性乳房水肿。此外，综合考虑各生理阶段母猪饲料中粗纤维影响。妊娠前期母猪饲喂含较高纤维的饲料肯定有好处，但妊娠后期由于胎儿的发育，母猪腹压增加，对营养摄入亦增加，因此不宜大量采食容积过大的饲料（高纤维饲料），但同时考虑便秘问题，纤维含量不宜降得太快。对于补充纤维问题，可以考虑在饲料中添加苜蓿草粉等高质量纤维类饲料，当然有条件的猪场可饲喂一定量的青饲料更好。

（六）合理添加脂肪

合理添加脂肪可提高日粮能量水平，多数试验表明，母猪妊娠后期和泌乳初期母猪日粮中添加脂肪 2%~4%，可以提高日产奶量和乳脂率，并进而提高仔猪的成活率。

二、妊娠母猪的日粮配制

（一）妊娠母猪前期（0~90 天）的日粮配制标准与要求

妊娠母猪前期日粮营养要求：消化能 12.0~12.54 兆焦/千克，粗蛋白质 13%~14%，赖氨酸 0.55%，钙 0.85%，总磷 0.5%，增加维生素 A、维生素 D、维生素 E、维生素 C 的水平。矿物质除常规添加外，可增加有机铬。另每头每日饲喂 1~2 千克青绿饲料。

（二）妊娠后期（91 天至分娩）的日粮配制标准与要求

妊娠母猪后期日粮营养要求：消化能 13.38~14.21 兆焦/千克，粗蛋白质 16%，赖氨酸 0.85%，钙 0.85%，总磷 0.6%，也要增加维生素 A、维生素 D、维生素 E、维生素 C 的添加量。此外，在饲料中添加植物脂肪 3%~5%，可提高仔猪的体脂储备和糖原储备。有试验证明，母猪产前脂肪采食总量达1~4千克时，仔猪成活率最高。妊娠后期也要饲喂一定量的青绿多汁饲料，一方面可促进母猪食欲，缓解便秘现象，另一方面可促进胎儿发育及提高产仔率。

第三节　妊娠母猪的饲喂和饲养方式及科学管理要点

一、妊娠母猪的饲喂方式

(一) 妊娠母猪的三阶段饲喂方式

妊娠母猪的营养需求供给不可固定不变，生产实践中应根据妊娠进展、胚胎生长发育需要和母猪体重状况而适当调整。一般来讲，妊娠初期降低能量摄入量以提高胚胎成活率和窝产仔数为目标；妊娠中期应以维持母猪体况为目标；妊娠期最后一个月胚胎生长发育的营养需要很高，胚胎的生长与母猪能量摄入量直接相关，因此，在此阶段增加母猪的能量摄入量有助于增加仔猪的初生重和断体重，达到提高仔猪初生重和断奶成活率，维持母体体况，改善母猪繁殖性能的目标。由于规模化猪场大都是饲养的现代高产母猪，因此，生产中对妊娠母猪的饲养可分三个阶段的饲喂方式较为适宜。

1. 妊娠前期 (0~20天) 的饲喂方式

妊娠前期的母猪日平均饲喂量在1.8~2千克。大量研究表明，胚胎存活率受母猪妊娠早期 (第一个月) 采食量的影响，高水平饲喂的可降低胚胎存活率，其中配种后1~3天的胚胎死亡率最高，特别是配种后24~48小时的高水平饲喂对窝产仔数非常不利。

2. 妊娠中期 (21~90天) 的饲喂方式

妊娠中期的营养水平对初生仔猪肌纤维的生长及出生后的生长发育十分重要，采食量可稍有增加，一般这个阶段每日饲喂量为2~2.5千克。

3. 妊娠后期 (91天至分娩) 的饲喂方式

妊娠后期的营养水平增加能提高仔猪的初生重和断奶体重，但为保持母猪体况，也不可饲喂过量，以避免因仔猪过大而造成母猪难产，甚至母猪被淘汰。生产中一般采取产前一周降低饲喂量10%~30%，在预产期前3~5天将母猪的饲喂量逐渐减少，调整为2~2.5千克，以利于母猪的分娩，并能减少乳房炎的发生率。

(二) 中国传统的饲喂方式

妊娠母猪对于营养利用与其他生理时期相比，具有十分明显的特点，其中之一就是妊娠母猪往往能在较低营养水平饲养条件下，也能获得满意的繁殖成绩，表明了妊娠母猪对饲料利用的经济性和特殊性，养猪生产者也常常对此采用特殊的利用方式。中国传统养猪在以青粗饲料为主的条件下，总结妊娠母猪的特点，提出了以下三种饲喂方式，生产实践也证实，这几种饲养方式至今具有一定的科学性，在种猪生产中应推广应用。

1. 两头精中间粗的饲喂方式

这种饲喂方式也称为"抓两头，顾中间"的饲喂方式，适用于断乳后体瘦的经产母猪。有些经产母猪经过分娩和一个哺乳期后，体力消耗很大，为使其担负下一阶段的繁殖任务，必须在母猪妊娠初期加强营养，使其迅速恢复繁殖体况，这个时期连配种前10天共1个月左右，加喂精料，所饲日粮全价，特别是日粮要富含高蛋白质和维生素，待体况恢复后加喂青粗饲料或减少精料量，并按饲养标准饲喂，直到妊娠 80 天后再加喂精料，以增加营养供给，这种饲喂方式形成了高—低—高的营养供给，即所谓的"抓两头，顾中间"或"两头精中间粗"的饲喂方式。

2. 前低后高的饲喂方式

对配种前体况较好的经产母猪可采用此方式。因为妊娠初期胚胎生长发育缓慢，加之母猪膘情良好，这时在日粮中可以多喂些青粗饲料或控制精料给量，使营养水平基本上能满足胚胎生长发育的需要。到妊娠后期，由于胎儿生长发育加快，营养需要量加大，所以应加喂精料以提高日粮营养水平。

3. 步步登高的饲喂方式

步步登高的饲喂方式也称为阶段加强的饲喂方式，适用于初产母猪。因为初产母猪本身还处于生长发育阶段，胎儿又在不断生长发育，因此，在整个妊娠期间的营养水平，是根据母猪自身的生长发育需要及胚胎体重的增长而逐步提高的，至分娩前 1 个月达到最高峰。也就是说，这种饲喂方式是随着妊娠期的延长，逐渐增加精料比例，并增加蛋白质和矿物质饲料，但到产前 3~5 天，日粮饲喂量应减少 10%~20%。

（三）用测膘仪测定母猪膘情等级的饲喂方式

目前大多数猪场对妊娠母猪的营养调控不是根据哺乳期基础营养储备损失情况来确定的，也就是说现场管理人员大多数不知道如何确定每头母猪的平均喂料量，主要是根据母猪群的膘情，然后由技术人员来决定给料量，这种方式主要依靠技术人员的经验，是一种既原始又没有准确依据的方法。也可以这样说，依靠经验就会失去精确度。科学的饲养必须做到精准，在一定程度上也要承认，用这种粗糙而原始的方法来饲养现代高产瘦肉型母猪，其结果不可能得到高回报。

近年来，国内外研究更多的是繁殖母猪的给料方法，因为科学家及一些学者的共识是，在母猪妊娠阶段控制适宜的饲料喂量，也是提高生产水平的关键措施。给繁殖母猪的给料方法，也就是正确给料，总是要依母猪体况的实际情况而确定给料量，为此，认定母猪的膘情就成了第一位工作。目前，确定母猪膘情，可以采用活体测膘法。方法是根据 P_2 背膘（最后肋骨距背中线 6.5 厘米处背膘）的测定情况来确定妊娠母猪的给料量，母猪断奶当天进行测定，可以将测定结果分为 3 个等级：16~20 毫米为标准失重状态，低于 16 毫米为偏瘦，高于 20 毫米，可以判定为偏肥。这样可以根据 P_2 背膘测定情况来确定不同等级母猪的给料量，每头妊娠母猪每天的喂料量=每头母猪每天应该摄入的代谢总量（千卡）/每千克饲料中代谢能总量（千卡）。如果分为 5 个等级效果会更好，若用 P_2 背膘来划分可分为：16~20 毫米为正常，14~16 毫米为偏瘦，14 毫米以下为过瘦，20~22 毫米为偏肥，22 毫米以上为过肥，每个等级增减 200 千卡的代谢能来确定妊娠母猪的饲料量会更精准一些。也有学者提出，用测膘仪测定母猪最后肋骨处下方 6.5 厘米处脂肪厚度，按 6 级评分法判断膘情（曹日亮等）。

（四）以体况评分体系的饲喂方式

猪场如没有测膘仪，可根据母猪的体况评分体系对母猪进行评分，然后采取适宜的饲料给量，控制妊娠期母猪的增重。我国台湾颜宏达博士采用了加拿大五点评分法，见表 7-2。颜宏达认为，第一产母猪妊娠体重以 35.5~45.5 千克，第 2~5 胎母猪以 36.5~41 千克，五胎以上母猪以 75 千克为宜。但从国内猪场的情况来分析，控制初产母猪以妊娠期体重增加

30~40 千克，经产母猪体重增加 30 千克，3~4 产母猪体重增加 45 千克为好。

表 7-2　母猪膘情五点评分法

体形评分	体　型	臀部及背部外观
1	消瘦	骨骼明显外露
2	瘦	骨骼稍外露
3	理想	手掌平压可感觉到骨骼
4	肥	手掌平压未感觉到骨骼
5	过肥	皮下厚、覆脂肪

从表 7-2 可见，1 分为过瘦，这样的母猪为瘦弱级，不用压力便可辨脊柱、尖脊、削肩、膘薄、大腿少肌肉；2 分为稍瘦级，这样的母猪脊柱尖，稍有背膘（配种最低条件）；3 分为标准级，这样的母猪体况适中，身体稍圆，肩膀发达有力（配种理想条件）；4 分为稍肥级，这样的母猪平背圆膘，胸肉饱满，肋条部丰厚（分娩前理想状态）；5 分肥胖级，这样的母猪体况太肥，体形横，背膘厚。

生产中还可采用称重评级的饲喂方式，虽然比较繁琐但非常精准。在产前称母猪体重，断奶时再进行一次称重，减重在 15 千克之内视为正常，每增减 10 千克可作为一个评级单位。这种方法虽然准确，但由于操作起来非常困难，工作量大，这也是猪场不愿意使用的原因之一。

二、妊娠母猪的饲养方式

（一）小群圈养方式

中小型猪场一般采取 3~5 头母猪一圈，猪栏面积一般为 9 米²（2.5 米×3.6 米）。其优点是妊娠母猪能活动，死胎比例降低，难产率也低，母猪使用年限长；其缺点是无法控制每头妊娠母猪的采食量，从而出现肥瘦不均，也由于拥挤、争食及返情母猪爬跨等造成母猪流产情况会发生。

（二）单体限位栏饲养方式

工厂化养猪实行一头母猪一个限位栏，整个妊娠期间一直让母猪饲养在限位栏中，因此，也称为定位栏饲养。其优点是采食均匀，能根据母猪体况阶段合理供给日粮，能有效地保证母体胎儿生长发育，节省饲料，降低成本；缺点是由于母猪缺乏运动，死胎比例大，难产率高，肢蹄病较多，使用年限缩短等。

（三）前期小群饲养后期定位栏饲养方式

此饲养方式是针对小群圈养和定位栏饲养方式的问题而改进的一种饲养方式。母猪妊娠前期大约一个月，采用小群饲养方式，这样可以让母猪多运动，可增强母猪体质。一个月后转入限位栏中饲养，这样可以节省猪栏，能控制母猪采食量，使母猪能保持合理体况。但此种方法前期仍然难避免前中期采食不均的问题，也难免会出现母猪抢食拥挤产生应激，对胚胎生长发育也有一定影响。

（四）智能型母猪群养管理系统的饲养方式

智能型母猪群养管理系统又称母猪电子饲喂管理系统，是母猪群体管理的最佳管理模式，是指猪场 RFID（无线电射频识别）技术在母猪大群饲养的前提下准确识别个体怀孕母猪，并通过相应管理软件准确执行怀孕母猪的饲喂方案，使母猪在大群饲养的同时，个体能够精确喂料，保持怀孕母猪良好的体况和生产性能。而且电子母猪管理系统的软件，可根据妊娠母猪的不同胎次设定不同的饲喂曲线，同时根据母猪的配种月龄、膘情体况等为每头母猪计算出当天精确的饲喂量，进行精确投料，其目的是既能保证为母猪提供充足的营养，同时又不会因为营养品过剩导致母猪膘情过高。由此可见，智能型母猪管理系统在群体环境下的大栏中饲喂妊娠母猪，很符合现代福利养猪理念，由于母猪配备了 FRID 电子耳牌，计算机管理软件能准确地执行怀孕母猪的饲喂方案。由此表明，母猪电子饲喂管理系统是目前国际先进的怀孕母猪的饲养技术和饲喂饲养模式。

三、妊娠母猪的科学管理要点

（一）妊娠母猪的护理要点

妊娠母猪在管理上的中心任务，主要是护理好母猪或整个妊娠期胎儿的正常生长发育，防止母猪流产。根据妊娠母猪的生理特点和饲养要求，对妊娠母猪在妊娠期中可分三个阶段进行科学护理。

1. 妊娠初期的护理

母猪配种至确定妊娠大约需要 35 天，虽然母猪身体变化很小，但初期的护理重点是防止胚胎早期死亡，提高产仔数。要保持原来的群体饲养，不宜合群并群饲养，防止咬斗，造成隐性流产。初期首先要保证饲料的全价性，但要适当降低能量水平，供给干净而充足的饮水；其次要注意环境卫生，保持适宜的环境温度。

2. 妊娠中期的护理

母猪妊娠后 35~80 天为中期，此阶段母猪代谢能力增强，能迅速增膘，而且母猪贪食、贪睡，因此，此时要适当降低能量水平或采用限食饲养，以防母体过肥。这一时期还应随时注意母猪的健康状况，每天重点检查采食、精神、粪便，一旦发现异常迅速采取措施处理。

3. 妊娠后期的护理

妊娠后期为 81~110 天，是胎儿迅速生长时期，营养物质要充分供给，满足胎儿生长需要为重点。因此，妊娠后期最重要的是保持母猪旺盛的食欲和健康的体质，产前 3~5 天日粮应减少 10%~20%。还要注意母猪乳房的变化，并根据其变化情况，调整饲料组成和喂给量，如有较明显的分娩症状，提前转入产仔房。

（二）妊娠母猪的管理要注意的事项

1. 注意饲料品质

不饲喂发霉、腐败、变质、冰冻和带有毒性或有强烈刺激性气味的饲料，否则会引起流产。而且饲料种类也不宜经常变换，有条件的猪场以饲喂湿拌料为宜。

2. 保持猪舍安静、防止应激反应

妊娠舍一定要保持环境安静，严禁人为粗暴对待母猪；此外要注意猪舍内温度，特别是夏季高温要做好防暑降温，防止热应激反应而引起流产，尽量使舍内温度不超过 24℃。

3. 注意免疫应激引起母猪流产

妊娠母猪也要严格执行免疫程序，但据观察发现，有的疫苗注射后能引起母猪流产，可能是免疫应激所致。从目前有关报道分析，易引起母猪免疫后流产的疫苗主要是油佐剂疫苗居多，如口蹄疫苗、伪狂犬苗、乙脑苗等，按常规要求这几种疫苗都要注射。但从一些猪场出现的情况看，全群猪一刀切接种，一些妊娠母猪接种后第 2~3 天发现陆续出现流产，多

则 2%~3% 流产率，少则 0.5%~1%。而且流产以妊娠 30~50 日龄居多，通常母猪无症状。为减少免疫应激，免疫接种要避开合群，在母猪整个妊娠期前 40 天属于胚胎不稳定期，在给母猪接种甚至药物保健时，应尽力避免这一时期为宜。此外，为改善注射疫苗后的免疫应激反应，口蹄疫苗可采用进口佐剂，伪狂犬苗选择水佐剂苗比油佐剂苗应激要小得多，乙脑疫苗按常规是年注射两次，即每年 3 月和 9 月，也可根据妊娠母猪的怀孕天数选择合适的免疫时间，以防流产。

4. 注意产前消毒

母猪妊娠 110 天或预前分娩前 7 天，需由妊娠舍转入产仔舍。转群不要赶猪太急或惊吓猪，更不能打猪。母猪进入高床分娩架内饲养前，应对母体特别是乳房及外阴部进行严格清洗消毒，有条件的猪场可采用温水淋浴消毒，千万不可用凉水冲刷妊娠母猪，以免造成感冒发生或应激反应而影响母猪的正常分娩。

第四节　提高妊娠母猪怀孕率的综合技术措施

一、控制影响胚胎存活的因素来降低胚胎死亡率

很多研究已表明，影响胚胎存活的因素很多，如遗传因素、排卵数、母猪的胎次、妊娠持续期、胎儿在子宫角的位置、疾病、营养、管理和环境等。在这些因素中，疾病、营养、管理和环境在一定程度上人为可以控制，可降低胚胎死亡率。

（一）搞好疾病防治及防止热应激，消除影响胚胎存活及流产的因素

母猪感染细小病毒（PPV）、日本乙型脑炎病毒（JEV）、猪呼吸-繁殖障碍综合征病毒（PRRSV）、猪伪狂犬病病毒（PRV）、布鲁氏菌和衣原体后，可引起繁殖障碍，引起胚胎死亡、流产和窝产仔数减少；其次，感冒发烧、生殖道炎症、热应激等也极易引起流产。生产中，对繁殖障碍疾病可用有关疫苗注射预防，感冒发烧和热应激反应也可采取加强饲养管理和环境卫生，降低环境温度等措施进行防制。生产实践已表明，环境温度过高，是造成胚胎早期死亡的主要因素，特别是配种后 0~15 天内高温的影响更为严重。因此，必须把夏季母猪降温措施落到实处。另外，应避免妊娠母猪早期混栏或粗暴管理，减少机械性流产。母猪子宫感染已成为妊娠母猪常发的一种疾病，其中人工授精操作不当、器械消毒不严、细菌感染等是主要原因。对子宫感染也可采取添加抗生素防治，从一些研究和实践中观察表明，子宫感染细菌是引起胚胎死亡的另一个原因。据有关资料报道，配种后子宫感染可降低妊娠率 5%~20%。目前，为防治子宫感染，在饲料中添加抗生素，有望提高胚胎存活率，增加产仔数。

（二）实行营养与饲养水平调控技术，提高胚胎存活率

1. 保证饲料的全价性

猪胚胎死亡率受品种、遗传、胎次和环境条件的影响较大，一般为 30%~40%，但胚胎死亡以囊胚开始快速伸展和附植前后发生率最高，有 30%~40% 的胚胎死亡发生于囊胚附植时期，即母猪配种后 13~14 天，约 22% 的胚胎死亡发生于母猪配种后 6~9 天。其原因是母猪配种后 24 天内，胚胎仍处于激离状态，主要从母体子宫液中吸收组织营养维持自身的发

育，这样，一方面由于胚胎相对生长速度较快，对营养物质的需要量增加，但另一方面由于母猪子宫液中营养物质即子宫乳也有限，而且子宫内环境变化也在此时表现最明显，最易引起胚胎死亡。生产中，对妊娠早期的母猪，如提供优质饲料，维持子宫内环境的正常，可减少胚胎死亡率。目前的研究表明，饲料中的某些特殊营养物质如维生素、矿物元素和氨基酸等，对胚胎发育的影响是肯定的，其中对胚胎存活影响最大的是维生素A、叶酸、β-胡萝卜素和维生素E。维生素中叶酸是影响母猪繁殖性能最重要的维生素之一。近十年的研究表明，给经产母猪饲喂补充5毫克/千克叶酸的日粮，使妊娠35天的胚胎存活率提高37%；而当排卵数增加时，补充叶酸提高胚胎存活率的效果更加明显，达到10%。而且在采用"催情补饲"技术促进青年母猪排卵数增加时，添加叶酸时对提高产仔数和成活率具有更加明显的效果。研究表明，叶酸之所以能提高窝产仔数，关键是叶酸通过主动转运机制转运到胚胎中，从而提高了胚胎的成活率，降低了胚胎早期的死亡率。因此，在母猪配种前后的日粮中添加叶酸是必需的，特别是对排卵数较多、胎次较多（窝产次）及催情补饲的母猪效果更明显。此外，在催情补饲的情况下，对提高初产母猪胚胎存活率具有重要作用的一个维生素是维生素A，其机理是高能日粮往往是造成初产母猪胚胎直径的变异增大，因此，尽管催情补饲后排卵数增加了，但胚胎的存活率却下降了，而维生素A（目前认为特别是注射维生素A）可以改善胚胎大小的整齐度，提高胚胎发育的同步性，从而降低胚胎死亡率。还有的研究结果进一步表明，在饲喂维生素充足日粮的母猪如用注射方式补充β-胡萝卜素，可以进一步改善母猪的繁殖性能，其主要作用机制是通过促进卵巢中孕酮的合成而降低了胚胎死亡率。因此，保证饲料的全价性，在妊娠母猪饲料中合理添加氨基酸、维生素、矿物质等饲料添加剂，对提高胚胎存活率具有一定意义。

2. 禁喂有毒有害及发霉变质饲料

饲料中的某些有毒物质，也对胚胎发育有影响，如植物雌激素、棉酚（棉籽饼中）、硫代葡萄糖苷毒素（菜籽饼中）以及饲料加工、贮存过程中所污染的毒素等，都对胚胎发育有影响，因此，在妊娠母猪的饲料配制中，禁用棉籽饼、菜籽饼等杂饼及发霉变质的原料，对提高胚胎成活率有一定作用。

3. 注意日粮中能量水平

生产中虽然提供优质全价饲料可提高胚胎成活率，但妊娠前期实行限饲也可提高胚胎成活率。很多研究表明，妊娠期的能量水平对胚胎存活具有显著的影响，如妊娠早期增加能量水平（即提高采食量）不仅不能增加产仔数，而且会导致胚胎死亡率增加。其原因是增加妊娠期采食量的结果，是使血浆中孕激素水平降低，结果降低了胚胎的存活率。据有试验报道，在母猪配种前后应用三种营养（饲养）水平，每天饲喂饲料分别为4.1千克、2.4千克和1.2千克，含代谢能分别为51.2兆焦、30.0兆焦和15.0兆焦饲养母猪，经果发现胚胎死亡率随采食量的增加而增加。也有试验报道，在青年母猪配种后禁饲24小时、48小时或72小时，结果发现胚胎存活率随禁饲时间的延长而长高。最近的研究表明，母猪配种后72小时是决定胚胎损失的关键时期，在此期间，妊娠母猪的采食量由1.8千克提高到2.5千克时，胚胎死亡率显著增加，而72小时以后采食量提高并未产生这种后果。这是由于高能量（或高采食量）导致配种后72小时内胚胎死亡率增加的原因，是使血浆中正常的孕激素水平延迟了10小时才出现。因此，对青年母猪进行"催情补饲"时，必须注意与配种后早期（72小时内）控制喂料量的措施结合起来。但也有试验报道，在母猪配种后每天饲喂1.8千克或2.7千克饲料，结果发现高水平饲养组的胚胎存活率增加，但在以后以每天1.8千克或

3.6 千克的饲养水平组间胚胎存活率有显著差异。从以上的试验结果也表明，营养水平与胚胎发育有很大的关系，虽然报道结果不一致，其原因分析可能与补饲时母猪本身的体况或膘情有关。当母猪膘情很好时，在配种前后再提高营养水平，可能对胚胎发育不利；相反，如果在配种时母猪膘情不好则增加营养水平可以提高胚胎存活率。因此，为了保证母猪饲粮的营养水平和全价性，维持母猪内分泌的正常水平，防止胎儿因营养不足或不全而中途死亡，对妊娠母猪前期能量不可过高，妊娠前期的消化能需要量在维持基础上增加 10%。

4. 因猪而异采取不同的饲养方式

生产实践中，饲养方式要因猪而异，对于断奶后体瘦的经产母猪，应从配种前 10 天起增加饲料喂量，直至配种后恢复体况为止，然后按饲养标准降低能量浓度，并多喂青饲料；对于妊娠初期七成膘的经产母猪，前中期饲喂低营养水平的日粮，到妊娠后期再给予优质日粮；对于青年母猪，由于其本身尚处于生长发育阶段，同时负担着胎儿的生长发育，因此在整个妊娠期内，可采取随着妊娠日期的延长逐步提高营养水平的饲养方式。

5. 把握好限制饲喂原则

生产实践已证实妊娠母猪的饲养水平高低直接会影响到怀孕率的高低、活仔数及所占比例、初生前窝重及产后母猪泌乳性能，因此成功饲喂母猪的关键在于坚持哺乳期的充分饲喂，在妊娠期间的限制饲喂，这是母猪生产饲养的一个普通原则。在实际生产实践中，由于规模化猪场现饲养的是现代高产母猪，因此必须使用妊娠不同阶段的全价饲料，才可保证提高怀孕率。在环境适宜、没有严重的寄生虫病的前提下，妊娠母猪在采取限饲下一般每日投喂 1.8~2.5 千克，并再投饲一定量的青饲料即可满足需要。

二、更新对妊娠母猪阶段的饲养设备及饲养管理观念

目前，我国规模化猪场对妊娠母猪的饲养与国外相比，在理念及饲养方式上还存在以下主要问题，从而也导致了妊娠母猪怀孕率低。

（一）饲养设备及饲养理念的局限

母猪生产力低下一直困扰我国规模养猪生产的发展，表现最明显的是母猪繁殖性能较差，特别是产仔数这一性状尤为明显，很多猪场平均产活仔数很难超过 10 头。而母猪繁殖性能低下，产仔少，更多的猪场管理人员都在母猪发情、配种环节上找原因。事实上，母猪产仔少是我国养猪业的普遍问题，而其主要原因有两条：一是哺乳母猪基础营养储备消耗过大，母猪繁殖体况差；二是妊娠期母猪饲养管理做得不是很科学，基础营养储备没有得到很好的恢复。在一定程度上讲，妊娠母猪饲养阶段是母猪繁殖期技术要求较高的一个阶段，而我国大多数规模化猪场的设备条件和技术管理能力及观念，都很难达到现代高产瘦肉率繁殖母猪精细化管理的技术要求，这也是我国猪场落后于国外猪场的一个原因。如果规模化猪场对母猪妊娠阶段的饲养设备及饲养管理理念不更新，就很难饲养这些引进的高产瘦肉型母猪，母猪繁殖性能的改善在一定程度上也就无从谈起。因为母猪繁殖性能属于低遗传力性状，母猪繁殖性能表现受饲养管理的影响要比遗传因素大得多，也就是说，一头现代高瘦肉率繁殖母猪是否能够高产的主要因素是饲养管理，没有良好的饲养管理作为基础，猪场不可能有高产的母猪群。一个高产优秀的母猪群主要是管理出来的，不是选出来的，而此结论还没有被一些猪场业主所认识。由于哺乳期母猪基础营养储备消耗过大，其基本特征为断奶到配种的间隔时间长，发情不集中，下一胎的平均产仔数少，变异数大。因此，当母猪进入妊娠期后，饲养管理的目的是如何对哺乳期体储消耗不同程度的母猪进行营养调整，通过营养

调整能使母猪在产前达到整齐划一的营养储备状态。这就需要合理的饲喂策略来保证体能储备的恢复。虽然母猪基础营养储备状态对繁殖性能影响非常大，但由于国内大多数猪场受饲养管理条件限制，如没有像发达国家对妊娠母猪采取智能化饲养，以及对妊娠期母猪基础营养储备调整的重要性认识不够，母猪妊娠阶段的饲养管理非常粗放，特别是在中小型猪场表现尤为突出，这与现代瘦肉型母猪的饲养管理标准要求相差甚远，这也是国内有关养猪专家感叹中国的养猪业落后于发达国家科学养猪技术水平在 30 年的原因。因此，规模化猪场的设备条件和技术管理能力及理念不更新，很难达到高产瘦肉率繁殖母猪精细化管理的技术要求，母猪繁殖性能的提高也难以从根本上改变。

（二）饲养方式的问题

目前我国的规模化猪场大都采用 20 世纪 80 年代开始引入的限位栏饲养方式，由于理念问题及资金的限制，至今仍然还有一大部分猪场对妊娠母猪采用小圈分群饲养方式。后来一些猪场生产者针对这两种饲养方式存在问题，采取了前期小群饲养后期定位栏饲养的方式。生产实践已表明，这几种饲养管理方式都没有从根本上解决对妊娠母猪营养调控的基本要求，在一定程度上可以说这也是我国养猪场繁殖性能较低的原因之一。这几种饲养方式从实质上并没有解决妊娠母猪饲喂量确定的问题，因此，对妊娠母猪并没有真正达到在前、中、后期采取营养调控技术措施，虽然比传统的饲养方式有很大程度的改进，但与国外对妊娠母猪实行电子饲喂方式相比，也还是没有从技术管理能力上达到对妊娠母猪的精细化管理的程度。

1. 小圈分群饲养方式的主要问题及采取的改进措施

在一定程度上可以认为，这种饲养妊娠母猪的方式是养猪业发展过程中一种原始的方式。30~40 年前美国大多数猪场也是采用这种饲养方式，而中国目前很多猪场仍然采用这种饲养方式，特别是中小型猪场，由于受资金和技术的限制，基本上以这种饲养方式为主。虽然这种饲养方式有它的一些优点，但由于这种饲养方式很难做到按每头母猪配种时的基本体况来进行营养调控，导致了妊娠母猪在妊娠阶段的体况参差不齐。一些研究表明，母猪繁殖体况是决定母猪繁殖性能的关键要素，而这种饲养方式的最大问题是没有办法解决强者夺食弱者吃不饱的问题。当年美国养猪者对这种饲养方式存在的问题也采取了一些措施改进，但还是无法从根本上解决母猪群体繁殖性能要达到的最佳状态，也浪费了饲养者和管理人员很多时间和精力。由于这种饲养方式仍然很难达到精确饲养与合理营养调控的饲养标准要求，把妊娠母猪分为 5 个等级，根据所评等级进行分类饲养也起源于那个时代。目前，根据体况评分体系的饲喂方式，在一定程度上可以解决小圈分群饲养方式中存在的问题，特别是采用活体测膘仪也能科学判断母猪膘情的等级，以此根据母猪配种前后体况进行营养调控，但在一定程度上讲也并不是一种十分科学的方式。

2. 单体限位栏饲养方式存在的问题及采取的措施

中国的一些大型猪场在 20 世纪 80 年代后期开始采用单体限位栏饲养妊娠母猪的饲养方式，与小圈分群饲养方式相比有很大进步，解决了强者夺弱食的问题。但由于大多数猪场采用人工给料，也很难做到准确定量，仍然解决不了对妊娠母猪合理的营养调控问题。其主要原因是中国的劳动力成本低，用人工代替机械，经济投入少，但其真正的原因除了设备投入资金受到限制外，主要还是猪场业主的理念和技术管理能力问题。国外一些猪场采取定位栏饲养妊娠母猪，但都使用了定量自动饲喂系统，达到了按妊娠母猪的繁殖体况分阶段进行科学饲喂，做到了精细化的饲养标准要求。而中国这种饲养方式也可以说是一种不完全的单体限位栏饲养系统。虽然一些猪场针对单体限位栏饲养妊娠母猪运动不足，肢蹄病较多等一系列问题，而采取前期小圈分群后期采取单体限位栏的饲养方式，但由于没有使用定量饲喂系统，还是没有达到对妊娠母猪进行精细化的管理和营养调控的技术。因此，中国的猪场无论采取何种饲养方式，以及按膘情评分的饲喂方式，如不采取机械投料和定量饲喂系统，在一定程度上讲也是难以提高妊娠母猪怀孕率。

从以上论述可见，妊娠母猪饲养是技术要求较高的一个饲养阶段，而国内猪场一些业主却仅仅认为由于受资金投入的限制问题，难以做到对妊娠母猪的精准饲养，实质上国内一些猪场对妊娠母猪的饲养方式，不仅仅是资金投入的问题，更重要的是对妊娠母猪饲养的基本要求，要达到的饲养目的并不十分清楚，在技术和理念上存在严重误区，不是十分清楚妊娠母猪饲养水平对母猪繁殖性能的影响有多大。因此，不从根本上解决妊娠母猪的精准饲喂问题，就很难解决现代高产母猪繁殖性能低下的问题。从长远看，高度重视妊娠母猪饲养管理，必须要对妊娠母猪舍进行改造投资，可以使用欧洲电子自动饲喂系统，也可采用单体限位栏自动化上料系统，而使用单体限位栏就必须有饲料计量设备，这两种饲养方式都可以解决妊娠母猪的营养调控问题。精准化的饲养管理方式是改变目前国内猪场母猪繁殖力低下的唯一出路，也是未来中国养猪业发展的要求，而电子饲喂系统应该是一个途径。

第八章
分娩母猪的饲养管理技术

现代种猪生产中，分娩母猪的饲养与管理比较重要。目前在规模猪场中，由于一些技术人员缺乏对分娩母猪的饲养与管理技术，尤其是正确的接产程序，造成了分娩母猪发病率高，出生仔猪死亡率高。因此，对分娩母猪加强饲养与管理，并按一定程序重视实用技术的操作与应用，是提高种猪繁殖效率与生产效益的又一个关键阶段。

第一节　母猪分娩前后的饲养管理及分娩过程中的护理要求

一、母猪分娩前的饲养管理

（一）母猪分娩前的饲养要求

母猪产仔前的饲养主要是根据母猪体况和乳房发育情况而定。对于膘情较好的母猪，在产前 5~7 天后按每日喂量的 10%~20% 的比例减少精料，以后逐渐减料，到产前 1~2 天减至正常喂料量的 50%，并且停喂青绿多汁饲料。对膘情好的产前母猪减料，可防止发生乳腺炎和初生仔猪腹泻。一般来讲，多数产前母猪膘情较好，产后初期乳量较多，乳汁也较稠，而仔猪刚出生后吃乳量有限，有可能造成母乳过剩而发生乳腺炎；此外，仔猪吃了过度的浓稠乳汁，常常会引起消化障碍或先感口渴后饮水量大，结果造成腹泻。因此，对膘情较好的母猪应采取逐渐减料的饲养方式，并在分娩当天可少喂或不喂料，可喂一些麸皮、盐水汤等轻泻饲料，防止母猪产生便秘。相反，对于体况偏瘦的产前母猪，不能减少日粮给量，还应增加一些富含蛋白质、矿物质、维生素的饲料。一般对体况太差的母猪，分娩前能吃多少就给多少，不可限量，否则会影响分娩后乳汁的分泌，但在分娩前一天和当天也要限量饲喂。国外饲养母猪在妊娠最后一个月开始喂泌乳期饲粮，并且在产前 1 周也不减料，这样有利于提高仔猪初生重，但要求母猪不应过于肥胖，避免造成分娩困难致影响哺乳，但在分娩当天采取限饲。

（二）母猪分娩产前管理技术

1. 产前准备工作

临产母猪一般在产前一周转入产房，而母猪产前的准备工作非常重要，是母猪安全产仔，提高母猪产仔成活率的重要保证。因此待产母猪转入产房前必须做好一系列的准备工作。

（1）产房的清洗消毒 产房的清洗消毒对减少仔猪腹泻和保障仔猪成活具有十分重要的作用。待产母猪进入产房前，要将猪舍及产床进行彻底清洗干净，待其干燥后，用2%~3%的氢氧化钠溶液或2%~3%来苏儿等溶液进行消毒，经12小时干燥后再用高压水冲洗干净，空舍晾晒7天后，方可调入待产母猪。

（2）待产母猪的消毒 母猪在产前7天，最迟5天要转至产房，并在高床上饲养，使其熟悉并适应新的环境，便于特殊护理。待产母猪上产床后，为了预防仔猪腹泻，产前应清洁母猪的腹部、乳房及阴户附近的脏物，然后用2%~5%的来苏儿溶液消毒。消毒后清洗擦干等待分娩。同时，还应对分娩用具如红外线灯、仔猪箱等严格检查后并清洗消毒。

（3）接产用具准备 包括消毒用的酒精、碘酒和棉球，装仔猪用的箱子、取暖设备、红外线灯或保温箱等，手电筒、消毒过的干净毛巾，剪犬齿的铁钳子、秤及记录本等用具，一定事先准备好。对地面饲养的母猪还需准备垫草，垫草长短适中（10~15厘米）、干燥、清洁、柔软。对分娩母猪提供福利条件，尽量不在凉冷的水泥地面产仔。

（4）产房环境要良好 产房应保持干燥卫生，相对湿度最好在65%~75%，温度要控制在20~23℃，仔猪箱内的温度保持在33~34℃。另外产房内应保持光照充足，通风良好，空气新鲜。

2. 预产期的推算

母猪配种后，经过114天（112~116天）的妊娠，胎儿发育成熟，母猪将胎儿及其附属物从子宫排出体外，这一生理过程称为分娩。母猪预产期的推算可按"三、三、三"法推算，即从配种日期后推3个月加3周再加3天。还可用一个简便的方法推算其产期：就是其配种日期月上减8，日上减7。如10月12日母猪被配上种，产期就是第二年的2月5日。如果配种的时间月上不够减8，或者日上不够减7，在月上加11，或在日上加30，就够减了，减出的时间就是母猪的产期。以上两种预产期的推算也非常准确。

3. 分娩判断

母猪妊娠期末，在生理和行为上会产生一系列变化，称为分娩预兆。生产中可根据观察分娩征兆与临产时间做好接产准备。

（1）根据乳房变化判断 母猪产前15天左右，乳房就开始从后向前逐渐膨大下坠，到临产前乳房富有光泽，乳头向外侧开张，呈八字分开。一般情况下，当临产母猪前面的乳头能挤出少量浓稠乳汁后，24小时左右可能要分娩，后边的乳头出现浓稠乳汁后3~6小时内可能要分娩，若用手轻轻按压母猪的任意一个乳头，都能挤出很浓的黄白色乳汁时，临产母猪马上就要分娩了。母猪临产前的乳房变化，在生产中是一个比较实用的分娩判断方法。

（2）根据外阴变化判断 母猪分娩前1周外阴逐渐红肿，颜色由红变紫，尾根两侧出现凹陷，这是骨盆开张的标志，用手握住尾根上下掀动时，可明显地感到范围增大。母猪分娩前会频频排尿，阴部并流出稀薄黏液。

（3）根据母猪行为变化判断 母猪临产前表现不安，并有防卫反应，不在产床产仔的母猪，如果圈内有垫草时，临产母猪会将垫草衔到睡床做窝行为，这在一些品种猪中仍有不同程度保留其祖先原来在野生环境条件下形成的习惯。工厂化猪场饲养的母猪临产前在专用产仔床上，也常有咬铁管的行为，一般出现这种现象后6~12小时将要产仔。若观察到母猪进一步表现为呼吸加快、急促、起卧不定、频频排尿常呈犬坐姿势，继而又侧身躺卧，开始出现阵痛，四肢伸展，用力努责，而且阴道内流出羊水等现象，这是很快就要产仔的征兆。生产中可根据母猪产前征兆与临产时间的关系，做好产前和接产准备，见表8-1。

表8-1 母猪产前征兆与临产时间的关系

母猪产前征兆	距产仔的可能时间
乳房肿大	15天左右
阴道红肿，尾根两侧下陷	3~5天
前面乳头挤出透明乳汁	1~2天
衔草做窝或啃咬铁管	8~16小时
从最后一对乳头挤出乳白色乳汁	6小时左右
呼吸频率90次/分钟	4小时左右
躺下，四肢伸直，阵缩间隔时间渐短	10~90分钟
阴道流出血色液体	1~20分钟

4. 分娩控制技术

在猪场实际生产中，母猪大多在夜间分娩，这给母猪的分娩监护和仔猪接产工作带来了很多不便。国外从20世纪70年代起就开始用前列激素及其类似物进行母猪的同期分娩研究，我国也在20世纪80年代初也开始了这方面的研究，目前这一技术已达到较好水平。据有关试验证实，通过用氯前列烯醇肌内注射，同期分娩且于白天分娩的母猪达87.5%，基本达到分娩控制，而且氯前列烯醇还能提高母猪繁殖性能。据陈伟杰等（2004）报道，选择2~6胎的长白母猪116头和大约母猪124头，随机（兼顾品系）分为试验低剂量组（0.05毫克/头）、中剂量组（0.1毫克/头）、高剂量组（0.2毫克/头）和对照组，对有分娩临产指征的怀孕112~115天的母猪注射国产氯前列烯醇，观察母猪分娩情况。试验结果表明，试验组母猪白天分娩率明显高于对照组，说明国产氯前列烯醇能有效地控制临产母猪的分娩时间，使约72%的母猪控制在白天分娩，有利于母猪分娩监护、乳前免疫操作，适用于规模猪场的集约化生产。此试验表明，控制母猪白天分娩肌内注射氯前列烯醇，剂量以0.05毫克/头为佳，肌内注射时间宜在上午10：00—11：00，而且使用氯前列烯醇在母猪妊娠112~115天注射能明显降低死胎率，提高窝产活仔数和28日龄育成率；另外，使用氯前列烯醇诱导分娩的母猪与自然分娩的母猪断奶后发情配种率差异不显著。陶涛（1996）报道，利用氯前列烯醇诱导临产母猪白天分娩，不但对仔猪的生长发育和母猪的繁殖性能均无不良影响，而且还会提高母猪的生产成绩。陈伟杰等（2004）的试验结果与其相吻合。从一些试验表明，使用氯前列烯醇及其类似物，用药后开始分娩的时间与用药时的妊娠时间有关。试验结果为妊娠110天者用药后平均24小时产仔，111天者30小时产仔，112天者39小时产仔，113天者33小时产仔。由此可见，在现代工厂化猪场中，利用生物技术人工控制母猪分娩时间具有重要意义，可以使母猪产仔相对集中，分娩时间安排在工作日内的白天，便于劳动力的组织，有利于仔猪接产、助产、寄养和同期断奶、同期转群、同期消毒，真正实行"全进全出"的生产工艺。

二、母猪分娩过程中的护理技术

（一）了解分娩发动和分娩过程是科学接产及处理分娩问题的基础

1. 分娩发动

分娩是所有哺乳动物胎儿生长发育后的自发生理活动，也可称为分娩发动，是一个较为复杂的过程。目前对分娩研究的最新观念认为，母猪分娩发动不是由某一特定因素引起的，而是由来自母体和胎儿双方的激素、神经、机械等多种因素相互联系、相互协调而共同形成的。

（1）母猪分娩前激素变化　与动物性器官、性细胞、性行为等的发生和发育以及发情、排卵、交配、妊娠、分娩和泌乳等生殖活动有直接关系的微量生物活性物质，称为生殖激素。对临产母猪分娩前激素变化主要有以下几种。

① 孕酮。由睾丸和卵巢分泌的激素统称为性腺激素，其中孕激素是性腺类固醇激素中的一种。孕激素种类很多，胎盘也可分泌孕激素，孕激素通常以孕酮为代表。孕激素的生理功能，是通过刺激子宫内膜腺体分泌和抑制子宫肌肉收缩，而促进胚胎着床并维持妊娠。在生理状况下，孕激素主要与雌激素共同作用，通过协同和拮抗两种途径调节生理活动。在临床上，孕激素主要用于治疗因黄体机能失调而引起的习惯性流产、诱导发情和同期发情等等。现已知，血浆孕酮和雌激素浓度的变化是引起母猪分娩的重要因素。在母猪妊娠期间，由于大量孕酮的存在，能够维持子宫处于相对安静的状态，但母猪分娩前孕酮含量下降，从而抑制子宫兴奋性的作用降低，继而引起子宫收缩而激发分娩。

② 雌激素。主要来源于卵泡内膜细胞和颗粒细胞。雌激素对母猪各个生长发育阶段都有一定生理效应。母猪分娩期间，雌激素与催产素有协同作用，可刺激子宫平滑肌收缩，有利于分娩。母猪分娩时，雌激素直接刺激子宫肌发生节律性收缩，克服孕酮的抑制作用，增强子宫肌对催产素的敏感性，也有助于前列腺素的释放。临产母猪产前1周到分娩开始，血液总雌激素浓度逐渐升高，但分娩结束即胎衣排出后，雌激素的浓度急剧下降。雌激素在临床上主要配合其他药物（如三合激素）用于诱导发情、人工泌乳、治疗胎盘滞留、人工流产等。

③ 催产素。为脑部生殖激素中的一种。脑部生殖激素由于分子中均含有氮，故称为含氮激素，这些激素均由神经分泌细胞合成并分泌，其作用方式类似于神经递质和激素，因此又称为神经内分泌激素。催产素由下丘脑视上核和室旁核合成，在神经垂体中贮存并释放的下丘脑激素，此外，卵巢上的黄体细胞也可分泌催产素。催产素的主要生理功能除刺激乳腺肌上皮细胞收缩，导致排乳等外，主要是刺激子宫平滑肌收缩。母猪分娩时，催产素水平升高，使子宫收缩增强，迫使胎儿从阴道产出。产后仔猪吮乳可加强子宫收缩，有利于胎衣排出，子宫复原。研究表明，母猪分娩时催产素有着非常重要的作用。母猪分娩时，血液中孕酮含量低，雌激素分泌量高，可导致催产素释放；子宫颈扩张以及子宫颈、阴道受到胎儿和胎囊的刺激，也可反射性地引起催产素的分泌。催产素经血液循环作用于子宫平滑肌，使子宫有节律性收缩，从而产出胎儿。临床上催产素常用于促进分娩、治疗胎衣不下、子宫脱出、子宫出血和子宫内容物（如恶露、子宫积脓或木乃伊）的排出等。临床应用中事先用雌激素处理，可增强子宫对催产素的敏感性。但催产素用于催产时，必须注意用药时期，在产道未完全扩张前若大剂量使用催产素，易引起子宫撕裂。临床上催产素（缩宫素）一般用量为10~50单位。

④ 前列腺素。早在20世纪30年代，国外有多个实验室在人、猴、羊的精液中发现能兴奋平滑肌和降低血压的生物活性物质，并设想这类物质由前列腺分泌而来，故此命名为前列腺素。后来研究证明，前列腺素几乎存在于身体各种组织和体液中，其中生殖系统，如精液、卵巢、睾丸、子宫内膜和子宫分泌物以及脐带和胎盘血管等各种组织均可产生前列腺素。前列腺素种类很多，不同种类的前列腺素具有不同的生理功能。由于母猪临产前雌激素水平的升高，激发子宫内膜产生大量前列腺素。有试验表明，母猪分娩时羊水中的前列腺素

较分娩前明显增多，子宫中的前列腺素有溶解黄体、减少孕酮对子宫肌的抑制作用，以及刺激垂体释放催产素，导致子宫收缩排出胎儿的作用；同时，子宫中前列腺素可通过母体胎盘渗入子宫壁，也可由血液循环带至子宫肌，刺激子宫肌，使之收缩增强。因此，前列腺素具有促生殖道收缩作用，诱导胎儿娩出。研究表明，母猪分娩时，血中前列腺素水平升高是触发分娩的重要因素之一。在临床上前列腺素常用于控制分娩和治疗黄体囊肿、持久黄体、子宫内膜炎、子宫积水和子宫脓肿等症；此外，还可用于提高公猪的繁殖力，在稀释公猪的精液时，添加 2 毫克/毫升的前列腺素，可以显著提高受胎率。

（2）引起分娩胎儿的因素 母猪是多胎动物，一般 10 头左右胎儿在子宫内的迅速增长，子宫承受的压力逐渐增加，当其压力达到一定程度，会引起子宫反射性收缩而发生分娩。据研究，发育成熟的胎儿肾上腺分泌的皮质激素是引起分娩的一个主要因素。

从上可见，能引起母猪分娩是由母体和胎儿都参与了分娩的发动，特别是分娩前激素变化，使母体子宫阵缩增强而引起分娩。但大脑皮层的机能状态及其皮层下中枢的相互关系，对母猪分娩也有重要影响。研究表明，在母猪临产的最后一天，大脑皮层的兴奋性降低而脊髓的反射性兴奋升高，通过实践观察到为什么母猪分娩大部分都在夜间进行，主要是因为这时大脑皮层的兴奋性降低，其对皮层下中枢的抑制性影响减弱，因而有利于分娩的进行。这也许是一些专家和学者不提倡使用激素控制分娩或慎用激素控制分娩的一个原因。生产实践也确实证实，千百年采用母猪的自然分娩对繁殖性能有一定好处。也有研究表明，使用激素分娩，非专业人士不容易把握剂量，而且易使母体产生依赖性，会造成母猪早淘。夜间环境安静，对母猪分娩产仔有一定好处。因此，不是"全进全出"饲养工艺的工厂化猪场，还是提倡自然分娩产仔为宜。

2. 母猪的分娩过程。

母猪的分娩是一个连续完整的过程，目前人为地将其分成三个阶段，即准备阶段、胎儿产出阶段和胎衣排出阶段，其目的是可以针对各阶段母猪的生理状况，对有关问题进行处理。

（1）准备阶段 据观察母猪在准备阶段初期，子宫以每 15 分钟左右周期性地发生收缩，每次持续 20 秒，随着时间的推移，收缩频率、强度和时间增加，一直到每隔几分钟重复收缩。收缩的作用是迫使胎膜连同胎水进入已松弛的子宫颈，促使子宫颈扩张，此时胎儿和尿膜绒毛膜被迫进入骨盆入口处，尿膜绒毛膜在此处破裂后，尿膜液顺着阴道流出阴户外，此时准备阶段结束，进入胎儿产出阶段。生产中如没观察到临产母猪准备阶段的阵缩表现，可判断为难产，就要采取措施进行处理。

（2）胎儿产出阶段 在此阶段子宫颈完全开张到排出胎儿。据观察临产母猪在这一期中多为侧卧，有时也站起来，但随即又卧下努责。母猪努责时伸直后腿，挺起尾巴，每努责一次或数次产出一个胎儿。一般情况下每次只排出一个胎儿，少数情况下可连续排出 2 个胎儿，偶尔有连续排出 3 个胎儿的。第一个胎儿排出较慢，产出相邻 2 个胎儿的间隔时间，我国地方猪种平均 2~3（1~10）分钟，引进的国外猪种平均 10~17（10~30）分钟，杂种猪 5~15 分钟。当胎儿数较少或个体较大时，产仔间隔时间较长。但如果分娩中胎儿产出的间隔时间过长，应及时进行产道检查，必要时人工助产。一般母猪产出全窝胎儿通常需要 1~4 小时。

（3）胎衣排出阶段 指全部胎儿产出后，经过数分钟的短暂安静，子宫肌重新开始收缩，直到胎衣从子宫中全部排出为止。一般在产后 10~60 分钟，从两个子宫角内分别排出一堆胎衣。如发现胎衣未排出，就要采取措施。

（二）接产程序及相关工作

仔猪的接产程序比较繁杂，在有些发达国家对母猪分娩不存在接产，让临产母猪完全处于生态与自然状况下产仔，但中国千百年来一直遵守一定的接产程序，对保证母仔安全和提高仔猪成活率也有一定作用。生产中也要认识到新生仔猪刚出生很脆弱，经不起人过多的"折腾"，比如打耳缺、称重、打针、灌药、超前免疫等，这些对刚出生的仔猪伤害都很大，不符合福利养猪的要求，不是迫不得已，这些操作应该尽量避免。生产中接产程序相关的工作重点应该是以下几项。

1. 擦干仔猪黏液

仔猪从阴道下来后，接生员首先用消毒过的双手配合把脐带从阴道理出来（不可强拉扯），然后中指和无名指夹住脐带，可防止脐带血流失，用拇指和食指抓住肷部（其他部位容易滑掉）倒提仔猪，用干燥卫生毛巾掏净仔猪口腔和鼻部黏液，然后再用干净毛巾或柔软的垫草迅速擦干其皮肤，这对促进仔猪血液循环，防止体温过多散失和预防感冒非常重要。最好在分娩母猪臀部后临时增设一个保温灯，提高分娩区的温度，可防止仔猪出生后温差大而发生感冒或受冻。

2. 断脐带

生产中要注意的是用手指断脐带不是用剪刀剪断脐带。仔猪出生后，一般脐带会自行扯断，但仍拖着20~40厘米长的脐带，此时应及时人工断脐带。正确方法是断脐带之前，先将脐带内血液往仔猪腹部方向挤压，然后在距仔猪腹部4~5厘米处，用手指钝性掐断，这样就不会被仔猪踩住或被缠绕。断脐后用5%碘酊，将脐带断部及仔猪脐带根部一并消毒。

3. 剪犬牙

目前大多数猪场对新生仔猪都提倡剪犬齿，因为没有剪犬齿的仔猪在10~20日龄时，大部分都会因打架导致腹外伤，而我国一些猪场的环境相对较差，很容易感染病菌和导致"仔猪渗出性皮炎"的高发率。剪牙后的仔猪还有利于在日后饲养上进行口服给药的操作。特别是犬齿十分尖锐，仔猪在争抢乳头发生争斗时极易咬伤母猪的乳头或同伴，故应将其剪掉为益。仔猪出生就有4枚状似犬齿的牙齿，上下颌左右各2枚，剪齿时，只剪犬齿的上1/3，不要剪至牙齿的髓质部，以防感染，对弱仔可不剪牙，以便有利于乳头竞争，也有利于其生存。还要注意的是牙钳一定要锋利，每进行一头仔猪的剪牙操作后，都要将牙钳放在消毒水浸泡一下。

4. 慎重断尾

有些猪场把不留作种用的仔猪生后及时断尾，也有些猪场考虑到猪群会出现咬尾现象而把生后的仔猪及时断尾。断尾的方法常用的是纯性断法和烙断法，将其尾断掉1/2或1/3。但从目前一些情况看，猪尾还是有相当的价值和作用，不断尾的猪有利于对其健康状况的观察和判断，也有利于猪的捕捉和出栏时的操作，而且市场上对猪尾的消费需求量也大。生产实践已证实，猪群发生咬尾现象，反倒是一个良好的信号，提示注意营养是否平衡、微量元素是否满足需要、密度是否过大、环境条件是否不良等。倘若没有咬尾现象，表示饲养管理良好。因此，在养猪生产中不断尾的利大于弊。

5. 打耳号

一般对留作种用的仔猪生后可及时打上耳号，通常以打耳缺和耳孔进行标志。

6. 保温

新生仔猪保温是一个很关键的环节，由于新生仔猪的体温是39℃，且体表又残留有胎水、黏液，皮下脂肪也很薄，体内能量储存有限，体温调节能力很差，因此对刚产下的仔猪经过断脐带、剪犬齿等处理后，就应立即放入预先升温到32℃的保温箱内。生产中要明白的是保温工作的重点不是把产房或保温箱的温度升高到多少，而是从接产、吃初乳开始，就要训练仔猪进保温箱，不让其在产床上或母猪身边睡觉，这样可以很好地避免仔猪被压死或被踩伤，同时可以有效防止仔猪"凉肚"引起腹泻。

7. 及时吃上初乳

母猪的初乳对新生仔猪有着特殊的生理作用，因其含有白蛋白和球蛋白，能提高仔猪的免疫力，使初生仔猪吃足初乳，可获得均衡的营养和免疫抗体，能提高成活率。生产中母猪产仔完毕后，应让所有仔猪及早吃上初乳，一般不要超过1小时。如果母猪产仔时间过长时，应让仔猪分批吃初乳。可让弱小的仔猪优先吃初乳，也可将已吃到初乳的仔猪先关入保温箱内，让弱小的仔猪在无竞争状态下，吃上2~3次初乳。吃初乳之前，应该用消毒水把母猪的乳头、乳腺再次擦一遍，并用干净毛巾擦干，并挤掉乳头前几滴奶水。仔猪吃初乳还可以促进母猪分泌催产素，有效缩短母猪产程，促使子宫复原。

8. 固定乳头和寄养

固定乳头和寄养是为了提高仔猪的成活率、断奶整齐度及断奶重。生产中的仔猪吃初乳的过程中，就要开始固定乳头的训练。固定乳头的重点是让相对弱小的仔猪吸吮第3、第4对乳头，理论上让弱仔吃靠前面的乳头是行不通的，因为前面的乳头太高，弱仔猪根本够不着。寄养的方法是把弱仔猪集中给母性好、奶水好的母猪哺乳。寄养时只需把寄养的仔猪在"妈妈"旁边保温箱内关1小时，无需涂抹母猪尿液或刺激性药物，这种方法可以减少饲养人员劳动强度。当然，当被寄养的仔猪被"妈妈"拒哺时，可采取涂奶水或尿液等措施。

9. 假死仔猪的急救

假死是指仔猪产下来不能活动，奄奄一息，没有呼吸，但心脏和脐带有跳动，此种情况称为仔猪假死。造成仔猪假死的原因较多，有的是母猪分娩时间过长引起，有的是黏液堵塞气管引起，有的是仔猪胎位不正而在产道内停留时间过长引起。接产中对假死仔猪的急救有以下几个方法。

（1）刺激法　用酒精或白酒等擦拭仔猪的口鼻周围，刺激仔猪呼吸。

（2）拍打法　倒提仔猪后腿，并用手拍打其胸部，直至仔猪发出叫声。

（3）浸泡法　将仔猪浸入38℃温水中3~5分钟后可恢复正常，但仔猪的口和鼻要露在水外。

（4）憋气法　用手把假死仔猪的肛门和嘴按住，并用另一只手捏住仔猪的脐带憋气，发现脐带有波动时立即松手，仔猪可正常呼吸。

日常生产中发现被母猪压着的仔猪出现假死，也可采取以上方法进行抢救。对假死弱仔猪无需抢救，因其生活力很低，基本无饲养价值，应丢弃为好。

10. 难产的处理

（1）难产的原因　难产在生产中较为常见，现在的规模猪场大都采取全程限位栏饲养，母猪缺乏足够的运动，导致难产比例较高；也由于母猪骨盆发育不全、产道狭窄（早配初产母猪多见）、死胎多、分娩时间拖长、子宫弛缓（老龄、过肥、过瘦母猪多见）、胎位异常或胎儿过大等原因所致。如不及时救治，可能造成母仔双亡。

（2）难产的判断和处理方法　关于难产的判断，主要靠接产员的经验和该母猪的档案记录（有无难产史）。一般而言，对母猪破羊水半小时仍产不出仔猪，即判断可能为难产。难产也可能发生于分娩过程的中间，即顺产几头仔猪后，却长时间不再产出仔猪。接产中如果观察到母猪长时间剧烈阵痛，反复努责不见产仔，呼吸急促，心跳加快，皮肤发红，即应立即采取人工助产措施。对老龄体弱、娩力不足的母猪，可肌内注射催产素（脑垂体后叶素）10~20单位，促进子宫收缩，必要时同时注射强心剂和维生素C注射液，注射药物半小时后仍不能产出仔猪，即应手术掏出。具体操作方法是：术者剪短并磨光指甲，先用肥皂水洗净手和手臂，后用2%来苏儿或1%的高锰酸钾水溶液消毒，再用7%的酒精消毒，然后涂以清洁的无菌润滑剂（凡士林、石蜡油或植物油）；将母猪阴部也清洗消毒；趁母猪努责间歇将手指合拢成圆锥状，手臂慢慢伸入产道，抓住胎儿适当部位（下颌、腿），随母猪努责慢慢将仔猪拉出。但对破羊水时间过长、产道干燥、狭窄或胎儿过大引起的难产，可先向母猪产道内注入加温的生理盐水、肥皂水或其他润滑剂，然后按上述方法将胎儿拉出。对胎位异常的胎儿，矫正胎位后可能自然产出。在整个助产过程中，要尽量避免产道损伤和感染。助产后必须给母猪注射抗生素，防止生殖道感染发病。一般对难产后的母猪连续3天静脉滴注林可霉素+葡萄糖液+肌苷+地塞米松。若母猪出现不采食或脱水症状，还应静脉滴注5%葡萄糖生理盐水500~1 000毫升，维生素C 0.2~0.5克。

难产母猪要做好记录，提示下一胎分娩时采取相应措施。对助产时产道损伤、产道狭窄或剖宫产的母猪予以淘汰。

11. 登记分娩卡片

接产工作中，分娩记录工作也很重要，从母猪临产"破羊水"，就要开始记录时间。接下来，每产下1头仔猪（包括死胎、木乃伊、胎衣）和每进行1次操作（擦黏液、断脐带、剪犬齿、吃初乳、助产和称重等）都记录下相应的时间和项目。记录有利于技术人员对整个接产过程的评估和接产工作的交接，还可以准确地统计出产仔数量以及清楚地了解母猪的繁殖性能。分娩结束后，还要把分娩卡片中记录情况及时地存入电脑档案中。在一定程度上讲，搞好分娩卡片记录也是一个猪场精细化管理的一项重要工作，从一定程度上反映出该猪场的科学管理水平。

12. 对产后母猪及产圈或产床进行清洗和清理

产仔结束后，接产人员应及时将产圈或产床打扫干净，并将排出的胎衣按一定要求处理，以防母猪有吃胎衣到吃仔猪的恶癖。胎衣也可利用，将其切碎煮汤，分数次喂给母猪，以利母猪恢复和泌乳。污染的垫草等清除后换上新垫草，同时还要将母猪阴部、后躯等处血污清洗干净后擦干。

三、母猪分娩后的饲养管理

（一）母猪产后的护理

1. 母猪产后护理的意义

母猪产后机体抵抗力减弱，容易受到细菌和疾病的侵袭。因此，对于产后母猪应进行全身和局部护理工作，以提高母猪抗感染能力，促进子宫尽快排出有害分泌物，加快子宫复原，促使母猪尽快恢复正常，并防止发生产后疾病。

2. 母猪产后护理的重点

（1）补充能量物质以使母猪尽快恢复体能　由于母猪产后身体很虚弱，因为母猪分娩过程体力消耗很大，体液损失也较多，加之在分娩当天采食基本停止，所以产后常表现疲劳和口渴，此时应及时给产后母猪补充能量物质，使母猪尽快恢复体能。生产中常采用的方法是用电解质多维水或1%温盐水加麸皮供母猪饮用；对于分娩时间过长或者人工辅助分娩的母猪，常通过输液来恢复其体能。具体方法是：方法一，用500毫升的5%葡萄糖盐水加鱼腥草20~30毫升、维生素C 20~30毫升和10毫升复合维生素B注射液，每天1次，连续3天静脉注射；方法二，500毫升5%葡萄糖盐水加适量抗生素（可选用青霉素、链霉素或头孢唑啉钠）和ATP，每天1次，连用3天。以上方法的目的是通过大量补充葡萄糖盐水使血流量扩充并加速，提升血压，补充和改善体内的大量能量消耗，并可为产后的哺乳蓄积能量和体力，加抗生素可预防和治疗子宫和阴道感染。

（2）母猪的产后清洁　母猪的产后清洁指母猪分娩结束后，要立即清除胎衣及污染的产床或产圈，并用温肥皂水或表面活性剂洗净母猪的外阴部、尾巴及后躯的污染物及乳房乳头。由于母猪产后阴户松弛，卧下时阴道黏膜容易脱垂而接触到地面。为防止病原或其他产生的毒素侵入，导致全身感染，因此，十分有必要经常保持产床及产圈的清洁卫生。

（3）母猪产后的检查　对产后母猪的检查很重要，也是一些猪场很容易忽视的因素而导致一些问题出现。母猪产后的检查一般是以下几项。

① 检查胎衣。胎衣是胎儿附属膜的总称，其中也包括部分断离脐带。母猪在产后10~60分钟从子宫角内分别排出一堆胎衣，有些母猪需更长的时间。猪一侧子宫内所有胎儿的胎衣是相互黏连在一起的，极难分离，所以常见母猪排出的胎衣是非常明显的两堆。胎衣排出后应及时清点检查，看其是否完全排出。清点时可将胎衣放在水中观察，这样就能看得非常清楚，通过核对胎儿和胎衣上的脐带断端的数目，可确定胎衣是否排完；检查到两个封头胎衣，可证实胎儿和胎衣完全排出。在实际工作中，有些接生员如工作马虎，或不懂业务知识，见母猪分娩排出一堆胎衣就以为排完，往往导致一些问题出现。因此，仔细检查胎衣，发现产仔数与胎衣"座位"不对，则表明有死胎或胎衣残生滞留，如果排出的胎衣两个子宫角缺损或重量太小，应注意防止胎衣不下而导致子宫炎，可在母猪分娩结束后，给母猪注射缩宫素，以便胎盘和恶露完全排出，降低子宫炎的发生率。

② 观察恶露。恶露指产后母猪从阴户中排出的分泌物。母猪产后应注意观察恶露的排出量、色泽及排出时间的长短。猪的恶露很少，初为暗红色，以后变为淡白，再成为透明，常在2~3天停止排出。如恶露的排净时间延长，则母猪产后可能受病原感染，表示已患子宫炎或阴道炎。可用0.1%的高锰酸钾、生理盐水等溶液冲洗子宫。冲洗时应注意用小剂量反复冲洗，直到冲洗液透明为止，在充分排出冲洗液后，可向子宫内投入抗生素药物，如青霉素粉。此外，对于产后恶露不尽，可连续3天注射催产素，并在料中加些益母草粉或流浸膏，以利恶露排尽，同时喂黑糖水也可，消炎同时进行。但切不可用氨苄青霉素，会引起母猪乳房胀疼而拒绝哺乳。

③ 检查乳房。对产后母猪的乳房胀满程度及有无炎症、乳量多少及乳头有无损伤等都要检查和观察，这样可知产后母猪是否患乳房炎和产后无乳症等。

④ 观察外阴。还要注意观察产后母猪外阴部是否肿胀、破损等情况。出现肿胀、破损要及时处理，可采取清洗消毒。

（4）依产后仔猪健壮程度和胎衣颜色做好产后保健　若仔猪健壮，整齐度与膘情好，胎衣颜色鲜红，血管清晰，这样的母猪可不必做任何产后消炎针注射保健，自然恢复即可。但为了促进母猪消化，改良乳质，预防仔猪下痢，每天喂给产后母猪25克小苏打，分2~3

次溶于饮水中投给；对粪便干燥，有便秘倾向的母猪，要多供给饮水，可适当喂些人工盐。一般不提倡对产后母猪进行药物保健，但若分娩有死胎或木乃伊，胎衣颜色有灰暗色情况，产后要进行抗菌消炎，通常是"左边打磺胺，右边打卡那霉素"，比用青霉素效果好，一般注射 1~2 天即可。

（二）母猪产后的饲喂方式

生产实践证实，分娩后 1 周内母、仔猪的健康状况，与仔猪育成率和断奶体重有很大关系，而且产后母猪的健康状态决定其哺乳阶段开始时的产奶量。因此，注重产后母猪 7 天内的饲喂方式相当重要。由于产后的母猪消化机能很弱和容易产生能量代谢障碍，所以产后的母猪应采取逐步饲喂的方式来满足日粮营养水平（消化能 12.97 兆焦/千克、粗蛋白质16%、钙 0.5%、磷 0.5%、赖氨酸 0.75%）。

1. 产后母猪 7 天内的饲喂要求

母猪产后 8~10 小时内原则上不喂料，只喂给豆饼麸皮加盐的汤水或调得很稀的加盐汤料，使其尽快地恢复疲劳和胃肠消化功能。产后 2~3 天内不应喂料太多，但饲粮要营养丰富，容易消化，并视母猪膘情、体力、泌乳及消化情况逐渐加料。有条件的猪场可将饲料调制成稀粥状。产后 5~7 天逐渐达到标准喂量或不限量饲喂。但要注意的是，如果母猪产后还是体力虚弱，过早加料可能引起消化不良，导致乳质变化而引起仔猪拉稀。如果母猪产后体力恢复较强，消化又好，哺乳仔猪数较多，则可提前加料或自由采食，以促进泌乳。

2. 母猪产后 7 天内乳量不足的处理

母猪的健康状态决定其哺乳阶段开始的产奶量，产奶量通常在 14 天时达到峰值。为了避免在产奶过程中出现问题，一般在产后 3~5 天内应逐渐增加饲料供应量直至达到给料最大值。为此，对有的母猪因妊娠期营养不良，产后无乳或奶量不足，可喂给小米粥、豆浆、胎衣汤或小鱼小虾汤等催奶。对膘情好而奶量不足的母猪，除喂催奶饲料外，可同时采用药物催奶为宜。如当归、王不留行、漏芦、通草各 30 克，水煎后配小麦麸饮用，每天 1 次连喂 3 天。

（三）母猪产后的科学管理

1. 提供安静舒适的环境

母猪产后极度疲劳，需要充分休息，在安排好仔猪吃足初乳的前提下，应让产后母猪在一个安静舒适的环境下尽量多休息，以便迅速恢复体况。

2. 多观察产后母猪

母猪产后 3~5 天内，注意观察体温、呼吸、心跳、皮肤黏膜颜色、产道分泌物、乳房、采食、粪尿等情况，一旦发现异常应及时诊治，防止病情加重影响正常的泌乳和引发仔猪下痢等疾病。

3. 产后母猪多运动

非集约化猪场或有条件的猪场，应在母猪分娩 3 天后，在外界气温适宜下，可将母猪放到运动场自由活动，9：00—11：00，14：00—16：00 时，各活动 1 小时，有利于母猪子宫复原和恢复体力。

4. 注意产房小气候

要保持产房温暖、干燥、空气新鲜和干净卫生。产房小气候恶劣，产房不卫生可能造成母猪产后感染，表现恶露多、发热、拒食、无奶等，而且仔猪也常发生拉痢。如不及时改善和治疗，仔猪常于数日内全窝死或半数死亡，存活下的仔猪往往是发育不良而成为僵猪。

第二节　分娩母猪护理不当及常见问题和疾病
的正确处理措施与防治技术

一、分娩母猪护理不当及常见问题的正确处理措施

（一）母猪分娩障碍产生的原因

科学合理饲养管理分娩母猪能够极大地提高母猪繁殖力，从而也提高了整个猪场的生产能力。然而，在旧的养殖模式下，忽视了对分娩母猪的正确饲养管理和一些易发疾病的防治措施，从而造成了分娩后母猪健康水产低下，繁殖障碍增多，淘汰率升高，猪场经济效益较差。其中原因是一些猪场没认识到分娩是母猪围产期（产前7天和产后7天）最重要的一个环节，更没认识到分娩是母猪体力消耗大、极度疲劳、剧烈疼痛、子宫和产道损伤、感染风险大的过程，是母猪生殖周期的"生死关"。现代高产瘦肉型猪种的母猪不同于国内地方猪种的母猪，若护理不到位、护理知识与专业知识水平低、加上护理责任心不强和缺乏护理经验等，最容易发生母猪分娩障碍。

（二）母猪分娩护理上常犯的错误

1. 没有正确掌握母猪分娩障碍的临床判断标准

据调查分析，一些猪场的分娩母猪产程过长或难产现象普遍存在，这些问题虽然与集约化的限位栏饲养方式有一定的关系，但人为因素也是其中一个方面。按猪场的管理规定，母猪分娩要加强重点监控，细致观察分娩的情况，详细记录产仔间隔时间，及时发现分娩障碍。但在实际工作中，一些接产员在处理母猪产程过长或难产类似问题的时候，由于没有正确掌握分娩障碍的临床判断标准，有时在母猪出现分娩障碍后3~4个小时才发现问题，错失了最佳处理时间，常引起严重的后果。母猪分娩时间超过8小时以上，会造成母猪产道脱出或子宫脱出，胎儿在产道内憋死甚至母猪由于大出血发生死亡等。有资料表明，一般经产母猪（以分娩12头仔猪计）正常分娩的时间为3~4小时，其正常分娩的平均间隔时间为10~20分钟，其分娩胎儿成活率可达97.86%。而产程从3小时延长到8小时时，每窝死胎率由2.14%提高到10.53%，给猪场造成了一定的损失。母猪的分娩过程中，只要观察到母猪努责时伸直后腿，挺起尾巴，每努责一次或数次会产出一个胎儿，一般每次排出一个胎儿，从母猪起卧到排出第一个胎儿需10~60分钟，产出相邻两个胎儿的间隔时间，以我国地方猪种需要时间最短，平均2~3（1~10）分钟，引进的国外猪种平均10~17（10~30）分钟，也有短至3~8分钟，杂种猪介于二者之间需要5~15分钟。当胎儿数较少或个体较大时，产仔间隔时间较长。也就是说，按母猪分娩过程中产仔间隔推算，一般平均间隔15~20分钟产一个胎儿，相当于3~4个小时产一窝仔猪，任何产仔间隔达到或超过30分钟，相当于6个小时产一窝，这就是母猪分娩障碍的判断标准。临床上，凡是母猪产仔间隔达到或超过30分钟，接生员就要意识到分娩母猪可能出现了分娩障碍，应及时进行产道检查，必要时人工助产。因此，掌握好这个分娩障碍的判断标准，就能及时发现分娩母猪产程过长或难产预兆，可及时采取措施，就能避免严重后果发生。

2. 没有正确掌握和分辨出母猪产程过长或难产不同的分娩障碍症状

（1）产程过长　指分娩母猪由于产力不足即子宫阵缩力不大，腹壁收缩无力使腹压不高，胎儿在子宫内停留时间过长引起胎儿没有进入产道的一种分娩障碍。产程过长在一定程度上说也可能是分娩母猪的准备阶段和胎儿产出阶段的问题。分娩母猪准备阶段的内在特征是血浆中孕酮含量下降，雌激素含量升高，垂体后叶释放大量催产素；表面特征是子宫颈扩张和子宫纵肌及环肌的节律性收缩，收缩迫使胎膜连同胎水进入已松弛的子宫颈，促使子宫颈扩张，由于子宫颈扩张而使子宫和阴道间的界限消失，成为一个相连续的筒状管道，胎儿和尿膜绒毛膜被迫进入骨盆入口处，尿膜绒毛膜在此处破裂，尿膜液顺着阴道流出阴门外。此时进入胎儿产出阶段，在此期内，子宫的阵缩更加剧烈，频繁而持久，同时腹壁和膈肌也发生了强烈收缩，使腹壁内的压力显著提高，此时胎儿受到压力达到最大，最终把胎儿从子宫经过骨盆口和阴道挤出体外。由于一些分娩母猪产力不足即子宫阵缩力不大，腹壁收缩无力致腹压不高，胎儿在子宫停留时间过长而没有进入产道，致使分娩产程过长的分娩障碍出现，这与分娩母猪的体质虚弱、缺乏运动、肢蹄不结实、心肺功能低下或夏季天气炎热致血氧浓度低等因素有很大关系，集约化猪场的限位栏饲养的母猪及夏季炎热而防暑降温条件较差猪场的母猪尤为突出。此时的分娩母猪表现精神差，体力不支，看不到子宫和腹部收缩的迹象，这种现象常出现在老龄、瘦弱、缺乏运动及炎热季节产仔的母猪。

（2）难产　指由于产道狭窄、胎儿过大、羊水减少等因素引起胎儿进入产道后不能正常分娩的一种分娩障碍。宫缩无力是引起难产的最主要原因之一，内分泌失调、营养不足、疾病、胎位不正或产道堵塞而致分娩持续时间加长，都会引起宫缩无力。母猪子宫畸形、产道狭窄或后备母猪配种、妊娠小于210天是难产的另一个原因。分娩母猪便秘、膀胱肿胀、产道水肿、骨盆挫伤和骨盆周围脂肪太多、阴道瓣过于坚韧、外阴水肿而引起产道堵塞也可发生难产。此外，胎儿过大、畸形、胎位不正、木乃伊也能引起难产。临床上母猪难产表现妊娠期延长，超过116天，食欲不振、不安、磨牙，从阴门排出分泌物是褐色或灰色，有恶臭，乳房红肿，能排出乳汁；母猪努责、腹肌收缩，但产不出胎儿或仅产出1头、几头胎儿而终止分娩；产程延长，最后母猪沉郁、衰竭，若不及时救活，可能引起死亡。

（3）产程过长和难产的不同处理方法　在一些猪场由于接生员专业知识水平有限，没有正确掌握和分辨出母猪产程过长和难产不同的分娩障碍症状，更有人把分娩母猪产程过长和难产混为一谈，混淆处理。由于难产和产程过长的分娩障碍机理不同，临床上处理方法也不样。临床上一旦发现分娩母猪产仔间隔超过30分钟就要意识到母猪可能出现分娩障碍，应立即向子宫内先灌注宫炎净100毫升，强力止痛、快速消肿，并要准确判断母猪分娩障碍是产程过长还是难产，然后分别采取不同的处理方法。

① 产程过长的处理方法。一般来说分娩母猪产程长短与分娩产力和分娩阻力有关，母猪分娩时产力不足，阻力过大，或产力不足和阻力过大同时发生，就可引起分娩障碍，表现为产程过长。产程过长中的产力不足其原因是母猪长期使用抗菌药物，饲料中长期使用脱霉剂，都会导致母猪消化能力下降、便秘、贫血、健康受损、体质虚弱；天气炎热、呼吸困难能导致血氧不足；老龄母猪体质虚弱等，均可造成分娩时子宫收缩无力或根本不收缩、腹压过低等产力不足状况。阻力过大与羊水不足导致产道润滑度下降，胎儿过大以致通过产道困难（一般第一胎母猪容易出现胎儿过大），这与产道狭窄或畸形等也有直接关系。临床上对产程过长处理方案为：缩短产程靠增加产力和降低阻力双管齐下来实现；增加产力的方法有乳房按摩、踩腹部增加腹压、静脉输液补充能量、恢复体力、缓解疲劳。处理程序为：产道

内没有胎儿，是由于子宫阵缩无力、腹压不高等产力不足引起，可马上输液缓解母猪疲劳，并按摩乳房（是增加子宫阵缩的方法，可用热高锰酸钾水在母猪乳房清洗消毒，并由边向前向后推拿乳房或把先产出的仔猪放出来吮吸奶头刺激乳房），引起母猪宫缩使腹部鼓起和踩压肚子（在腹部鼓起时将一个脚固定在产床上控制重心，另一个脚小心地踩在腹肋部，向下用力要均匀，可增加腹压）增加产力，促进胎儿进入产道。此时，胎儿受到的压力达到最大，一般会从子宫经过骨盆口到阴道被挤出体外。对产程过长的处理严禁将手或助产钩直接伸入子宫助产，也慎用缩宫素助产，可采取输液护娩助产。输液的目的是缓解母猪分娩时疲劳，防止应激。输液的原则是先盐后糖（先输生理盐水，后输葡萄糖溶液）、先晶后胶（先输入一定量的晶体溶液如生理盐水和葡萄糖液来补充水分，后输入适量胶体溶液如血浆等以维持血浆胶体渗透压，稳定血容量）、先快后慢（初期输液要快，以迅速改善缺水缺钠状态，待情况好转后，应减慢输液速度，以免加重心肺负担）、宁酸勿碱（青霉素类、磺胺类、大环内酯类和碳酸氢钠均为碱性药物，应避免在分娩中使用，以免加重分娩过程中的呼吸性碱中毒）、宁少勿多、见尿补钾、惊跳补钙。

② 难产的处理方法。难产发生时必须立即处理，一旦错过最佳处理时机，后果不堪设想。临床上针对单纯性的宫缩无力，每30分钟注射50万单位催产素；针对产道堵塞的原因，分别采取措施，疏通产道；胎儿原因和母猪子宫畸形、产道狭窄等原因引起的难产要进行助产；助产时先检查阴道，然后消毒手臂和外阴部，并润滑，必要时借助产科器械，应在母猪努责没有停止前立即掏出胎儿。

3. 没有正确掌握辅助分娩技术

母猪分娩障碍已在一些猪场普遍存在，已经成为猪场管理的关键性难题之一。为此，一些猪场使用缩宫素缩短产程或掏猪助产等辅助分娩方式。然而，有些猪场不分情况、不分缘由就使用缩宫素用于加快母猪分娩；有些猪场优先使用缩宫素来解决母猪产程过长问题；有些猪场在母猪分娩困难时使用缩宫素助产；有些猪场在母猪分娩间隔超过1~2个小时甚至更长的时间没有胎儿产出时才使用缩宫素助产；很多情况下即使注射了缩宫素后，母猪仍然没有产出胎儿，此时只好将手深入产道内甚至子宫内掏猪助产。临床实践已证实，过分强调辅助分娩措施如滥用生殖激素（延期分娩使用氯前列烯醇、产程过长使用缩宫素），在阴道深处甚至子宫内掏猪等，忽视了母猪自身的分娩产力，最终会造成一些不良后果，加快了母猪淘汰。

（1）使用缩宫素要注意的问题 缩宫素的使用虽然增加了子宫收缩能力，但同时也增加了产道的阻力，会引发一系列问题。如果出现仔猪产出问题，不去认真分析和检查产道，就不分青红皂白地注射缩宫素，弊多利少。其一，轻者造成胎儿与胎盘过早分离，或在分娩前脐带断裂，使胎儿失去氧气供应而致胎儿窒息死亡；重者，如果母猪骨盆狭窄，胎儿过大，胎位不正，会造成子宫破裂；其二，增加了子宫和产道的疼痛，加快了子宫和产道的水肿，使产道的阻力进一步加大；其三，产道的痉挛性收缩、疼痛、水肿等，给人工助产掏猪也带来了极大的困难，加重了掏猪对产道的损伤，使产后出血严重，也加重了产后感染；其四，缩宫素具有催乳作用，能引起母猪初乳的丢失。临床实践表明，能不用缩宫素尽量不用缩宫素，其原因是缩宫素由于剂量不同而呈现不同作用。小剂量兴奋子宫平滑肌，呈现催产甚至流产作用；中剂量有催产作用；大剂量呈现止血作用。因此，非专业兽医不容易把握其剂量，而且机体器官易产生依赖性，特别是由于子宫平滑肌在缩宫素作用下呈现阵发性、强直性甚至痉挛性收缩（正常情况下呈现节律性收缩），易引起子宫疲劳、弹性降低、子宫老化、收缩无力等，造成母猪早淘。因此，过度使用缩宫素催产其后果及造成的一系列问题是母猪早淘。此外，临床上分娩母猪产道阻塞、胎位不正、骨盆狭窄及子宫颈尚未开放时忌用缩宫素催产。

（2）临床上可以使用缩宫素（催产素）的情况

① 在仔猪出生1~2头后，估计母猪骨盆大小正常，胎儿大小适度，胎位正常，从产道分娩出是没问题的，但子宫收缩无力，母猪长时间努责而不能产出仔猪时（间隔时间超过45分钟）可考虑使用缩宫素，使子宫增强收缩力促使胎儿娩出。可在皮下、肌内注射，一次量20~40单位，隔30分钟后可再注射1次。

② 在人工助产的情况下，进入产道的仔猪已被掏出，估计还有仔猪在子宫角未下来时可使用缩宫素。

③ 胎衣不下。产仔后1~3小时即可排出胎衣，若3小时以后仍没有胎衣排出则为胎衣不下，可注射缩宫素。

④ 恶露不净。母猪产仔后2~3天内可排净恶露，如果超过2~3天，见阴户还有褐色或灰色恶露，表示是子宫炎，在抗菌消炎和服中药的同时，可注射1~2次缩宫素促使恶露排净，有利于子宫恢复正常。

（3）人工助产的方式要注意的问题　母猪分娩正常时不需要助产，因为助产会增加产道感染的危险性；但如果分娩过程不顺利，则必须及时进行人工助产。临床上在处理难产和产程过长时要分别处理。产程过长是产道内没有胎儿，是由于母猪极度疲劳，血氧不足引起子宫收缩无力，腹压不高或骨盆狭小，产道狭窄等。处理产程过长要耐心等候，以缓解母猪疲劳，引起子宫收缩、增加腹压的助产方式为主。难产是母猪破羊水半小时后，但已超过45分钟仍产不出仔猪，多由母猪骨盆发育不良不全、产道狭窄（早配初产多见）、死胎多、分娩时间延长、子宫弛缓（老龄、过肥或过瘦母猪多见）、胎位异常、胎儿过大等原因所致。临床上见母猪阵缩加强，尾巴向上卷，呼吸急促，心跳加快，反复出现将要产仔的动作，却不见仔猪产出的难产，应实行人工助产。人工助产尽量通过保守助产方式加快胎儿的产出，如通过保守方法不能将胎儿产出，必须立即用手伸入产道将胎儿掏出。临床上首先用力按摩母猪乳房，然后按压母猪腹部，帮助其分娩。若反复按压30分钟仍无效，可肌内注射缩宫素，促进子宫收缩，用量按每100千克体重2毫升计算，必要时可注射强心针，一般经过30分钟即可产仔。若注射缩宫素仍不见效，则应实行手掏法助产。

（4）手掏法助产操作要注意的事项

① 助产操作者应用温水加消毒剂（新洁尔灭、洗必泰等）或温肥皂水彻底清洗母猪阴户及臀部。

② 助产操作者手和胳膊消毒清洗后最好要戴经过消毒的长臂手套并涂上润滑剂（如液体石蜡），将手卷成锥形，要趁母猪努责间歇产道扩张时伸入手臂。如果母猪右侧卧，就用右手，反之用左手。

③ 将手用力压，慢慢穿过阴道，进入子宫颈，子宫在骨盆边缘的正下方。

④ 手一进入子宫常可摸到仔猪的头或后腿，要根据胎位抓住仔猪的后腿或头或下巴慢慢把仔猪拉出。但要注意不要将胎衣和仔猪一起拉出。

⑤ 如果两头仔猪在交叉点堵住，先将一头推回子宫，抓住另一头拖出。但要注意动作要轻，避免碰伤子宫颈和阴道。

⑥ 如果胎儿头部过大，母猪骨盆相对狭窄，用手不易拉出，可将打结的绳子伸进仔猪

口中套住下巴慢慢拉出。

⑦ 对于羊水排出过早，产道干燥，产道狭窄，胎儿过大等原因引起的难产，可先向母猪产道中灌注生理盐水或洁净的润滑剂，然后根据仔猪情况，可按上述方法中一种将仔猪拉出。

⑧ 对胎位异常的难产，可将手伸入产道内矫正胎位，待胎位正常后将仔猪拉出。

⑨ 有的异位胎儿矫正后即可自然产出，如果无法矫正胎位或因其他原因拉出有困难时，可将胎儿的某些部分截除，分别取出，以救母为先。但在整个过程中，必须小心谨慎，尽量防止损伤产道。

⑩ 实行手掏法助产，如果通过检查发现子宫颈口内无仔猪，可能是子宫阵缩无力，胎儿仍在子宫角未下来，助产者不能把手伸入子宫内或更深处。有的助产者把手伸入子宫甚至很深，这种操作是违规的。在母猪难产的助产中，只允许将手伸入产道和子宫颈口，引起阴道炎没关系，但引起子宫炎会导致母猪屡配不孕而淘汰。临床上如检查子宫颈口无胎儿，这时可用缩宫素，促使子宫肌肉收缩，帮助胎儿尽快娩出。临床上可试用阴唇外侧一次量注射20单位缩宫素，效果较好，不仅发挥作用快，还能节省用量。如果1个小时仍未见效，可第2次注射缩宫素，如果仍然没有仔猪娩出，则应驱赶母猪在分娩舍附近平地走一段时间，可使胎儿复位以消除分娩障碍，一般能使分娩过程顺利进行。

⑪ 人工助产后必须给母猪注射抗菌消炎药物，防止生殖道感染引起泌乳障碍综合征。

4. 仔猪护理中断脐和剪牙操作不规范的问题

（1）先将脐带血后断脐是规范的操作方法　仔猪出生后应先将脐带的血向仔猪腹部方向挤压，其方法是：一手紧捏脐带末端，另一手自脐带末端向仔猪体内捋动，每秒1次不要间断，待感觉不到脐动脉跳动时，在距仔猪腹部4指处用拇指指甲钝性掐断脐带，并在断端处涂上5%碘酊（不要用2%的人用碘酊），可再在断端处涂布"洁体健"等，有利于干燥。要注意是在距脐孔3~5厘米断脐，不要留太短也不能太长；更不能用剪刀直接剪断脐带，否则血流不止。用手指掐断，使其断面不整齐有利于止血，而有些书籍中提出用剪刀直接剪脐带是错误的。还要注意的是，如无脐带出血，不要结扎，因结扎脐带后，断端渗出液排不出去，不利脐带干燥，反而容易招致细菌感染。仔猪出生后一定要及时断脐，否则脐带拖于地面，很容易被踩踏而诱发"脐疝"。

（2）剪断仔猪4颗犬齿而不是8颗　剪牙的主要目的是防止较尖的牙齿刮伤母猪乳房，造成乳房外伤而引发乳腺炎。在一些猪场剪牙操作不规范，有不知道要剪多少颗的，如有剪8颗牙齿的。其实乳猪生下来只有4颗最尖的牙齿，即上下左右4颗犬齿，这就是要剪的牙齿。剪断这4颗犬齿即达到了剪牙的目的。剪牙钳一定要钝，否则会把牙齿剪得不齐，有尖，达不到剪牙的目的，而且不钝的剪牙钳剪牙时能引起牙根出血。这都是在剪仔猪牙时要注意的问题。

5. 分娩母猪的围产期以抗菌消炎为主的管理并不科学

围产期指母猪产前7天至产后7天，是由分娩急转到哺乳的过渡期。临床上也表明，母猪分娩后也容易出现产后感染、产后高热、产后乳腺炎和子宫内膜炎等。因此，国内许多猪场在围产期的管理上坚持以控制产后感染和产后护宫（冲洗子宫）为主。其实产后感染是由于延期分娩、产程过长、助产操作时损伤阴道或子宫颈口以及分娩护理不到位等原因引起的胎产诸病之一。因此，单纯以解决产后感染为主要目标的做法并不科学。产后感染过分强调使用抗菌药物消炎，忽视了母猪的分娩疲劳、剧烈疼痛和代谢紊乱等应激状况，最终会造成围产期顽症，加快了母猪淘汰。还有人提出产后应彻底清洁子宫，避免胎衣、死胎滞留子宫，消肿止痛，加快恶露排出，避免细菌繁殖，促进母猪产后恢复，强化子宫和阴道的局部消炎，可在产后向子宫灌注宫炎净50~100毫升，并加青、链霉素或其他对厌氧菌敏感的药物（直接溶解在宫炎净内）直接消炎，其实这种做法并不科学。在母猪正常分娩下，产后尽量不要冲洗子宫，猪的子宫与产道直通，冲洗过程操作不当，易造成损伤、扭转、嵌顿甚至穿孔。母猪生殖道内环境及菌群平衡具有强大的自洁作用，冲洗液也有污染，也有压力，会造成新的感染和对产道与子宫有新的损伤。一般来讲，抗菌消炎效果不佳时才可进行子宫冲洗，可母猪到了冲洗子宫的地步，其后果可想而知，宜早淘为宜。生产中对正常分娩的母猪，要强化产后阴户清洗消毒工作，可使用温热的高锰酸钾水消毒，连续5~7天清洗消毒产后母猪阴户，现用现配为宜。这样可阻止病原或其产生的毒素侵入而导致全身感染；此外，要保持圈舍的卫生清洁。但在临床上对恶露排净时间延长（2~3天后）的产后母猪，则标志母猪产后可能受病原感染。临床上对于产后恶露不尽，可连续3天注射缩宫素，并在料中加些益母草粉或流浸膏，以利恶露排尽，消炎同时进行，但不可使用氨苄青霉素，以免引起母猪乳房胀疼而拒绝哺乳。在此法无效下，可使用0.1%的高锰酸钾生理盐水等溶液冲洗子宫。冲洗时应注意小剂量反复冲洗，直到冲洗液透明为止，在充分排出冲洗液后，可向子宫内投入抗生素药物，如青霉素粉，但必须使用产科器械。还要注意，必须对母猪采取站立灌注（可用输精管灌药），灌完继续站15分钟为止，缓慢灌注（3~5分钟），防止输药管内残留药液，输药管要留在子宫内15~20分钟。此操作方法必须由有经验的兽医或接生员执行。

二、分娩母猪产仔后常见疾病的防治技术

（一）泌乳不足

兽医临床上泌乳不足又称泌乳失败、产褥热、乳房炎-子宫炎-无乳综合征（MMA）。MMA虽然目前广泛使用，但这一名词有其明显不足。因为猪的泌乳不足不是完全无乳，就是子宫炎并不是总伴发泌乳不足。兽医临床上有时母猪阴道排出数量不等的脓性分泌物也不要以为是子宫炎。兽医临床解剖发现，子宫炎的发病率十分低，与泌乳不足的发病率差异很大。此外，有的母猪乳房肿胀、疼痛、发热也不一定会引起泌乳问题。以上问题都是兽医临床上要注意的问题。泌乳不足是产后母猪常发的疾病之一，发病率为1.1%~37.2%，是一个全球性疾病，能给养猪生产造成严重的经济损失。据美国调查发现，死亡的新生仔猪中，压死的占30.9%，饥饿的占17.6%，弱产的占14.7%，猪传染性胃肠炎（TGE）以外的腹泻占12.9%，而压死、饥饿、弱仔和腹泻，多与母猪泌乳不足有密切关系。

1. 病因

产后母猪泌乳不足是由多病原、多因素引起的综合征。传染性病原主要与埃希氏大肠杆菌、β-溶血型链球菌和其他致病性革兰氏阴性菌感染或它们的混合感染有关；其他病原还有放线杆菌、葡萄球菌、支原体等。非传染性因素包括饲喂方法、饲料质量（尤其是缺乏硒和维生素E、饲料霉变）、季节、产房温度、饮水等管理不当因素；此外，应激因素及母猪内分泌失调、胎衣不下或胎儿滞留引起的乳房炎、子宫炎、遗传因素、过早配种、乳腺发育不良等因素均可导致产后母猪泌乳不足。

2. 症状

临床上可见母猪泌乳量少或无乳、厌食、嗜睡、精神沉郁、发热、无力、便秘、排恶

露、乳房红肿、有痛感。有的母猪乳房干瘪，松弛，人工挤奶时仅能挤出少量稀淡如水的乳汁。母猪表现不让仔猪吮乳，由于吃不到奶，仔猪追赶母猪，乱钻乱叫，整窝仔猪被毛粗糙，明显消瘦，发育不良，下痢较多，有的仔猪因体弱常被母猪压死。

3. 治疗与饲养措施

解决产后母猪泌乳不足的办法是消除病因，改善饲养管理，其治疗与饲养措施如下。

（1）仔猪的代养或人工饲养　泌乳不足母猪所产的仔猪，3天以内让其他母猪代养，如不能代养可对仔猪进行人工饲养，以代乳品饲喂，同时注射或口服抗生素药物，预防和治疗仔猪下痢。

（2）母猪的治疗和饲养　对产后母猪肌内注射或皮下注射缩宫素30~50单位，每3~4小时注射1次，对阴道分泌物进行分离培养，根据分离培养的病原菌的药敏实验，选择抗生素，同时注射人工合成的皮质类固醇激素等。若无条件进行药敏实验的猪场，可用青霉素800万单位、链霉素400万单位，混合在复方鱼腥草注射液20毫升中进行肌内注射，每天1次，连续注射3天。此外，用10%樟脑酒精溶液100毫升，加入2%~4%碘酊20毫升混合，用棉球浸湿药液直接涂擦乳房，反复擦到乳房发热为止，可消除母猪乳房发热、疼痛，并能刺激母猪泌乳。同时，使用中药催乳协助治疗效果明显，处方一：甘草20克，当归20克，党参20克，粉碎后加红糖300克，混合拌入饲料，一次喂服，每日一次，连喂5~7天。处方二：黄芪40克，当归20克，王不留行80克，通草40克，粉碎后拌料，一次喂服，每日一次，连喂3~5天。有的母猪因妊娠期间营养不良，产后无奶或奶量不足，应及时催乳，首先要考虑给母猪补充硒和维生素E，用0.1%亚硒酸钠-维生素E注射液10毫升肌内注射1次，必要时间隔7~10天再注射1次，同时可采用中药催乳法；此外可喂给催乳饲料，如豆浆、麸皮汤、小米粥、小鱼汤等。

4. 预防措施

（1）产房要有良好的生态环境　产房要保持良好的卫生和通风，控制好温、湿度，减少外源性应激刺激。

（2）掌握好饲喂量　临产母猪1周进入产房，可改换用哺乳母猪料，要根据体况决定日饲喂量。产仔当天可少喂或停喂饲料，但要保证充足的饮水。

（3）使用轻泻类药物　围产期的饲料中可添加轻泻剂类药（每吨饲料添加1.8千克硫酸钠），能有效地防止乳房水肿和促进肠道排空，能降低泌乳不足的发病率。

（4）严格淘汰发病和预后不良的母猪

（二）产后不食

1. 病因

母猪产后不食的情况较常见，从中兽医上讲是气血不足，淤血残留，伴有生殖系统损伤及感染，因腹部疼痛拒食；管理上讲是上产前缺乏运动，产后母猪疲倦而不食；饲养上，产前喂精料过多或突然转换饲料，导致消化不良或饲料中营养不够均衡等因素。

2. 症状

产后不食母猪的精神状况较差，体温偏低，四肢发凉，眼黏膜苍白，不愿意走动，如处理不及时，可致母猪体衰而死亡。

3. 治疗措施

临床上一旦发现母猪产后表现食欲减退或废绝，就应立即查明原因，对症治疗。

（1）对因产后母猪衰竭引起的不食　可用氢化可的松7~10毫升，50%葡萄糖100毫升、维生素 C 20 毫升一次静脉注射。

（2）对因产后母猪大量泌乳，血液中葡萄糖、钙的浓度降低的母猪产后不食 用 10% 葡萄糖酸钙 100~150 毫升，10%~35% 葡萄糖 500 毫升，维生素 C 20 毫升静脉注射，连注 2~3 天。

（3）因生殖系统感染而导致的母猪产后不食 可用青霉素 400 万单位，10% 安钠咖 10~20 毫升，维生素 C 20 毫升，5% 的葡萄糖生理盐水 500 毫升，静脉注射，每天 2 次，连注 2~3 天。

（4）对因母猪产后感冒，高烧引起的产后不食 可用庆大霉素 25 毫升，安乃近 20 毫升，维生素 C 20 毫升，安钠咖 10 毫升，5% 葡萄糖生理盐水 500 毫升，静脉注射，每天 2 次，连用 2~3 天。

（5）对因消化不良厌食的母猪及时减料，给予助消化的药物 可用中药龙胆末 15 克，内服，每天 1 次，连用 2~3 天；或用大黄末 10~20 克，内服每天 1 次，连用 2~3 天；或用碳酸氢钠 2~5 克，内服，连用 2 天，每天 1 次；或用干酵母片，每次 60 克，连用 2~3 天。

（三）便秘

1. 病因

便秘是粪便干硬，停聚肠内，排出困难的一种常见病症。母猪在妊娠期间运动较少，产仔后生理上发生很大的变化，特别是消化器官受挤压程度减轻后功能异常活跃，对肠内容物水分吸纳的能力增强，此时饮水量不够，又由于妊娠后期限饲或青绿饲料得不到保障，加上继发某种热源性疾病等，都会影响母猪的消化系统；导致产后便秘。

2. 症状

轻者不爱吃食，精神不振，不愿活动，频频努责排出少量干小粪球；重者拒食，精神沉郁，卧圈不起，粪球干似算盘珠，甚不见排粪，腹部胀满，发烧等症状。

3. 治疗

增加母猪活动量，可以促进胃肠蠕动；增加消化液分泌，使形成的粪便容易排出。临床上根据轻、重者不同采取以下治疗方案。

（1）添加轻泻作用的药物 在饲料中增加轻泻作用的麸皮的用量，加大青饲料的饲喂量；增加饮水量，可在饮水中加入盐类泻药，如干燥硫酸钠 10~25 克，连服 2~3 天。

（2）轻微便秘者 可在饲料中添加小苏打或大黄苏打粉适量，健胃消食；中等便秘者，可在饲料中添加硫酸钠或硫酸镁适量导泻；严重便秘者可使用 10% 氯化钠注射液 500 毫升输液，直肠灌注甘油或开塞露。

（四）产后瘫痪

产后瘫痪是母猪产仔后发生的一种急性神经性疾病，其临床特征是知觉丧失，四肢瘫痪，关节肿大且疼痛，站立困难或无法站立。

1. 病因

发病的主要原因是钙、磷代谢失衡。一般认为母猪在妊娠期间尤其是妊娠后期饲料营养不全，钙、磷比例不当或能量不足，在产后出现血钙、血糖和血压降低，是引发本病的主要原因。此外，甲状腺功能亢进，引发纤维性骨营养不良，以及关节机械性损伤或感染或产后大量泌乳，血钙、血糖随乳汁流失过多，也会引发本病。

2. 症状

本病多发生在产后 5~7 天。轻者起立困难，行走时四肢无力，左右摇摆，食欲减少；

重者出现四肢瘫痪，完全不能站立，精神高度沉郁，常呈昏睡状态，食欲显著减少或废绝，粪便干硬、量少，泌乳量降低甚至无奶。如不及时治疗，母猪因长期卧地易发生褥疮而被淘汰，仔猪因奶量不足而饥饿消瘦至死亡。

3. 治疗

补充饲料营养，加强饲养管理；首先要补钙，提高血糖；治疗中加强母猪的护理，防止褥疮。

静脉注射 10%葡萄糖酸钙注射液 100~150 毫升，或 10%氯化钙 20~50 毫升。补钙应每日 1 次，连注 5~7 天。低血磷时静脉缓注 20%磷酸二氢钠 100~150 毫升，每日 1 次，连注 3~5 天。粪便干燥时，应服硫酸钠 25~50 克/次，并补充青绿多汁饲料。

在护理上要每日给卧地母猪翻身 2~3 次，以免发生褥疮，也可同时用医用酒精涂抹皮肤并进行人工按摩，以促进其血液循环，恢复神经机能。长期卧地不起的母猪，应于断奶后及时淘汰。

第九章
哺乳母猪的标准化饲养管理技术

现代养猪生产中，哺乳母猪的饲养与管理是一个关键阶段。在此阶段中哺乳母猪需要更高、更好的饲养与管理技术，才能保证哺乳母猪有较高的采食量，才有充足的泌乳量满足哺乳仔猪的营养需要。生产实践证实，对哺乳母猪实行标准化饲养与管理，才能保证哺乳母猪达到一定采食量和充足的泌乳量，来保证哺乳仔猪成活率及断奶窝重，以及母猪断奶后如期发情配种。

第一节　哺乳母猪的饲养管理目标和生理特点

一、哺乳母猪的饲养管理目标

在一定程度上讲哺乳母猪是种猪生产的管理核心，是获得母猪高产的关键。如果哺乳母猪营养不足，会降低母猪的再生产性能，使断奶到发情的时间间隔延长，母猪非生产天数增加，胚胎存活率下降，窝产仔数降低，也会在很大程度上影响仔猪的生长发育与健康。因此，生产中一定要根据哺乳母猪的营养需要和生理特点，结合本地区和本场的地理和气候特点以及母猪群的品种、胎次、带仔数、食欲、膘情等情况，制定科学的饲养管理目标，才能有计划、有步骤、有重点地开展各项工作，最大限度地提高分娩舍的各项生产指标和猪场的经济效益。由此可见，对哺乳母猪的饲养管理目标，就是最大限度地提高饲料采食量和总营养摄入量，以此来提高母猪泌乳的数量和质量，减少泌乳期母猪失重。这样不仅可以充分发挥母猪的泌乳潜力，促进仔猪的生长发育，提高仔猪的断奶窝重，而且可以使母猪维持良好的体况，促进母猪断奶后按期发情配种和提高母猪繁殖性能。

二、哺乳母猪的生理特点

（一）乳房与乳腺结构及泌乳特点

母猪的乳房内没有乳池，不能随时排乳，使仔猪不能任何时候都能吃到奶。因此，只有当母猪放乳时仔猪才能吃到奶，而且只有当仔猪反复拱揉乳房，刺激母猪中枢神经，才能反射性地导致母猪放奶。此外，母猪的每个乳头有 2~3 个乳腺团，各乳头之间相互没有联系。

（二）泌乳行为及规律

1. 猪乳成分的变化

哺乳母猪在全程泌乳期内，乳汁的数量和质量变化较大。猪乳分初乳和常乳，初乳指分娩后 3 天内的乳，但在实际中严格地讲，主要指产后 12 小时之内的乳，以后的乳为常乳。初乳与常乳中营养成分差异很大。初乳中干物质、蛋白质、维生素等含量较常乳高，特别是免疫球蛋白含量很高。免疫球蛋白是仔猪获得母源抗体的主要来源，仔猪出生后要及早吃到初乳，以增强仔猪的免疫力，预防疾病的发生。

2. 泌乳量的变化

母猪的乳汁是由乳腺细胞分泌的，而腺泡上皮部分活动开始于妊娠中期，而乳汁分泌活动，自分娩以后开始。母猪的泌乳量在分娩以后处于增加趋势，一般在产后 10 天上升较快，3 周龄左右达泌乳高峰，后逐渐下降。在哺乳期间母猪分泌 300~400 千克乳汁，平均日泌乳量在 6 千克左右。

3. 泌乳受神经调节与仔猪吮吸

母猪产仔后，虽然乳汁生产量迅速增加，但神经调节与仔猪哺乳对促进乳汁分泌起着重要作用。在仔猪哺乳时，仔猪用鼻端不断摩擦和拱动乳房，对母猪的乳房进行不断刺激，此刺激通过神经传导到母猪脑垂体后叶，引起有关激素的释放，使乳腺上皮细胞收缩，促进乳汁形成和排放。可见，母猪泌乳不但需要丰富的物质基础保证，同时也需要神经系统调节作用。

4. 不同乳头其泌乳量不同

母猪有 6~8 对乳头，一般认为前面的几对奶头比后面的泌乳量高。因此，在仔猪固定乳头时，弱仔可以固定在前面的乳头或中间的乳头（因个别弱仔吃不到前面乳头）。

5. 泌乳次数的变化

不同的泌乳阶段或同一阶段昼夜间的泌乳次数是不同的，一般前期泌乳次数高于后期，白天稍高于夜间。虽然母猪放乳时间很短，平均只有十几秒到几十秒，但泌乳次数多，据观察，平均每昼夜为 22 次左右。

（三）产后母猪机体的抵抗力下降

母猪在分娩和产后阶段中，整个机体特别是生殖器官发生着迅速而剧烈的变化，机体的抵抗力下降。由于产出胎儿时，子宫颈开张，产道黏膜表层可能造成损伤，产后子宫内又有恶露从阴户排出都为病原微生物的侵入和繁殖创造了条件。而且子宫还要在一定时间复原，为下一期繁殖奠定基础。因此，对产后的母猪进行合理的饲养管理，也可在饲料中添加抗生素进行产后护理，对已感染子宫炎、阴道炎等疾病的母猪还要及时注射抗生素及能量等药物。生产实践证明，对临产母猪在饲料中添加中成药制剂，成本又低，预防母猪产后感染效果较好，以促进母猪尽快恢复正常。

第二节　哺乳母猪的营养需要与饲养饲喂方式

一、哺乳母猪的营养需要

（一）能量的需要量

哺乳母猪的营养需要应考虑母猪的体重大小（维持需要）、产奶量和乳成分以及可能产生的母体储备的动用，其中产乳量需要是最大的部分。能量是保障哺乳母猪向仔猪提供足够乳汁的根本，是哺乳母猪营养需要量计算的基础。母猪哺乳期维持能量每千克代谢体重需要消化能约 500.7 千焦。如果采食的营养物质满足不了生理功能的需求，母猪就会分解自身的脂肪组织以提供哺乳所需要的能量。这样将会使得母猪哺乳期间损失过多的体组织，断奶后发情间隔延长，胚胎存活率下降，也不利于仔猪的生长发育。有试验证实，母猪哺乳期增加能量摄入量直至 50 160 千焦/日，将减少母猪断奶至发情的间隔天数。研究表明，哺乳期母猪应确保日粮消化能在 14 兆焦/千克以上，代谢能在 13 兆焦/千克以上。一些研究还表明，添加高能量浓度的脂肪可以提高日粮的能量浓度和母猪的能量采食量，而且可以增加乳汁中的脂肪含量和乳汁的总能，一般在饲料中脂肪添加量以 2%~3% 为宜。

（二）蛋白质与氨基酸的需要量

泌乳期母猪蛋白质和氨基酸的摄入量对泌乳性能极为关键，当哺乳母猪蛋白质和赖氨酸不足时，就会动用体蛋白质来补充泌乳需要，将会导致母猪体重损失过大和仔猪断奶体重偏小，断奶至发情间隔延长。

1. 蛋白质的需要量

哺乳母猪每天泌乳中含有 0.41~0.54 千克蛋白质，在泌乳期前 8~9 天内，从乳中分泌出的蛋白质相当于母猪在 14 天妊娠期内增长体组织和胎儿沉积的蛋白质，因此泌乳期饲粮蛋白质需要量比妊娠期高得多。据报道，饲料中蛋白质含量从 12% 提高到 18% 时，母猪的日采食量由 5.0 千克/头增加到 6.3 千克/头，而且泌乳量增加。氮平衡试验表明，为了最大限度地提高氮的沉积，日粮蛋白质水平应不低于 202 克/千克（赖氨酸 12.8 克/千克）；若以达到最大泌乳性能作为标准，日粮蛋白质水平为 138~168 克/千克。

2. 赖氨酸的需要量

赖氨酸通常是泌乳母猪的第一限制氨基酸，营养学家普遍认为哺乳母猪赖氨酸日均需要量为 50~70 克，在哺乳初期和后期分别将降低和提高 30%。哺乳较多仔猪的经产母猪在哺乳后期要日采食赖氨酸 80~90 克，以满足其代谢需要。一些研究表明，必须提供高于最大泌乳量所需的赖氨酸摄取量才能保证最低的氮损失和最佳的下一窝产仔数。日粮中能量水平和赖氨酸水平之间有着强烈的相互作用，母猪只有在同时摄入较高水平的能量时，才能对较高的赖氨酸水平发生反应。提高日粮能量食量的一种方法就是向日粮中添加脂肪，但脂肪添加量大于 5% 会降低母猪以后的繁殖性能。一般来说，日粮赖氨酸水平可参照母猪的生产性能水平来加以确定，大致的规律是母猪泌乳期不发生体蛋白的丧失（泌乳期失重），即母猪的赖氨酸维持需要量为 2.09 克/天，为每千克窝重仔猪增重需赖氨酸 26.2 克。

3. 其他氨基酸的需要量

亮氨酸、异亮氨酸和缬氨酸均为必需氨基酸，即支链氨基酸，它是一组在碳链上具有支链结构的脂肪族中性氨基酸。在泌乳母猪的营养研究中，支链氨基酸的营养作用越来越受到重视。研究表明，不同生产水平的母猪对缬氨酸/赖氨酸的比值似乎有不同的需要，对于高产母猪（哺乳 10 头或以上）添加缬氨酸对提高仔猪日增重的幅度要大于生产水平一般的母猪。在采食高水平赖氨酸（1.2%）的高产母猪中，提高缬氨酸水平和提高赖氨酸水平对仔猪的贡献率相似，但赖氨酸和缬氨酸不存在相互作用，而且盲目过量使用赖氨酸会导致缬氨酸不足。所以在制作哺乳母猪饲粮中，在满足赖氨酸需要量的同时，尽可能保持高的缬氨酸水平而不至于带来成本的过量增加，并能防止因合成赖氨酸的盲目过量使用而导致缬氨酸的不足。目前缬氨酸还没有商品化添加剂供应，只有通过饲料得到补充，而它在一般的常规饲料（谷物和豆粉）中含量却很低，缬氨酸含量高（5%以上）的饲料只有血粉、羽毛粉和酪蛋白。因此，在哺乳母猪日粮中，使用一定量的血粉和羽毛粉，对补充日粮中缬氨酸含量，提高哺乳母猪泌乳量是有所裨益的。

（三）矿物质的需要量

矿物质营养对于哺乳母猪和仔猪具有重大的影响，例如钙、磷含量过低或比例失调可造成哺乳母猪发生低血钙症和骨松症状；长期饲喂低锰日粮将导致母猪发情周期异常或消失，产奶量下降和初生仔猪弱小。猪的初乳和常乳中都缺铁，为此以乳为主的日粮要强化补铁，仔猪出生的 7 天内要对仔猪注射和口服铁制剂。但是猪对无机矿物质的吸收与利用会受到一定的限制，所以饲料中必须添加一定的有机矿物质，可满足哺乳母猪和仔猪对矿物质营养需要。哺乳母猪对矿物质及有关微量元素需要量，可参考妊娠母猪对矿物质及有关微量元素的需要量。

（四）维生素的需要量

1. 哺乳母猪饲粮中添加维生素的作用

各种维生素不仅是母猪本身所需要的，而且也是乳汁的重要成分，仔猪从生长发育所需要的各种维生素包括矿物质几乎都是从母乳中摄取，哺乳母猪饲粮中必须添加足够量的维生素，才可满足仔猪对维生素的需要，才能保证仔猪的生长发育。

2. 影响母猪维生素需要的因素及母猪维生素需要量（每千克饲料含量）标准

维生素作用的发挥是以能量、蛋白质、氨基酸、矿物质等充分合理的供应为基础，同时维生素之间也存在一定的相互作用。饲养管理水平、观测指标、母猪因素（胎次和繁殖潜力）、饲粮组成、环境条件不同，会明显影响母猪对维生素需要量，同时也会影响维生素添加的实际效果和效益。生产中还要注意的是，由于营养标准中所规定的维生素需要量指饲料原料中的含量与添加的维生素之和，但实际生产中饲粮维生素的总供应量一般都高于 NRC（1998）的最低推荐量，尤其是种猪更高于 NRC 标准，其中以脂溶性维生素含量更高。主要原因：其一，NRC（1998）标准本身偏低，尚未充分考虑现代种猪的实际需要量、实际饲养管理环境和各种应激；其二，饲料原料中维生素含量变异很大，且利用率低，如猪几乎不能利用玉米、小麦和高粱中的尼克酸；其三，中国大多数猪场的饲料要经受不合理加工、较长时间贮存等，对添加的维生素破坏严重，同时种猪遭受多种应激，特别是高产和疫病应激，在成本允许的范围内超量添加维生素是权宜之策；其四，饲粮平衡度较差（比如能蛋比偏低，氨基酸不平衡），饲粮中使用的抗生素抑制了肠道微生物合成维生素，富含维生素的原料（如发酵产物、乳制品、草粉、青草等）使用量减少，饲料中可能出现霉菌毒素及维生素拮抗物等，均迫使维生素添加量的增加。由于猪场实际饲养过程中（尤其是中国），母猪会遇到转群、热冷环境、注射疫苗、病菌侵入、饲粮中存在的维生素拮抗物及可能的霉菌毒素等产生的各种应激，以及饲料加工不合理和饲料储存过程中对维生素的破坏。针对上述情况，帝斯曼公司（原罗氏公司）从1997年提出了优选维生素营养（OVN）这一概念，其推荐的母猪维生素供应量与有关育种公司建议量十分接近，但远高于NRC（1998）和中国（2004）标准，主要目的是确保饲料中维生素可以满足母猪获得最佳的繁殖性能和最佳免疫力，见表9-1，猪场配方中可参考执行。

表9-1　母猪维生素需要量（每千克饲粮总含量）标准

资料来源	NRC（1998）		中国（2004）		帝斯曼（2004）*
生理阶段	妊娠母猪	泌乳母猪	妊娠母猪	泌乳母猪	种猪
维生素A（单位）	4 000	2 000	3 620	2 050	10 000~15 000
维生素D_3（单位）	200	200	180	205	1 500~2 000
维生素E（单位）	44	44	40	45	60~80
维生素K（毫克）	0.5	0.5	0.5	0.5	1~2
生物素（毫克）	0.2	0.2	0.19	0.21	0.3~0.5
胆碱（克）	1.25	1	1.15	1	0.5~0.8
叶酸（毫克）	1.3	1.3	1.2	1.35	3~5
烟酸（毫克）	10	10	9.05	10.25	25~45
泛酸（毫克）	12	12	11	12	18~25
维生素B_1（毫克）	1	1	0.9	1	1~2
维生素B_2（毫克）	3.75	3.75	3.4	3.85	5~9
维生素B_6（毫克）	1	1	0.9	1	3~5
维生素B_{12}（微克）	15	15	14	15	20~40

　*当所有饲养管理条件良好时采用下限推荐量，处于应激状况下建议将添加量增至上限；为了获得最佳仔猪健康，建议妊娠后期和哺乳日粮中维生素E总量控制在250毫克/千克；为改善母猪繁殖率，从断奶至妊娠期间每头母猪每天饲喂300毫克β-胡萝卜素，应激状况下推荐每千克饲粮中添加200~500毫克维生素C。

　注：资料来源魏庆信等编著《怎样提高规模猪场繁殖效率》

3. 确定母猪维生素需要量要掌握的原则

很多营养专家也承认，目前仍没有确定在现代生产条件下母猪达到最佳健康状况和最佳生产水平时的经济有效的维生素添加水平。确定实际情况下母猪维生素添加的适宜需要量是一项长期而复杂的任务，但可以通过权衡饲料中添加维生素的成本与母猪维生素缺乏症，或维生素不足导致的非最佳生产性能及健康状况所造成的风险，来确定实际生产中维生素的添加量。猪场生产中，对母猪维生素的补充要突出主要维生素，如维生素A、β-胡萝卜素、维生素E、叶酸、生物素以及维生素C、B_2、B_{12}和胆碱等，并抓住关键时期，如配种前期、妊娠后期、泌乳早期等，同时应与基础日粮、环境条件等相配套。在通常情况下，由于维生素的无毒性和特殊作用以及维生素在整个饲料中所占成本很低，因此，日粮中超量添加维生素不失权宜之计，并对母猪尤为必要和有显著的经济回报率，这对哺乳母猪而言更为显著。

二、确定哺乳母猪的营养需要所考虑的有关因素与问题

（一）哺乳母猪的营养需要所考虑的因素

近20多年来，由于遗传选育的结果，现代母猪具有瘦肉率更高、体形更大、产仔数更多、采食量减少、配种年龄更小、泌乳期更短等特点。体现在哺乳母猪的特点为繁殖性能提高、机体营养储备减少以及采食调节能力差等。所以，现代母猪更易遭受营养应激。由于泌乳是所有哺乳动物特有的机能和生物学特性，泌乳期母猪饲养的主要目的，是为了提高母猪的泌乳量和乳的品质，以保证仔猪的正常生长发育和健康，同时还要保证母体健康，能够在下一个繁殖周期正常发情、排卵、配种、体重下降适中。基于上述原因，对现代母猪营养管理的要求也越来越高。一些研究表明，哺乳母猪的营养需要量，取决于乳中的成分、泌乳量与乳的合成效率，其需要量要根据母猪本身的维持需要、带仔头数、乳汁化学成分和泌乳量的多少进行综合考虑。对于初产母猪（青年母猪）还需要考虑其自身生长发育的需要。如果再进一步考虑，哺乳期母猪繁殖器官（子宫内膜等）的恢复也需要消耗能量和氨基酸，按照析因法分析这部分需要是独立于上述部分的，应该单列出来，但一般研究和标准中没有提及。一般在哺乳母猪的日粮中，蛋白质占15%以上，160~200千克体重的经产哺乳母猪，日供给蛋白质750克，每千克日粮含有3 300 IU的维生素A、220IU的维生素D，每日每头供给哺乳母猪食盐29克、钙40克、磷28克。若以上营养物质长期供给不足，会使泌乳量降低，仔猪瘦弱患病，母猪消瘦，影响再次发情配种。研究也表明，在日粮不限量的情况下，粗蛋白质水平降低到14%也不会降低泌乳量，一般也不会影响仔猪发育和育成数，但当粗蛋白质降到12.5%时，泌乳和仔猪发育均受到影响。

（二）确定猪场哺乳母猪饲养标准的依据及要注意的问题

一般来讲，饲料配方是以饲粮中所含的营养素浓度来表达的，而采食量是决定配方或者营养标准是否适合的重要因素。一头猪每天需要的营养物质数量是确定的，如果采食量过低，那么需要配制较高营养浓度的饲粮才能使其采食到足够的营养，反之亦然。但由于哺乳母猪的营养需要受基因、猪群环境、胎龄、哺乳阶段、养殖设施、采食量、饲料品质和组成、水供应以及健康状况的影响，精确计算哺乳母猪的营养需要量也是不现实的，因为与上述多个变量相关。即使是单独考虑一个猪场中的一头哺乳母猪的营养需要量，但随着哺乳期延长，用于生长、维持和产奶各部分的营养需要量也会发生变化。在实际生产中，猪场营养专家或配方师需要关注的是自己猪场条件下，母猪的能量和氨基酸需要量，这必须从整个哺乳母猪群的需要来考虑，而不是单独的某一头母猪。因为实际生产中哺乳母猪群是猪场养猪生产流程中一个环节，它们处于流动交替更新状态，群体之间的母猪胎龄和健康状况有所差异，而且这个过程也与季节的更替交织在一起，将受到内外生态环境的影响。因此，严格上说，确定猪场哺乳母猪的营养需要量，特别是能量和氨基酸需要量考察的对象应该是猪场生产中流动的母猪群，而不可能是单独一批或者几批次的哺乳母猪。这样，在猪场同一个哺乳期内随着哺乳进程延续，母猪的能量、蛋白质、氨基酸等需要将发生变化，而猪场生产流程中不同批次的哺乳母猪以及生态环境条件又有所不同，所以很难精确地预测出它们的营养需要量。再由于现在的哺乳母猪能量、蛋白质、氨基酸等需要量标准是在一定的试验研究基础上或采用析因方法推算出来的。中国猪饲养标准NY/T65-2004和美国NRC（1998）第10版营养需要中提供的母猪能量和氨基酸需要量，虽是猪场制作哺乳母猪饲料配方经常参考的，但相对来说，后者（NRC）是在大量试验基础上并结合动物模型推算出来的，而前者

参考的原始研究资料又有限，根据国外的研究估测的数据较多。因此，无论怎样都应清楚地认识到，这两个标准所依据的直接或间接数据是以某些特定母猪群体为研究对象，并在一定的条件下获得的。严格地说，与研究对象群体和饲养条件越接近的哺乳母猪群就越适合采纳标准中的能量和氨基酸需要量数据，但并不是所有猪场的哺乳母猪群状况及其所处的条件都与此接近，而且中国猪场之间的差异巨大，母猪群的能量和氨基酸需要量也必然有所差异。因此，在实际生产中不要把有的饲养标准看成一成不变的"法典"，作为任何猪场中的营养专家或配方师，不应该只是简单地引用某个饲养标准中的数据，而是应该根据自己猪场的状况作出适应性调整，对自己所掌握的哺乳母猪群能量和氨基酸需要量进行必要的修正。当然有条件的猪场，按照科学的原则设计试验来测定基于自己猪场现实状况下的哺乳母猪能量和氨基酸等营养物质需要量实为上策，但一般猪场对此都无法做到系统的研究。在生产实践中，猪场营养专家或配方师，只是根据前人和相关研究，对影响哺乳母猪营养需要量的因素进行策略性调整也是可以获得满意结果的。实际生产中，任何一个猪场的哺乳母猪饲料配方是相对稳定的，针对的是基于生产流程中不断更新交替的母猪群，而不是单独某一批次或几批次母猪群。一般来讲，哺乳母猪营养量中能量和氨基酸需要量，应该根据预估的当期母猪群自由采食量和预估的当期母猪群体组织损失情况来确定，但很少有营养专家或配方师这样做，大多数营养专家或配方师往往根据自己认为准确的饲养标准，如国际上通用的 NRC（1998）或中国猪饲养标准或某个（些）实验研究报告或根据自己实践经验来判断。一般来说，如果一个猪场的猪群状况比较稳定，外界生态环境变化不大，可以参考上一个批次哺乳母猪群的自由采食量和体重及背膘损失来确定哺乳母猪的营养需要量。当然，还可以从国内外猪的饲养标准、引种公司的猪营养指南、自己总结的经验数据、本猪场条件下进行的实证研究等方面获得的这些数据来制定哺乳母猪的营养需要量或饲料配方。但需注意的是，无论数据来源为何，都要根据配方所应用的群体及其影响因素变化情况（如温度和胎龄结构）做适应性调整，其中预期采食量和体组织变化情况是哺乳母猪营养需要决策的重要依据。

三、哺乳母猪的营养标准及每头每日营养需要量

（一）哺乳母猪的营养标准

由于哺乳母猪担负着自身和仔猪的双重营养需求，因此需要较高的能量和蛋白质的饲料，而且要求饲料原料易于消化和吸收，具体营养标准可参考 NRC（1998）和中国猪饲养标准 NY/T65-2004 及有关标准，但参考任何标准配制的日粮标准，对现代高产母猪日粮要达到如下要求：能量 14.0~14.3 兆焦/千克，粗蛋白质 17%~18%，赖氨酸 0.8%~1.2%，钙 0.8%，磷 0.7%，还要有较高的维生素和微量元素才可满足高产母猪哺乳期的营养需求。

（二）哺乳母猪每头每日营养需要量

哺乳母猪每头每日营养需要量可参考表9-2。

表 9-2　哺乳母猪每头每日营养需要量

项　　目	体重/千克			
	120 以下	120~150	150~180	180 以上
采食风干料量/千克	4.80	5.00	5.20	5.30
消化能/兆焦	58.28	60.70	63.13	64.35
粗蛋白质/克	672	700	728	742

（续表）

项　目	体重/千克			
	120 以下	120~150	150~180	180 以上
赖氨酸/克	24	25	26	27
蛋氨酸+胱氨酸/克	14.9	15.5	16.1	16.4
苏氨酸/克	17.8	18.4	19.2	19.6
异亮氨酸/克	15.8	16.5	17.2	17.5
钙/克	30.7	32.0	33.3	33.9
磷/克	21.6	22.0	23.4	23.9
食盐/克	21.1	22.0	22.9	23.3

（三）哺乳母猪每千克饲料养分含量

哺乳母猪每千克饲料养分含量见表 9-3。

表 9-3　哺乳母猪每千克饲料养分含量

项　目	含　量
消化能/兆焦	12.13
粗蛋白质/%	14.0
赖氨酸/%	0.50
蛋氨酸+胱氨酸/%	0.31
苏氨酸/%	0.37
异亮氨酸/%	0.33
钙/%	0.64
磷/%	0.46
食盐/%	0.44

四、哺乳母猪的日粮配制及饲养和饲喂方式

（一）哺乳母猪的日粮配制

哺乳母猪日粮应分为初产母猪（青年母猪）和经产母猪日粮。初产母猪指产仔第一和第二胎的母猪，因生理发育尚未成熟，其营养需要量明显大于经产母猪。生产中初产哺乳母猪日粮中的消化能为 14.21 兆焦/千克、粗蛋白质 17%、赖氨酸 1%、钙 0.85%~0.9%，总磷 0.6%；高产母猪（产仔 10 头或以上）可参照或略高于青年母猪的营养需要标准。经产哺乳母猪日粮中的消化能为 13 376~14 212 千焦/千克，含粗蛋白质 16%、赖氨酸 0.85%、钙 0.85%，总磷 0.6%。

（二）哺乳母猪的饲养方式

1. 前高后低方式

这种方式一般适用于体况瘦的经产母猪。有的经产母猪妊娠期间由于受到限饲，体况不肥，产仔后又由于泌乳，体重失重会过大。为了保证一定的泌乳量和防止体重失重过大，必须给体况较瘦的经产母猪充足的营养物质供应，可采用前高后低的饲养方式，既能满足母猪泌乳的需要，又能把精料重点地使用在关键性时期。

2. 一贯加强方式

这种方式一般适用于初产母猪和高产母猪，当然也可适用于妊娠期体况较差的哺乳母猪。这种方式是用较高营养水平的饲料，在整个哺乳期对母猪不限量，吃多少给多少，充分满足母猪本身生长和泌乳的需要。

（三）哺乳母猪的饲喂技术

1. 哺乳母猪的饲喂方案

正确的饲喂技术能够使泌乳期母猪保持强烈的食欲，而确保母猪妊娠期间不要过度饲喂，是提高母猪泌乳期饲料采食量的方法之一。此外，母猪产仔后到断奶前喂料量不宜平均化，一般母猪分娩当天不喂料，但应提供饮水；而母猪产后立刻供应充足的饲料也会影响母猪的食欲，导致以后采食量下降。产仔后的母猪第二天的饲喂量在 1 千克左右，以后每日增加 0.5~1 千克，最晚到第七天达到最大采食量，1 周后自由采食，以适应现代母猪泌乳期产奶量高峰提前的特点，直到断奶前为止。据美国对 24 000 窝母猪的统计资料表明，产后 1 周尽快达到最大采食量的母猪繁殖性能最好，而产后食欲不振或过分限制饲喂的，断奶后母猪会延迟发情。

2. 保证母猪产后食欲量的措施

为使哺乳母猪达到采食量最大化，可分别采取以下措施。

（1）实行自由采食，不限量饲喂　即从分娩 3 天后，逐渐增加采食量的办法，到 7 天后实行自由采食。

（2）实行多餐制，做到少喂勤添　每天喂 3~6 次，实行多餐制（特别是夏季）。

（3）实行时段式饲喂　利用早、晚凉爽时段喂料，充分刺激母猪食欲，增加其采食量，这在夏季尤为重要。

（4）采取湿拌料　不管是哪种饲喂方式，切忌饲料发霉、变质。为了增加适口性可采取喂湿拌料的方法。

（5）防止母猪食欲不振　产前 3~5 天或 5~7 天应减少饲料 10%~20%，以后逐渐减料至产前的 1~2 天，减料至正常喂料量的 50%，可有效防止母猪产后食欲不振。如果母猪产后食欲不振，可用 150~200 克食醋拌 1 个生鸡蛋喂给，能在短期提高母猪食欲。

（6）适当饲喂青绿多汁饲料　在饲喂全价饲料的同时，适当饲喂一些青绿多汁饲料，既可提高母猪的食欲，增加乳汁的分泌，又可减少母猪的便秘发生。

3. 哺乳母猪的饲喂要注意的问题

（1）要保证日饲喂量　哺乳母猪日饲喂量应达到 5~6 千克，饲喂时根据营养需要特点灵活掌握；青饲料不可喂量过多，以免影响对全价料的采食量。

（2）饲料质量要好　饲料不宜随便更换，且饲料质量要好，不喂发霉变质的饲料；饲喂的青饲料也要保证干净、卫生。

（3）要保证充足的饮水量　母猪泌乳每天需要 25~35 升清洁水，夏季更高达 35~40升，要求饮水器的流量要达到每分钟 2~2.5 升才能满足母猪的需求。饮水不足或不洁影响母猪采食量及消化和泌乳功能，因此，哺乳期母猪的饮水应敞开供应。如果是水槽式饮水则应一直装满水，如果是自动饮水器则勤观察、勤检查，保证水畅通无阻，而且要求水流速、流量达到一定程度。饮水应清洁，符合卫生标准。

第三节　哺乳母猪的科学管理技术要点及
提高母猪泌乳量的科学调控策略

一、哺乳母猪的科学管理技术要点

（一）产房的环境控制

产房的管理是影响泌乳期母猪采食量的主要因素，有经验的人说，喂好母猪，产房管理好就成功了一半，这话说得很有道理。对哺乳期母猪的管理，在一定程度上讲，重点是对产房的环境控制。

1. 保证产房适宜的温度

泌乳母猪的最适温度在18~20℃，而且泌乳母猪的饲料进食量与环境温度呈负相关。因此，产房的温度调控首先要重视夏季的防暑降温。在夏季，如果没有有效的降温系统，很难维持母猪有最佳的泌乳采食量和以后的繁殖性能，因此，夏季必须想方设法降低环境温度以增加母猪采食量。理想的是安装水帘，配合负压通风，可降低环境温度8℃左右；蒸发降温可部分地减轻高温对机体的有害作用，但给猪滴水或向地面洒水要配合舍内空气的流动，可用负压通风吊扇作为一种辅助手段，以保证在较湿的环境里有足够的空气流动和最大的蒸发降温。初生仔猪所处的保温箱内小环境温度要控制在30~35℃，以后每周降2℃；母猪由于皮厚毛长，皮下脂肪层较厚且无汗腺，容易继发热应激，因此，冬季的产房，在产仔期，室温可以高一点，达到24~25℃，一周后环境温度马上就要低下去，达到20~21℃即可，以增加母猪的采食量。冬季的产房，只要把仔猪的局部温度升到要求的范围内就好了，没有必要把整个产房的温度升得太高，当然，北方地区三九寒冷天气的产房要达到一定的温度范围。产房的环境温度千万不能冬季不低，夏季很高，那就很难解决母猪的采食问题了。因此，产房尽量做到冬暖夏凉。

2. 产房一定要保持环境安静、清洁、干燥和通风良好

母猪分娩前后应注意产房的通风换气，减少噪声，舍内氨气浓度过高或噪声过大均会使母猪分娩时间延长，甚至难产。对哺乳期母猪日常管理工作程序必须有条不紊，以确保母猪正常泌乳为首要前提。尽量减少噪声、禁止大声吆喝、粗暴对待母猪，保持产房安静环境条件。日常管理工作首先要保持栏圈和产房清洁卫生，空气新鲜，每天要清扫产房，冲洗排污道沟，但在母猪放奶时不要扫圈、喂食和大声喧哗，以保证母猪正常放奶哺仔。不能用水带猪冲洗高床，若气候干燥时用水冲洗，也要尽可能减少冲洗次数和冲洗用水量以降低舍内湿度。

传统养猪的猪舍，哺乳母猪要单圈饲养，且每天应有适当运动，并调教母猪，使其养成到猪床外定点排粪的习惯，防止母猪尿窝，在冬季圈舍内应铺厚垫草，保持圈舍内舒适和温暖。

3. 保证母猪乳头清洁，防止乳头损伤

母猪的乳头一定要保持干净，以免仔猪吃到被污染的奶而生病。要保护母猪乳头不受损伤，并经常检查，发现有损伤要及时治疗，以免造成母猪乳头疼痛而拒绝哺乳或乳头感染而

引发乳房炎。

4. 严格做好产房的消毒工作

母猪分娩一周后，每周选用无害的消毒剂对母猪和仔猪带体消毒一次，并对高床、保温箱、食水槽、走道等严格喷雾消毒，并在舍内悬挂冰醋酸自然熏蒸。

(二) 及时处理生产管理中的异常情况

1. 母猪无乳或缺乳

在哺乳期内有个别母猪产后缺奶或无奶，导致仔猪发育不良或饿死，遇到这种情况，应查明原因，及时采取相应措施加以解决。

(1) 无乳或缺乳原因　母猪营养不良、过度瘦弱、胎龄高、生理机能衰退；母猪过肥、乳房和乳腺发育不全；母猪产后患子宫炎、乳房炎、高烧等均可造成母猪无乳或缺乳。

(2) 治疗无乳或缺乳的措施　对母猪产后患子宫炎、乳房炎、高烧等疾病，要抗菌消炎、消除病原因素；其他原因引起的无乳或缺乳可采取以下措施。

① 应用催产素（缩宫素）催乳。先将母猪和仔猪暂时分开，每头母猪用20万~30万单位的催产素肌内注射，用药10分钟后仔猪吮吸母猪乳房放奶，一般用药1~2次即可达到催乳效果。

② 用食物催乳。在煮熟的豆浆中，加入适量的熟猪油即荤油，连喂2~3天。或用花生仁500克，鸡蛋4个，加水煮熟，分两次喂给，1天后就可放乳；或用海带250克泡胀后切碎，加入荤油100克，每天早晚各1次，连喂2~3天；或用白酒200克，红糖200克，鸡蛋6个，先将鸡蛋打碎加入红糖搅拌，一次性喂给，一般5小时左右产奶量大增；或用新鲜胎衣，用清水洗净后煮熟剁碎，加入少量的饲料和少许盐，分3~5次喂完可催乳；或用泥鳅或鲫鱼1 500克加生姜、大蒜适量及通草5克，煎水拌料连喂3~5天，催乳效果好。

③ 用中药催乳。母通30克、茴香30克，水煎后拌入少量稀粥，分两次喂给；或用王不留行35克，通草、穿山甲、白芍、当归各20克，白末、黄芪、党参各30克，水煎后加红糖喂服。

2. 便秘

便秘往往会被人轻视，看似小问题，其实是大问题。轻则引起食欲下降，重则造成母猪食欲废绝，导致无奶水后，仔猪中会出现饿死。生产中一般在产前2~3天和产后1周，适当给母猪投喂一些缓泻剂可防止母猪便秘。对于便秘已发生，粪便已经变干的母猪，更要及时地投喂泻药或用开塞露等药物直肠灌注，同时要适量投喂青绿多汁饲料，加大饮水量。

3. 拒绝哺乳的处理

母猪不让仔猪哺乳，多发生在初产母猪。由于一些初产母猪没有哺乳经验，对仔猪吸吮乳头刺激总是处于兴奋和紧张状态而拒绝哺乳。可采取醉酒法，用2~4两（1两=50毫升）白酒拌适量的精料，一次喂给哺乳母猪，然后让仔猪吃奶；或者肌内注射冬眠灵，每千克体重2~4毫克，使母猪睡觉，再哺乳。一般经过几次哺乳，母猪习惯后，就不会拒绝哺乳。此外，有的经产母猪因营养不良而无奶，仔猪吃不饱老是缠着母猪吃奶，母猪烦躁而拒绝哺乳。表现为母猪长时间平爬地面，而不是侧卧地上。对此应加强母猪的营养供给，加大采食料量，特别是蛋白质饲料的喂量，母猪有奶后就不会拒哺。

4. 母猪吃小猪的处理

个别母猪吃小猪是一种恶癖，其因一是母猪吃过死小猪、生胎衣或泔水中的生骨肉；其因二是母猪产仔后，非常口渴，又得不到及时的饮水，别窝仔猪串圈误入后，母猪闻出气味不对，先咬伤、咬死后吃掉；其因三是由于母猪缺奶，造成仔猪争奶而咬伤奶头，母猪因剧痛而咬仔猪，有时咬伤、咬死后吃掉。消除母猪吃小猪的办法：供给母猪充足的营养，适当增加饼类饲料，饲料中不可缺矿物质、食盐，并保证有适量的青绿多汁饲料供给；母猪产仔后，要及时处理胎衣和死小猪，对弱仔难以成活的最好也要处理掉，让母猪产前、产后饮足水，不让仔猪串圈等。

（三）断奶时间的确定

断奶时间的确定关系到哺乳期的饲养与管理、配种时间等工作，因此，在猪场管理中断奶时间的确定也关系到猪场生产的连接。但对哺乳母猪而言，断奶时间的确定，主要是缩短断奶至重新发情间隔，及早配种。总结有关研究结果可看出：7~14天哺乳期的母猪，断奶后重新发情的时间间隔的变异范围为8~15天；21~28天哺乳期的则为5~9天；35天以上哺乳期的则为4~10天。可以看出，并不是哺乳期越短越好，从缩短断奶至重新发情间隔时间这一角度考虑，合适的断奶时间为21~28天，母猪在分娩后3~4周时断奶足以保证母猪能迅速重新进入下一个繁殖周期，能提高母猪繁殖率，而无需拖延至5周以上；而过早断奶使母猪再发情的时间延长，如果哺乳期少于3周时间（如提早隔离断奶）有可能影响下一个配种期的受胎率，而我国的一些规模化猪场在硬件设施、管理水平、饲料配制等方面还难以实行超早仔猪隔离断奶。因此，断奶时间的确定，猪场一定要根据自身管理水平和生态环境等条件，选择适宜的断奶时间。

一般来说，为了提高母猪利用率和猪场设备及人员的合理利用，保育条件合适的猪场应尽量采用早期断奶的饲养方式，选择在28~30天断奶，这样可以保证1头母猪年产2~2.5窝，与传统方法相比，这样饲养方式能提高繁殖效率，节约饲料成本。实行早期断奶饲养方式的母猪，一般在断奶后5~7天即可发情配种，受胎率在90%~95%。

二、提高母猪泌乳量的科学调控策略

（一）从科学的饲喂策略上提高母猪泌乳期采食量

1. 提高泌乳期母猪采食量的作用

采食是动物摄入营养物质的基本途径，采食是衡量动物摄入营养物质数量的尺度。对哺乳母猪而言，采食的营养物质只有满足了维持需要后，多摄入的部分才能用于泌乳。研究表明，母猪泌乳期每天多采食1千克饲料至少能多产1千克乳，乳产量每增加1千克，窝增重就多增重250克/天，同时母猪断奶后不发情比例下降。一般来说，泌乳期提高母猪采食量能增加仔猪分娩到21日龄增重，可降低母猪体重损失，降低断奶后延迟发情或返情母猪比例；而泌乳期采食量低下，背膘损失过多将导致严重的繁殖问题，如延长断奶发情间隔，对初产母猪来说，能加速初产母猪泌乳早期未被吮吸腺的衰退速度，影响胚胎成活，降低排卵率，缩短利用年限。因此，当泌乳母猪采食量下降时（4千克/天），为了有效维持母猪的泌乳需要，必须补充蛋白质、氨基酸、维生素、矿物质等营养素，以保证仔猪窝增重和母猪断奶后发情不受影响。然而，由于现代的母猪生产力得到改进，繁殖性能大大提高，但也导致了母猪对能量和氨基酸的更高需要，尤其是泌乳期。但现实状况是青年或成熟母猪泌乳期自由采食量不足以维持、产奶和体生长的需要。营养摄入不足时，母猪会动用体储备以保证产奶。母猪体储备的动用，很大程度上缓解了泌乳期能量供应不足，还可能是高产母猪不可替代的合成乳的能源，"泌乳期掉膘的母猪哺乳性能好"是被生产者普遍接受的事实，然而，母猪采食量低下，泌乳期体重和背膘损失过多，将导致一系列繁殖问题的事实却没被一些猪场生产者认识到。现在，初产母猪泌乳期采食量不足，热应激下母猪食欲不足等现象格外严重。维持泌乳期间高水平采食量的重要性早已被证明，哺乳母猪的泌乳量，直接影响仔猪的健康和断奶成活率，而哺乳期足够的采食量是保障母猪奶水充足的前提和基础，而泌乳期母猪采食量较低，这使得初产母猪不能达到成年母猪的繁殖性能，而且初产母猪的泌乳量和繁殖性能对营养物质的摄入非常敏感。研究表明，初产母猪的繁殖性能如断奶到发情的间隔增加，受胎率较低，淘汰率增加以及第 2 胎窝产仔数减少等，已成为限制繁殖母猪群生产性能的主要因素。

2. 影响母猪泌乳期采食量的主要因素

（1）母体因素

① 猪种。就猪种本身来说，因为其体重、体组成的不同，产奶能力的不同，窝产仔猪数的差异，其自由采食量也具有基因差异。如中国地方猪种明显比大白猪、长白猪吃得多。汉普夏猪因为其基因差异而对热敏感，所以采食量也就易受高温影响而下降。但初产二元杂交母猪的泌乳期采食量，要比其同代纯种和父母代纯种猪都要高。

② 胎次。胎次极显著影响怀孕期、泌乳期体重和背膘变化，从而导致母猪泌乳期采食量也不同。母猪胎次越高，体重越大，维持需要就越高，其采食量也可能高一些。

③ 带仔数。每窝仔猪个体数越多，吮吸强度就越大，母猪产奶量就越多，并且母猪体蛋白、体脂肪的流动有所不同，它对能量的需求也变大，因此，自由采食量增加。

④ 泌乳期。有学者分析 30 个养殖场 25 719 头泌乳母猪自由采食数据，分娩后泌乳母猪采食量很低，但随泌乳期推进，采食量增加，在分娩后第 12.6 天达到最大，然后急剧下降或小幅度下降。

（2）环境因素　各种造成母猪应激反应的环境因素，均会降低母猪的采食量。其环境温度与母猪营养关系非常密切，它不仅直接影响泌乳期母猪的采食量、代谢和产热，而且可导致饲料能量在母猪体内分配和利用效率的改变，最终导致母猪对各种营养物质的需求量及其比率的改变。对于泌乳母猪，适宜的温度为 18~20℃，温度超过 25℃属于高温，母猪随意采食量下降。因此，分娩舍的有效环境温度是影响泌乳期母猪采食量的重要因素之一。保持分娩舍适宜的环境温度，可增加母猪的采食量，减少母猪体重的下降，提高仔猪断奶重。

（3）营养因素

① 能量的需要。日粮中的能量水平对哺乳母猪的采食量有很重要的影响，哺乳母猪采食的实质就是获取足够的能量。如果没有其他干扰，如营养缺乏、疾病等存在，恒温动物采食是满足能量的需要。哺乳母猪为了有足够的乳汁分泌，必须尽可能采食大量饲料。通常采食量为 5~7 千克/天。当摄入量的能量高于其维持和泌乳的需要，部分多余的能量就转为恢复体脂肪或储备为体脂和肌肉，当哺乳母猪采食量在 4~8 千克/天，泌乳量增加得最多。日粮浓度是影响泌乳母猪采食量的重要因素之一，有研究表明，随着能量水平的增加，采食量下降，但总能摄入量有可能增加。

② 蛋白质水平。日粮蛋白质水平对泌乳母猪的饲料采食量也有影响，一般来讲，蛋白质水平越低，则采食量越少，体重损失越多，但高蛋白质水平，可提高仔猪断奶重。很多研究表明，泌乳期低蛋白质日粮会延长断奶后母猪的发情期，并导致怀孕率下降，尤其是饲喂初产母猪时，这种现象尤为严重。

③ 氨基酸的作用。近些年，人们认识到氨基酸对于控制采食量具有一定作用，氨基酸对采食量的影响可能存在直接或间接作用。直接作用，即氨基酸直接作用于中枢神经，如血

液中特定氨基酸的浓度可能作为反馈信号直接影响摄食中枢的功能；间接作用可能是形成神经递质来实现，如酪氨酸、苯丙氨酸和色氨酸是某些神经质的前体物，当日粮缺乏这些氨基酸时，由于神经递质数量下降，从而引起采食量升高或下降。但在正常情况下，氨基酸对采食量的控制很小。日粮氨基酸含量和平衡状况影响哺乳母猪的采食量。当饲喂氨基酸缺乏程度较小的日粮时，猪会略微提高采食量以弥补氨基酸的缺乏；若日粮氨基酸严重不平衡，某种氨基酸严重缺乏或过量时，猪的采食量就会急剧下降。从母猪泌乳性能来看，当饲料中蛋白质水平从 11.5% 增加到 20.2%，相应赖氨酸水平从 0.16% 增加到 1.15% 时，母猪的泌乳量呈线性增加。

④ 饲料添加剂使用。猪日粮中加入少量的抗生素可提高采食量，此外，各种风味剂也可增加采食量，而且风味剂还可减少应激或掩盖某些不良的饲料风味，也可提高泌乳期母猪的生产性能。

（4）其他因素

① 饲喂技术。正确的饲喂技术能够使泌乳期母猪保持强烈的食欲，其中，饲喂频率影响母猪采食量。母猪 1 天饲喂 2 次频率影响母猪采食量。母猪 1 天饲喂 2 次比饲喂 1 次的采食量大。NRC（1989）表明，在自由采食的情况下，母猪每天饲喂 1 次和 3 次，结果饲喂 3 次的母猪在整个泌乳期采食量为 108.4 千克，而饲喂 1 次的采食量为 101.6 千克；此外，饲喂 3 次的体重损失也相应减少（28.5 千克和 22.5 千克）。生产实践也证明，母猪饲喂次数越多，可能采食量越大。

② 日粮的适口性。适口性是一种饲料或日粮的口感和质地特性的综合，是动物在觅食和采食过程中动物视觉、嗅觉、触觉和味觉等感官器官对饲料或日粮的综合反应。由于适口性决定饲料被母猪接受的程度，与母猪采食量密切相关但又很难定量描述，它一般通过外界刺激母猪的食欲来影响采食量。一些试验结果表明，猪更喜欢采食带有甜味略湿的粉料（湿拌料），其采食速度比采食干料快 25%。由此可见，日粮的适口性也是影响母猪采食量的因素之一。

③ 饮水供应与饮水质量。水是影响采食量的重要因素之一，只有饮水得到充分保证的情况下，猪的采食量才能达到最大。但饮水方式和水的质量也影响到猪的饮水量，一般来说，泌乳母猪采用水槽饮水比采用饮水器饮水要多，其因可能是饮水器的水流量慢或饮水器安装的高度不标准等原因；水的质量包括水的清洁、味道（高碱、高盐）等都有可能影响猪的饮水量。

④ 母猪的健康状况。疫病因素是影响泌乳期母猪采食量的重要因素之一，患病的和处于亚临床感染的母猪常表现为食欲废绝或食欲下降。

3. 提高泌乳期母猪采食量的方法与策略

哺乳母猪并不是全程都需要提高采食量，在产仔后和断奶前后几天一般要限量饲养。生产中限饲容易做到，在需要提高采食量的时候，如何能够达到预期的采食量，其方法和策略也多，但从母猪实际能达到采食量的需要上，主要从适宜的采食量调节和饲喂方法、饲粮的适口性、电解质平衡及保证饮水量上做比较容易也切合实际。

（1）适宜的采食量调节与饲喂方法 与 20 年前的母猪相比，现代的母猪体重较大、繁殖力更强，由于选育偏向于瘦肉型的母猪，所以这些母猪的采食量都相对较少。因此，现代母猪在哺乳期经常需要分解自身组织蛋白来泌乳以满足哺乳仔猪的营养需求，从而导致哺乳母猪尤其是初产母猪营养不良。为此，提高母猪泌乳期自由采食量，实行不限饲的饲养方式。但在生产中并不是哺乳期母猪在整个泌乳阶段都可采取自由采食，而且不同的饲喂方法对哺乳母猪的采食量都有不同的影响。

①适宜的采食量调节。采食量的调节要根据母猪生产阶段、平均哺乳仔猪头数、母猪体况、母猪失重情况等因素。生产中常用的方式是在母猪分娩前2天，喂料量可以适当减少到2.5千克/天，如果体况不好也可以不减料。饲料应稀一些，这样分娩时消化道内粪便少，有利于分娩。分娩当天不喂料或只给些麸皮稀粥。产后2~5天逐渐加到最大采食量，不可以突然加料，否则会引起消化不良。现代母猪体重较大，体重200千克的泌乳母猪为了满足泌乳和自身维持需要，按产仔10头计算，每天采食量至少为6~8千克。为了防止断奶后母猪得乳房炎，在断奶前后各2天，要减少配合饲料喂量，可补给一些青粗饲料充饥，使母猪尽快干乳。此后再采取补饲催情方法，使断奶后的母猪尽早发情配种。适宜的采食量调节对哺乳母猪的哺乳、缩短断奶间隔能起到一定作用，可提高母猪的繁殖率和利用年限。

②适宜的饲喂方法。哺乳母猪的饲养方式中首先考虑的是饲喂频率，每天多次饲喂（3次或超过3次）的效果优于每天饲喂1次或2次。为此，养猪专家建议，哺乳母猪圈舍内的料槽需设计得更完善，大多数专家认为：料槽应深一些并且易让母猪接触，饮水器要安装在料槽上面或料槽边，并采取适宜的饲喂方法。由于中国大多数猪场均采取人工饲喂方法，自动化饲喂在中国规模化猪场中为数不多，虽然在哺乳母猪饲养方式中有许多饲喂方法可用于提高哺乳母猪的采食量，但不管采用哪种方法，最重要的是保证母猪始终能吃到饲料。一个最简单的方法是，如果料槽空了，再加饲料进去。具体的操作程序为，每次喂料时投喂1舀或2舀料（1舀料大约为1.8千克），如果上次投喂的料仍剩下很多的话，不要再往料槽中加料；如果剩下少量的料，应再加进1舀料；如果料槽中没有剩料的话，可加入2舀料。但在母猪分娩前后2~3天里应采取轻微限饲，即每餐喂1舀料，不要投喂2舀料，当然在母猪分娩当天最好是不喂料或喂稀汤料，这样不会影响母猪分娩后的自由采食量及诱发繁殖障碍综合征的发生。哺乳母猪不限饲的具体饲喂时间和方案为：上午喂料，即第一次喂料，如果料槽中有少量剩料的话，加1舀料，如果料槽空了则加2舀料，上午喂前的料槽空或剩则表示母猪夜晚吃料的情况，如果剩余较多，就要查找原因，中午喂料即第二次喂料，可在傍午或午饭后进行，喂料量与上午相同。如果上午喂的料没有吃的话，应检查母猪是否发烧或其他可能的原因；下午喂料即第三次喂料，在傍晚进行，喂料量与上面相似，但可根据剩料情况做一下调整。一天中食欲良好的母猪但料槽中还有一点剩余的话，可喂2舀料；对食欲正在增加的母猪应喂1舀料。同样，上次喂的料剩余较多的话，应调查不吃料的原因。该方案可及早地发现不吃料的母猪，并能及时查找原因，也能减轻饲养人员的劳动强度（有的人提出每天饲喂6~8次）。但此饲喂方案要注意的一个问题，对料槽中剩余过多的料要清除，尤其是在夏季过夜的剩料已变质，一般来说料槽中的剩料如果超过4个小时后，极易被污染变质，特别是湿拌料，不可再饲喂母猪，否则会导致消化疾病或其他疾病发生。

（2）饲料适口性　视觉、嗅觉、触觉和味觉在刺激动物的食欲及影响采食量方面起着重要作用。适口性这个术语常被用来描述猪对饲料的接受程度，但是适口性和采食量并不是同义的。适口性仅仅包括味觉、嗅觉和触觉，一般来说大部分的家养动物具有嗅闻行为，但这只是为了定位和选择食物，采食量的多少最终决定于猪获得能量的自我调控，即所谓"猪为能而食"的道理。生产中哺乳母猪需要采食多少饲料？一个简单的计算方法是，每头母猪每天饲喂2千克饲料，另外，每头仔猪加0.35千克。如果一头哺育10头仔猪的母猪至少应喂7千克（2×0.35×10＝7），但实际生产中，哺乳期间的母猪平均采食量在5~5.5千克。因此，营养学家和养猪生产者致力提高日粮适口性和日粮质量，以期最大限度地提高泌乳期母猪饲料采食量。生产中提高饲料适口性一般从以下几个方面。

① 饲料的加工与调制技术。除注意氨基酸平衡，选用易消化，适口性好的原料外，还需要对饲料进行精细加工，有利于提高适口性和消化率。母猪饲料粉碎的适宜粒度为 400~600 毫米，或对玉米、大豆等原料进行膨化，采用蒸气调质的制粒技术，都有利于提高适口性和消化率。此外，干料与湿料相比，泌乳母猪喜欢采食湿料，而且能提高消化率。因此哺乳母猪料型以湿拌料最佳，料水比 1:1 或 1:2，干料或稀汤料都会让哺乳母猪采食时感觉不适。研究表明，饲料消化率提高 5%，采食量可以提高 12%。

② 选用有机微量元素添加剂。矿物质与微量元素的超量添加会降低饲料的适口性，这方面经常被忽视。硫酸盐特别是硫酸锌有令猪不舒服的涩味，会显著降低饲料的适口性。现在一些猪场或饲料厂家使用的矿物质和微量元素大都超量添加，超量添加只能增加成本造成浪费，而且还降低饲料的适口性。目前，最好选用有机微量元素，添加剂量少且吸收利用率较高，对猪的适口性也无不良影响。

③ 甜味剂的选用。猪一般喜吃带甜味的饲料，因此，商品化饲料中一般都加了甜味剂。甜味剂的主要作用是增强饲料的甜味，掩盖饲料中原有的不良味道，提高猪的采食量。目前饲料行业使用的甜味剂主要以糖精钠为主体的商业化产品。从使用效果上看，生产工艺一般的产品难免会有苦味，即使生产工艺先进的对糖精钠苦味进行了掩盖与处理，糖精钠对动物味蕾的刺激仍然是强烈的，导致使用过量或随使用期延长动物会产生厌食。如果选用常规甜味剂，要用正规厂家生产的产品。有条件的猪场可以考虑选用天然植物提取物的甜味剂。能够达到饲用甜度的天然植物主要有甜味菊和罗汉果等，再加甘草提取物等复合而成，与普通甜味剂的最大区别在于，天然植物提取物的甜味剂对动物味蕾的刺激小，口感柔和，不会因为使用过量或随使用期延长而使动物产生厌食，相反它能提高葡萄糖耐受性和调节血糖水平的作用使动物产生饥饿感，达到最佳的采食效果。

（3）电解质平衡与供给充足饮水　电解质指那些在代谢过程中稳定不变的阴阳离子。生理体液中的电解质与渗透压、酸碱平衡紧密相关。哺乳母猪可通过饮水量调节、预防或纠正自身的酸中毒或碱中毒，因此，哺乳母猪电解质平衡中最重要的内容就是保障充足的饮水。只有饮水供应充足，哺乳母猪才有可能获得足够的采食量而才能有充足的乳汁分泌。哺乳母猪日平均饮水量为 45 千克，与妊娠后期的饮水量相比大幅增加。因此，必须保证哺乳母猪有良好的水源。但是在一些猪场中供水的水压不够，夏季水温太高，冬季水温过低，水的质量与卫生达不到标准，饮水器水流速慢，水嘴安装不当等往往是哺乳母猪饮水不足的原因。生产中饮水器流速过慢是大多数饲养管理者最容易忽视的问题。对于哺乳母猪来说，出水的水压应稍大一些，让饮水器有足够的出水量，每分钟出水量应大于 2 升。另外，要经常保持食槽内水的供应，可让哺乳母猪尽量多饮水。因此，有条件的猪场尽量采用饮水槽，饮水槽中保持饮水不断，可保证哺乳母猪有充足的饮水量。此外，饮水应清洁，符合卫生标准。饮水不足或不洁可影响哺乳母猪采食量及消化泌乳功能。夏季温度较高，对哺乳母猪饮水量影响较大。猪在热应激时主要靠排尿来降温，显示出夏季母猪饲用水的供应重要性。母猪排泄量的增大会导致大量电解质的流失，因此夏季补充电解质也是不能忽视的。除了在每吨饲料中添加 3~4 千克的食盐外，在夏季哺乳母猪料通常补加 1~2 千克的小苏打或硫酸钠，以补充流失的电解质，并有助于防止母猪便秘。

（二）从科学的营养调控策略上提高母猪泌乳期采食量

哺乳母猪营养和饲养的目标是最大限度地提高饲料采食量和总营养摄入量，这样，不仅可以充分发挥母猪的泌乳潜力，提高泌乳量，促进仔猪的生长和成活，而且可以使母猪维持良好的体况，促进母猪下一个繁殖周期尽早到来和提高繁殖性能。然而，实际情况下由于母猪消化道物理容积及其他条件的限制，哺乳期母猪特别是现代高产母猪在泌乳阶段往往很难获取一定的采食量，在此情况下还需要消耗一部分体组织用于生产和维持。为此，为了保证哺乳期母猪能达到较高采食量，才能分泌足够的乳汁满足需要及减轻体组织失重，并能促进母猪下一个繁殖周期尽早到来而达到提高繁殖性能，生产中可采取营养调控策略而使其以上目标实现。

1. 从全繁殖周期确定饲养方案

母猪生产由妊娠、泌乳、断奶后再发情配种几个阶段连续循环进行，然而，在繁殖周期给以母猪适宜的营养水平，即采取营养调控策略，是关键技术之一。母猪饲养绝非一个简单的每日供给营养和"维持+生产"消耗平衡的问题，不同的繁殖阶段，母猪自由摄取食物能力和生产需要之间有很大差距。若自由采食，妊娠期往往进食过量，泌乳期又常常摄入不足，特别是高产母猪泌乳期几乎不可能摄入足够能量，而且以现有饲养手段还不能完全解决。因此，对母猪营养分配上要遵循"繁殖优先"规律，而母猪体组织在保证繁殖所需能量的动态平衡中起了重要的缓冲作用，对维持母猪持续高产而言，这种作用更是不容忽视的。如一头体重为142.5千克的高产母猪哺乳12头小猪，每头增重为240克/天，需要含13.8兆焦/千克消化能的日粮8.34千克，以满足母猪的能量需要，显然母猪不能采食8.34千克足够的饲料以满足泌乳需要，因而体储备的动员不可避免。也由此可见，高产母猪泌乳期营养摄入不足是母猪营养研究中的难点。还应注意的是，母猪泌乳期间的采食量是有限的，在现有的饲养条件下，可以配制出满足高产泌乳母猪蛋白质和氨基酸需要的日粮，但是根据理论值推算，瘦肉型母猪维持高泌乳力需消化能90兆焦/天以上，在实践中很难配出15兆焦/千克的饲粮，高产母猪也几乎不可能摄入当日泌乳所需的能量。提高饲粮能量浓度固然是有效解决方法之一，但是目前我国市场上还没有国产的饲料级油脂产品，食用油脂和进口产品价格又过高，不可能为多数生产者接受。因此，母体脂肪组织在不同繁殖阶段的沉积和动用，在很大程度上缓解了泌乳期能量供应不足的问题，这可能也是高产母猪不可替代的合成乳的能乳。然而，也要看到虽然母猪泌乳期体重和背膘损失由摄入代谢能支配，但泌乳期体重变化受怀孕期体重影响极显著。研究表明，经产母猪妊娠期母体平均氮储备及体增重都随能量供应的增加而线性增加。因此，为了保证足够的体储备，应至少在怀孕母猪日粮中供能35.53兆焦消化能。但怀孕期母猪饲喂高能量日粮将会降低泌乳期母猪采食量，增加泌乳期体重和背膘损失，延长断奶至发情间隔。总的来讲，妊娠期能量摄入影响泌乳期自由采食量，泌乳期能量摄入又对下一个繁殖周期妊娠期能量摄入有影响。因此，在实际生产中应关注全繁殖周期营养的合理分配，以提高母猪繁殖性能为主要出发点，着眼于全繁殖周期母猪能量需要。为此，生产中可采取以下营养调控策略。

（1）妊娠母猪可采取青粗饲料日粮和"前低后高"饲养方式　母猪的妊娠期是个相当长的阶段，占整个繁殖周期的70%。研究证明，在此阶段可以充分利用青粗饲料资源，在节约粮食、降低饲料成本方面有着巨大潜力。目前，中国的猪种改良也发生了变化，以地方猪种为母本的改良策略已成为趋势，其目的是能充分利用地方猪种抗逆性，耐粗饲，能充分利用青粗饲料而肉味鲜美的特点。因此对妊娠母猪根据"维持+生产"的生理特点，并采取

"前低后高"的饲养模式，在母猪妊娠第 84 天开始加料，妊娠前 84 天中，仅供给妊娠全期胎儿和子宫内容物增长所需总能量的 1/4，其余的 3/4 平均在妊娠后 28 天（分娩前 2 天减料，实际为 26 天）中供给，此营养调控策略，经一些试验证明是可行的，而且对泌乳期母猪采食量不会产生副作用。

（2）妊娠期按母猪体况确定饲养水平　研究表明，体脂厚度能显著影响泌乳母猪泌乳前 3 周的自由采食量，但泌乳第 1 周，母猪主要依赖其体储满足产奶需要，为了保证有足够的体储，满足泌乳早期产奶的需要，必须对妊娠期母猪体况进行科学的营养调控。为此，人们一般根据体况或背膘来调控怀孕期饲喂量。生产中根据妊娠期母猪膘情来确定饲养水平，一般妊娠前、中期依据母猪第 10~11 肋间边膘厚确定饲喂量。对配种时过肥的母猪，妊娠前、中期仅供给略高于维持需要的能量，并不影响胎儿发育。妊娠后期，不论母猪体况如何，均供给母体沉积和乳腺发育所需能量，并随气温变化调整每日饲喂量。据朱锡明（2001）对 78 头长大母猪用于全繁殖周期各阶段能量分配饲养方案的研究，充分利用青粗饲料，经产母猪妊娠给予低能日粮，按母猪体重、背膘厚度、妊娠阶段确定每头母猪饲喂量，实行"前低后高"饲养方式，均取得预期的效果，其中如一头怀孕母猪，配种体重 182千克，膘厚 3.0 厘米，妊娠前、中期日饲 1.8 千克日粮，后期可饲喂 3.0 千克，转入产房时，体重可达 243 千克，膘厚 3.15 厘米，产活仔 12 头，窝重 20.05 千克，平均个体重 1.67千克。很多试验也表明，妊娠期母猪日喂两餐，每餐按定量饲喂，中间加喂约 2 千克/头青饲料，实行"前低后高"的饲养方式，对母猪泌乳阶段及全繁殖周期的表现均无任何不良影响。

从目前的研究看，怀孕期母猪根据背膘厚饲喂比根据体况评分进行饲喂更精确、更方便。为了保证泌乳前期母猪有足够的体储动员来产乳或满足自身生长，一般来说，妊娠期体重增长率以 110%~120% 为宜，即第 3~4 胎母猪至少得在妊娠期获得母体增重 25 千克，而胎儿以及其他妊娠产物增重将近 20 千克为标准。具体做法可采取"前低后高"等饲养方式，但也有研究表明，在预产期前 21 天开始加料能显著提高仔猪初生窝重；还有研究表明，从连续繁殖周期考虑，给母猪妊娠期提高高含量可发酵非淀粉多糖（NSP，以 45% 的甜菜渣供给）日粮，使其自由采食，对繁殖性能无不利影响。断乳后尽快转入下一个繁殖周期，但在实际生产中，一般生产者主要考虑的是提高仔猪窝增重为主要目标。因为仔猪的断奶窝重是泌乳期母猪饲养水平的一个重要指标，反映了泌乳期母猪饲养管理水平及对后续保育猪和商品肉猪均产生影响。研究表明，提高窝重主要靠母猪泌乳期多摄入能量并伴以母猪体组织的动员。生产中对哺乳母猪采取日喂 3 餐，分娩后一般按 3 千克/天提供日粮，第 3 日起增加 0.5 千克，泌乳前 2 周最多加至 5.5~6.0 千克/天，后 2 周最高量为 6.5~7.0 千克/天，断奶前 4~5 天逐渐减少日粮给量，转入配种舍 1~5 天，日定量 2 千克，未发情的饲喂量加至 2.5 千克或采取补饲催情方式。此饲喂方式一般不至于影响下一繁殖周期配种，但一定要结合下一周期妊娠前、中期按实际膘厚或体况饲养。生产中为了达到提高仔猪窝增重的目标，根据当地饲料条件，配制出提高泌乳日粮能量浓度的饲料配方，有益于高产瘦肉型母猪泌乳潜力的充分发挥。因为饲料配方是以饲粮中所含的营养素浓度来表达的，虽然采食量是决定配方或者营养标准是否适合的重要因素，但配制较高营养浓度的饲粮才能使其采食到足够的营养。从经营角度上讲，由于妊娠期间猪实行的限饲饲养方式，妊娠期 114 天节省的饲料费用，足以保证提高 1 个月泌乳饲料质量所需的费用，因此，泌乳期饲喂高浓度的能量饲粮，从产出与投入算也是很经济的。

从以上论述可见，从母猪全繁殖周期角度进行营养的合理分配，应该说是科学的营养调控策略中一个方法。因此，在实践中应根据生产目标、母猪品种、体储状况（膘情）、饲料资源和其他生态环境条件因素，确定相应的母猪全繁殖周期饲养方案。

2. 从饲粮配制标准上提高泌乳母猪日进食营养总量

现在随着育种和饲料研究的进展，形成了饲养母猪以高泌乳、高产仔为主流形式。因此，对哺乳母猪的营养调控策略的研究也成了国内外营养学家们一个研究重点。在一定程度上讲，母猪的繁殖性能好坏与该母猪的泌乳量大小有直接关系，而母猪泌乳量又受许多因素影响，品种（系）、胎次、带仔数、妊娠期增重、乳头的数量和位置及粗细，产后发情时间及哺乳期营养水平等，其中哺乳期日粮和营养水平对泌乳量起着重要作用。相应地，哺乳母猪的营养需要量也受多方面因素的制约，如直接或间接地受母猪的品种（系）、带仔数、体重、失重、泌乳量及其所处环境温度等影响。但采食量是决定哺乳母猪营养需要量的一个主要因素。在实际情况中，哺乳母猪的日采食量中的营养水平难以满足泌乳的营养需要。研究表明：一头 150 千克体重哺乳母猪（哺乳期 28 天）哺乳 10 头仔猪，每天生产 9.4 千克乳汁的饲粮和能量需要预测：日需含消化能 13.97 兆焦/千克的饲粮 7 千克，含消化能 97.79 兆焦；而实际哺乳母猪日采食量是 5.5 千克，含消化能 76.84 兆焦，两者相差 20.95 兆焦，其中饲粮中的蛋白质和赖氨酸水平也是难以满足哺乳母猪的产乳需要。150 千克体重母猪在能量平衡的条件下，哺乳 10 头 8 千克的仔猪，平均每天需要粗蛋白质和赖氨酸分别是 1 080 克和 63 克。但根据母猪实际平均日采食量 5.5 千克，饲粮中粗蛋白质和赖氨酸的含量分别是 19.7% 和 1.05%，而在常规饲粮中粗蛋白质和赖氨酸的含量一般分别为 16% ~ 18% 和 0.8% ~ 1.0%。研究表明，为了实现能量和必需营养物质基本平衡，哺乳母猪不得不动用自身的体组织（失重）去满足对能量和其他必需营养和物质的需求。然而，我国的猪场大多数由于哺乳母猪阶段营养供给偏低，哺乳阶段母猪储备消耗过大，母猪连续性生产力遭到了破坏。由此可见，保证哺乳母猪日进食营养总量是关键。母猪日进食营养总量不足是导致哺乳母猪营养储备过度消耗，繁殖能力下降的重要原因。影响哺乳母猪日进食营养总量的原因主要有两个方面：一是饲喂次数少导致日进食饲料总量不足，营养总量自然就受到影响；二是饲料配方营养标准偏低，能量、蛋白质和氨基酸的不足是普遍问题。生产实践证明，哺乳母猪应该根据日采食量来制定饲料配方的营养标准，如高温季节哺乳母猪采食量下降，就应该大幅度地提高各营养素的浓度。但这种营养调控策略在实际生产中会遇到几个问题，首先，高营养浓度的饲料在夏季容易酸败变质，即使极其轻微变质也会影响母猪的采食；其次，高营养浓度的饲料容易使猪产生饱腹感，反而不利采食量的提高；第三，高档饲料也不利于猪场的成本控制。因此，夏季和冬季泌乳母猪营养水平的确定还是要从泌乳母猪的营养需要出发。就是对日粮进行调整，调整标准也要根据采食量确定每头母猪每日能否达到 60 克赖氨酸和 66.94 兆焦以上的代谢能。由此可以定论，保证哺乳母猪日进食营养总量，就等于保护了母猪的系统繁殖能力。近 20 年来，营养学家们对母猪泌乳量需要的营养需要量也进行了大量研究，营养调控策略主要方法之一是提高日粮中蛋白质和赖氨酸水平。

由于能量水平与赖氨酸水平之间有着强烈的相互作用，哺乳母猪只存在同时摄入较高水平的能量时才能对较高的赖氨酸水平发生反应。一些研究表明，必须提供高于最大泌乳量所需的蛋白质、赖氨酸摄入量，才能保证最低的氮损失和最佳的下一窝产仔数，还能获得较高的母猪泌乳量。张金枝等（2000）研究表明，以 18% 蛋白质、1% 赖氨酸、14.19 兆焦/千克的饲粮可获得较高的母猪泌乳量，饲粮组成如下：玉米 40%、麦麸 12.45%、玉米淀粉

10.55%、豆粕20%、淀粉6.4%、石粉1%、磷酸氢钙1.1%、食盐0.3%、预混料1%、油渣7.2%。

王凤来等（2000）分别将哺乳母猪日粮粗蛋白质和赖氨酸水平从14.8%、0.60%提高到19.2%、0.98%，发现可显著提高哺乳母猪日粮粗蛋白质采食量，日赖氨酸采食量，随着日粮粗蛋白质和赖氨酸水平的提高，母猪泌乳结束时体重呈上升趋势，而体重损失呈下降趋势，同时发现提高哺乳母猪日粮粗蛋白质水平和赖氨酸水平，可显著增加母猪分娩后第21天的产奶量、仔猪21日龄窝重、0~21日龄窝增重和血清尿素氮含量。

赵世明（1998）研究了日粮赖氨酸水平（0.60%、0.80%、1.00%）对泌乳母猪繁殖性能及血清游离氨基酸、血清生化指标的影响，结果表现，泌乳母猪日粮赖氨酸水平增至0.80%时，与0.60%赖氨酸相比，可显著提高仔猪21日龄窝重，0~7日龄增重，0~14日龄窝增重，0~21日龄窝增重，产后21天泌乳母猪血清尿素氮、白蛋白、异亮氨酸和半胱氨酸浓度，同时可提高产后14天猪乳中蛋白质、固形物以及除半胱氨酸之外所有必需氨基酸、非必需氨基酸、总氨基酸总量，而对产后21天母猪体重、日粮采食量、断奶至再发情天数影响较小。

（三）哺乳母猪营养调控策略要注意的问题

1. 过高的饲养标准并不能提高母猪泌乳量和繁殖性能

邵水龙等（1987）研究发现，当母猪哺乳期日采食的消化能和可消化蛋白质已基本满足，再提高日粮标准，并不能相应增加泌乳量，反而会造成饲料浪费。以第二胎枫泾哺乳母猪的营养需要研究为例，结果超过标准的高水平组比低水平组全期多耗混合精料41.5千克，而泌乳量仅增加18.52千克，其中产后21天中占44.3%（60天泌乳量算）。所以母猪在产后的21天内适当提高营养水平对提高泌乳量有利，而以后无多大作用。

华中农业大学动物科技学院唐春艳等（2005）对在哺乳期母猪采用高能量、高蛋白、高赖氨酸水平饲粮以及对哺乳母猪采取自由采食的饲喂方式与常规饲粮和饲喂方式进行了比较研究，目的是进一步探讨日粮不同营养水平对哺乳母猪及仔猪生产性能的影响，为改善哺乳母猪生产性能及确定哺乳母猪营养需要提供依据。试验选用14头分娩日期相近的杜长大经产母猪，按体重、胎次随机分成2个处理，第1组为对照组，第2组为试验组，每个处理7个重复，1头1个重复。在28天的试验期母猪自由采食和饮水。研究饲喂按NRC（1998）配制的高蛋白质、高能量水平日粮（粗蛋白质为18.5%和代谢能为14.23兆焦/千克）与按NRC（1988）配制的日粮（蛋白为17.1%和代谢能为13.19兆焦/千克）对母猪生产性能的影响。试验用基础日粮由玉米、麦麸、大豆粕、鱼粉组成。对照日粮根据NRC（1988）标准配制，试验日粮根据NRC（1998）标准配制，并在试验日粮中，通过添加膨化大豆来提高日粮营养水平。试验母猪饲养于半开放式圈舍，水泥地面、自然通风，保持舍内清洁干燥，圈舍内温度适宜，按照常规饲养管理进行。试验母猪从分娩当天开始采食试验料，日喂2次，以吃净吃饱为原则，逐日每头称料，记录采食量。试验结果分析：两组哺乳母猪日均采食量均超过5千克，对照组为5.24千克，试验组为5.80千克，对照组较试验组低，组间差异极显著。但母猪采食的赖氨酸和蛋白质组间没有显著差异，对照组平均日赖氨酸采食量为50.83克，平均日蛋白采食量969.36克，试验组平均日赖氨酸采食52.22克，平均日蛋白采食量为992.19克，且低能量水平组由于采食量提高，赖氨酸和蛋白质采食量有所提高，这说明哺乳母猪具有为能而食的能力；另一原因是本试验给哺乳母猪采取自由采食的饲喂方式，以及膨化大豆能量高，饲料适口性和消化性好，能提高母猪采食量。从对猪背膘厚的变化和失重损失的影响上看，且对照组体重损失比试验组损失大大降低，但与张金枝等（1998）的试验，从哺乳期母猪的失重情况来看，高营养水平组（粗蛋白质18%，代谢能14.73兆焦/千克），哺乳期失重18.9千克，低营养水平组（粗蛋白质15%、代谢能13.30兆焦/千克）哺乳期失重20.2千克，两者比较，高营养水平组比低营养水平组少失重1.3千克。但本试验中对照组母猪失重9.21千克，试验组母猪失重13.21千克，与张金枝等（1998）的结果相差较大，但基本的趋势一致。蛋白、能量水平对仔猪性能的影响主要有两点：一是对仔猪窝日增重的影响。窝重和窝日增重随日粮蛋白、能量水平的提高而提高，本试验0~21日龄、21~28日龄窝平均日增重对照组比试验组分别提高14.84%和18.58%。邵永龙等（1987）研究发现，当哺乳期母猪日采食的消化能和可消化蛋白质量已基本满足，再提高日粮标准，并不能相应增加泌乳量，反而会造成浪费饲料。这与本试验的结果一致。二是对仔猪存活率的影响。对照组0~21日龄、0~28日龄仔猪存活率分别比试验组提高2.49%和2.60%，说明提高饲粮的营养水平对仔猪存活率有提高的趋势。大量试验结果表明，母猪泌乳期间的总采食量与母猪的泌乳性能以及随后的繁殖性能之间呈现出正相关关系。选择特定的饲料原料来提供能量会直接影响母猪的繁殖性能，众多试验也表明，提高日粮能量采食量的一种方法就是向日粮中添加脂肪，但脂肪添加率大于5%会降低母猪以后的繁殖率。由于能量水平和赖氨酸水平之间有强烈的相互作用，母猪只有在同时摄入较高水平的能量时，才能对较高的赖氨酸水平发生反应。但盲目过量使用赖氨酸会导致缬氨酸的不足。本试验结果表明，添加膨化大豆来提高泌乳母猪蛋白和能量水平有提高母猪繁殖性能的趋势，这与周响艳等（2002）的试验结果一致。最近的研究证实，给猪喂膨化的谷物籽实，可将其生产性能和养分消化率提高5%~25%。这间接说明通过添加膨化大豆来提高能量水平对母猪以后的繁殖性能有积极作用。研究表明，母猪体重损失的构成因日粮所缺养分（能量和蛋白质）的不同以及被动员组织（脂肪或肌肉）的不同而有所变化，而且对经产母猪来讲，乳蛋白中大约79%的赖氨酸来自日粮，因此，乳蛋白中余下的21%赖氨酸则来自体内。虽然一些研究结果表明，肌肉和其他组织中的体蛋白质是泌乳母猪获取氨基酸和能量的一个重要来源，其中哺乳期日粮的营养水平对泌乳量起决定作用，而且泌乳母猪的能量水平和赖氨酸水平之间有着强烈的相互作用。本试验也证明，随着能量和赖氨酸的添加，21天的窝重也随之增加，这可间接说明母猪的产奶能力随之增加。但很多试验结果表明，一旦母猪哺乳期日采食的消化能和可消化蛋白质量已基本满足，再提高日粮标准，并不能相应增加泌乳量。本试验也有相似的结果，即随着能量和赖氨酸添加比例的提高，仔猪的窝重和窝日增重未呈增加趋势。现代母猪由于体形较大、瘦肉率高、背膘薄、繁殖性能高，但采食量小，即便对哺乳母猪采取自由采食的饲喂方式，也不能满足母猪对能量和营养的需要，从而导致体储备的动员，而过多的体重损失和体组织的动员将影响以后母猪的繁殖性能。为获得母猪最佳的长期繁殖力，需最大限度地减少其泌乳期失重。因此，增加泌乳期的采食量是母猪饲喂方案中最重要的方面，而传统的饲养方式，母猪常采用低蛋白质、低能量水平的饲粮，加之哺乳期采食量低（5千克以下），使得每日摄入的消化能和氨基酸不足，导致泌乳力降低，仔猪发育慢，哺乳期母猪失重过高等。本试验日粮根据NRC标准配制，并添加膨化大豆来提高日粮蛋白和能量水平及自由采食量，粗蛋白质、代谢能水平分别为18.50和14.23%兆焦/千克的日粮，比粗蛋白质、代谢能水平分别为17.10%和13.19兆焦/千克的日粮，对哺乳母猪与仔猪的体况有明显的改善作用，提高了哺乳母猪采食量，降低了体重损失，虽然也提高了仔猪增重和存活率，但效果不显著。从而也证实了母猪的高能量、高蛋白日粮标准，只有在泌乳阶段起到一定的作用；但一旦当母猪哺乳期日采食的消化能和可消化蛋白质已基本满足，再提高日粮标准，并不能相应增加泌乳量，而且对提高仔猪的存活率，效果也不显著。

2. 要从母猪全繁殖周期角度进行营养的合理分配

母猪蛋白质、氨基酸需要量研究涉及营养、生理、生化、遗传等多个领域，各个繁殖阶段及不同胎次母猪生理状况较大，影响因素众多。国内对母猪的营养需要量研究也很不系统，主要采用饲养试验喂给母猪不同营养水平日粮，然后根据测得的繁殖性能确定哪一种日粮接近母猪的营养需要，比较笼统。就是国外确定母猪日粮和赖氨酸需要量，多采用析因法进行估测，即先对母体的维持需要、母猪增重需要、胎儿需要、泌乳需要等分别进行估测，最后汇总出总需要量，但在一定程度上讲，也具有一定的局限性。虽然国内外一些营养专家参照有关营养标准配制母猪日粮，但在实际应用中还是存在或多或少的问题。但是要明确的是，一些研究结果虽然差异很大，但从中可以看出，母猪繁殖周期各个阶段日粮营养水平对母猪的繁殖性能均有影响，必须根据各个阶段的生理特点配制日粮，决定喂料量，不但要考虑日粮蛋白质、赖氨酸的绝对含量，还应考虑能蛋比。即使在同一生理阶段，如哺乳阶段也应根据前、中、后期对营养需求的不同作适当调整，并不是日粮营养水平配得越高，母猪的泌乳量越高和采食量越大以及母猪的繁殖性能越高。总的来说，对母猪的营养需要首先要从全繁殖周期角度进行营养调控策略，强调蛋白质、氨基酸等营养素的平衡供给，调整妊娠期饲喂方案以使母猪有足够的体储备以补充上胎的体脂动员或满足自身生长（特别是初产母猪），保证泌乳期营养摄入以缓和母猪高营养需要与低自由采食的矛盾，最大限度提高母猪泌乳期采食量，提高或保证母猪的泌乳量最大程度地发挥。因此，除了做好饲养管理和疫病控制外，科学的营养调控策略，已成为规模化猪场经营可变因素的关键。

第十章
空怀母猪的标准化饲养管理技术

现代种猪生产中，空怀母猪的饲养与管理往往不被生产者重视，因而导致一些猪场母猪乏情多、配种受胎率低，进而影响到种猪生产的繁殖效率。生产实践已证实，重视空怀母猪的饲养与管理，尤其是空怀母猪实行标准化饲养管理技术，是提高种猪生产繁殖率的关键措施。

第一节　空怀母猪的饲养管理目标与生理特点和营养需求

一、空怀母猪的饲养管理目标

哺乳母猪断奶到再次配种这段时间为空怀期，一般在 7~10 天。此期要保持空怀母猪的适当膘情，有利于母猪的再次发情和排卵；同时，这时母猪一般都食欲旺盛，要保持科学的饲喂方法。因此，空怀母猪的饲养管理目标就是在空怀期内，采取科学的饲养管理，尽快恢复母猪正常的种用体况，尽量缩短空怀期，促进空怀期母猪如期发情、排卵、及时配种受孕，而达到较高的受胎率。

二、空怀母猪的生理特点

空怀期内母猪最大的生理特点：一是母猪由高负担的哺乳期转为断奶空怀期，断奶前母猪乳房还能分泌大量的乳汁，断奶后由于没有仔猪吮吸，乳房负担迅速减轻，而乳房结构也即发生变化，逐渐干瘪转入干乳期；二是母猪断奶后，同时卵巢机能也慢慢开始变化，断奶后由于黄体的迅速退化，卵泡开始发育。在正常情况下，母猪断奶后 3~5 日就出现发情期，可见外阴部发红肿大，母猪发情症状能表现出来，一般第 7 日便可配种。

三、空怀母猪的营养需求

对空怀母猪要在配种准备期应供给营养全面的日粮，使其尽快恢复种用体况，能正常发情排卵。由于对空怀母猪的营养需要研究薄弱，目前市场上还没有专门的空怀母猪饲料。一般来讲，空怀母猪日粮营养水平比其他母猪要低，营养标准推荐为：每千克饲料一般含消化能为 11.70~12.10 兆焦/千克，粗蛋白质 12%~13%，赖氨酸 0.9%，钙 0.8%，磷 0.7%。但在生产中大都采用哺乳母猪料饲喂，因为空怀母猪一般都采取短期优饲的饲养方法，因此，这种方法在中小规模猪场采取的较多。

生产中对空怀期母猪日粮配制一定要注意营养平衡，特别是蛋白质的供给。蛋白质不仅要考虑到数量，还要注意品质。蛋白质供应不足或品质不良，会影响卵子的正常发育，使排卵数减少，受胎率降低。此外，有条件的猪场还应供给空怀母猪大量的青绿多汁饲料，这对排卵数、卵子质量和受精都有良好的作用，也有利于空怀母猪恢复正常的繁殖功能，以便及时发情配种。

第二节　空怀母猪的科学饲养与管理

一、空怀母猪的科学饲养

（一）供给营养水平较高的日粮

首先，在空怀母猪配种准备期应供给营养全面的日粮，使其快速恢复种用体况，正常发情排卵，及时配种受孕。一般来讲，空怀母猪日粮营养水平比其他母猪要低，但要重视蛋白质、能量及矿物质和维生素的供给量，特别是青绿多汁饲料也要有一定的供给，这对排卵数、卵子质量和受精都有良好的影响。

（二）根据体况确定饲喂方式

空怀母猪饲养的关键是保持正常的种用体况。在正常情况下，哺乳母猪在断奶前应保持7~8成膘，这样在断奶后3~10天内即可发情配种，开始下一个繁殖周期。配种前的母猪太瘦会出现不发情、排卵少、卵子活力弱、受精能力低，并易造成母猪空怀；母猪过肥，也会造成同样的结果。因此，空怀母猪在配种前的饲养十分重要。生产中一般根据断奶前后母猪的体况，采取不同的饲喂方式。

1. 膘情较差的母猪采用短期优饲

对于哺乳后期膘情不好，过度消瘦的母猪，特别泌乳力高、产仔多的母猪，因哺乳期消耗营养较多，可采用短期优饲的饲喂方式，尽快在短时间内增膘复壮，促进母猪发情配种。在配种前用高营养浓度的催情料或继续喂哺乳母猪料，促进母猪排卵发情。一般从断奶第二天开始加大饲料喂量，每头每天喂到3.5~5千克，经过2~3天的短期优饲，在断奶后7天内绝大部分母猪能表现发情可及时配种。配种结束后停止加料，实行妊娠母猪前期的饲养方式。但对断奶膘情过差的母猪可自由采食，待膘情恢复到7~8成膘后，有发情症候后可及时配种，一旦配种后，饲喂量立即降至1.8~2.0千克/日，并按膘情喂料，但要保证青绿多汁饲料供给。

2. 对膘情较好的母猪应减少饲料喂量

对于膘情很好、体况在八成膘以上的母猪，断奶后不宜采用短期优饲的方式，断奶后应减少配合饲料喂量，增加青饲料喂量，适当在日粮中加大粗饲料比例，并加强运动，使其恢复到适度膘情，发情正常后及时配种。

二、空怀母猪的科学管理

（一）分群饲养，适当运动，公猪诱情

空怀母猪的饲养方式应根据饲养规模、膘情而定。前提是根据膘情分群饲养，膘情较差

的母猪要单猪补饲复壮,对膘情过肥的要减料饲养。因此,既可进行单圈饲养,也可以进行小群饲养。生产中除个别膘情过瘦或过肥的母猪实行单圈饲养外,一般采用小群饲养。小群饲养是将同期空怀母猪,每4~5头饲养在9米²以上的栏圈内,使母猪能自由运动。有条件的猪场还可采取大运动的饲养方式,将哺乳母猪断奶赶离产房后,可以直接先赶至大运动场,让母猪在运动场内自由运动1~2天,充分接受阳光照射和呼吸新鲜空气,其间可不喂或少喂饲料,但要保证饮水充足和一定的青绿多汁饲料供给,运动1~2天再赶至空怀母猪舍,进行小群饲养,这样可以尽快促进母猪的再次发情。实践证明,小群饲养空怀母猪可促进发情排卵,特别是同群中有母猪出现发情后,由于母猪间的相互爬跨和外激素的刺激,可诱导其他空怀母猪发情。或将试情公猪按时同圈混养,可促进不发情母猪发情排卵。生产中要注意的是群养群饲,定时喂料,防止互咬互斗。

(二) 提供适宜的生态环境条件

空怀母猪适宜的饲养温度为15~18℃,相对湿度为65%~75%。研究证明生态环境条件对母猪发情和排卵都有很大影响。空怀母猪舍一定要保持干燥、清洁,温湿度适宜,通风、光照良好。冬季要防寒保暖,夏季要防暑降温。只有达到这样的生态环境条件,才可保障空怀母猪正常发情排卵,配种受孕。

(三) 做好消毒和驱虫工作

在断奶母猪转到空怀母猪舍前,要对猪舍进行全面清扫、冲洗、消毒。此后,一般要求立即用气味浓的消毒药进行逐头消毒,夏天可彻底消毒洗澡一次。这样做既起到消毒的作用,又起到除去不同个体的体味,可减少咬斗致伤或致残的可能。为了在配种前驱除体内外寄生虫(很多母猪有体癣),可在母猪断奶当天采食量不高的情况下,于第一餐或第二餐饲料中添加规定量的左旋咪唑或其他低毒高效的驱虫药,可驱除体内外寄生虫,或用2%敌百虫全身喷雾,驱除体外寄生虫,但对体癣严重的母猪可进行体表涂擦驱虫药,效果更好。驱虫时要注意观察母猪,对个别有反应的要及时采取解毒措施。对驱虫的母猪舍,要及时清扫粪便以防二次感染。临床中一般连续进行两次驱虫效果较好,可在配种前彻底驱除体内外寄生虫,为母猪妊娠期打好基础。

(四) 预防断奶应激并及时做好保健和治疗

仔猪断奶一般采用"赶母留仔"的一次断奶法,因此,也极易导致母猪断奶应激,发生乳房炎、高烧等疾病。生产中采取的措施,一是在断奶前后,应根据母猪膘情,进行适当限饲,每日两餐,定量饲喂1.6~2千克,并将哺乳料换成生长猪料,经2~3天就会干乳;二是注意观察其健康状况,发现病猪及时治疗。临床上可在饲料或饮水中添加清热、解毒的中草药制剂如黄芪多糖、板蓝根等,或免疫调节剂黄芪多糖、电解多维等,或具有催情作用的中草药制剂,此保健措施在生产中具有一定效果。

(五) 做好发情观察和发情鉴定

研究表明,经产母猪断奶后的再发情,因季节、天气、哺乳时间、哺乳仔猪数、断奶时母猪的膘情、生殖器官恢复状态等不同,而且发情早晚也不同。生产实践也证实,特别是母猪哺乳期间的饲养管理,对断奶后的发情有着重要影响。因此,对母猪的发情观察与发情鉴定是空怀母猪管理的重要方面,临床上母猪的发情表现和症状,可参看前面章节所述。

生产中发情鉴定方法主要有依据发情征状鉴别和公猪试情法两种,或把两种方法结合到一起。临床上一般母猪发情前期表现出爬跨其他母猪,外阴部肿大,阴道黏膜呈大红色,有黏液,但不接受公猪爬跨(持续12~36小时);发情中期,压背母猪时静立不动,耳竖立,外阴部肿大，阴道黏膜呈浅红色、黏液稀薄透明，嘴里没有任何声音（一般对人静立），此时为最佳配种时期；发情后期，母猪趋于稳定，外部开始收缩，阴道黏液呈淡紫色，黏液浓稠，不愿接受公猪爬跨。

（六）适时配种

发情母猪的最佳配种时间是在发情中期，其配种方式和方法及具体操作可参照前面章节中有关论述。

第三节　空怀母猪的乏情原因与处理措施

一、母猪乏情的含义及影响

乏情俗称不发情，指青年母猪 6~8 月龄或经产母猪断奶 10~15 天后仍不发情，其卵巢处于相对静止状态的一种生理现象。在种猪生产中，乏情降低了母猪的年产胎次，进而降低了母猪的利用率，增加了养猪生产成本，也影响了养猪的经济效益。由于现代规模化猪场采取密集型的饲养方式和现代化的繁殖方式，使母猪出现乏情和返情的几率大大地增加。目前母猪乏情已成为影响猪场养猪生产效益的一个重要因素，越来越受到猪场生产者的重视。

二、母猪乏情的机理及类型

母猪的发情受下丘脑、垂体和性腺调节轴系统的调节，当卵巢处于相对静止状态，垂体不能分泌足够的促性腺激素，以促进卵泡发育成熟及排卵时，就引起母猪不发情。临床上一般按引起乏情的因素进行分类，可分为季节性乏情、生理乏情（如妊娠期乏情、泌乳期乏情、衰老性乏情等）、病理性乏情（如传染病和非传染病乏情、生殖道疾病性乏情、营养不良乏情、应激性乏情等）几种类型。

三、引起母猪乏情的原因

（一）营养不良

营养不良对母猪的生殖机能有较大的负面影响，其中矿物质和维生素不足是引起母猪乏情的一个重要原因。矿物质不足主要是钙、磷不足或钙、磷比例不当，造成钙、磷的有效吸收障碍。缺乏钙、磷时可以使卵巢的机能受到影响，严重时阻碍卵泡的生长和成熟，导致母猪不发情，严重时完全丧失生育能力。正常饲喂条件下维生素 A、维生素 B、维生素 E、维生素 D 即有一定程度的缺乏，一般还不会直接影响到母猪的发情。但是某些应激因素同时存在（如疾病、寒冷、高温、发热等），机体的某些营养素的需要量增加，而使这种维生素缺乏状况突然出现，会导致母猪的生殖机能受到影响。如维生素 A、维生素 E、维生素 B_{12}、锌、硒等缺乏，都可引起母猪乏情或生育障碍。在母猪怀孕期特别是哺乳期营养不足，产仔、带仔数多，饲料能量不足，哺乳期失重过多，会造成母猪断奶时过瘦，抑制下丘脑产生促性腺激素释放因子，降低了促黄体素和促卵泡素的分泌。

（二）缺乏运动

现代化猪场由于实行的是限位栏饲养，母猪运动不足带来了一系列问题，其中运动不足使母猪的性腺得不到相应刺激，而表现不发情。加上母猪的哺乳期在产床上，也限制了母猪的活动空间，在一定程度上对有些母猪发情造成了一定影响。还有的猪场由于无运动场地，对断奶后的母猪关在小圈中小群或单圈单头饲养，也使断奶后的母猪缺乏足够的运动，影响了断奶后母猪的发情。

（三）饲养环境

猪场生产中的繁殖母猪至少要经过空怀舍、配种舍以及分娩舍等几个环境，更换一个环境就是一次应激，母猪都需要一个调整期和适应期，而更主要的是环境的优劣对下一阶段会产生直接影响，特别是产房的环境将直接影响母猪群体断奶后的发情。由于我国工厂化养猪普遍采用了限位栏饲养，其优点是占地少、干燥，便于饲喂等；但是限位栏饲养母猪缺乏运动，尤其是体重大的经产母猪，起卧困难而引发肢蹄病多，而且对母猪的体质和体况也有较大的影响。其次，为了兼顾仔猪的保温效果，在冬春季节或早晚时段，产房往往开窗少或开窗小，这样对于没有较好换气设施的产房，其舍内势必产生高浓度的氨气、二氧化碳、硫化氢及甲烷等有害气体，而这些气体将直接影响母猪的繁殖性能甚至造成呼吸道疾病，可使母猪发情不正常，配种后产仔少，死胎增多。

有关研究表明，饲养环境引起母猪乏情主要是来自环境温度的影响。目前，猪场饲养的母猪多为引进猪种或优良猪种的二元杂交和三元杂交猪种，条件好的猪场还饲养配套系杂交的猪种，这些猪种对环境的适应能力远不及本地猪种。为此，现代的母猪对环境温度条件的要求比较严格，正常情况下，母猪所需的生理环境在14~18℃，如果在饲养过程中长期处于非正常的环境温度内（25℃以上或5℃以下），或环境温度冷热变化无常，其内源性激素的分泌就会出现紊乱或抑制，生殖器官的生理功能就会受到影响（卵泡发育受阻），从而使母猪推迟发情而出现乏情。生产中因环境温度不正常造成的母猪乏情约占乏情母猪的50%以上。特别是早春天气寒冷，昼夜温差大，而夏季天气炎热，如果管理不到位，环境温度很容易形成对母猪的应激，使母猪乏情。

（四）气候条件

炎热潮湿的气候条件对母猪应激大，轻则影响母猪食欲，重则导致母猪内分泌失调。由于我国工厂化猪场普遍采取高密度的限位饲养，其本身身体散热量就很大，如果气温过高，那么其身体散热就会非常困难，无法通过自身调整产热和散热的比例，从而影响代谢紊乱。研究证明，炎热的夏天，环境温度达到30℃以上时，母猪卵巢和发情活动受到抑制，7—9月断奶的母猪乏情率就比其他月份要高，一般不发情的时间会超过10天。此外，高温使公猪精液质量下降，从而也导致母猪配种后返情率上升。光照对舍外和舍内饲养的空怀母猪发情影响也很明显，有人研究每日光照超过12小时对母猪发情有抑制作用。

（五）生殖道疾病和无乳综合征（MMA）

患乳房炎、子宫内膜炎和无乳症的母猪发生乏情的比例极高，因此，控制三联症（MMA）是解决空怀母猪乏情的前提。子宫内膜炎引起的配种不孕是非传染性疾病导致母猪繁殖障碍的一个主要疾病，其因是配种时人工授精操作不当和消毒不严或分娩时人工助产操作不当，将细菌带入子宫内。产后胎衣不下、恶露不净时可诱发本病。

（六）传染病因素

传染病因素有三个方面，病毒性感染，如蓝耳病、猪瘟、伪狂犬病、乙型脑炎、细小病毒病多见；细菌性感染，以布氏杆菌病、结核杆菌病、链球菌病等为主；寄生虫感染以猪弓形体病为主。

（七）霉菌毒素的影响

在中国，因为农民在玉米的反复晾晒储存过程中或者在饲料储存或喂饲中，条件适宜，使得田间霉菌再次有机会继续代谢繁殖，尤其是玉米赤霉烯酮的污染严重。近年来研究发现，造成母猪不发情或屡配不孕的一个重要原因是霉菌毒素，主要是玉米发霉变质产生的霉菌毒素，危害最大的是赤霉烯酮。该毒素分子结构与雌激素相似，母猪摄入含有这种毒素饲料后，其正常的内分泌功能将被打乱，导致发情不正常或排卵抑制，可引起母猪出现假发情，即使真发情，配种难孕，孕猪流产或死胎。此外，由于饲料厂家或猪场大量使用脱霉剂，猪群中仍出现小母猪阴户红肿或脱肛现象，在一定程度上讲也是个隐患。

（八）母猪的体况

对空怀期母猪而言，配种时的体况与哺乳期的饲养有很大的关系。产仔、带仔数多的高产母猪，哺乳期失重过多，会造成母猪断奶时过瘦，抑制了下丘脑产生促性腺激素释放因子，降低了促黄体素和促卵泡素的分泌，能推迟经产母猪的再发情。母猪体况过肥，卵泡及其他生殖器官被许多脂肪包围，母猪排卵减少或不排卵，造成母猪不发情或屡配不孕。

（九）胎次和年龄

一般情况下，85%~90%的经产母猪在断奶后7天内表现发情，但在初产母猪只有60%~70%的首次分娩后1周内发情。由此可见，猪场母猪胎次结构也是影响母猪群体断奶后进入发情高峰的重要因素。母猪不同胎次意味着不同的抵抗力以及身体的调节力。在正常情况下，健康经产母猪在产后14天内子宫能够修复完整，断奶后2~5天内进行下一发情期，而初产母猪断奶后3~7天内发情，可见，初产母猪其身体调节较经产母猪差，断奶后发情高峰会比经产母猪推迟1~2天。造成初产母猪比经产母猪发情率低的主要原因：一是初产母猪在第一胎哺乳过程中，出现过度哺乳的现象，从而使母猪子宫恢复过程延长，二是青年母猪配种过早，瘦肉型品种及二元杂交母猪生长速度快，6月龄体重可达90~100千克，此时部分后备青年母猪进入初情期，其生殖器官已具有正常生殖机能，已经性成熟，但从体重上讲尚未达到体成熟，不宜配种受胎。如果后备青年母猪过早配种受孕，不仅会导致产仔少，仔猪初生重小，断奶体重小及成活率低，还会影响母猪本身增重，这种体重偏小的母猪，初产仔猪断奶后发情明显推迟，有的甚至永久不发情。

母猪年龄过大，特别是高胎龄的母猪，其卵巢逐渐萎缩和硬化，其他生殖器官也逐渐萎缩而丧失繁殖能力；也有的还未达到绝情期就未老先衰，不发情或发情不明显。

四、预防母猪乏情的综合技术措施

从以上的分析可看到，引起母猪乏情的病因比较复杂，因此，在猪场生产中，防治母猪乏情，应根据猪场自身的情况，从多方面综合考虑，有针对性地采取措施。首先要改变观念，"以养为主，养治并重"为原则。其次，在对引起母猪乏情原因分析的基础上，提出有效的预防措施，消除或减少引起母猪不发情的因素，才能降低母猪乏情的发生率。

（一）改善饲养环境

改善饲养环境就是为母猪创造适宜的生活环境，而这些生活环境中，对母猪断奶后进入发情高峰影响最大的是产房。创造适宜的产房环境不仅包括取暖、降温设备以创造合适的温度条件，也包括建设合理的通风换气、除尘设施以提高产房内的空气质量，还包括建立科学的消毒、粪便清理的制度来减少产房内病原微生物的种类和数量。只有当这些环境条件改善后，才能减少各种因环境因素带来的应激，从而为泌乳母猪健康及其断奶后迅速进入发情高峰提供必要的保障。

(二) 以"养"为主,分阶段强化母猪营养

营养对于母猪的重要性是不言而喻的,因为母猪不同繁殖阶段担负不同"使命"。妊娠阶段,营养不仅用以维持代谢,同时要满足胚胎的生长发育;哺乳阶段,营养以维持代谢外,还用以满足泌乳以及分娩后子宫的修复需要,在此期间,低水平营养将直接导致母猪分解自身组织以满足泌乳等需要。因此,不难看出,哺乳期母猪营养水平低下将直接影响生殖器官尤其子宫修复,从而进一步推迟断奶后发情。有实验表明,如果泌乳期间限制母猪营养摄入,如限饲,会降低排卵率,延长断奶至发情间隔,即推迟断奶后发情。因此,对母猪的饲养要改变理念,要以"养"为主,根据母猪不同繁殖阶段对营养物质的需要量标准,科学配制日粮,保证营养的全价性,切实改变饲料品种单一和质量不良,提高蛋白质、矿物质和维生素的水平;强化叶酸、生物素、均衡维生素E、硒及氨基酸等,有条件的猪场要补充足够脂肪;并严格控制玉米等原料的品质,不使用霉变饲料,在饲料中加入适量霉菌吸附剂。

生产实践已证实,由于母猪繁殖阶段营养用途不同,因此其各阶段营养水平也要相应做出调整。为此,猪场对母猪的饲养以抓好怀孕期和哺乳期这两个阶段为重点,可有效防止母猪断奶后发情推迟或乏情。

1. 怀孕期采用前控后敞的饲喂方案

一般来讲,母猪断奶后3~5天实行短期优饲,可促进其快速发情;配种妊娠后20天从能量水平、粗蛋白质水平及饲喂量上进行限饲,以便使胚胎快速着床,妊娠中期需要满足胚胎生长发育及母猪增重,因此需要适当提高母猪饲喂量;妊娠后期尤其是临产前30天内,胚胎迅速发育需要大量营养,故此阶段不但需要提高母猪采食量而且应提高饲料营养水平。生产中一般对怀孕前85天的母猪每周进行1次膘情评定,确定喂料方案。基本以维持或略多于维持的喂料量进行饲喂,以保持母猪合适膘情,但对过肥的母猪应当限饲减膘。怀孕86天以后,除对过肥的怀孕母猪仍应控制喂料量外,可用7天左右的时间,逐渐加料至完全自由采食。这样母猪在怀孕后期能将采食量逐渐增加,有利于自身脂肪储备和提高产后采食量,避免哺乳期过度失重,造成断奶后发情推迟或不发情。

2. 哺乳期最大限度提高母猪采食量, 减少失重

泌乳阶段,母猪需要大量的能量和蛋白质用以泌乳,恢复身体以及维持代谢等,因此必须保证其质和量,尽管断奶后短期优饲对促进母猪发情影响最为直接,但是对断奶后发情影响最大的是泌乳期间母猪的营养。实验表明,以玉米-豆饼为代表的日粮,其消化能为13.88兆焦/千克,在此能量浓度水平左右,母猪体重减少,背膘消耗减少,还会促进断奶后发情高峰的到来。而要达到此水平,以玉米-豆饼为代表的日粮,平均带仔10头,体重为200千克的母猪其采食量平均每天不得低于6千克。生产中带仔数正常的哺乳母猪应在第1周逐步增加采食量,直到完全自由采食。每天最少清槽1次,以保持母猪的食欲。夏季应提高哺乳母猪饲料中粗蛋白质水平,使粗蛋白质达到17%~18%,并添加脂肪3%~5%,提高饲料能量水平,减轻因采食量下降造成的体重损失。

(三) 切实做好疾病的预防工作

1. 消毒与卫生

平时抓好消毒与卫生工作,特别是母猪发情期间的卫生,可减少子宫内膜炎的发生。

2. 严格按照科学的免疫程序进行免疫

根据猪场的整体情况拟定切实可行的免疫程序，并严格按照科学的免疫程序进行免疫注射。

3. 对大围产期母猪采用"以养为防"的保健管理模式

大围产期，即产前1个月，哺乳+空怀期1个月，配种后1个月，是维护母猪健康和胎儿发育的关键时期。当前，规模猪场普遍使用的小围产期，即产前7天~产后7天。小围产期管理是围绕产后感染为中心的管理方法，仍然是一种疾病管理思维。而大围产期保健、管理是以提高母仔健康、提高胎儿活力、促进胎儿发育、提高奶水质量、提高窝产仔数、促进断奶发情为中心的保健管理模式。大围产期保健管理模式，在一定程度上符合中国目前猪场的状况，饲养环境相对较差，营养水平难以达到现代母猪的营养需求，加上疫病流行频繁及母猪繁殖障碍疾病的复杂性，使中国的猪场一般采用抗菌药物保健模式。但是长期、定期在母猪饲料中添加抗菌药物对母猪和胎儿是有害的，其中氟苯尼考有免疫毒性和胚胎毒性，磺胺类药物也不宜在母猪饲料中添加做保健。此外，长期在饲料中添加抗生素对猪的肝脏和肾脏是有一定损伤的，在肝脏损伤时，肝解毒功能下降，毒物积聚引起中毒，所以临床上经常见到猪患病后，打抗生素会导致猪的死亡，不打反而更好的现象。肾脏病变引发不同程度的水电解质、酸碱平衡紊乱，严重时死亡率会大幅上升。目前猪场中有的母猪突然猝死，其中肝肾严重损伤也是一个原因。抗生素的作用是不可小觑的，关键是要合理利用。生产中对母猪添加药物必须有针对性，如在母猪饲料中添加阿散酸200克/吨，连续用15天，可防附红细胞体引起的乏情。因此，大围产期使用抗菌药物保健模式可采用针对不同情况采取不同方式：当处于临床感染时使用西药能快速控制；当处于亚临床状态时可考虑中西医结合方式；当机体处于亚健康状态时使用中药恢复健康；当机体处于正常状态下采取以"养"为主，可在饲料中添加多维或者复合微生态制剂、免疫调节剂来增强猪的体质，可以有效防止疾病的发生。以冬季为例，冬季猪呼吸道疾病多发，罪魁祸首是氨气，氨气损伤了猪的鼻腔黏膜，使病原微生物乘虚侵入。临床上可以通过提高饲料中氨基酸的含量减少蛋白质的添加，或者添加酶制剂、芽孢杆菌等，还要通过改善通风等措施，才能有效降低氨气浓度，减少呼吸道疾病的发病率和母猪的乏情率，并不是靠添加抗菌药物来控制。再以消毒为例，消毒是养猪人经常提到的话题，但是消毒很难做到彻底。猪场内可以无死角，但漏缝地沟却很少能够顾及。对于空气消毒养猪人更加无所适从，再加上猪场的消毒剂合格率不高，这就意味着要想彻底消灭病原微生物几乎不可能，所以对于病原微生物不能做到"净化"，只能做到"驯化"，这就是病原微生物与宿主之间的稳态关系。稳态是生物学一个概念，稳态就是病原微生物可以和宿主和平共处的状态。从一定程度上讲，就是猪群在病原菌微生物存在的状态下生产性能仍然保持稳定，猪保持新陈代谢的平衡状态。这就是为什么同样是蓝耳病阳性猪场，有的猪场的猪发病，有的猪场的猪不发病，这其中的原因主要还是机体的抵抗力和免疫力。因此，提高母猪大围产期的保健要改变以"药"为防的传统观念为以"养"为"防"的新的理念，"养大于防"将是中国猪场一个新的保健模式，特别是对大围产期的母猪，尤为重要。

4. 搞好病原检测和抗体检测

加强猪场疫病监控特别是对一些引起母猪不发情、延迟发情或流产等繁殖障碍的疾病进行防控尤为重要。目前在我国母猪繁殖障碍疾病防控形势严峻，疾病种类较多，而且常常为混合感染。细菌性疾病主要有猪链球菌病；病毒性疾病主要有猪瘟、猪细小病毒、猪繁殖与呼吸道综合征、猪伪狂犬病、猪乙型脑炎等；其他如弓形体猪病、猪衣原体病、猪传染性胸膜肺炎及副猪嗜血杆菌病等也对母猪繁殖障碍推波助澜。因此，猪场可根据自己实际情况进行病原检测及抗体监测，从而为制定科学的免疫程序提供依据，最终创建健康的母猪群体，为促进母猪群体断奶后迅速进入发情高峰创造重要条件。

五、促进空怀母猪发情排卵的措施

空怀母猪一旦不发情，往往会越来越肥；而且时间越长，母猪对管理和药物等催情措施越不敏感。因此，应及时发现不发情的母猪并及时采取相应措施。

（一）营养调控法

空怀母猪过肥或过瘦都可能不发情，这时应根据实际情况调整营养水平。对于体况瘦弱的母猪应加强营养，增加优质蛋白质、碳水化合物及脂肪，及时补充优质青绿多汁饲料，使其体重尽快达到应有的标准。青绿多汁饲料中除含有多种维生素外，还含有一些类似雌激素的物质，具有催情作用。对于过肥母猪实行降低营养标准及限饲，减少饲喂次数或不喂精料，并增加运动量，直到恢复利用体况标准，即 7~8 成膘情即可。

（二）公猪诱导法

用试情公猪追爬不发情母猪，每次 20 分钟左右。由于母猪接触公猪受到刺激后，通过神经系统使脑下垂体产生促卵泡成熟激素，从而使空怀母猪发情排卵。成年公猪的精液、尿液、包皮液、唾液（泡沫）中均含有丰富外激素，这些外激素能够刺激母猪的性腺发育和发情表现。可将成年公猪的精液、尿液、唾液或包皮液每天 1 次，每次 2 毫升喷入乏情母猪的鼻孔中去，以刺激鼻中体，促进母猪发情。

（三）发情母猪刺激法

对不发情并单独饲养的母猪，应及时调整到有发情母猪的圈舍合并饲养，发情母猪的爬跨及饲养环境的改变，有促进母猪发情排卵的作用。

（四）加强舍外运动，饲喂青绿多汁饲料

将不发情母猪放入舍外大圈饲养，增加运动量，接受新鲜空气，享受日光浴，促进新陈代谢，刺激性腺活动，能促使空怀母猪发情排卵。对空怀母猪饲喂青绿多汁饲料，可使母猪获取丰富的维生素和未知因子，也有利于空怀母猪表现发情。

（五）激素治疗法

母猪乏情的主要原因是卵巢处于相对静止状态，垂体不能分泌足够的性腺激素以促进卵泡发育成熟及排卵。在这种情况下，只要增加体内促性腺激素、促性腺激素释放激素及其类似物，基本上可促进卵泡发育成熟，使乏情母猪发情。一般来讲，正确地使用生殖激素控制母猪发情时间或治疗母猪不发情，一般对母猪不会造成不利影响，并且治疗效果较好。但对于后备母猪，严禁使用外源性激素进行诱情。

1. 用雌激素治疗

适量的雌激素可对母猪的促性腺激素分泌形成正反馈，不发情母猪雌激素处理后，部分母猪第 1 次发情就有卵泡发育和排卵，配种后能正常受孕。但也有不少母猪是单纯因外源性雌激素作用而起的发情，并没有卵泡发育和排卵。所以用雌激素治疗乏情母猪，母猪刚发情就配种，往往不能确定母猪是否真正受孕；另外，不发情母猪用雌激素类治疗而发情的，配种后的母猪受胎率低且不稳定。因此，一些研究表明，凡用雌激素治疗而发情的母猪，包括用中药如淫羊藿注射液、催情散等，应等下一次自然发情时再配种为好。雌激素类有雌二

醇、三合激素、己烯雌酚等，这类激素使用中一定要掌握好剂量，过量使用雌激素可导致母猪卵泡囊肿，表现长时间的发情症状，引发不育而淘汰。

2. 用促性腺激素类治疗

促性腺类激素包括孕马血清促性腺激素（PMSG）、绒毛膜促性腺激素（HCG）、促卵泡素（FSH）、促黄体素（LH）。促性腺激素单独使用或联合使用的剂量为 PMSG 500~1 500 IU/头，HCG 500~1 000 IU/头；也可按每头母猪 PMSG 500 单位，HCG 250 单位使用，效果更好。目前市场上销售的 P·G·600 激素合剂就是 PMSG 和 HCG 组成的复方促性腺激素，专门用于治疗母猪乏情，效果可靠。

（六）中草药疗法

中草药治疗乏情母猪可活血调经，暖宫催情，滋阴补肾，通调经络，促进发情排卵，达到标本兼治，在中兽医临床上，千年历史证明具有一定的可靠性和疗效法。中草药主要以淫羊藿、益母草、当归等为主要成分处方。

处方一：淫羊藿 50~80 克，当归 30 克，阳起石 15 克，陈艾 80 克，益母草 60 克，水煎喂服（一头乏情母猪一天剂量），每日 2 次，连用 3 天。

处方二：淫羊藿 60 克，红花 40 克、丹参 60 克、当归 50 克、益母草 50 克、桃仁 40 克，水煎口服，1 剂/天，连用 2 天。

处方三：淫羊藿 50 克，水、黄酒各 150 毫升，煎服，连用 2 天。

处方四：韭菜 100~200 克，红糖 150 克，打烂兑热黄酒喂服，连用 2 天。

六、对乏情母猪的淘汰处理

在养猪生产中，母猪乏情是一个常见问题，在管理水平中等的猪场，约有 10% 母猪断奶后乏情，管理较差的猪场饲养的现代高产母猪或二元杂交母猪，因乏情不能正常繁殖的可达 50%。由于引起母猪乏情的因素较多，兽医临床上，虽然可采取一定的治疗方法加上适宜的饲养方式，能对一些乏情母猪发情排卵，但对一些母猪乏情其作用不大，尤其是对患生殖道疾病和传染性疾病的繁殖性障碍的乏情母猪。因此，生产中对超过 10 天不发情的母猪要采取一定的措施促进其发情排卵，但经过治疗处理和改善饲养方式后仍不发情的母猪，或对超过两个情期仍不发情的空怀母猪要及时淘汰处理，以免增加猪场生产成本。

第十一章
现代种猪繁殖障碍及常见疾病的防治技术

种猪的繁殖障碍泛指繁殖公、母猪所发生的一系列有障碍生殖生理的现象。如公猪繁殖力低或不育等；母猪不发情或发情后屡配不孕、流产、产仔少或产出死胎、木乃伊、弱仔等。造成种猪繁殖障碍的原因很多，可分为感染性因素和非感染性因素。感染性因素有病毒感染、细菌感染和寄生虫感染，非感染性因素主要有饲养管理、环境和遗传因素。此外，种猪的常见疾病也较多。在种猪生产中如不及时防控这些不良因素和治疗可治的疾病，除了降低种猪繁殖率外，也严重影响种猪生产效益。

第一节　种公猪的生殖器官性繁殖障碍及防治技术

一、种公猪繁殖障碍的原因

种公猪的繁殖障碍有先天性和后天性两大类。先天性也称为原发性，主要是遗传缺陷，包括睾丸先天性发育不良、隐睾、死精和精子畸形以及性欲缺乏等。对先天性繁殖障碍的种公猪应淘汰。后天性主要有骨骼及肢蹄病、生殖器官传染病、营养缺乏病、饲养管理和环境因素（如热应激等）造成的疾病，此外，还包括不合理的配种制度和配种方法造成的疾病等。对传染性病毒造成的公猪繁殖障碍也以淘汰为主。

二、种公猪生殖器官性繁殖障碍的防治技术

（一）种公猪性欲减退或缺乏

1. 性欲减退或缺乏的表现及原因

性欲减退或缺乏主要表现对母猪无兴趣，不爬跨母猪，没有咀嚼吐沫的表现而不能交配；或者公猪爬跨母猪时阳痿不举也不能交配；有的公猪交配时间短，射精量不足也可称为性欲减退或缺乏。造成种公猪此种现象的主要原因是缺乏雄性激素和维生素、营养不良或营养过剩、种公猪配种过度、老龄公猪性欲减退、运动不足或肢蹄疾患，以及睾丸炎、肾病、膀胱炎等也能引起性机能衰退。此外，对后备公猪调教方法不当、饲养环境不良也可引起种公猪性欲减退。

2. 性欲减退或缺乏的防治技术

生产中对种公猪的繁殖障碍，如性欲减退或缺乏、不能正常交配、精子活力不正常、营

养缺乏或过剩、饲养管理和环境因素等可以采取措施补救之外，其他繁殖障碍出现后，都要淘汰种公猪。

（1）性欲减退或缺乏及精液不正常的防治　性欲减退或缺乏及精液不正常是由于缺乏雄性激素、营养不良或过剩等原因造成的。生产中除调整饲料中蛋白质、维生素和无机盐水平、适当运动和合理利用外，还可采取以下措施。

处方一：对性欲减退或严重缺乏性欲的种公猪，用 5 000 单位绒毛膜促性腺激素，每头每日 1 支，用 2~4 毫升生理盐水稀释，肌内注射。

处方二：使用提高雄性动物繁殖性能的饲料添加剂，可选用以下一种或两种合用。

松针粉：富含维生素 A、维生素 E 和 B 族维生素，还富含氨基酸、微量元素和松针抗生素及未知因子，有提高种公猪性欲和精液分泌量的作用。在种公猪日粮中添加 4% 的松针粉，可明显提高性欲和采精量，并对种公猪具有一定的保健效果。

韭菜：富含维生素 A、维生素 E，对种公猪具有强化性功能，提高精子活力的作用，公猪每天可饲喂 250~500 克。

大麦芽：用大麦经人工催芽长到 0.5~1 厘米时，饲喂种公猪每头每天 150 克。因大麦芽中富含维生素 A 和维生素 E，对提高公猪性功能、改善精液品质有一定效果。

淡水虾：富含动物性蛋白质和维生素 E 等，对促进公猪精子正常发育和提高公猪性欲功能起增强作用。种公猪每天喂 100~150 克，连用 2~3 天。

桑蚕蛹：富含丰富的动物蛋白质、脂肪、钙、磷、12 种氨基酸以及维生素 E、维生素 A 和叶酸，对雄性动物有强化性欲、提高精子活力等有一定的作用。种公猪的日粮中可添加 2%~5%。

鹌鹑蛋：富含氨基酸、矿物质、维生素和较多的卵磷脂和激素，对精子的形成有促进作用。每头每天公猪服 20 个。

猪胎衣：将猪胎衣洗净焙干，其内含丰富的动物蛋白质和必需氨基酸，以及钙、磷和维生素 E、维生素 A 等营养物质，可增强雄性动物性欲，并使精子密度增大，畸形精子数量减少。每头每天公猪服 50~100 克。

锌：微量元素锌对雄性动物的促性腺激素、性机能、生殖腺发育、精子的正常生长均有促进作用，也是精液的重要组成部分。以硫酸锌为例添加，种公猪每头每天 30~35 毫克。

硒：微量元素硒与维生素 E 对提高种猪的繁殖性能有协同作用。硒可使种公猪精子浓度提高，活力加强，畸形比例减少。常用的有酵母硒和亚硒酸钠，添加量为 0.5~1 毫克/千克日粮。

精氨酸：对雄性动物具有增强性欲、促进睾丸酮分泌有一定的作用，也与精子正常生长发育有密切关系。每头种公猪日粮中可添加 50 毫克精氨酸。

处方三：使用中草药治疗。有些中草药对种畜也具有治疗性欲减退的作用，可任选以下一种或配合使用。

淫羊藿：富含维生素 E 和其他未知因子，能促进种公猪精液分泌，间接地兴奋性机能，增强交配欲。种公猪每头每天 10~15 克，煎服或粉碎后添加到日粮中。

阳起石：矿物质中药，含硅酸镁、硅酸钙等物质，为种公畜性功能兴奋性强壮药，可防治种公畜阳痿不起、遗精等有一定疗效。公猪每天用量 6~15 克，可煎服或粉碎后添加到日粮中。

（2）阳痿防治　阳痿指种公猪配种时虽然有性欲但不旺盛，或阴茎不勃起而不能交配。

其原因除了先天性阴茎不能勃起、阴茎和包皮异常外，饲养管理不善是引发阳痿的主要原因，如常饲喂过多的蛋白质和碳水化合物的饲料、缺乏运动，致使公猪体况过肥、体质虚弱所引起。此外，阴茎有外伤造成炎症、肢蹄伤痛等，以及公猪配种次数过于频繁，导致精气耗损也往往引起阳痿。采精技术不规范、选择台猪不当、采精场所不安静、射精时公猪受到惊吓，也可致使公猪性欲低下而导致阳痿。对阳痿的公猪首先要准确找出病因，然后采取相应的措施，对其可治疗的病要及时治疗，不能治疗的要淘汰。对饲养管理不善造成的可改善饲养条件，加强管理，更换采精时引诱的母猪，注意配种公猪的条件反射等。兽医临床上可选用以上三个处方治疗。

（二）公猪生殖器官炎症

1. 阴囊炎、睾丸炎、附睾炎的治疗

（1）病因　这类炎症反应的繁殖障碍疾病其病因有非传染性因素和传染性因素。非传染性因素主要是饲养管理不当，饲料中缺乏某些维生素或微量元素以及猪只间发生咬伤等造成的。传染性因素是公猪感染了流行性乙型脑炎病毒、钩端螺旋体、衣原体和布鲁氏菌等造成的。一般来说，阴囊炎的发生常因打撞引起，多数病例为一侧性的；睾丸炎是睾丸被打撞、咬伤，夏季高温以及其他热性疾病（如布鲁氏菌病、棒状杆菌病）所引起的。

（2）症状与诊断　临床上以局部伴发痛性肿胀为主要症状特征。阴囊红肿，睾丸外表潮红、变硬、局部发热、疼痛，后逐渐发生萎缩，失去弹性，可诊断为阴囊炎。附睾炎急性期的红、肿、热、痛等症状与睾丸炎是同步的，附睾到后期亦发生萎缩。兽医临床上实践证实，如果公猪发生阴囊红肿、睾丸肿大、潮红或变硬、萎缩等症状时，首先应考虑是衣原体感染。调查结果显示，近几年来衣原体对公、母猪繁殖的危害相当严重，其他类似传染性疾病如流行性乙型脑炎、布鲁氏菌病、钩端螺旋体病的发病概率低。采集公猪血液分离血清可检测衣原体血凝抗体，在没有注射衣原体病疫苗的猪血清中，检查出衣原体抗体，即可确诊为衣原体感染。

（3）治疗方案　发生睾丸炎、阴囊炎和附睾炎的公猪，使精子生成发生障碍，精子尾部畸形等。对这样的种公猪要及时发现及早治疗。一般治疗方法是在睾丸外部涂以鱼石脂软膏，再配合注射抗生素药物等消炎药。但对于无治愈希望的公猪，应及早淘汰为宜。对衣原体感染的公猪，可用左氧氟沙星注射液做静脉注射，每次 400~500 毫升，每日一次，连用 5 天。同时还可配合其他抗菌药物如强力霉素或氟苯尼考、泰乐菌素等。对病毒性感染可采用干扰疗法，原则上以淘汰公猪为宜。

2. 阴茎炎、包皮炎和尿道炎

（1）病因与症状　阴茎炎指阴茎头端发炎，常与包皮炎同时发生。其特征是阴茎肿大，不能缩回到包皮鞘内。病猪疼痛不安，不愿交配。某些病原微生物或寄生虫都可引起本病。人工授精技术不当或其他外伤也可导致阴茎损伤。包皮发炎可导致公猪交配困难，因发生包皮炎时易形成包皮垢，这是由包皮囊和包皮腔内的分泌物发生腐败所引起的；另一种表现是包皮和阴茎游离部水肿、疼痛，甚至发生溃疡和坏死。公猪发生尿道炎时，病猪尿道疼痛剧烈，性欲减退，交配困难。临床症状表现排尿困难，尿量减少甚至发生尿闭。

（2）治疗方案　对阴茎炎和包皮炎可采取普通外科方法治疗，先用生理盐水清洗患处，然后用碘甘油涂擦患处，每日 2 次，直到痊愈为止。感染尿道炎的公猪可用抗生素药物治疗即可。

第二节 母猪生殖器官性繁殖障碍及产科疾病的防治技术

一、母猪繁殖障碍的原因

现代种猪生产中，有 10%~20% 的母猪不能正常受孕和繁殖，导致繁殖效率大大下降。母猪的繁殖障碍原因可分为非传染性和传染性疾病。非传染性繁殖障碍主要有原发性因素，如卵巢机能不全、持久黄体、卵巢囊肿、子宫内膜炎等生殖系统疾病，造成与生殖有关的激素分泌失调，使母猪不发情、不孕；其次是管理性因素，包括营养性因素、继发性因素和气候因素等。营养性因素指饲料中营养成分搭配不当、比例失调，不能满足母猪正常的营养需要，易造成体况过肥或过瘦。母猪过肥，卵巢机能减退，不发情或不排卵；母猪体况过瘦，不能正常释放黄体素、促卵泡素和其他一些激素，有时直接引起黄体组织生成减少，孕酮含量下降，引起母猪生殖障碍。此外，母猪瘦弱，产后不食，患乳房炎、泌乳障碍综合征，造成母猪产后无乳或不排乳，仔猪因饥饿而死亡。继发性因素指母猪分娩前产房温度、湿度过高或过低，空气污浊，也易引起母猪一系列繁殖性障碍疾病；分娩过程中场地、用具，接产人员手臂不消毒，葡萄球菌、链球菌等非特异性病原菌引发母猪阴道炎、子宫内膜炎等生殖系统疾病。气候因素有时也能引起母猪繁殖障碍，炎热季节母猪采食量会减少，又要哺乳，失重较大，体况较差，正常激素分泌平衡性发生紊乱，断奶后发情时间延长；而且炎热的季节感染的机会增多，容易发生子宫炎、乳房炎和泌乳障碍综合征，特别是亚临床感染时，母猪不发情的比例升高。传染性因素有病毒感染、细菌感染和寄生虫感染等，尤其是病毒性感染，一般采取淘汰母猪为原则。

二、母猪非传染性繁殖障碍性疾病防治技术

（一）母猪卵巢功能不全、减退和萎缩

1. 病因

凡能引起母猪体质衰弱的各种原因，如长期饥饿、饲料营养成分不全、气候变化等，均可引起本病发生；此外，孕酮水平过低，子宫疾病和全身严重性疾病都可导致此病发生。

2. 临床症状

母猪表现发情周期延长、长期不发情或发情不明显，有些虽有发情表现但不排卵。卵巢功能严重障碍时，性周期完全停止。卵巢萎缩时其体积缩小、变硬等，此时完全没有发情表现。

3. 临床诊断

发现有母猪发情周期延长或不发情表现，即可做出初步诊断，确诊可检测孕酮和雌二醇等的含量水平。

4. 防治措施

先要了解母猪的饲养情况和体况，结合临床表现进行综合分析和判断，然后采取综合防治措施。治疗方案是针对原因采取适当措施，多用刺激生殖功能的方法，如用药物刺激生殖器官，可使用促卵泡素、促性腺激素和雌激素，按照说明书的剂量注射。利用种公猪诱导发

情，积极治疗原发病。当卵巢发生萎缩或变硬时，因其生理功能难恢复，无治疗价值须淘汰母猪。

（二）母猪卵巢囊肿

1. 病因

卵巢囊肿是母猪生殖器官疾病中比较常见的一种疾病，一侧或两侧卵巢发生。卵巢组织内未破裂的卵泡或黄体，因其本身成分发生变性和萎缩而形成的空腔称为卵巢囊肿，分为卵泡囊肿和黄体囊肿两种，猪主要是形成黄体囊肿。卵巢囊肿的原因之一是促甲状腺素分泌过多。

2. 临床症状

主要症状是母猪不发情。屠宰后可发现囊肿黄体中由几层黄体细胞构成。

3. 临床诊断

临床上主要是根据不发情以及做直肠检查时发现在子宫颈稍前方有葡萄状囊状物，而且是两次直肠检查结果一致即可做出诊断。

4. 防治措施

通常采取激素疗法，可使用促黄体制剂治疗卵巢囊肿，如促黄体素释放激素（LHRH）或人绒毛膜促性腺激素（HCG）等，引起黄体化。临床上单独或联合应用 LHRH 和 HCG，一般在注射 LHRH 3~6 天，囊肿即形成黄体，症状消除，恢复发情后，再注射 HCG。卵巢若无变化，可重复 1 个疗程。也可肌内注射黄体酮 40 毫克也有效。在治疗的同时补喂碘化钾，待发情后再注射垂体前叶促性腺激素（APC），也能获得良好的受胎效果。

（三）子宫内膜炎

1. 病因

子宫内膜炎指母猪子宫黏膜发生的黏液性或化脓性炎症，为母猪常见的一种生殖器官的疾病，其主要原因是微生物感染所致，其中以大肠杆菌、链球菌、绿脓杆菌、棒状杆菌、衣原体和变形杆菌等为主。上述微生物是在母猪分娩、难产和产褥期中，母猪抵抗力下降时开始增殖以引发此病。细菌感染与性激素之间有一定的关系，卵泡激素强烈作用于子宫内膜时，较难发生感染；而黄体激素作用于子宫内膜时则易引起感染。此外，人工授精、分娩、助产时消毒不严或操作不慎，使子宫受到损伤或感染能引起此病发生。另外，阴道炎、子宫颈炎、胎衣不下、子宫弛缓、布鲁氏菌病等往往会并发子宫内膜炎。

2. 临床症状

急性子宫内膜炎多发生于产后几日或流产后数日，病猪全身症状明显，体温升高，食欲减退或废绝，阴门时常努责呈排泄状，有时从阴道流出红色、污秽、有腥臭气味的分泌物，并夹有胎衣碎片。若不及时治疗，可形成败血症或脓毒败血症，或转为慢性子宫内膜炎。当转为慢性时全身症状不明显，病猪尾根和阴户周围有黏稠分泌物结痂，其颜色为淡灰色、黄色或灰褐色不等，站立时不见黏液流出，卧地时则流出大量黏液。化脓性子宫内膜炎则经常排出脓性分泌物。病猪逐渐消瘦，发情不正常或延迟，屡配不孕，即使妊娠也会在不久后发生流产。

3. 诊断

一般根据临床症状可做出初步诊断，进一步确诊可从病猪尾根下部采集分泌物，或利用开膣器采集分泌物进行细菌检查。了解全身症状、辨别分泌物的颜色也助于诊断。

4. 防治措施

（1）治疗方法　炎症急性期，选择专用药物或低浓度消毒液冲洗子宫，并排出残存溶液，最后向子宫注入抗生素。但若病猪有全身症状，禁止使用冲洗法。

处方一：对急性病例要先清除积留在子宫内的分泌物，最有效的药物是0.1%雷佛奴尔溶液，每次100毫升注入子宫内。注药前2小时，先用0.1%高锰酸钾溶液500毫升冲洗子宫，每日1次，连用4~5天；或用0.1%高锰酸钾溶液（用凉开水配制）冲洗子宫，然后向子宫内注入头孢菌素药物和链霉素，每日1~2次，连用3~5天。

处方二：在急性炎症期，除子宫注药外，可采用全身疗法，特别是高热时，可用青霉素80万单位、链霉素100万单位，肌内注射，每日2次；或用复方磺胺嘧啶钠或复方磺胺间甲氧嘧啶40毫升，用40毫升注射用水稀释（禁用葡萄糖注射液或生理盐水）做静脉注射。同时用5%碳酸氢钠注射液，按每千克体重1毫升做静脉注射。此法使用1~2次后，磺胺类药物改为肌内注射2天，同时将碳酸氢钠粉剂配成1%溶液饮用2天。

处方三：对慢性病例可用青霉素40万单位、链霉素100万单位，混入经高压灭菌的植物油20毫升中，注入子宫内。

（2）预防措施　对母猪的产房应彻底消毒，防止母猪产仔时感染此病；兽医在难产助产时要严格消毒，助产后用弱消毒溶液洗涤产道，并注入抗菌药物；人工授精时要严格遵守消毒规则。

（四）持久黄体

1. 病因

母猪在性周期或分娩后，卵巢中的黄体功能完成后，超过应消退的生理时限（25~30天）仍不消退称为持久黄体。持久黄体可分泌孕酮，抑制卵泡发育，使性周期停止循环而引起母猪繁殖障碍。持久黄体的发生其因有两个方面。一是饲养管理不良，饲料单一，某些维生素和矿物质不足后造成新陈代谢障碍，内分泌紊乱，导致脑垂体前叶分泌促卵泡素不足，使黄体生成过多、持续时间长，易形成性周期持久黄体，也称为假黄体。二是母猪产后子宫复原缓慢，恶露和胎衣滞留，或发生子宫内膜炎、子宫积水或蓄脓、子宫内滞留死胎或木乃伊等，都可使黄体不能及时吸收，从而形成持久黄体。

2. 临床症状

主要特征是母猪性周期停止，无性欲，长期不发情，易被误认为已怀孕。个别母猪虽出现性欲和发情，但无排卵周期，多次配种也不能怀孕。

3. 临床诊断

诊断可根据病史及症状，结合配种不发情的情况可做出诊断。

4. 治疗方法

采取综合治疗方案，一是改善饲养管理，饲喂全价配合饲料，补充维生素和微量元素；二是肌内注射或子宫内注入前列腺素，使黄体溶解，降低血液中孕酮含量。一般用药后3~4天发情，4~5天排卵，即可配种妊娠。

（五）配种后不受胎（屡配不孕）

1. 病因

母猪呈现发情，也接受公猪交配，但配种后不孕而再次发情，凡连续三个发情期未能配种受孕的母猪称配种后不受胎或屡配不孕。据调查，配种后不受胎的母猪占规模猪场淘汰母猪总数的8%~10%，已严重影响了猪场繁殖效率。配种后不受胎其因有三。一是受精发生障碍。主要是子宫炎或子宫内分泌物阻碍了精子的运动和生存；此外，输卵管炎症或水肿、蓄脓症及卵巢粘连等，都可引起输卵管闭锁而不能受精。二是受精卵死亡。主要是人工授精不当，发情早期或晚期授精以及使用保存期过长的精液；或因公猪在热应激环境下配种，均可导致受精卵早期死亡。三是胚胎在交配后 12 天内死亡。主要是在此时间内子宫内游浮的胚胎，在子宫膜异常或母猪在高温、咬斗、转栏、运输或过量饲喂高浓度饲料或饲喂了霉变饲料等不良因素作用下，都会影响其着床而死亡。此外，除了母猪感染细菌、激素分泌失调和饲养管理不良等因素外，还可能是公猪精液不良引起，尤其是炎热夏季精液质量会出现暂时性降低，如不做精液检查，可使受胎率降低或导致母猪不孕。

2. 诊断与治疗

临床上可根据母猪连续三个发情期虽配种而未妊娠就可确诊。

治疗方法：用黄体酮 30~40 毫克或雌激素 6~8 毫克，于母猪配种当日肌内注射；或用 25%葡萄糖溶液 30~50 毫升，加入适量抗生素，如青霉素、链霉素等，于母猪最后一次配种 3~4 小时注入子宫内。

（六）母猪断奶后乏情

1. 病因

经产母猪断奶后由于黄体迅速退化，卵泡开始发育，到第 3~5 天外阴部发红、肿大，到第 7 天即可配种。夏季高温、高湿季节母猪断奶后再发情的时间稍有推迟，一般不会超过 10 天。如果母猪断奶 10 天后仍不发情，可改善饲养管理促使母猪发情，如到第 15 天母猪仍不发情，应作为不发情母猪处理。母猪不发情其因较多，主要有以下方面造成。

（1）病理性疾病　由于母猪患有乙脑、细小病毒、伪狂犬病、温和性猪瘟（慢性猪瘟）、衣原体、蓝耳病及霉菌毒素等病原性疾病，或子宫炎、阴道炎、部分黄体化及非黄体化的卵泡囊肿等病理性疾病而导致母猪在较长时间内持续不发情或发情不明显。

（2）母猪与管理因素　母猪由于品种、遗传、胎次、营养、气温与光照、猪群大小、季节及管理等因素也可导致母猪乏情。品种与遗传上，国内良种母猪比国外良种母猪出现断奶后乏情少。由于国外良种母猪对营养、环境条件要求高，在技术和管理水平较低的猪场，易出现母猪乏情。正常情况下，85%~90%的经产母猪在断奶后 7 天内发情，65%~70%青年母猪在首次产仔断奶后 7 天也能表现发情，这种胎次差异性是由于年龄、体况及营养需要量不同所致。生产中引起乏情最常见的营养因素就是能量吸收不充足，这也是国内猪场一个难题。生产实践已证实，哺乳期的成年母猪体重损失要严格控制在最低限度，尤其是青年母猪更应如此。哺乳期母猪能量吸收不足通常与使用高纤维饲料及饲料喂量下降有关。气温与光照能引起母猪乏情不被生产者重视。环境温度较低时并不影响母猪断奶后的发情，但当环境温度升高到 30℃ 以上时，母猪的卵巢和发情活动就会受到抑制，尤其是在夏季 7—9 月，此现象在初产母猪中最为明显。季节对母猪产后发情活动的影响在舍外饲养或整群关闭饲养的成年母猪中比较明显，舍外饲养的母猪一般不会发生乏情，但每日光照超过 12 小时也能对发情活动和生殖产生抑制作用。此外，母猪断奶后在合圈饲养条件下，其不发情与猪群大小有关，断奶后单独圈养的成年母猪发情率要比断奶后成群饲养的母猪低。

2. 预防与治疗

（1）加强对母猪的饲养管理　母猪在产仔 5~7 天后以自由采食为主，这对断奶后再次发情和仔猪生长发育有好处。在环境温度较高期间，母猪的食欲可能会被抑制，此时必须使用低纤维、高能量饲料，可在饲料中添加 5%~8%脂肪来维持较高的能量水平，维持母猪体况不瘦并保持中等以上，这对断奶后发情有一定作用。还可在母猪饲料中添加维生素和矿物质添加剂，或饲喂适量青绿饲料以补维生素可促使母猪发情。此外，增加母猪的运动和光照时间，还可避免母猪过于肥胖而不发情。对断奶后的母猪以每圈 5~8 头为宜，母猪相互间爬跨接触也可促使发情。

（2）提前断奶　将仔猪提前到 28 天断奶，有条件的猪场可提前到 21 天断奶，让母猪提前发情配种。

（3）公猪诱情　用公猪追逐不发情的母猪，或把公母猪放在同一栏内，由于公猪爬跨和公猪分泌激素的刺激，能引起母猪产生促卵泡激素而发情排卵。

（4）激素催情　对不发情母猪进行激素催情治疗时必须根据正确的诊断结果，并合理使用各种激素药物，方能获取良好的效果。如对病情判断和诊断错误，反而对病猪带来害处。兽医临床上在对乏情母猪判断正确下，对母猪断奶后 7~10 天仍不发情的母猪，即无发情征候（外阴部发红、肿大），或判断出卵泡囊肿或持久黄体不退的母猪，根据膘情、体形大小，可肌内注射 PMSG 制剂 1 000 ~ 1 500 IU（1~2 次），同时肌内注射 HCG 制剂 500lU。当母猪断奶后经 15 天判断不发情时，不必注射 PMSG 制剂，再观察几日后再处置为宜。

（七）卵巢炎

1. 病因

急性卵巢炎是由于子宫或输卵管的炎症性疾病蔓延到卵巢，或致病性微生物如布鲁氏菌、链球菌、衣原体等感染后而引起的炎症。也可能由于粗暴挤压黄体等机械性刺激而造成卵巢发炎。

2. 临床症状

病猪通常表现食欲减退或废绝，性周期无节律，体温升高。慢性卵巢炎无全身症状。

3. 诊断与治疗

一般根据病史和临床症状可以确诊。急性卵巢炎可使用抗生素和其他抗菌药物治疗，如用左氧氟沙星注射液静脉注射，每次 400 毫升，每日 1 次，连用 4~5 天。慢性卵巢炎可在饲料中添加抗菌药物，如用 10%氟苯尼考，每吨饲料 200 克。

（八）输卵管炎

1. 病因

输卵管炎可导致输卵管狭窄，输卵管部分或完全不通而导致输卵管功能障碍，其因是由于子宫或卵巢发生炎症未及时治疗而发生炎症扩散所致。

2. 临床症状

急性输卵管炎除严重初期触摸输卵管部位有痛感之外，不表现全身症状，但屡配不孕。慢性输卵管炎特征是管壁增厚，管腔显著狭窄。

3. 诊断与治疗

临床上不易做出正确诊断，只是根据屡配不孕做出初步判断后，对急性输卵管炎用抗生素和磺胺类药物治疗，同时用脑垂体后叶素（如缩宫素）等活化患病器官收缩功能的药物，以促进输卵管内炎性产物排出。

（九）子宫颈炎

1. 病因

子宫颈炎包括子宫内膜炎和子宫颈肌层炎两种，兽医临床上常见的是混合型子宫颈炎，按其病程有急性、慢性之分。子宫内膜炎一般是由于助产、自然交配和人工授精时造成子宫黏膜损伤并带入细菌引起的炎症过程。子宫颈肌层炎是由子在分娩或流产时损伤了子宫颈而引起的炎症，有时子宫内膜炎扩散也可造成。

2. 临床症状

急性子宫颈内膜炎时子宫颈充血、水肿、疼痛，黏膜上有出血点，子宫颈管哆开，外口有局灶性或弥散性充血或出血，并有脓液或黏液絮状物。由于黏液蓄积，授精时，精子因黏稠的黏液阻挡，在遇到卵细胞之前就发生死亡，不能进入子宫内，故出现配种不能受孕。子宫颈肌层炎多为慢性过程，子宫颈不均等的肿大和增厚，结缔组织代替肌纤维，可触摸到硬如石头般的结节，硬节发展导致子宫颈管闭锁，造成母猪多次配种不孕。

3. 诊断与治疗

子宫颈内膜炎可根据视诊、触诊和检查子宫颈材料即可确诊。治疗方法：一是排出子宫颈渗出物，可用0.1%高锰酸钾溶液冲洗阴道；二是为消除炎症可向子宫颈管内注入抗生素，用青霉素和链霉素混合液或0.1%雷佛奴尔溶液，每日1次，连用3~5天。

子宫颈肌层炎的诊断可根据病史和用开膣器检查发现子宫颈的病理形态变化可确认诊断。治疗方法用碘甘油涂布子宫颈黏膜，每日2次，直到治愈。

（十）阴道炎

1. 病因

阴道炎有原发性和继发性两种。原发性通常由于配种或分娩时阴道黏膜受到损伤或感染而引起的，继发性是由于胎衣不下、子宫内膜炎、阴道及子宫脱出所引起的。病初为急性，如治疗不当则转为慢性。

2. 临床症状

慢性化脓性阴道炎的病猪精神不振，食欲减退，泌乳量下降。在阴道中有脓性渗出物并向外流出，阴门周围有薄的脓痂。阴道黏膜肿胀，且有不同程度的糜烂或溃疡。蜂窝织炎阴道炎的病猪往往有全身症状，排粪排尿有痛感。阴道黏膜肿胀，触诊疼痛，阴道中有脓性渗出物，其中混有坏死组织碎片，亦可见到溃疡，日久形成瘢痕，从而发生粘连引起阴道狭窄导致不能配种受孕。

3. 诊断与治疗

根据临床症状可做出诊断。治疗方法是用消毒或收敛药液冲洗阴道，然后涂以消炎收敛药。兽医临床上主要用碘甘油，此药具有祛腐生肌的功能。配制方法：将甘油用冷开水配成30%溶液，然后向甘油中加入适量碘酊，使之呈现棕黄色即可。将配制后的碘甘油涂在患处，每日2次，直到治愈。

三、母猪的主要产科疾病及防治技术

（一）母猪无乳综合征

母猪无乳综合征又称母猪泌乳失败或泌乳不足。其特征主要是母猪产后1~3天，泌乳逐渐减少，厌食，精神萎靡，体温升高，乳腺肿大，不分泌乳汁，仔猪吸吮乳头时，母猪拒绝哺乳。

1. 发病原因

母猪无乳是由多病原、多因素引起的综合征，其病因是复杂多样的，可分为应激因素、内分泌失调、疾病因素以及营养和管理几个方面。

（1）应激因素　在现代养猪条件下，许多外界不良因素的刺激，可引起母猪的应激反应，如转群时的强行驱赶、惊吓、噪声等。

（2）内分泌失调　也是造成母猪无乳综合征的综合原因之一，有的母猪发生无乳综合征时其体内循环的激素量浓度较低，如促乳素。

（3）营养和管理因素　分娩前后的饲料突然改变，或者饲料单一，营养不足；在管理方面如产房拥挤，通风不良，温度过高等都可能导致母猪患无乳综合征。

（4）疾病因素　大肠杆菌、溶血性链球菌、葡萄球菌等均能引起，其他全身性疾病如蓝耳病以及子宫炎也可引起母猪的无乳综合征。

2. 流行病学

此病以夏季发病较多，其他季节也有发生，经产母猪的发病率高于初产母猪，管理状况不同的猪场发病率存在较大的差异，有的发病率高达50%，有的却很少见到。在患病的母猪中有一部分虽经治疗和加强饲养管理泌乳功能得到改善，但仍达不到正常母猪的泌乳成绩。

3. 临床症状

母猪在开始分娩至分娩结束这段时间还有奶，在产后12~48小时左右泌乳量减少或完全无乳，乳房及乳头缩小而干瘪，乳房松驰或肥厚肿胀，但挤不出乳汁。整体症状是病猪食欲不振，精神沉郁，体温升高达39.5~41.5℃，鼻盘干燥，不愿站立，喜伏卧，对仔猪感情冷漠，对仔猪尖叫的吮乳要求没有反应。因乳房炎造成泌乳失败的母猪可见乳房肿大，触诊疼痛。非传染性因素引起的泌乳失败除母猪表现无乳以外，其他症状多不明显。

4. 临床诊断

根据临床表现和流行病学分析，一般不难诊断。即使乳房无炎症表现，也可以通过仔猪饥饿、脱水消瘦等一系列表现得出诊断。

5. 治疗方法

（1）西药疗法　处方一：对有乳汁而泌乳不畅的，肌肉注射缩宫素5~6毫升，每日2次；或者肌内注射垂体后叶素5~6毫升，每日2次，一般2天后恢复泌乳。处方二：注射"催乳灵"2~3毫升，每天2次，或使用"母奶爱"，在促进泌乳的同时，可以防止母猪乳房水肿、乳房炎等症。处方三：肌内注射青霉素、链霉素等抗生素或磺胺类药物，以消除炎症。

（2）中药疗法　处方一：王不留行35克、穿山甲35克，水煎；冲虾米250克（捣碎）或鲜虾0.5千克，加入红糖0.2千克，1次调料喂服，每天1剂，连用2~3天。处方二：王不留行40克、川芎30克、通草30克、当归30克、党参30克、桃仁20克，研末，加鸡蛋5个作引喂服。

（3）按摩疗法　用温热的0.2%高锰酸钾溶液浸湿毛巾，按摩病猪乳房，每日按摩3~5次，每次20~30分钟，并且每隔几小时挤奶10~15分钟。按摩疗法有助于降低肿胀，消除炎症，促进放乳。另外，在治疗期间，对初生仔猪可采取并窝寄养的方法，以防仔猪饿死。

6. 预防措施

一是加强怀孕母猪的饲养管理，在怀孕期间及产前产后，要适量补饲青绿多汁饲料及按饲养标准饲喂富含蛋白质、矿物质以及维生素的全价配合饲料。大中型猪场可用妊娠期母猪的专用料。二是让母猪多运动，同时排除猪场内外的应激源，把猪舍内的噪声控制在最低限度。在临产前7天将母猪转移到产房，让母猪适应新的安静环境。三是对母猪分娩前要做好产前消毒工作。四是可对产后母猪肌内注射催产素3~4毫升，以促使子宫收缩，排出胎盘碎片和炎症分泌物。

（二）乳房炎

乳房炎是哺乳母猪常见的一种疾病，多发于一个或几个乳腺，临诊上以红、肿、热、痛及泌乳减少为特征。

1. 发病原因

（1）补饲方法不当　饲养员因担心母猪泌乳不足，采取的补饲方法不当，补饲时间早，往往在母猪分娩后就补饲，且补饲的饲料质量过好，数量过多，导致泌乳量过多，加之仔猪小，吮乳量有限，乳汁滞积而致发乳房炎。

（2）疾病所致　常因胎衣不下、胃肠疾病、子宫疾病或饲料中毒而继发乳房炎。

（3）遗传因素　一般来讲，乳房的结构与外形有一定遗传性，正常母猪乳房外形呈漏斗状突起，前部及中部乳房较后部乳房发育得好，这和动脉血液供应有关；发育不良的乳房呈喷火口状凹陷，这种乳房排乳困难，易引起乳房炎。

（4）机械性损伤乳头感染所致　机械性损伤主要是仔猪吮乳时咬伤、栏圈及地面造成的损伤或有些品种猪脊背过于凹陷，或老年经产母猪腹部松弛下垂，妊娠后期乳头触地摩擦而感染。就感染而言，其病原主要包括细菌（如链球菌、葡萄球菌、大肠杆菌）、真菌（如毛孢子菌、念珠菌等）和少数病毒。其感染途径有泌乳（经乳头感染）、淋巴和血液途径，尤其是机体抵抗力相对处于弱势，特别是在猪舍卫生条件差及温差大的不良环境下，细菌等致病微生物通过松弛的乳头孔侵袭乳房组织而诱发乳房炎，但当机体抵抗力强时，机体也不一定发病。

2. 临床症状

（1）急性乳房炎　患病乳房有不同程度的充血（发红）、肿胀（增大、变硬）、温热和疼痛，乳房上淋巴结肿大，乳汁排出不畅或困难，泌乳减少或停止；乳汁稀薄，含乳凝块或絮状物，有的混有血液或脓汁。严重时，除局部症状外，尚有食欲减退、精神不振、体温升高等全身症状。

（2）慢性乳房炎　乳腺患部组织弹性降低，硬结，泌乳量减少，挤出的乳汁变稠并带黄色，有时内含凝乳块。多无明显全身症状，少数病猪体温略高，食欲降低。有时由于结缔组织增生而变硬，致使泌乳能力丧失。

（3）感染性乳房炎　结核性乳房炎表现为乳汁稀薄似水，进而呈污秽黄色，放置后有厚层沉淀物；无乳链球菌性乳房炎表现为乳汁中有凝片和凝块；大肠杆菌性乳房炎表现为乳汁呈黄色；绿脓杆菌和酵母菌性乳房炎表现为乳腺患部肿大并坚实。

3. 诊断

根据临诊症状不难做出诊断。

4. 防治措施

（1）治疗

① 全身疗法。抗菌消炎，常用的有青霉素和链霉素，或青霉素与新霉素联合使用治疗效果较好。青霉素80万单位，链霉素50万~100万单位，注射用水5~10毫升，混合后一次肌内注射，每天1~2次，连用3天。

② 局部疗法。慢性乳房炎时，将乳房洗净擦干后，选用鱼石脂软膏（或鱼石脂、鱼肝油）、樟脑软膏、5%~10%碘酊，将药涂擦于乳房患部皮肤，或用温毛巾热敷。另外，乳头内注入抗生素，效果很好，即将抗生素用少量灭菌蒸馏水稀释后，直接注入乳管。青霉素

50万~100万单位，溶于0.25%普鲁卡因溶液200~400毫升中，做乳房基部环形封闭，每日1~2次。

③ 中药治疗。蒲公英15克、金银花12克、连翘9克、丝瓜络15克、通草9克、穿山甲9克、芙蓉花9克，碾沫后开水冲调，候温一次灌服。

（2）预防　加强母猪舍的卫生管理，保持猪舍清洁，定期消毒。母猪分娩时，尽可能使其侧卧，助产时间要短，防止哺乳仔猪咬伤乳头。

（三）母猪瘫痪

母猪产后瘫痪又称产后麻痹或乳热症，是母猪产后体质虚弱，产仔后四肢不能站立，知觉减退而发生瘫痪的一种疾病，又称产后风。

1. 发病原因

母猪产后瘫痪发生的原因很多，主要有营养因素、环境因素、母猪因素及胎儿因素等。一般认为是由于日粮缺乏钙、磷或钙磷比例失调，维生素D的含量不足或运动及光照不足导致维生素D缺乏，机体的吸收能力下降，母猪产后大量泌乳，血钙、血糖随乳汁流失等原因导致机体血钙、血糖骤然减少，因而使大脑皮层发生功能障碍所致。另外，气候寒冷，圈舍阴冷潮湿，寒风吹袭导致经络阻滞等均可导致此病。

2. 临床症状

本病常见于分娩后3~5天内的母猪，表现精神萎靡，食欲下降，粪便干而少，乃至停止排粪、排尿，体温正常或略有升高。轻者站立困难，行走时后躯摇摆，重者不能站立，长期卧地，精神萎靡，成昏睡状态；乳汁很少或无乳，病程较长，四肢麻木发凉，对外刺激反应减弱或无反应，肌肉疼痛敏感，呼吸浅表，逐渐消瘦、衰竭而死。若不能得到正确治疗预后不良。

3. 诊断

产前食欲、体温、知觉反射均正常，后肢起立困难，强制行走，后躯摇摆；产后分娩几小时或2~5天突然减食或废食，体温正常或偏低，精神委顿、昏迷，后肢麻痹，最后四肢瘫痪，丧失知觉，可初步确诊。实验室检查血钙降低，钙制剂治疗效果通常明显，可帮助建立诊断。

4. 治疗方法

治疗为补钙、补液、强心、提高血糖、维持酸碱平衡和电解质平衡为原则。

处方一：10%葡萄糖酸钙注射液50~200毫升，或10%氯化钙注射液20~30毫升，一次静脉注射。注射时不要漏至皮下，必要时可重复注射（第2天至第3天）。

处方二：重病猪可用10%葡萄糖酸钙液100~200毫升，12.5%维生素C 10毫升，复方水杨酸钠20毫升，50%葡萄糖500毫升，一次静脉注射。隔5天重复用药一次，有良好效果。

处方三：内服"复方龙骨汤"。龙骨300克，当归、熟地各50克，红花15克，麦芽400克，煎汤，每日分早晚两次灌服，连用3剂，疗效显著。

处方四：当归、防风、地龙、乌蛇各25克，红花、土鳖各20克，没药12克，血竭15克，煎汤，黄酒为引，温水调好，一次投服。

5. 预防措施

母猪在妊娠期要多晒太阳，每天要让母猪在阳光下运动2~3小时，饲喂易消化、富含蛋白质、矿物质和维生素的饲料，钙磷比例要适当；对有产后瘫痪史的母猪，在产前20天静脉注射10%葡萄糖酸钙100毫升，每周一次，以预防本病的发生。

（四）流产

流产是指母猪正常妊娠发生中断，表现为死胎、未足月活胎早产或排出干尸化胎儿等。流产常由传染性和非传染性（饲养和管理）因素引起，可发生于怀孕母猪的任何阶段，但多见于母猪怀孕早期。

1. 发病原因

（1）传染性流产　一些病原微生物和寄生虫病可引起流产，如猪的伪狂犬病、细小病毒病、乙型脑炎、猪生殖与呼吸综合征、布鲁氏菌病、猪瘟、弓形虫病、钩端螺旋体病等均可引起母猪流产。

（2）非传染性流产　非传染性流产的病因更加复杂，与营养、遗传、应激、内分泌失调、创伤、中毒、用药不当等因素有关。

2. 临床症状

隐性流产发生于妊娠早期，由于胚胎尚小，可被子宫吸收，而不排出体外，不表现出临诊症状。有时阴门流出多量的分泌物，过些时间能再次发情。

有时在母猪妊娠期间，仅有少数几头胎儿发生死亡，但不影响其余胎儿的生长发育，死胎不立即排出体外，待正常分娩时，随同成熟的仔猪一起产出。死亡的胎儿由于水分逐渐被母体吸收，胎体紧缩，颜色变为棕褐色，称木乃伊胎。

3. 诊断

根据临诊症状，可以做出诊断。要判定是否为传染性流产则需进行实验室检查。

4. 防治措施

（1）治疗　治疗原则是尽可能制止流产；不能制止时，促使死胎排出，保证母猪的健康；根据不同情况，采取不同措施。

① 妊娠母猪表现出流产的早期症状，胎儿仍然活着时应尽量保住胎儿，防止流产。可肌内注射孕酮10~30毫克，隔日1次，连用2~3次。

② 保胎失败，胎儿已经死亡或发生腐败时，应促使死胎尽早排出。肌内注射己烯雌酚等激素，配合使用垂体后叶、催产素等促进死胎排出。当流产胎儿排出受阻时，应实施人工助产。

③ 对于流产后子宫排出污秽分泌物时，可用0.1%高锰酸钾等消毒液冲洗子宫，然后注入抗生素，进行全身治疗。对于继发传染病而引起的流产，应防治原发病。

（2）预防　加强对怀孕母猪的饲养管理，避免对怀孕母猪的挤压、碰撞，饲喂营养丰富、容易消化的饲料，严禁喂冰冻、霉变及有毒饲料。做好预防接种，定期检疫和消毒。怀孕期间谨慎用药，以防流产。

（五）产褥热

产褥热是母猪在分娩过程中或产后，在排出或助产取出胎儿时，产道受到损伤，或恶露排出迟滞引起感染而发生，又称产后热或产后败血症。

1. 发病原因

助产时消毒不严，或产圈不清洁，或助产时损伤产道黏膜，致产道感染细菌，这些病原菌进入血液大量繁殖产生毒素而发生产褥热。

2. 临床症状

产后不久，病猪体温升高到41~41.5℃，寒战、减食或完全不食，泌乳减少，乳房缩小，呼吸加快，表现衰弱，时时磨齿，四肢末端及耳尖发冷，有时阴道中流出带臭味的分泌物。

产后 2~3 天内发病，体温达 41℃ 而稽留，呼吸迫促，心跳加快。精神沉郁，躺卧不愿起，耳及四肢寒冷，起卧均现困难。行走强拘，四肢关节肿胀、发热、疼痛，排粪先便秘后下痢，阴道黏膜肿胀、污褐色，触之剧痛。阴户常流褐色恶臭液体和组织碎片，泌乳减少或停止。

3. 诊断

产后数日体温升高至 41℃ 左右，阴道黏膜污褐色肿胀，触诊疼痛，阴户排褐色恶臭分泌物并有组织碎片。呼吸、心跳均超过 100 次/分钟，先便秘后下痢，精神委顿、绝食、关节肿痛，难于行走，可初步确诊。

4. 治疗与预防

（1）治疗

处方一：用 3% 双氧水或 0.1% 雷佛奴尔溶液冲洗子宫，冲洗完毕须将余液排出。

处方二：青霉素 200 万~300 万单位，1%~2% 复方氨基比林 10~20 毫升，肌内注射，每天 1 次，连用 2~3 天。

处方三：注射脑垂体后叶素 20~40IU，或益母草 100 克煎水内服，帮助子宫排出恶露。

（2）预防　在分娩前搞好产房的环境卫生，分娩时助产者必须严格消毒双手后方可进行助产。在母猪产出最后 1 头仔猪后 36~48 小时，肌注前列腺素 2 毫克，可排净子宫残留内容物，避免发生产褥热。

（六）母猪产后不食症

母猪发生不食现象是由于母猪产后消化系统紊乱、食欲减退引起，它不是一种独立的疾病，而是由多种因素引起的一种症状表现。它是指母猪自然分娩之日到哺乳结束这段时间内发生的食欲不振，甚至废绝为主要临床症状的一种病理现象。

1. 发病原因

（1）饲养失调　母猪怀孕后期营养过剩，体躯过于肥胖，或产前一周至产后一周饲喂不当；妊娠期间饲料单一，营养水平过低导致蛋白质、维生素、矿物质缺乏，特别是钙、硒、B 族维生素、维生素 E 缺乏。

（2）应激因素　在现代化大规模养殖中免疫、驱赶、噪声、高温、高湿、通风不良等因素均可导致应激的发生。

（3）供水不足或水质差　有的猪场由于管理疏忽，如饮水系统被阻塞，导致缺水，随后引起胃肠疾病。

（4）普通病　寄生虫、胃肠炎、胃溃疡、便秘、内分泌失调等可诱导病情加重。产程过长，特别是难产时助产不利、不当等均可继发本病。

（5）产后护理不当与产后感染　各种病原微生物如大肠杆菌、棒状杆菌、葡萄球菌、链球菌、放线杆菌等常常感染生产母猪，引起消化吸收机能紊乱而不食。

（6）其他疾病　非典型猪瘟、蓝耳病、饲料霉变、中毒等均可造成母猪产后不食症。

2. 症状类型

（1）消化不良型　母猪产前精料喂得过多，身处定位栏中，运动不足，随着产期临近，胎儿明显增大挤压胃肠，使得胃肠蠕动受限，引起消化不良。此病常发于分娩前数日，体温正常，食欲不振，粪便干硬。有的病猪喜欢饮水，吃点青绿多汁饲料，但数量不大，严重者食欲废绝。

（2）**营养不良型**　妊娠和哺乳母猪长时间采食量低，或饲料搭配不合理，造成机体营养不良。这种病例病程较长，早期表现食欲不振，日渐消瘦，结膜苍白，被毛粗乱无光，粪便干燥而少，体温正常。严重者卧地不起，尤其当 B 族维生素缺乏时，造成胃肠蠕动减弱，胃液分泌量下降，食欲下降等一类的消化障碍。再就是有的猪场饲养管理不善，母猪食欲不好时，没能得到及时的治疗和重视，造成营养不良，猪体衰弱，致使母猪分娩时间过长，损伤元气，失血过多，造成气血亏损，产后虚弱，食欲进一步减少。

（3）**低血糖缺钙型**　日粮中缺钙或钙磷比例不当，母猪舍日照不足或缺乏运动时，均可使血钙降低。胃肠蠕动缓慢，再就是由于母猪产后大量泌乳，血液中钙的浓度降低，导致母猪消化系统发生紊乱。此种病例母猪常常卧地而不愿站立，行动迟缓，肌肉震颤，食欲废绝，甚至引起跛行或瘫痪。

（4）**外感风湿型**　母猪产后过度劳累，圈舍潮湿，致使机体抵抗力下降，风、寒、暑、湿及某些致病微生物侵入母猪，导致感冒发烧，从而引起消化机能减退。

（5）**产前环境疾病应激型**　因气候炎热，猪舍隔热性能不好，通风不良所致。母猪卧床不动，毫无食欲，严重者张口呼吸呈中暑状。如中暑抢救不及时，易造成母猪死亡。

（6）**产后体质虚弱型**　饲养管理不善，猪体衰弱，元气不足；分娩时间过长，疲劳过度，损失元气；产时失血过多，致使气血亏损，造成产后虚弱，致食欲减少。

3. 诊断

根据临床症状和饲养管理情况不难确诊。

4. 防治与预防

（1）治疗

① 消化不良型。以调节胃肠功能为主，结合强心补液疗法。胃蛋白酶 10 克，稀盐酸 10 毫升，食母生 40 片，温水适量，用胃管 1 次灌服，每日 1 次，连用 2~3 天。改变日粮的组成，调整日粮中的钙、磷量，使其比例恰当，并适当增加运动量和接受日光照射。中药治疗可采用麦芽 60 克，神曲、山楂、芒硝、莱菔子（炒）各 30 克、大黄 20 克，煎水灌服。

② 营养不良和低血糖缺钙型。以补糖、补钙、补磷为主，加强营养，结合调节胃肠功能，以补气血，加强胃肠蠕动。10% 葡萄糖酸钙 100 毫升、10%~25% 葡萄糖 500 毫升、10% 维生素 C 注射液 5 毫升，混合静脉注射，连用 2~3 天。中药治疗可采用党参 10 克、当归 10 克、黄芪 10 克，碾末过筛，用开水冲调，待温后用胃管灌服，每日 1 次，连用 2~3 天。

③ 外感风湿型。可用 10% 水杨酸钠溶液 20~50 毫升、50% 葡萄糖 40 毫升，分别耳静脉注射，每日 1 次，连用 3 天。或用氢化可的松 30 毫升、30% 安乃近 30 毫升，混合静注，每日 1~2 次，连用 3 次。中药治疗可采用党参、黄芪、当归、白芍、热地、白术各 20 克，茯苓、远志、甘草各 15 克，煎服，每日 1 剂，连服 2~3 剂。

④ 产后感染发热型。治疗原则为提高全身抗感染力。体温高的病猪用 30% 安乃近 30 毫升、恩诺沙星 20 毫升、10% 葡萄糖 500 毫升静注，每日 2 次。或用 10% 葡萄糖 500 毫升、阿莫西林 20~40 毫升、地塞米松 20 毫升，混合 1 次耳静脉注射。阴道有脓性分泌物的病猪要冲洗子宫，排出子宫内的腐败组织、脓块。病猪前高后低或侧卧保定，用输精管或导管插入子宫内，缓慢注入 0.05% 新洁尔灭溶液进行冲洗。待导出液呈透明状后，向子宫内输入 1% 盐酸环丙沙星注射液 100 毫升，一般冲洗 3 次。再用当归、龟板各 45 克，荷叶、泻药、

漏芦、生姜各 20 克，益母草 30 克，红花、赤芍、连翘各 25 克共研细末，开水冲泡灌服，每日 1 剂，连用 2 剂。

⑤ 产后体质虚弱型。临床上分为产后血虚，产后气血两虚。产后血虚者以补血为主，若气血亏损，致母猪食欲下降，产后无乳或乳汁不行，可以双补气血，通经活络。并保持适当运动，增喂有营养、易消化的饲料。

（2）预防

① 加强饲养管理。在集约化养猪场，尽可能留给母猪一定的活动空间，以增加运动量，增强机体抵抗力及自身免疫力。按科学的饲养标准饲养，临产母猪要喂以优质饲料，并配以青绿饲料。猪舍、产房、接生仔猪时严格消毒，产房或产仔架内保持清洁干燥，避免污水侵袭，冬季防寒保暖，夏季防暑降温。

② 合理药物预防。母猪进入预产期后，在最前一对乳头能挤出乳汁时，灌服莱菔子或红糖水，以加快产仔，促使胎衣排出和子宫恶露排尽。产后内服酵母片、乳酸菌素片、人工盐等，以增进食欲、产后恢复及净化子宫。

第三节 种猪传染性繁殖障碍性疾病及防治技术

一、猪瘟

猪瘟是由猪瘟病毒引起的一种急性、高度接触性传染病。本病传染性大、发病率和死亡率均高。临床特征为急性型呈败血性变化；慢性型在大肠发生坏死性炎症，特别在回盲口附近常见纽扣状溃疡，故俗称"烂肠瘟"。

（一）病原

猪瘟由黄病毒科瘟病毒属的猪瘟病毒（HCV）引起。HCV 只有一个血清型，尽管分离出不少变异株，但血清型都相同。

（二）流行病学

在自然条件下，只有猪感染发病，任何年龄、品种、性别的猪只都可感染发病。传染来源是病猪和带毒猪，传播途径主要是消化道，食入被污染的饲料或饮水，均能被感染。而病猪死后处理不当，死猪肉上市出售等，是传播本病最重要的因素。本病一年四季均可发生，但在猪场饲养管理不良、猪群拥挤、缺少兽医卫生及猪瘟免疫预防时，常引起本病发生流行。

我国虽然早在 20 世纪 50 年代就开展了猪瘟的免疫工作，并有效地控制了典型猪瘟的发生和流行。但是近些年来许多免疫过猪瘟疫苗的猪仍发生猪瘟，并由猪瘟病毒持续性感染所致的温和型（非典型）猪瘟及繁殖障碍为特征的猪瘟多见，病毒可经过胎盘感染胎儿，早期感染多发生流产、死胎，中期感染可能产出弱子，胎儿出生后表现震颤、皮肤发绀等症状，多在出生后 1 周内死亡。随着病程延长，仔猪死亡推迟或幸存，即使存活的猪往往也形成持续感染，可终身带毒。

（三）临床症状

潜伏期一般为 5~6 天，也有长达 21 天者。根据病程长短分为最急性、急性、慢性及温和型 4 种类型。

1. 最急性型

最急性型较为少见，在流行初期可见的主要症状是体温升高和急性型一般症状，突然死亡。

2. 急性型

急性型表现为精神委顿，被毛粗乱，寒颤喜卧，尤喜钻入草堆或较温暖处。体温升高到 40.5~42℃，稽留于同一高度直至濒死前开始下降。眼结膜发炎，分泌脓性眼屎，有时将眼睑粘住。初期大便干燥，像算盘珠样，以后拉稀，粪便恶臭，常有黏液或血液。病猪鼻端、耳后、腹部、四肢内侧的皮肤出现大小不等的紫红色斑点，指压不褪色。公猪包皮发炎，阴茎鞘膨胀积尿，用手挤压，可挤出恶臭乳白色浊液。病程大多 1~2 周，死亡率很高。

3. 慢性型

慢性型症状不规则，体温时高时低，甚至长时间不呈体温反应。食欲不良，便秘、腹泻交替出现，间或正常。病猪消瘦，精神委顿，被毛粗乱，后躯无力，行走蹒跚，最后多衰竭而死。病程可拖 1 个月以上或更长时间。

4. 温和型

温和型或称非典型猪瘟，这是国内近些年来新的表现类型，其特点是病势缓和，病程较长，病状及病变局限且不典型，发病率和死亡率均较低，以仔猪（小猪）发生和死亡为多，大猪一般可耐过。

（四）病理变化

肉眼可见病变为广泛性出血、水肿、变性和坏死。急性型全身淋巴结特别是耳下、支气管部、颈部、肠系膜以及腹股沟等淋巴结肿胀、多汁、充血及出血，外表呈紫黑色，切面如大理石状；肾脏皮质上有针尖至小米状出血点，多者密布如麻雀蛋，呈现所谓的"雀斑肾"；脾脏边缘可见黑红色坏死（出血性梗死）；胃和小肠黏膜出血呈卡他性炎症，大肠的回盲瓣处黏膜上形成特征性的纽扣状溃疡。慢性型（温和型）主要表现为坏死性肠炎，淋巴结呈现水肿状态，轻度出血或不出血，回盲瓣很少有纽扣状溃疡，但有时可见溃疡、坏死病变。

（五）诊断

1. 诊断方法

常以流行特点、症状及病理变化进行综合判定，可作出初步诊断。但由于近些年来急性猪瘟少见，常有温和型病猪出现，呈散发等不典型表现，这就需要经实验室检验后才可作出可靠的鉴别和诊断。此外，仔猪猪瘟和以繁殖障碍为特征的猪瘟，也要经实验室检验，并需与相似症状为主的疫病相区别。因此，确诊尚需进行实验室诊断。实验室诊断猪瘟的方法主要有：酶联免疫吸附试验（ELISA）、正向间接血凝、兔体交互免疫试验、免疫荧光试验、琼脂扩散试验。

2. 鉴别诊断

在临床上，猪瘟与猪丹毒、猪肺疫、败血性链球菌病、猪副伤寒、弓形虫病等有许多类似之处，应注意鉴别。

（1）败血性猪丹毒　多发于夏天，病程短，发病率和病死率比猪瘟低。皮肤上的红斑，指压褪色，病程较长时，皮肤上有紫红色疹块。体温很高，但仍有一定食欲，眼睛清亮有神，步态僵硬。死后剖检，胃和小肠有严重的充血和出血，脾肿大，呈樱桃红色，淋巴结和肾淤血肿大。青霉素治疗有显著疗效。

（2）最急性猪肺疫　气候和饲养条件剧变时多发，发病率和病死率比猪瘟低，咽喉部急性肿胀，呼吸困难，口鼻流泡沫，皮肤蓝紫色，或有少数出血点。剖检时，咽喉部肿胀出血，肺充血水肿，颌下淋巴结出血，切面呈红色，脾不肿大。抗菌药治疗有一定效果。

（3）败血性链球菌病　多见于仔猪，除有败血症状外，常伴有多发性关节炎和脑膜脑炎症状，病程短，抗菌药物治疗有效。剖检见各器官充血、出血明显，心包液增多，脾肿大。

（4）急性猪副伤寒　多见于2~4月龄的猪，在阴雨连绵季节多发，一般呈散发。剖检肠系膜淋巴结显著肿大，肝可见黄色或灰黄色小点状坏死，大肠有溃疡，脾肿大。

（5）慢性猪副伤寒　与慢性猪瘟容易混淆，其区别点是，慢性副伤寒呈顽固性下痢，体温不高，皮肤无出血点，有时咳嗽。剖检时，大肠有弥漫性坏死性肠炎变化，脾增生肿大，肝、脾、肠系膜淋巴结有灰黄色坏死灶或灰白色结节，有时肺有卡他性炎症。

（6）弓形虫病　弓形虫病与猪瘟一样也有持续高热、皮肤紫斑和出血点、大便干燥等症状，但弓形虫病呼吸高度困难，磺胺类药治疗有效。剖检时，肺发生水肿，肝及全身淋巴结肿大，各器官有程度不等的出血和坏死灶，采取肺和支气管淋巴结检查，可检出弓形虫。

同时，临床上猪瘟常与其他疫病混合感染或继发感染，应予鉴别诊断。

猪瘟与猪肺疫的混合感染：临床症状表现为发病猪精神沉郁，体温多在40.5~42℃，呈稽留热，食欲减退甚至废绝，眼流脓性分泌物。呼吸困难，常呈犬坐喘鸣。病初便秘、后腹泻，粪便恶臭带血并混有白色黏膜。全身发红，耳尖、腹部、颈部及四肢皮肤有紫斑或出血点。

猪瘟与蓝耳病的混合感染：临床症状表现为病猪精神委顿，体温在41℃左右，稽留不退，食欲废绝，喘气，呈腹式呼吸，后期耳朵发紫，体表腋下皮肤发紫，偶见出血斑，颌下淋巴结肿胀明显，颈部水肿，后肢麻痹，运动失调，病程3~6天，最后衰竭而死。剖检变化为全身淋巴结明显肿大，颌下淋巴结、肠系膜淋巴结出血，脾脏梗死，肺表面凸凹不平呈纤维素性坏死。

猪瘟与附红细胞体病的混合感染：临床症状为仔猪精神沉郁，畏寒颤抖，喜挤堆，体温在40~41℃；保育猪皮肤、可视黏膜苍白，发热、喘气、挤堆、食欲不振。病重猪耳内、腹下发红甚至发紫，死亡率10%以上。母猪产前产后体温升高、不食、流产、死胎。剖检病变为血液稀薄、水样。肝脏肿大变形。全身淋巴结肿大、出血，脾脏边缘梗死，肺脏发生肉变，大肠黏膜有少量溃疡病灶。

（六）防治措施

1. 治疗措施

治疗猪瘟除早期应用抗猪瘟血清有一定疗效外，尚无一种药物对本病确实有效，一般采取综合治疗和对症治疗，防止继发细菌感染。

处方一：抗猪瘟血清25毫升、庆大小诺霉素注射液16万~32万单位，一次肌内或静脉注射，每日1次，连用2~3天。此治疗措施在猪尚未出现腹泻时应用可获一定疗效。

处方二：在确诊的情况下紧急注射猪瘟兔化弱毒疫苗，或注射脾淋苗及细胞苗，体重10千克以下的猪注射3头份，10千克以上的每增加10千克加注3头份，最大用量为每头猪15头份。

2. 预防措施

（1）免疫措施　猪瘟疫苗预防注射是预防猪瘟发生的根本措施，养猪场无论规模大小，都要根据当地和本场近年来的传染病流行情况制订科学合理的免疫程序。在猪瘟免疫方面，要按照公猪、母猪和商品猪的免疫需求，分别制订免疫程序。

（2）实行免疫监测　疫苗免疫接种后，应加强对猪群进行免疫检测，以掌握猪群的免疫水平和免疫效果。实验表明间接血凝抗体滴度为1：（32~64）时攻毒可获得100%保护，1：（16~32）时尚能达80%保护，1：8时则完全不能保护。免疫良好的群体总保护率应在90%以上，如小于50%者则为免疫无效或为猪瘟不稳定地区，此时需要加强免疫。

（3）加强饲养管理与卫生工作　猪场尽量做到自繁自养，一般不从外面购猪或者不得从疫区内购猪。禁止无关人员随便进出猪场，尤其是屠宰或购销者要严格控制，病死猪进行无害化处理，发病猪舍及工具用2%~3%烧碱溶液进行彻底消毒。平时按照规定搞好圈舍、环境及用具的卫生、消毒工作。

二、猪繁殖与呼吸障碍综合征

猪繁殖与呼吸障碍综合征又称蓝耳病，是由猪繁殖与呼吸综合征病毒引起的母猪繁殖障碍和仔猪呼吸系统损伤及免疫抑制和持续性感染的传染性疾病。临床特征以繁殖障碍、呼吸困难、耳朵蓝紫、并发或继发其他传染病主要特征。主要表现为母猪流产、早产、死胎、木乃伊胎等繁殖障碍，仔猪断奶前高死亡率，育成猪的呼吸道疾病三大症状。

（一）病原

目前该病毒在国际上被通称为"猪繁殖与呼吸综合征病毒（PRRSV）"，最近的分类为网巢病毒目、动脉炎病毒科、动脉炎病毒属，有囊膜的不分节段的单股正链 RNA 病毒，表面较光滑，不耐热，37℃ 12 小时感染力降低 50%，对酸碱敏感，氯仿可使之灭活。该病毒变异性较强，不同地区或同一地区不同猪场的分离毒株可能存在毒力差异或抗原差异，而且不同日龄的猪感染后，其临诊表现不一致，差别最大的代表毒株为北美毒株和欧洲毒株。我国高致病性蓝耳病毒株（NVDC-JXAI）序列与美洲型（VR-2332 株）和欧洲型（LV 株）的序列同源性分别达到 93.2%~94.2% 和 63.4%~64.5%，与 2002 年的国内株（HB-ISH）同源性达 97.1%~98.2%，说明我国高致病性蓝耳病更可能是自身变异产生的新毒株。

（二）流行病学

本病是一种高度接触性传染病，呈地方流行性。发病快、范围广、发病率高、死亡率高。主要以育成猪、仔猪、怀孕母猪多发，但以妊娠母猪和 1 月龄以内的仔猪最易感，并表现出典型的临诊症状。饲养管理不到位、卫生条件差、免疫消毒不严格的散养户和中小养猪场多发。饲养管理好的猪群一般不会表现临床症状，可垂直传播和水平传播，但呼吸道仍是该病的主要感染途径。发病流行多从交通干线向沿途乡镇蔓延。

（三）临床症状

经产和初产母猪多表现为高热（40~41℃）、精神沉郁、突然厌食、昏睡，并出现喷嚏、咳嗽、呼吸困难等呼吸道症状，但通常不呈高热稽留。少数母猪耳朵、乳头、外阴、腹部、尾部发绀，以耳尖最为常见；皮下出现蓝紫色血斑，逐渐蔓延致全身变色。有的母猪呈现神经麻痹等症状。出现这些症状后，大量怀孕母猪流产或早产，产下木乃伊、死胎或病弱仔猪。

目前，猪繁殖与呼吸障碍综合征以慢性、亚临床型为主，且没有规律，有的猪群呈持续性感染、隐性感染和带毒现象。感染猪群的免疫功能下降，常继发其他疾病，也会影响其他疫苗的接种效果。

（四）病理变化

皮肤色淡似蜡黄，鼻孔有泡沫，气管、支气管充满泡沫，胸腹腔积水较多，肺部大理石样变，肝肿大，胃有出血水肿，心内膜充血，肾包膜易剥离，表面有针尖大出血点。

（五）诊断

1. 诊断要点

本病仅根据临诊症状及流行病学特征很难作出诊断，必须排除其他有关的猪繁殖和呼吸系统的疾病，才能怀疑为此病。因此，本病的确诊需借助于实验室技术，包括病理组织学变化、病毒分离鉴定、检测抗原及血清学诊断，其中病毒分离与鉴定是本病最确切的一种诊断方法，一般采取易感细胞分离法。

2. 鉴别诊断

临床上应注意与猪瘟、猪细小病毒病、伪狂犬病、猪流感、猪衣原体性流产等症状相似的猪病鉴别诊断。

（六）防治措施

1. 预防措施

加强饲养管理，切实搞好环境卫生，严格消毒制度，实行封闭管理，严防外疫传入。做好猪蓝耳病疫苗免疫注射，一般情况下，种母猪在配种前应加强免疫一次，种公猪每半年免疫一次。

2. 治疗措施

本病死亡率不高，但可影响免疫系统，继发感染各种疫病，特别是猪瘟，因此要开展一次猪瘟免疫，每头接种猪瘟疫苗4头份。临床治疗无特效药剂，一般采取综合治疗与对症治疗，防止继发细菌感染。

三、猪圆环病毒病

猪圆环病毒病是由猪圆环病毒2型（PCV-2）引起的断奶仔猪多系统消耗综合征（PMWS）、皮炎和肾病综合征（PDNS）、猪呼吸系统混合疾病、繁殖障碍等，感染猪只主要表现为渐进性消瘦、生长发育受阻、体重减轻、皮肤苍白或有黄疸，有呼吸道症状，时有腹泻，有的则表现为肾型皮炎。

（一）病原

PCV-2属圆环病毒科圆环病毒属，为环状、单股DNA病毒，广泛存在于自然界中，我国在2002年分离到猪圆环病毒。PCV有2种血清型，即PCV-1和PCV-2，已知PCV-1对猪的致病性较低，但在正常猪群及猪源细胞中的污染率却极高；PCV-2对猪的危害性极大，可引起一系列相关的临床症状，其中包括PMWS、PDNS、母猪繁殖障碍等，而且还可能与增生性肠炎、坏死性间质性肺炎（PNP）、猪呼吸道综合征（PRDC）、仔猪先天性震颤、增生性肠炎等有关。该病毒对外界环境的抵抗力及强，在70℃环境中可存活15分钟，耐酸、耐氯仿，可耐受pH值3.0的酸性环境，一般消毒剂很难将其杀灭。

（二）流行病学

该病一年四季均可发生，猪是PCV的主要宿主，对PCV有极强易感性，各种年龄的猪均可感染，但仔猪感染后发病严重。现已证明，圆环病毒病在规模化猪场中广泛流行。本病以散发为主（也可呈暴发），发展较缓慢，有时可持续 12~18 个月。病猪和带毒猪为主要传染源，经呼吸道、消化道和精液及胎盘传染，也可通过人员、工作服、用具和设备传播。饲养管理不良，饲养条件差，饲料质量低，环境恶劣，通风不良，饲养密度过大，以及各种应激因素均可诱发本病，并加重病情、增加死亡。由于圆环病毒破坏猪的免疫系统，造成免疫抑制，引起继发性免疫缺陷，因而本病常与猪繁殖与呼吸障碍综合征、细小病毒病、伪狂犬病、副猪嗜血杆菌病等造成混合或继发感染。

（三）临床症状

1. 断奶后多系统衰竭综合征

病猪发热，精神、食欲不振，被毛粗乱，进行性消瘦，生长迟缓，呼吸困难，咳嗽、气喘、贫血，皮肤苍白，体表淋巴结肿大。有的皮肤与可视黏膜发黄，腹泻、嗜睡。临床上约有 20% 的病猪呈现贫血与黄疸症状。

2. 母猪繁殖障碍

发病母猪体温升高，食欲减退，流产，产死胎、弱仔及木乃伊胎。病后受胎率低或不孕。断奶前仔猪死亡率可达 10% 以上。

（四）病理变化

1. 断奶后多系统衰竭综合征

剖检可见间质性肺炎和黏液脓性支气管炎变化，肺脏肿胀，间质增宽，坚硬似橡皮样，其上面散在有大小不等褐色实变区。肝变硬、发暗。肾脏水肿，呈灰白色，皮质部有白色病灶。脾脏轻度肿胀。胃的食管区黏膜水肿，有大片溃疡。盲肠和结肠黏膜充血、出血。全身淋巴结肿大 4~5 倍，切面为灰黄色，出血，特别是腹股沟、纵膈、肺门和肠系膜与颌下淋巴结病变明显。

2. 母猪繁殖障碍

剖检可见死胎与木乃伊胎，新生仔猪胸腹部积水，心脏扩大、松弛、苍白、充血性心力衰竭。

（五）诊断

根据本病的流行特点、临床症状和病理变化只能作出初步诊断，诊断时应注意与 PRRS、猪瘟以及引起繁殖障碍的其他疾病进行鉴别。但任何单一疑似 PMWS 感染猪的临床症状或病理变化都不足以确诊该病。确诊依赖于病毒分离与鉴定以及间接免疫荧光技术、多聚酶链反应（PCR 技术）和 ELISA 等。

（六）防治措施

1. 预防措施

购入种猪要严格检疫、隔离观察，创造良好的饲养环境，定期消毒，科学使用保健添加剂。接种基因工程疫苗是预防猪圆环病毒病发生和流行最效办法，母猪产后 2 周、仔猪 2 周龄免疫一次，能提供 4 个月的免疫保护期。

2. 治疗措施

无特效治疗药物。当出现圆环病毒病继发感染或并发感染细菌病症状时，可试用下列处方。

处方一：注射用长效土霉素 0.5 毫升，一次肌内注射，哺乳仔猪分别在 3、7、21 日龄按 1 千克体重 0.5 毫升各注射一次。

处方二：干扰素+清开灵注射液+丁氨卡那霉素+氨基比林+复合维生素+地塞米松注射

液，肌内注射，连用 3~4 天。饮水中可加氧氟沙星（或乳酸环丙沙星）和电解多维。

处方三：注射黄芪多糖+头孢噻肟钠，连用 5~7 天。

四、猪细小病毒病

猪细小病毒病是由猪细小病毒引起的一种猪的繁殖障碍病，以怀孕母猪发生流产、死产、产木乃伊胎为特征，母猪本身无明显的症状。

（一）病原

猪细小病毒（PPV）属于细小病毒科、细小病毒属。病毒粒子呈圆形或六角形，无囊膜，为单股 DNA。病毒能在猪原代细胞（如猪肾、猪睾丸细胞）及传代细胞（如 PK_{15}、ST 等细胞）上都能生长繁殖，并可出现细胞病理变化。

（二）流行病学

各种不同年龄、性别的家猪和野猪均易感。传染源主要来自感染细小病毒的母猪和带毒的公猪，后备母猪比经产母猪易感染，病毒能通过胎盘垂直传播，而带毒猪所产的活猪可能带毒排毒时间很长甚至终生。感染猪细小病毒的种公猪是该病最危险的传染源，种公猪通过配种传染给易感母猪，并使该病传播扩散。

（三）临床症状

母猪的急性感染，通常都呈亚临床症状。主要的临床症状是母猪的繁殖障碍，母猪在不同孕期感染，临床表现有一定差异。在怀孕早期感染时，胚胎、胎儿死亡，死亡胚胎被母体吸收，母猪可能再度发情；在怀孕 30~50 天感染，主要是产木乃伊胎；怀孕 50~60 天感染主要产死胎；怀孕 70 天感染时常出现流产；怀孕 70 天之后感染，母猪多能正常生产，但产出的仔猪带毒，成为新的重要的传染源。母猪可见的临床症状是在怀孕中期或后期因胎儿死亡，胎水重被吸收，母猪腹围减小。

（四）病理变化

眼观病变可见母猪子宫内膜有轻度炎症反应，胎盘部分钙化，胎儿在子宫内有被溶解吸收的现象。受感染的胎儿，表现不同程度的发育障碍和生长不良，有时胎儿体重减轻，出现木乃伊胎、畸形、骨质溶解的腐败黑化胎儿等。胎儿可见充血、水肿、出血、体腔积液、脱水及死亡等症状。

（五）诊断

根据流行病学、临床症状和剖检变化可作出初步诊断，但最终确诊有赖于实验室工作。实验室检验方法可进行病毒的细胞培养和鉴定，也可进行血凝试验或荧光抗体染色试验，其中荧光抗体检查病毒抗原是一种灵敏可靠的诊断方法。

引起母猪繁殖障碍的原因很多，可分为传染性和非传染性两方面。仅就传染性病因而言，应注意与乙型脑炎、伪狂犬病、猪瘟、布氏杆菌病、衣原体、钩端螺旋体、弓形体等引起的流产相区别。

（六）防治措施

1. 预防措施

坚持自繁自养的原则，防止将带毒猪引入无本病的猪场。如果引进种猪，应从未发生过本病的猪场引进，引进种猪后隔离饲养，经两次血清学检查为阴性后，方可合群饲养。注射疫苗可使母猪怀孕前获得主动免疫，从而保护母猪不感染细小病毒。由猪细小病毒引起的繁殖障碍主要发生于妊娠母猪受到初次感染，因此疫苗接种对象主要是初产母猪。

2. 治疗措施

对本病无有效治疗方法。对延时分娩的病猪要及时注射前列腺烯醇注射液引产，防止胎儿腐败，滞留子宫引起子宫内膜炎及不孕。

五、猪乙型脑炎

猪乙型脑炎是由虫媒传播日本乙型脑炎病毒引起的一种急性人兽共患传染病。猪感染后的主要特征为高热、流产、死胎和公猪睾丸炎。

（一）病原

乙型脑炎病毒属黄病毒科黄病毒属，是一种细小的球形单股 DNA 病毒。病毒主要在脑、脑脊液、死脑儿的脑细胞、肿胀的睾丸中。病毒对外界环境抵抗力不强，加热 70℃ 10 分钟、100℃ 2 分钟死亡，但在低温下存活的时间长，–20℃ 可保存一年，常用的消毒剂对其有良好的消毒作用。

（一）临床特征

主要在夏秋季节流行，主要症状表现为妊娠母猪流产和产死胎，公猪发生睾丸炎。

（二）流行病学

乙型脑炎是自然疫源性疫病，许多动物感染后可成为本病的传染源，猪的感染最为普遍。本病主要通过蚊的叮咬进行传播，病毒能在蚊体内繁殖，并可越冬，经卵传递，成为次年感染动物的来源。由于经蚊虫传播，因而流行与蚊虫的孳生及活动有密切关系，有明显的季节性，80% 的病例发生在 7、8、9 三个月；猪的发病年龄与性成熟有关，大多在 6 月龄左右发病，其特点是感染率高、发病率低（20%～30%）、死亡率低；新疫区发病率高，病情严重，以后逐年减轻，最后多呈无症状的带毒猪。

（三）临床症状

猪只感染乙脑时，常突然发生，体温升至 40～41℃，稽留热，病猪精神委顿，食欲减少或废绝，粪干呈球状，表面附着灰白色黏液；有的猪后肢呈轻度麻痹，步态不稳，关节肿大，跛行；有的病猪兴奋、乱撞；最后麻痹死亡。妊娠母猪突然发生流产，产出死胎、木乃伊和弱胎，胎儿大小不等，小的如人拇指大小，大的与正常胎儿无多大差别。流产后母猪症状很快减轻，体温和食欲恢复正常。公猪除有一般症状外，常发生一侧性睾丸肿大，也有两侧性的，患猪睾丸阴囊皱襞消失、发亮，有热痛感，经 3～5 天后肿胀消退，有的睾丸变小变硬，失去配种繁殖能力。

（四）病理变化

病猪的病理变化主要在脑、脊髓、睾丸和子宫。脑和脊髓可见充血、出血、水肿。睾丸有充血、出血和坏死。子宫内膜充血、水肿、黏膜上覆有黏稠的分泌物。胎盘呈炎性浸润，流产或早产的胎儿常见脑水肿，皮下水肿，有血性浸润，胸腔积液，腹水增多。

（五）诊断

根据发病的明显季节性、地区性及其临床特征不难作出诊断，但确诊还必须进行病毒分离和血清学试验等特异性诊断。

在临床上，猪乙型脑炎与猪布鲁氏菌病、细小病毒病以及伪狂犬病极为相似，它们的区别在于：猪布鲁氏菌病无明显的季节性，流产多发生于妊娠的第三个月，多为死胎，胎盘出血性病变严重，极少出现木乃伊胎，公猪睾丸肿胀多为两侧性，有的猪还出现关节炎而跛行。猪细小病毒病引起的流产、死胎、木乃伊胎或产出的弱仔多见于初产母猪，经产母猪感染后通常不表现繁殖障碍现象，且都无神经症状。

（六）防治措施

1. 预防措施

驱灭蚊虫，注意消灭越冬蚊；做好死胎儿、胎盘及分泌物等的处理；在流行地区猪场，在蚊虫开始活动前1~2个月，对4月龄以上至两岁的公母猪，应用乙型脑炎弱毒疫苗进行预防注射，第二年加强免疫一次，免疫期可达3年，有较好的预防效果。

2. 治疗措施

无治疗方法，一旦确诊最好淘汰。

六、猪伪狂犬病

伪狂犬病是由伪狂犬病病毒引起的多种家畜和野生动物以发热、奇痒（猪除外）、繁殖障碍、脑脊髓炎为主要症状的一种高度接触性传染病。除猪以外的其他动物发病后通常具有发热、奇痒及脑脊髓炎等典型症状，均为致死性感染，但呈散发形式。猪是该病的储藏者和传染源。猪感染后可呈暴发性流行，其症状因日龄而异，一般新生仔猪大量死亡，妊娠母猪流产、死胎，公猪不育。

（一）病原

猪伪狂犬病病毒属于疱疹病毒科、α疱疹病毒亚科、猪疱疹病毒属，病毒粒子呈球形或椭圆形，对神经节有亲和性。1902年匈牙利Aujeszky首次发现，现已在世界44个国家发生，且疫情不断扩大蔓延，是危害全球养猪业的重大传染病之一。伪狂犬病病毒是属于高度潜伏感染的病毒，而且这种潜伏感染随时都有可能被机体内外的环境变化的应激因素刺激而引起疾病暴发。而且伪狂犬病病毒对外界环境有很强的抵抗力，8℃条件下存活46天，24℃可存活30天，加热55~56℃经30~50分钟死亡；在低温条件下保存时间长，-70℃时可保存多年；病毒在pH值5~9.0范围内稳定；在猪舍内可存活一个月以上，但对日光敏感，1%氢氧化钠、福尔马林等消毒液对其有效。

（二）流行病学

猪是该病的储存宿主，各种年龄的猪均易感，尤其是耐过的、呈隐性感染的成年猪为该病的主要传染源。传播途径主要为消化道和呼吸道，可直接接触传播，更容易间接传播。发生没有严格的季节性，但寒冷季节多发生。20世纪前半叶，欧美国家在猪群和牛群中分离到伪狂犬病病毒，但病毒对猪的感染极温和，然而到了六七十年代，由于毒力增强的毒株出现，导致伪狂犬病暴发的次数显著增加。我国在20世纪90年代，许多规模猪场爆发猪伪狂犬病，给养猪业造成很大的损失。目前，该病已得到多数规模化猪场的重视，相应采取了疫苗免疫等预防措施。该病在近年来又有了新的变化，呈现散发或局部爆发，常与猪瘟、猪圆环病毒病、猪繁殖与呼吸障碍综合征、副猪嗜血杆菌病、传染性胸膜肺炎等混合感染，从典型症状转为非典型临床症状，仍对种猪生产有很大影响。

（三）临床症状

母猪可带毒，妊娠初期，可在感染后10天左右发生流产，流产率可达50%；妊娠后期，常发生死胎和木乃伊，且以产死胎为主；产弱仔，2~3天死亡。感染母猪还表现屡配不孕、返情率增高。公猪感染后会发生睾丸肿胀、萎缩，失去种用能力。

（四）病理变化

病理剖检扁桃体可见灰白色化脓坏死灶，肺脏常见卡他性及出血性炎症，脑膜充血、出血、水肿，脑实质出现针尖大小出血点，肝、肾等实质器官可见灰白色或黄白色坏死点等。

（五）诊断

根据流行特点、妊娠母猪的繁殖障碍、哺乳仔猪的神经症状和高病死率以及大体剖检变化可做出初步诊断。但由于伪狂犬病无特征性病理变化，部分猪只在感染后常呈隐性经过，因此往往需要实验室的方法来进行确诊，如病毒分离、血清学和分子生物学的方法。

（六）防治措施

1. 预防措施

对猪伪狂犬病的免疫预防有灭活疫苗和弱毒疫苗两种。因为伪狂犬病病毒属于疱疹病毒科，具有终身潜伏感染、长期带毒和散毒的危险性，而且这种潜伏感染随时都有可能被机体和环境变化的应激因素刺激而引起疾病暴发，因此针对伪狂犬病的预防建议最好使用灭活苗。灭活疫苗免疫程序，种猪第一次注射后，间隔 4~6 周后加强免疫一次，以后每 6 个月注射一次，产前 1 个月左右加强免疫一次。

2. 治疗措施

目前尚无治疗办法。高免血清适用于最初感染猪群中的哺乳仔猪。

七、猪布鲁氏菌病

猪布鲁氏菌病（简称布病）从 1914 年发现以来，一直被认为是一种特殊的传染病，该病是由布鲁氏菌通过体表黏膜、消化道、呼吸道侵入机体引起的一种以妊娠母猪流产、公猪睾丸炎为特征的人兽（畜）共患传染病，是国家二类动物疫病。

（一）病原

本病病原为布鲁氏菌，共有 6 个生物种，即猪、羊、牛、犬、沙林鼠和绵羊布鲁氏菌，其形态相同，均为球杆状小杆菌，无芽孢及鞭毛，个别菌株可产生荚膜，呈革兰氏阴性。布鲁氏菌属中各生物型的毒力有所差异，其致病力也有区别。猪布鲁氏菌主要有 5 个生物型，具有极强的侵袭力和扩散力，不仅通过破损的皮肤、黏膜侵入机体，还可通过正常的皮肤和黏膜侵入机体。该菌的抵抗力比较强，在土壤、水中和皮毛上能生存较长时间，室温下可存活 5 天，在干燥的土壤中可生存 37 天，在冷暗处及胎儿体内能存活 6 个月。但对一般消毒药抵抗力不强，如 3% 漂白粉、10% 生石灰乳、2% 烧碱液、1% 来苏儿等都能迅速将其杀死。

（二）流行病学

本病可感染多种动物，牛、猪、山羊和绵羊易感性较高。被感染的人和动物，一部分呈现临诊症状，大部分为隐性感染。病猪和带菌猪是本病的主要传染源。未达到性成熟的猪对本菌不感染，性成熟的公、母猪则十分敏感，特别是怀孕母猪最敏感，尤其是头胎母猪更易感染。病原体不定期地随病猪的乳汁、精液、脓汁，特别是从病母猪的阴道分泌物、流产胎儿和羊水中排出体外，而被污染的饲料、饮水、猪舍和用具等是扩大传染的主要媒介。该病可经消化道、生殖道及正常或破损的皮肤与黏膜感染，还可通过胎盘感染进行垂直传播；此外，也可经配种和吸血昆虫的叮咬而感染。本病一般为散发，母畜感染后一般只发生一次流产，流产两次的较少见。猪布鲁氏菌对人有感染性，人在缺乏消毒和防护的条件下进行接产、护理病猪最易造成感染。

（三）发病机制

布鲁氏菌是细胞内寄生菌之一，实际上人们对布鲁氏菌致病机制的认识还很少。到目前为止，人们尚未在布鲁氏菌中鉴定出常规病原菌具备的致病因子，如荚膜、菌毛、外毒素、胞外酶或蛋白、溶细胞素、抗原变异、质粒和融源性噬菌体，光滑型菌株虽然具有非典型性内毒素，毒性低于肠杆菌科病原菌的经典型内毒素几百倍，且菌体诱导机体先天性免疫反应的能力很弱，显示布鲁氏菌与其他病原菌相比的致病机制更为独特和隐藏。虽然针对布鲁氏菌分子致病机制的相关研究文献每年大约 200 篇，内容涉及毒力相关基因及致病机制、毒力相关蛋白及其功能、免疫及免疫逃逸机制、感染扩散及维持机制等。但截止到目前为止，所有研究都是从某一角度解释布鲁氏感染、致病作用和免疫及其逃逸机制，因布鲁氏菌在整个机体感染增殖过程中需要多种毒力因子的协同作用，因此布鲁氏菌分子致病机理的研究目前可以说是冰山一角，布病防控根除技术研究任重道远。目前认为，病原菌进入机体后，首先到达局部的淋巴结，在巨噬细胞内大量增殖导致淋巴结炎。增殖的病原菌进入血液导致菌血症，并侵入肝、脾、睾丸或妊娠子宫和胎膜等器官、组织的细胞内，形成新的炎性病灶。在睾丸及妊娠子宫内可引起坏死性或化脓性炎症，由于布鲁氏菌所致的胎盘炎，导致母畜流产，慢性病例可导致胎衣滞留。

（四）临床症状

感染猪大部分呈现隐性经过，少数猪呈现典型症状表现为流产。临床上怀孕母猪流产可发生在妊娠的任何时期，有的在妊娠的第 2~3 周即流产，有的则接近妊娠期满而早产，但流产最多发生在妊娠的 4~12 周，流产胎儿可能只有一部分死亡。病猪流产前的主要征兆是精神沉郁，发热，食欲明显减少，阴唇和乳房肿胀，有时从阴道常流出黏性红色分泌物。后期流产时胎衣不下的情况很少，偶见因胎儿不下而引起子宫炎和子宫内膜炎，以致下次配种不孕。但如果配种后已怀孕，则第二次可正常产仔，极少见重复流产。母猪流产后一般经过 8~16 天方可自愈，但排毒时间需经过 30 天以上才能停止。

种公猪常常表现为睾丸炎，呈一侧性或两侧性睾丸肿胀、发硬，触摸热痛，有时可波及附睾及尿道。病情严重时，有病侧的睾丸极度肿大，状如肿瘤。随着病情的延长，后期睾丸萎缩，甚至阳痿，失去配种能力和种用价值。

临床上不论公猪和母猪，在本病过程中还会出现一后肢或双后肢跛行及麻痹，关节肿大，甚至瘫痪。

（五）病理变化

发病母猪子宫不管妊娠与否均有明显病变，常见的病变是子宫黏膜上散在分布着很多淡黄色的小结节，其直径多半在 2~3 毫米。结节质地硬实，有的呈粟粒状，切开有少量干酪样物质可从中压挤出来。小结节可相互融合成不规则的斑块，从而使子宫壁增厚和内膜狭窄，通常称其为粟粒性子宫布鲁氏杆菌病。

公猪布鲁氏杆菌性睾丸炎结节中心为坏死灶，外围有一上皮细胞区和浸润的结缔组织包囊，附睾通常化脓性炎。睾丸、附睾、前列腺可见脓肿。

淋巴结、肝、脾、乳腺、肾等也可发生肉眼可见的布鲁氏杆菌性结节性病变。

由猪布鲁氏菌引起的关节病变是常见的，主要侵害四肢大的复合关节，病变开始呈滑膜炎和骨的病变，后者表现为具有中央坏死灶的增生性结节，有的坏死灶可发生脓性液化，化脓性关节炎。猪布鲁氏杆菌还可引起椎骨的骨髓炎的病变，后者表现为具有中央坏死灶的增生性结节，有的坏死灶可发生脓性液化，化脓性炎症的蔓延可引起化脓性骨髓炎或椎旁脓肿。

（六）诊断

依据流行病学、临诊症状和病理变化，能对本病作出初步诊断，确定本病需进行细菌学和血清学检查。细菌学检查可用流产胎儿胃内容物或阴道分泌物等材料制成薄的涂片，干燥、火焰固定后，用沙黄–孔雀绿染色法染色，布鲁氏菌一般为淡红色的小球杆菌，其他细菌或细胞为绿色或蓝色。也可用小动物感染试验，取子宫分泌物、流产胎儿胃内容物、羊水、精液或病变组织，制定混悬液及乳汁等，给 2 只体重 350 ~ 400 克的豚鼠皮下或腹腔接种，一般为 0.5 ~ 2.0 毫升，接种后第 2 周开始采血，以后每隔 7 ~ 10 天采血，检测血清抗体，如凝集价达 1 : 5 以上时，可判断为阳性反应，证明已感染了布鲁氏菌。此时可用豚鼠心血分离培养细菌，也可根据接种鼠的解剖变化进行判断。在进行细菌学检查的同时，也应进行血清学检查，才能使诊断更具准确性。

诊断本病时应注意与钩端螺旋体病、伪狂犬病、猪细小病毒病、乙型脑炎、猪繁殖与呼吸综合征等鉴别。

（七）预防和治疗

1. 疫苗接种

对健康猪群，应有计划地进行疫苗接种，可用布鲁氏菌猪型二号弱毒活疫苗（S2 株）进行接种。此苗是由中国兽药监察所 1953 年由进口猪种的流产胎儿中分离出来，在人工培养基上移植 7 年后变成弱毒的。具有我国自主知识产权的猪布鲁氏二号苗（S2 株）和羊布鲁氏菌五号苗（M5 株），至今在国内外还在使用，对我国甚至全球布病防控工作贡献巨大。猪型二号苗（S2 株）作为弱毒活菌苗具有使用范围广和使用方便的特点，可供猪等多种家畜免疫使用，具有较好的免疫力，毒力稳定、安全，可以使用皮下注射、肌内注射、口服免疫多种方法接种。最适宜作口服接种，使用方便，饮服 2 次，间隔 30 ~ 45 天，每次剂量为 200 亿个活菌，免疫期 1 年；皮下或肌内注射，每次注射 200 亿个菌，间隔 1 个月再注射 1 次，均可产生良好的免疫。但不受布鲁氏菌病威胁和已控制的地区，一般不主张接种疫苗。此外，对布病免疫还要注意以下事项：一是免疫接种时间在配种前 1 ~ 2 个月进行较好，妊娠母猪不进行预防接种；二是本疫苗对人有一定的致病力，该菌是历史上感染科研人员频率最高的人畜共患病原体之一，因此，接种人员应注意消毒和防护，避免感染或引起过敏反应。用过的用具须煮沸消毒。

2. 药物治疗

对于感染本病猪，目前尚无很好的治疗方法，也无治疗价值，因此，一般不予以治疗，但对种用价值高的病猪，暂时不宜淘汰屠宰时，可在隔离的条件下给予适当治疗。临床实验证明，用抗生素、饲料药物添加剂或其他化学疗效，在医治猪的布鲁氏菌病方面被证明在临床上是有效的，在经济上也是可行的。可用金霉素、四环素、土霉素和磺胺类药物治疗，也可用 2.5% 恩诺沙星、环丙沙星、乳酸诺氟沙星试治。对流产后的母猪先注射催产素 2 支/头，同时注射青霉素（160 单位×3 支）与链霉素（100 单位×1 支），用安乃近 10 毫升稀释，每天 2 次，连用 3 天。对流产伴发子宫内膜炎的母猪，可用 0.1% 高锰酸钾溶液等冲洗阴道和子宫，每天 1 ~ 2 次，直至无分泌物流出为止，必要时可用抗生素和磺胺药治疗。对全场母猪群每吨饲料中添加土霉素粉 600 克，连用 10 天。通常情况下抗生素治疗效果仅限于该病的菌血症期，停止治疗后，组织中仍存在布鲁氏菌活菌。尽管治疗对在从宿主中根除所有细菌方面尚无效果，但比较而言，药物治疗可以抑制布鲁氏菌迅速繁殖，以此可缓解临床症状和减少病菌的传播。即使该方法实际运用有限，但它对感染猪群仍有一定的良效。

3. 综合防控措施

虽然布病是一种可以净化根除的疾病，但许多发达国家通过动物检疫–扑杀–补偿等综合技术措施历经十几年、几十年甚至更长时间才完成。在我国，猪布鲁氏菌病的防控除了采取疫苗接种外，一般多采取检疫和淘汰的方法来清除猪群布鲁氏菌病。

（1）淘汰病猪　主要采取淘汰病猪来防止本病的流行和扩散。用凝集试验方法对猪群进行检疫，阳性猪一律淘汰。流产胎儿、胎衣、羊水及阴道分泌物应作无害化处理，被污染的场地及用具用3%~5%来苏儿消毒。

（2）检疫隔离　在纯种猪场中，为了保留有价值的种猪，可采取检疫隔离的办法。具体做法是：其一，将刚断奶的6周龄以上的仔猪放在干净的猪舍中隔离饲养，猪群中其余的猪尽快淘汰屠宰，这是最快、最可靠、最经济的办法。屠宰后，将饲养场地彻底清洗消毒，并空场（停止使用）2个月以上后可用于养猪。在实行检疫隔离或淘汰措施的同时，给阴性小猪接种菌苗，是清除猪布鲁氏菌病的必要措施。其二，隔离饲养的小猪长大到配种年龄时血检，只有阴性猪留下。留下的小母猪用无布病公猪配种。其三，小母猪产仔后必须重检，若发现感染，则重复以上步骤。其四，病公猪是本病的主要传播者，病公猪的精液经常带菌。用病公猪作本交或取其精液作人工授精将会传播该病。对种公猪必须严格检疫，阳性者立即淘汰，不得作种用。

（3）预防为主　平时应体现预防为主的原则，实施严格的检疫措施。在未感染猪群中，控制本病的最好方法是自繁自养；必须引进种猪时，要严格执行检疫，即将引进的猪只隔离饲养2个月，同时实施布病检查，2次检查全为阴性者，才能与原有的猪群混群饲养。即便是干净的猪群，为了防止病菌传入后大面积扩散，每年应坚持定期检疫（一般情况下是一年一次），其净化措施主要用平板凝集试验对猪群进行检疫，一旦发现病猪或疑似猪，若猪群头数不多，而发病率或感染患病率很高时，最好全部淘汰，重新建立猪群。这种做法从长远利益来考虑还是比较经济的。

八、猪衣原体病

衣原体病是畜禽和人的一种共患传染病，其特征表现为隐性感染，在不利的外界环境因素的影响下，也可能表现出临床症状，以流产、肺炎、多发性关节炎、脑炎为特征。猪衣原体病是由鹦鹉热衣原体感染猪群引起不同征候群的接触性传染病，临床上以妊娠母猪发生流产、死胎、木乃伊胎，产弱仔，各年龄段猪发生肺炎、肠炎、多发性关节炎、心包炎、结膜炎、脑炎、脑脊髓炎，公猪还发生睾丸炎和尿道炎为特征。

（一）病原

猪衣原体病的病原为鹦鹉热衣原体，是一种小的细胞内寄生病原体。鹦鹉热衣原体对链霉素、制霉菌素、卡那霉素、庆大霉素、新霉素、万古霉素及磺胺类药物不敏感，但对青霉素、四环素、氯霉素、土霉素、红霉素、泰乐霉素、螺旋霉素、麦迪霉素、金霉素、竹桃霉素、北里霉素敏感。

（二）流行病学

本病为人兽共患病。不同年龄、不同品种的猪均可感染本病，尤其是怀孕母猪和新生仔猪更为敏感。由于大批怀孕母猪流产、产死胎和新生仔猪死亡以及适繁母猪空怀不育，给养猪业造成严重的经济损失。经验证明，猪群一旦感染本病，要清除十分困难，康复猪可长期带菌，猪场内活动的野鼠和禽鸟是本病的自然散毒者，带菌的种公母猪成为幼龄猪群的主要传染源。种公猪可能通过精液传播本病，所以隐性感染的种公猪危害性更大。在大中型猪场，本病在秋冬流行较严重，一般呈慢性经过。持续的潜伏性传染是本病的重要流行病学特征。

（三）临床症状

本病主要通过消化道及呼吸道感染，根据感染途径、患病器官不同，表现症状各异。

母猪感染以流产为主，多发生在初产母猪。妊娠母猪感染衣原体后一般不表现出异常变化，只是在怀孕后期突然发生流产、早产、产死胎或产弱仔。感染母猪有的整窝产出死胎，有的间隔地产出活仔和死胎，弱仔多在产后数日内死亡。

种公猪衣原体感染，多表现为尿道炎、睾丸炎、附睾炎，配种时，排出带血的分泌物，精液品质差，精子活力明显下降，母猪受胎率下降。

（四）病理变化

剖检可见流产母猪的子宫内膜水肿充血，分布有大小不一的坏死灶，流产胎儿身体水肿，头颈和四肢出血，肝充血、出血和肿大。患本病的种公猪睾丸变硬，有的腹股沟淋巴结肿大，输精管出血，阴茎水肿、出血或坏死。

（五）诊断

猪衣原体病是一种多症状性传染病，对其诊断除了要参考临床症状和病变特征外，主要依据实验室的检查结果予以确诊。

（六）综合防治

1. 预防措施

种猪场：对血清学检查为阴性的种猪场，要给适繁母猪在配种前注射猪衣原体流产灭活苗，每年免疫一次。在阳性猪场，对确诊感染了衣原体的种公猪和母猪予以淘汰，其所产仔猪不能作为种猪。

商品猪场：每年对种公猪和繁殖母猪用猪衣原体流产灭活苗免疫1次，连续2~3年；应淘汰发病种公猪；对出现临床症状的母猪和仔猪及时用四环素类抗生素等敏感药物治疗。流产胎儿、死胎、胎衣等要无害化处理，同时进行环境消毒，加强产房卫生工作，消灭猪场内的野鼠和麻雀。

2. 药物预防和治疗

可选用药敏试验筛选的敏感药物进行预防和治疗。对怀孕母猪在产前2~3周，可注射四环素类抗生素，以预防新生仔猪感染本病。为防止出现耐药性，要合理交替用药。

九、猪钩端螺旋体病

钩端螺旋体病是一种复杂的人畜共患传染病和自然疫源性传染病。在家畜中主要发生于猪、牛、马、羊、犬，临床表现形式多样，主要有发热、黄疸、血红蛋白尿、出血性素质、流产、皮肤和黏膜坏死、水肿等。

（一）病原

本病的病原属于细螺旋体属的钩端细螺旋体。钩端细螺旋体对人、畜和野生动物都有致病性。钩端螺旋体有很多血清群和血清型，目前全世界已发现的致病性钩端螺旋体有25个血清群，至少有190个不同的血清型。引起猪钩端螺旋体病的血清群（型）有波摩那群、致热群、秋季热群、黄疸出血群，其中波摩那群最为常见。

钩端螺旋体对外界环境有较强的抵抗力，可以在水田、池塘、沼泽和淤泥里至少生存数月。在低温下能存活较长时间，对酸、碱和热较敏感。一般的消毒剂和消毒方法都能将其杀死。常用漂白粉对污染水源进行消毒。

（二）流行病学

各种年龄的猪均可感染，但仔猪发病较多，特别是哺乳仔猪和断奶仔猪发病最严重，中、大猪一般病情较轻，母猪不发病。传染源主要是发病猪和带菌猪。钩端螺旋体可随带菌猪和发病猪的尿、乳和唾液等排于体外污染环境。猪的排菌量大，排菌期长，而且与人接触的机会最多，对人也会造成很大的威胁。人感染后，也可带菌和排菌。人和动物之间存在复杂的交叉传播，这在流行病学上具有重要意义。鼠类和蛙类也是很重要的传染源，它们都是该菌的自然贮存宿主。鼠类能终生带菌，通过尿液排菌，造成环境的长期污染。蛙类主要是排尿污染水源。

本病通过直接或间接传播方式，主要途径为皮肤，其次是消化道、呼吸道以及生殖道黏膜。吸血昆虫叮咬、人工授精以及交配等均可传播本病。该病的发生没有季节性，但在夏、秋多雨季节为流行高峰期。本病常呈散发或地方性流行。

（三）临床症状

主要以损害生殖系统为特征。病初体温有不同程度升高，眼结膜潮红、水肿，有的泛黄，有的下颌、头部、颈部和全身水肿。母猪一般无明显的临诊症状，有时可表现出发热、无乳。但妊娠不足 4~5 周的母猪，受到钩端螺旋体感染后 4~7 天可发生流产和死产，流产率可达 20%~70%。怀孕后期的母猪感染后可产弱仔，仔猪不能站立，不会吸乳，1~2 天死亡。

（四）病理变化

1. 急性型

此型以败血症、全身性黄疸和各器官、组织广泛性出血以及坏死为主要特征。

2. 亚急性和慢性型

表现为身体各部位组织水肿，肝脏、脾脏、肾脏肿大。成年猪的慢性病例以肾脏病变最明显。

（五）诊断

本病需在临诊症状和病理剖检的基础上，结合微生物学和免疫学诊断才能确诊。

1. 微生物学诊断

病畜死前可采集血液、尿液。死后检查要在 1 小时内进行，最迟不得超过 3 小时，否则组织中的菌体大部分会发生溶解。可以采集病死猪的肝、肾、脾和脑等组织，病料应立即处理，在暗视野显微镜下直接进行镜检或用免疫荧光抗体法检查。病理组织中的菌体可用姬姆萨染色或镀银染色后检查。病料可用作病原体的分离培养。

2. 血清学诊断

主要有凝集溶解试验、微量补体结合试验、酶联免疫吸附试验（ELISA）、炭凝集试验、间接血凝试验、间接荧光抗体法以及乳胶凝集试验。

3. 动物试验

可将病料（血液、尿液、组织悬液）经腹腔或皮下接种幼龄豚鼠，如果钩端螺旋体毒力强，接种后动物于 3~5 天可出现发热、黄疸、不吃、消瘦等典型症状，最后发生死亡。可在体温升高时取心血作培养检测病原体。

鉴别诊断：猪的钩端螺旋体病应与猪附红细胞体病、新生仔猪溶血性贫血等相区别。

（六）综合防治

1. 治疗

发病猪群应及时隔离和治疗，对污染的环境、用具等应及时消毒。

可使用10%氟甲砜霉素（每千克体重0.2毫升，肌内注射，每天1次，连用5天）、磺胺类药物（磺胺-5-甲氧嘧啶，每千克体重0.07克，肌内注射，每天2次，连用5天）对发病猪进行治疗；病情严重的猪可用维生素、葡萄糖进行输液治疗；链霉素、土霉素等四环素类抗生素也有一定的疗效。

感染猪群可用土霉素拌料（0.75~1.5克/千克）连喂7天，可以预防和控制病情的蔓延。妊娠母猪产前1个月连续用土霉素拌料饲喂，可以防止发生流产。

2. 预防

猪钩端螺旋体病的预防必须采取综合措施。一是做好猪舍的环境卫生消毒工作；二是及时发现、淘汰和处理带菌猪；三是搞好灭鼠工作，防止水源、饲料和环境受到污染，禁止养犬、鸡、鸭；四是存在有本病的猪场可用灭活菌苗对猪群进行免疫接种。

第四节　种猪繁殖性障碍的主要寄生虫病和霉菌毒素中毒及防治技术

一、猪附红细胞体病

猪附红细胞体病是由附红细胞体寄生于猪的红细胞或血浆中引起的一种寄生虫病，国内外曾有人称之为黄疸性贫血病、类边虫病、赤兽体病和红皮病等。猪附红细胞体病主要以急性、黄疸性贫血和发热为特征，严重时导致死亡。

（一）病原

猪附红细胞体的分类学地位尚有争议，大小为（0.3~1.3）微米×（0.5~2.6）微米，呈环形、卵圆形、逗点形或杆状等形态。虫体常单个、数个及至10多个寄生于红细胞的中央或边缘，血液涂片姬姆萨染色呈淡红或淡紫红色，有关附红细胞体的生活史目前仍不清楚。

（二）流行病学

本病主要发生于温暖季节，夏季发病较多，冬季较少，根据发生的季节性推测节肢动物可能是本病的传播者，国外有人用螫蝇等做绵羊附红细胞体感染试验已获得成功。附红细胞体对宿主的选择并不严格，人、牛、猪、羊等多种动物的附红细胞体病在我国均有报道，实验动物小鼠、家兔均能感染附红细胞体。另外，经胎盘传播也已在临床得到证实，注射针头、手术器械、交配等也可能传播本病。附红细胞体对干燥和化学药剂抵抗力弱，但对低温的抵抗力强，一般常用消毒药均能杀死。

（三）临床症状

母猪的症状分为慢性和急性两种：急性感染的症状为持续高热（40~41.7℃），厌食。妊娠后期和产后母猪易发生乳房炎。个别母猪发生流产或死胎，慢性感染母猪呈现衰弱、黏膜苍白、黄疸，不发情或屡配不孕，如有其他疾病或营养不良，可使症状加重或死亡。

（四）病理变化

特征的病变是贫血及黄疸。可视黏膜苍白，全身性黄疸，血液稀薄。肝肿大变性，呈黄棕色。全身性淋巴结肿大，切面有灰白坏死灶或出血斑点。肾脏有时有出血点。脾肿大变软。

（五）诊断

根据流行病学、临床症状和病理变化不难做出初步诊断。确诊需查到病原，方法有如下几种。

直接检查：取病猪耳尖血 1 滴，加等量生理盐水后用盖玻片压置油镜下观察。可见虫体呈球形、逗点形、杆状或颗粒状。虫体附着在红细胞表面或游离在血浆中，血浆中虫体可以做伸展、收缩、转体等运动。由于虫体附着在红细胞表面有张力作用，红细胞在视野内上下震颤或左右运动，红细胞形态也发生了变化，呈菠萝状、锯齿状、星状等不规则形状。

涂片检查：取血液涂片用姬姆萨染色，可见染成粉红或紫红色的虫体。

血清学检查：用补体反应、间接血凝试验以及间接荧光抗体技术等均可诊断本病。

动物接种：取可疑动物血清，接种小鼠后采血涂片检查。

（六）综合防治

1. 治疗

目前用于附红细胞体病治疗的药物主要有如下几种。

贝尼尔：在猪发病初期，采用贝尼尔疗效较好。按 5~7 毫克/千克体重深部肌内注射，间隔 48 小时重复用药一次。但对病程较长和症状严重的猪无效。

新胂凡钠明：按 10~15 毫克/千克体重静脉注射，一般 3 天后症状可消除，但由于副作用较大，现在使用较少。

对氨基苯胂酸钠：对病猪群，每吨饲料混入 180 克，连用 1 周，以后改用半量，连用 1 个月。

土霉素或四环素：按 3 毫克/千克体重肌内注射，24 小时即见临床改善，也可连续应用。

2. 预防

目前防治本病一般应着重抓好节肢动物的驱避，实践经验证明，在疥螨和虱子不能控制的情况下要控制附红细胞体病是不可能的。加强饲养管理，给予全价饲料保证营养，增加机体的抗病能力，减少不良应激都是防止本病发生的条件。在发病期间，可用土霉素或四环素添加饲料中，剂量为 600 克/吨饲料，连用 2~3 周。

二、猪弓形体病

猪弓形体病，又称为弓浆虫病或弓形虫病，是由弓形体感染动物和人而引起人畜共患的寄生虫病。本病以高热、呼吸及神经系统症状、动物死亡和怀孕动物流产、死胎、胎儿畸形为主要特征。

（一）病原

弓形体病的病原是弓形虫，弓形虫属孢子虫纲、球虫亚纲、真球虫目、肉孢子科、弓形虫亚科、弓形虫属，虫体呈弓形或新月形，简称弓形虫。弓形虫在整个发育过程中具有五个不同的发育阶段，即滋养体、包囊、裂殖体、配子体和卵囊，其中滋养体和包囊是在中间宿主（人、猪、犬、猫等）体内形成的，裂殖体、配子体和卵囊是在终末宿主（猫）体内形成的。具有感染能力的是滋养体、包囊和卵囊。

（二）流行病学

本病多发于断奶后的仔猪，成年猪急性发病较少，多呈隐性感染；此病发生虽无明显季节性，也不受气候限制，但一些地方6—9月的夏秋炎热季节多发。病畜和带虫动物的分泌物、排泄物以及血液，特别是随猫粪排出卵囊污染的饲料和饮水成为主要的传染源。根据流行形式可分为暴发型、急性型、零星散发和隐性感染。本病暴发型是在一个短时间内，可使整个猪场的大部分生猪发病，死亡率可达60%以上。急性型则多以同一个圈的若干头几乎同时发病较多见。零星散发多表现为一个圈或几个圈在2~3周陆续发病，这个过程持续30多天，慢慢平息。

（三）临床症状

一般猪急性感染后，经3~7天的潜伏期，呈现和猪瘟极相似的症状，体温升高至40.5~42℃，稽留7~10天，病猪精神沉郁，食欲减少至废绝，喜饮水，伴有便秘或下痢。呼吸困难，常呈腹式呼吸或犬坐呼吸。后肢无力，行走摇晃，喜卧。鼻镜干燥，被毛粗乱，结膜潮红。随着病程发展，耳、鼻、后肢股内侧和下腹部皮肤出现紫红色斑或间有出血点。病后期严重呼吸困难，后躯摇晃或卧地不起，病程10~15天。耐过急性的病猪一般于2周后恢复，但往往遗留有咳嗽、呼吸困难及后躯麻痹、斜颈、癫痫样痉挛等神经症状。怀孕母猪若发生急性弓形虫病，表现为高热、不吃、精神委顿和昏睡，此种症状持续数天后可产出死胎或流产，即使产出活仔也会发生急性死亡或发育不全，不会吃奶或畸形怪胎。母猪常在分娩后迅速自愈。

（四）病理变化

在病的后期，病猪体表，尤其是耳、下腹部、后肢和尾部等因淤血及皮下渗出性出血而呈紫红斑。内脏最特征的病变是肺、淋巴结和肝，其次是脾、肾、肠。肺呈大叶性肺炎，暗红色，间质增宽，含多量浆液而膨胀成为无气肺，切面流出多量带泡沫的浆液。全身淋巴结有大小不等的出血点和灰白色的坏死点，尤以鼠蹊部和肠系膜淋巴结最为显著。肝肿胀并有散在针尖至黄豆大的灰白或灰黄色的坏死灶。脾脏在病的早期显著肿胀，有少量出血点，后期萎缩。肾脏的表面和切面有针尖大出血点。肠黏膜肥厚、糜烂，从空肠至结肠有出血斑点。心包、胸腔和腹腔有积水。病理组织学变化为肝脏局灶性坏死、淤血，全身淋巴结充血、出血，非化脓性脑炎，肺水肿和间质性肺炎等。在肝脏的坏死灶周围的肝细胞浆内、肺泡上皮细胞内和单核细胞内、淋巴窦内皮细胞内，常见有单个和成双的或3~5个数量不等的弓形虫，形状为圆形、卵圆形、弓形或新月形等不同形状。

（五）诊断

根据弓形虫病的临床症状、病理变化和流行病学特点，可做出初步诊断，确诊必须在实验室中查出病原体或特异性抗体。

1. 直接观察

将可疑病畜或死亡动物的组织或体液，做涂片、压片或切片，甲醇固定后，姬姆萨染色，显微镜下观察，如果为该病，可以发现有弓形虫的存在。

2. 动物接种

取肝、脾、淋巴结制成1:10匀浆，小白鼠腹腔注射0.5~1毫升，或脑内注射0.03毫升，1个月内小白鼠死亡，查腹水可见多量虫体。

3. 血清学诊断

间接荧光抗体试验、间接血凝抑制试验、酶联免疫吸附试验和补体结合试验。其中国内应用比较多的是间接血凝抑制试验。猪血清凝集价达1:64以上可判为阳性，1:256表示新近感染，1:1 024表示活动性感染。

（六）防治措施

1. 治疗

治疗本病有效的药物是磺胺类药，而且在发病初期使用效果较好，抗生素类药物无效。

处方一：对急性病例，磺胺嘧啶70毫克/千克体重，或甲氧苄胺嘧啶14毫克/千克体重口服，每天2次，连用3~4天。由于磺胺嘧啶溶解度较低，较易在尿中析出结晶，内服时应配合等量碳酸氢钠，并增加饮水。

处方二：磺胺-6-甲氧嘧啶20~25毫克/千克体重，每天1~2次，肌内注射或口服，病初使用效果更佳。

处方三：磺胺嘧啶（60毫克）和乙胺嘧啶（1毫克）合剂，分4~6次口服。

处方四：磺胺嘧啶（70毫克/千克体重）、二甲氧苄氨嘧啶（14毫克/千克体重），每天2次肌内注射，连用2~3天。

处方五：长效磺胺，60毫克/千克体重，配成10%溶液肌内注射，连用7天。

2. 预防

猪舍要定期消毒，一般消毒药如1%来苏儿、3%烧碱、5%草木灰都有效。防止猪捕食啮齿类动物，防止猫粪污染饲料和饮水。加强饲养管理，保持猪舍卫生。消灭鼠类，控制猪猫同养，防止猪与野生动物接触。

三、猪霉菌毒素中毒

霉菌是丝状真菌，意即"发霉的真菌"。霉菌毒素是指存在于自然界的产毒真菌所产生的有毒二次代谢产物，全球的谷物有25%以上受到霉菌污染，饲料及原料霉变现象更为普遍，猪吃进污染霉菌毒素饲料所引起的疾病，称为猪霉菌毒素中毒病。

（一）霉菌毒素的来源及危害

霉菌毒素是谷物或饲料中霉菌生长产生的次级代谢产物，普遍存在于饲料原料中，毒素在谷物田间生长、收获、饲料加工、仓储及运输过程皆可产生。目前饲料检测到的毒素已超过350种，其中黄曲霉毒素、玉米赤霉烯酮（F-2毒素）、呕吐毒素、T-2毒素、赭曲霉毒素、烟曲霉毒素是猪饲料中最常见的几种毒素。猪摄入黄曲霉毒素后，由胃肠道吸收迅速进入肝脏，造成肝脏损伤；烟曲霉毒素对猪的危害主要是可引起胎儿和初生仔猪肺间质水肿、增加死胎和弱仔，还引起肝炎等症状；T-2毒素对猪皮肤和黏膜有强烈的刺激作用，引发口腔黏膜炎症甚至坏死，使猪出现呕吐；T-2毒素还能损伤免疫系统功能，造成免疫抑制；玉米赤霉烯酮具有雌激素样作用，引起母猪假发情、不孕、流产，种公猪睾丸萎缩、性欲下降、精子无活力等；呕吐毒素可引发动物与皮肤的病变，导致动物不食、呕吐、腹泻、肠炎及结膜炎等。

霉菌毒素除了降低饲料营养价值、损害饲料适口性之外，可能直接导致猪只急、慢性中毒，少量毒素会降低免疫力，降低生产性能，增加猪只发病几率；最严重情况会导致猪只死亡。霉菌毒素通常对猪只中枢神经系统、肝、肾、免疫系统或繁殖机能造成损害。

（二）霉菌毒素中毒机制

霉菌毒素中毒发生的最重要原因是易感动物接触了被污染的谷物。日粮中缺少蛋白质、硒和维生素被认为是霉菌毒素中毒的易感因素。通常饲料中霉菌毒素并不是单一存在，可能以一种或数种毒素为主，当不同毒素同时存在时，霉菌毒素的毒性有累加效应（如黄曲霉毒素和赭曲霉毒素的联合），但并非绝对相加或相乘关系。研究表明，饲料中各种霉菌毒素之间有协同作用，几种霉菌毒素协同作用对动物健康和生产性能的副作用比任何一种霉菌毒素单独作用的副作用都要大，而饲料原料和全价配合饲料中经常同时存在几种霉菌毒素，已成为现代养猪生产猪群健康的第一杀手。

（三）霉菌毒素中毒的诊断要点

1. 临床症状

（1）急性中毒　病猪精神不振，食欲废绝，体温一般正常，有的体温升高可达40℃。粪便干燥，垂头弓背，行走步态不稳。有的呆立不动；有的兴奋不安；口腔流涎，皮肤表面出现紫斑；角弓反张，死前有神经症状。

（2）慢性中毒　病猪精神沉郁，食欲下降，体温正常。机体消瘦，被毛粗乱，皮肤发紫，行走无力。结膜苍白或黄染，眼睑肿胀。有的异食、呕吐、拉稀。病后期不能站立、嗜睡、抽搐。

（3）种猪中毒特征　空怀母猪不发情，屡配不孕。妊娠母猪阴户、阴道水肿，严重时阴道脱出，乳房肿大，早产、流产、产死胎或弱仔等。种公猪乳腺肿大，包皮水肿，睾丸萎缩，性欲减退等。

2. 病理变化

病理变化主要在肝脏，肝肿大，切面上呈土黄色，不见肝小叶结构，质脆有出血点；黄疸；胃黏膜糜烂；肾脏高度肿大、黑红色，质地脆弱轻压即破；胆囊中度肿大，胆汁浓稠；脾肿大且呈黑红色；皮下和肌肉出血；急性中毒血液凝固不良；慢性中毒淋巴结水肿、充血。

3. 实验室诊断

临床上可根据发病特点，结合临床症状和病理变化可作出初步诊断，确诊需要进行实验室检查，做霉菌分离培养、测定饲料中毒素含量并进行毒素鉴定。可采用紫外分光光度法、质谱法、酶联免疫吸附试验等方法进行确诊。

（四）治疗

霉菌毒素中毒无特效药治疗，中毒后动物肝脏和肾脏损伤最大，以提高机体免疫力，中和毒素，保肝解毒、排毒，维护电解质平衡，恢复胃肠道功能为治疗原则。根据情况可采用中药疗法、支持疗法与对症治疗等综合救治措施。

1. 立即停止饲喂发霉变质饲料

发现猪群有中毒症状后，要立即停喂发霉变质的饲料，更换饲料，供给青绿饲料和维生素A、维生素C缓解中毒，并适当地在饲料中增加蛋白质、维生素与硒的含量。

2. 导泻排毒

处方一：硫酸钠25~50克、液体石蜡50~100毫升，加水500~1 000毫升灌服，以保护肠道黏膜，尽快排出肠内毒素；同时用0.1%高锰酸钾水溶液+2%碳酸氢钠溶液混合灌肠，每日上、下午各1次。

处方二：10%葡萄糖注射液200~300毫升、25%维生素C 5~8毫升、40%乌洛托品20~60毫升、10%樟脑磺酸钠溶液5~8毫升混合静脉注射，每日1次，连用3天，以解毒排毒、强心利尿、保护肝脏与肾脏功能。

处方三：病猪兴奋不安、神经症状明显时，可用苯巴比妥0.25~1克，以注射用水稀释后肌内注射，每日1次，连用2天；或用氯丙嗪注射液，每千克体重肌内注射2~4毫升，每日1次，连用2天。

3. 种母猪发生霉菌毒素中毒治疗方法

生产母猪发生霉菌毒素中毒，可采用以上治疗方法，治愈后或流产后，要加强饲养管理，并在饮水中添加电解质多维、维生素 C、甘草粉、葡萄糖粉等，连续饮用 2 周。1 月内母猪发情，不要急着配种，可推迟 1 个发情期配种为宜，这样有利于母猪保持其生产性能与产健康仔猪。

（五）预防

1. 严格控制饲料原料质量和水分

防霉应从饲料原料的采购、贮存、运输和加工配制等环节加以注意，不能采购霉变、湿润和虫蛀的原料，采购玉米时，其水分含量应控制在 12% 左右为宜。加强饲料原料及成品饲料的保管，严防受潮霉变；搞好饲料仓库杀虫灭鼠工作，防止虫蛀和鼠害，减少霉菌传播，避免毒素危害。严禁使用霉变的原料加工饲料，不使用霉变的饲料喂猪。

2. 选择有效的防霉剂及毒素吸附剂

防霉剂能防止饲料霉变，毒素吸附剂可吸附饲料中原有的毒素及储备中产生的毒素。虽然目前这些产品较多，但在饲料中添加除霉剂或脱霉剂时，最好不要使用化学合成制剂。有研究表明，化学合成的除霉剂或脱霉剂对动物机体免疫细胞有损害与抑制作用，可能对妊娠母猪和胎儿发育有影响。也有研究表明，不要使用单一的除霉剂或脱霉剂，因为单方制剂只具有吸附毒素从肠道排出的功能，吸附毒素的能力也有限，没有中和毒素、降解毒素、保护肝脏及提高免疫力、改善肠道功能的作用。因此，使用时最好选用复合型除霉剂或脱霉剂，其安全除去毒素的功能强，作用效果好，如国产的复合型生物驱霉素、美国产的霉毒脱及霉卫宝等。

3. 保健预防

生产实践中可在保育仔猪、肥育猪与后备种猪的饲料中添加复合型生物除霉剂，防止其发生霉菌毒素中毒。种公猪与怀孕母猪，为了防止万一，可选用下列保健预防方案，每月一次、每次连用 7~12 天。

方案一：甘草粉 200~300 克、黄芪多糖粉 1 000~1 500 克、转移因子 800~1 000 先、溶菌酶 400 克，拌入 1 吨饲料中，连续饲喂 7~12 天。

方案二：每吨饲料添加大蒜素 200~250 克，能有效减轻霉菌毒素的毒害，具有保健作用。

参考文献

［1］赴书广．中国养猪大成（第二版）［M］．北京：中国农业出版社，2013．

［2］印遇龙，等．猪营养需要（2012，第十一次修改版）［M］．北京：科学出版社，2014．

［3］李观题，李娟．现代养猪技术与模式［M］．北京：中国农业科学技术出版社，2015．

［4］李观题，等．现代猪病诊疗与兽药使用技术［M］．北京：中国农业科学技术出版社，2016．

［5］陈清明，等．现代养猪生产［M］．北京：中国农业大学出版社，1997．

［6］杨凤．动物营养学（第二版）［M］．北京：中国农业出版社，2002．

［7］钟正泽，等．高产母猪健康养殖新技术［M］．北京：化学工业出版社，2013．

［8］魏庆信，等．怎样提高规模猪场繁殖效率［M］．北京：金盾出版社，2010．

［9］曾庆．猪遗传改良的策略与发展趋势［J］．养猪，2009（2）：30-32．

［10］燕富永，等．母猪高产与营养模式［J］．养猪科学，2010（7）：65-68．

［11］付娟林，等．现代瘦肉型母猪的特点与饲喂策略［J］．养猪，2009（2）：17-19．

［12］李莹莹，等．猪繁殖障碍性疾病的主要发生原因与防治对策［J］．养猪，2014（2）：124-125．

［13］彭中致，等．母猪年生产力及遗传改良［J］．养猪，2010（6）：37-40．

［14］申祥科，等．控制母猪繁殖障碍，提高猪场生产效率［J］．湖北养猪，2009（2）：21-24．

［15］张江涛．提高母猪配种率应注意的细节［J］．猪业科学，2008（7）：41-42．

［16］刘自逑，等．中国7省部分规模猪场母猪繁殖状况调查［J］．养猪，2010（5）：65-68．

［17］曾庆勇．母猪的细化管理与年生产力（PSY）提高的策略［J］．养猪，2011（6）：20-22．

［18］柴静国．提高规模化猪场母猪繁殖生产力的主要技术措施［J］．湖北养猪，2010（4）：82-83．

［19］周学利，等．提高母猪生产能力的综合措施［J］．中国畜牧杂志，2012（10）：57-60．

［20］傅衍．国外母猪的繁殖性能及年生产力水平［J］．猪业科学，2010（3）：

32-34.

[21] 池永哲. 母猪营养与饲养系统概念 [J]. 猪业科学, 2010 (3): 38-40.

[22] 张永泰. 减轻热应激对猪群影响的饲养管理对策 [J]. 养猪, 2012 (4): 33-36.

[23] 朱尚雄, 等. 正确评价工厂化养猪 [J]. 养猪, 2003 (5): 41-42.

[24] 张吉萍, 等. 智能化母猪群养管理系统-母猪饲养中的数字化技术 [J]. 猪业科学, 2010 (6): 94-95.

[25] 李永辉. 智能化养猪模式在中国养猪业的应用 [J]. 猪业科学, 2010 (9): 42-43.

[26] 祝胜林, 等. 种母猪群养信息化关键技术研究 [J]. 猪业科学, 2010 (9): 38-39.

[27] 叶娜, 等. 荷兰 Velos 智能化母猪饲养管理系统在国内猪场的应用 [J]. 养猪, 2009 (2): 41-42.

[28] 黄瑞林, 等. 现代化养猪设备在猪场中的应用 [J]. 养猪, 2012 (4): 75-78.

[29] 吴中红, 等. 母猪舍建筑与环境控制 [J]. 猪业科学, 2010 (3): 48-50.

[30] 帅起义, 等. 生物发酵床自然养猪技术养猪效果的试验报告 [J]. 养猪, 2008 (5): 27-29.

[31] 高开国, 等. 精氨酸在我国妊娠母猪饲料中应用情况初步调查 [J]. 中国畜牧杂志, 2014, 50 (22): 78-80.